지구온난화

국립중앙도서관 출판시도서목록(CIP)

지구온난화 / 지은이: 존 휴턴 ; 옮긴이: 이민부, 최영은. -- 파주
: 한울, 2007
p. ; cm. -- (한울아카데미 ; 981)

원서의 3판을 번역함
원서명: Global warming
원저자명: Houghton, John
색인 수록
ISBN 978-89-460-3824-0 93450

539.92-KDC4
363.73874-DDC21 CIP2007003590

지구온난화

존 휴턴 지음 | 이민부 · 최영은 옮김

한울
아카데미

Global Warming: the complete briefing, 3rd ed.
by John Houghton

역자 서문

이 책은 영국의 기상학자 존 휴턴 경의 지구온난화를 번역한 것이다. 요즘 전 세계적인 화두로 인류의 생존 문제와 관련된 시급한 문제가 바로 지구온난화(global warming)이다. 이 책은 1994년 초판과 1997년 2판에 이어서 2004년에 나온 3판을 우리말로 옮긴 것으로 지구온난화에 관한 기상학과 기후학적인 정확한 진단과 인류의 활동 정도에 따른 장단기 미래 예측 모델과 시나리오를 구체적으로 제시하고 있다.

휴턴 경은 그의 이력에서도 알 수 있듯이 지구온난화에 관한 세계 최고 전문가 중 한 사람이다. 그는 전 지구적인 지구온난화를 지속적으로 감시하고 예측하기 위하여 전 세계 모든 국가들이 공식적으로 참가하는 거의 유일한 세계적인 연구기관인 기후변화에 대한 정부간 협의체(Intergovernmental Panel on Climate Change, IPCC)에서 기후변화에 대한 학술평가 실무팀의 책임자, 세계기상기구 부회장, 영국 왕립기상학회 회장을 역임하였다. 그리고 옥스퍼드 대학의 대기물리학 교수를 지냈다.

본서의 내용을 살펴보면 지구온난화는 인류 문명은 물론 개인의 일상생활에도 깊이 연관되고 있는 시급한 문제임을 분명하게 보여준다. 전체 12개의 장으로 구성되어 있으며 먼저 지구온난화에 따른 기후변화, 온실효과와 온실기체, 과거의 기후와 기후변화의 모델링, 우리가 살고 있는 금세기의 기후변화를 예측한다. 그리고 기후변화의 다양한 영향들을 제시하고 그 부정적인 영향을 완화시키기 위한 인류의 다양한 행동—국가, 지역사회, 과학자, 정치가, 행정가, 그리고 시민들—들을 제시한다. 인간의 태도에 관해서는 종교적인 관점까지 언급하고 있다. 지구온난화와 같은 시급한 현실 문제를 해결하고자 노력할 때 과학은 결국 정치·경제·문화 등 전체적인 사회 구조와 인간의 심성까지도 고려하지 않을 수 없음을 고백하고 있다.

다음으로 미래 기후변화와 모델링, 예측 시나리오에서의 불확실성의 정도를 정확하게 파악해야 함을 보여준다. 과거에 대한 정확한 진단, 현대 과학수준에서의 예측, 과학발달 정도에 대한 예측, 그리고 인류문명 체계의 진로, 인간 활동의 정도, 다양한 국가정책과 국제협력 등의 다양한 변수들을 살펴보고, 다양한 대안들을 제시한다. 물론 현재는 어쩔 수 없는 문제점들도 직시하고 있다. 이러한 관점에서 책의 마지막 장에서 국제협력의 현실과 문제점, 새로운 관점을 제시하고 다음으로 에너지 문제를 매우 꼼꼼하게 다루고 있다. 에너지 수급과 조절은 지구온난화와 직결되고 있는 문제이기 때문이다.

이 책의 특성을 살펴보면, 지구온난화에 대한 IPCC의 분석을 중심으로 전 세계의 최고 학자들의 연구 결과를 정리하고 있는(부제가 '완벽한 보고, The Complete Briefing'이다) 전문과학서이다. 매 장마다 상세한 참고문헌과 주석을 풍부하게 달고 있다. 그럼에도 대학의 고학년과 대학원 학생들을 위한 교재로 사용할 수 있도록 현실을 반영한 예상문제 혹은 과제까지 제시하고 있다. 부록으로 주요 용어집도 정리해두었다.

이 책은 지구온난화와 관련된 환경과학, 기상학, 기후학, 지리학, 해양학, 농업과 임업, 수산업을 비롯한 다양한 산업, 경제학과 정치학, 국제협력에 관한 모든 분야에서 참고할 만한 세계적으로 권위 있는 책이다. 오랜 세월 기후변화를 전공한 노학자의 글이라 과학적인 내용 외에도 인간의 심성까지도 파악하고자 하는 종교적·철학적인 내용까지 담아내고 있어 우리말로 번역함에 있어 단어 선택에 많은 어려움이 따랐다.

책의 초벌 번역은 지형학과 환경지리학을 전공한 이민부가 맡았고, 내용

검토와 교정 작업을 기후학을 전공한 최영은이 맡았다. 번역에서의 오류가 있다면 역자들에게 책임이 있다. 읽는 분들의 지적을 진심으로 바란다. 한 가지 아쉬운 점은 최근 급격하게 지구온난화가 이루어지면서, 본서가 비교적 최신자료를 다루고 있다고 하더라도, 2004년 이후 변화한 내용들을 다루지 못하고 있다는 사실이다. 이러한 내용은 원 저자와 협의하여 차후 말미에 추가할 기회가 주어지길 기대한다.

2007년 9월 25일

이민부와 최영은 씀

3판 서문

7년 전 이 책의 2판이 출간된 이후 인류가 일으킨 기후변화의 문제에 대한 연구와 논쟁들이 급속한 속도로 증가했다. 7년 동안 기후의 관측은 지구온난화에 대해 진전된 정보를 제공해주었고, 과거와 미래 기후를 모의할 수 있는 모델의 성능도 크게 개선되었다. 비록 인류가 일으킨 기후변화와 그 영향에 대한 사실과 관련한 가장 중요한 메시지(전체적으로 강화되고 있던)는 크게 변하지 않았지만, 기초과학(불확실성을 포함하여), 미래에 일어날 영향, 행동을 위한 책임과 관련하여 보다 상세한 이해가 이루어졌다. 그런 이유로 이 책이 개정될 필요가 있었다.

IPCC는 2001년에 3차 보고서를 출간하였는데, 앞서 1, 2차 보고서보다 완성도가 높고 포괄적인 내용을 포함하고 있다. IPCC의 1차, 2차, 3차 보고서를 준비한 과학적 평가 실무 그룹의 공동의장으로서 필자는 과학계에 보다 효과적으로 정보를 제공할 수 있게 한 IPCC 업적에 구성원으로 참여할 수 있는 특권을 누렸다. 과학계를 통하여 확실해진 기후변화뿐만 아니라 아직은 불확실성이 많이 남아 있는 분야에 대해서 밝혀진 새로운 정보들은 의사결정자들과 여러 사람들에게 전파되었다. 저자는 이 책을 개정하면서 2001 IPCC 보고서에 전적으로 의지하였다. 이 기회를 통해서 함께 일하며 나에게 매우 많은 것들을 알게 해준 IPCC 동료들에게 깊은 감사를 전하고 싶다. 또한 기후모델링 연구에 있어서 세계 최고의 연구기관인 영국의 해들리기후예측연구센터(UK Hadley Centre for Climate Prediction and Research)와의 협력을 통해서도 많은 도움을 받았다.

더불어 많은 새로운 자료를 제공해준 다음의 분들에게 특별한 감사를 전하고 싶다. 3장은 Peter Cox, Chris Jones, Colin Prentice, Joe House, 4장과 5장은

Chris Folland, Alan Dickinson, 6장은 Tim Palmer, Jonathan Gregory, 7장은 Martin Parry, Rajendra Pachauri, 9장의 지구환경관측위성(Envisat) 관련 자료는 Stephen Briggs, 10장은 Aubrey Meyer, 11장은 Mark Akhurst, Andre Romeyn, Robert Kleiburg, Gert Jan Kramer, Chris West, Peter Smith, Chirs Llewellyn Smith, 12장은 William Clark. John Mitchell, Terry Barker, Susan Baylis 등이 친절하게 초고를 읽고 의견을 주었다. 또한 이 책의 그림에 필요한 자료를 수집하고 준비한 David Griggs, Geoffrey Jenkins, Phillippe Rekacewicz, Paul van der Linden에게도 감사한다. 마지막으로 이 책을 제안하고 출간될 있도록 해준 캠브리지대학 출판사의 Matt Lloyd, Carol Miller, Sarah Price와 여러 직원들에게 감사드린다.

필자는 1994년 1월 다보스에서 열린 세계경제포럼(World Economic Forum)에 참석하여 지구온난화와 기후변화에 대한 토론과 논쟁에 참여했다. 그곳에 참석한 거의 모든 사람이 기후변화의 원인이 인류활동에서 기인했다는 사실과 그 영향을 완화하기 위해서는 온실기체의 방출량을 줄일 수 있는 행동을 취해야 한다는 사실을 인정했다. 그러나 많은 참석자들이 기후변화로 일어날 수 있는 영향이나 그 문제를 해결하기 위해 필요한 행동에 대해서는 실제로 거의 아는 바가 없었다. 참석자들은 단지 이것이 언젠가는 처리되어야 할 문제 중의 하나라고 믿고 있었다. 나는 이 책을 통하여 많은 사람들이 필요한 정보를 보다 쉽게 이용할 수 있도록 돕고, 그렇게 하여 긴급하게 취해져야 하는 행동을 위한 초석을 제공할 수 있게 되기를 진심으로 바란다.

2004년

존 휴턴(John Houghton)

2판 서문

거의 3년 전 초판이 출간된 이래, 지구온난화 문제에 대한 관심은 계속 높아만 갔다. 1992년 지구정상회의에서 의결되었던 기후변화협약(FCCC, Framework Convention on Climate Change)이 비준되었고, 그 실행기구들은 계속 발전되어왔다. 1995년 말 IPCC는 보다 종합적인 내용을 담은 1990년 보고서의 개정판을 출간하였다. 비록 주요 결론들이 변경된 것은 아니지만 현황, 과학, 영향과 대응전략 실무분과들이 다루는 내용 전반에 걸쳐 보다 구체적인 지식들이 추가되었다. 본 개정판은 이러한 1995년 보고서의 내용을 상당히 참고하면서 나오게 되었다.

초판에서 추가된 것은 8장으로 여기서는 "왜 관심을 가져야 하는가?"를 화두로 하여 지구환경을 지켜야 하는 인류의 책임에 대한 문제점을 제기하고 있다. 여기서, 환경 문제에 대한 관심을 가져야 하는 이유로서 기독교인이라는 필자의 개인적인 동기에 근간을 두고 있음을 밝히고 있다. 8장을 추가하면서 비록 과학이 인류의 보편적인 가치로서 중요하지만, 어느 정도는 거리를 두어야하며, 과학을 과연 어떻게 받아들일 것인가에 대한 의구심이 있음을 토로하지 않을 수 없었다.

과학서적의 중간에 윤리적이거나 종교적인 내용을 다룬 장이 들어 있음에 대해 의아해하는 사람들도 있었다. 그러나 나의 동료 과학자들과 이 책을 리뷰해준 사람들은, 책의 목표 추구면에서 환경과학의 가치관과 중요성이 이 장에 잘 부합되고 있다며 기꺼이 받아들여주었다. John Parry는 이 책에 대해서 미국기상학회지에 기고한 글에서 다음과 같이 적고 있다.

"스스로 불가지론자로 여기는 본인을 포함한 많은 과학자들은 단순히 엄격한 과학적인 내용에 그칠 뻔했던 이 책에서 종교적인 신념과 절대자의 의지라고 솔직하게 선언하고 있음을 알 수 있을 것이다. 그러나 주저없이 저자에 대한 지지를 보내며 그 연장선상에서 과학과 종교의 영역은 진리를 추구하는 단지 상호보완적인 방법이라는 휴턴의 주장에 동의한다. 과학은 이 세상이 어떻게 작동되는가를 다루며 종교는 왜 작동되는가를 다룬다. 휴턴의 논리로 보면 인류와 지구는 우리들이 그토록 알아내고자 했던, 그리고 피할 수 없이 무조건 따라야 하는 절대자의 계획 속에서 이루어진, 서로의 존재에 대한 이유인 것이다. 이러한 맥락에서 휴턴은 인류는 어떠한 선택의 여지도 없이 '신과의 협력'의 구도 속에서 '청지기'의 입장에서 지구를 성심껏 지켜야 한다는 견해를 보여준다. 지구온난화라는 복잡하고 현실적인 문제에 대한 저자의 분명한 주관은 권위 있는 학술적 지침서의 역할을 하고 있다. 과학, 신념, 그리고 청지기 정신을 결합시킨 저자의 영감은 도덕적이고 윤리적인 차원에서도 선도적인 핸드북이라 할 수 있겠다. 아울러, 우리들의 학문과 우리 시대의 가장 중요한 현안의 하나인 지구온난화에 대한 독특하고 가치있는 안내서가 될 것으로 본다."

8장을 개정함에 있어서, 필자도 개인적인 견해를 줄이고 객관성을 유지하려고 많은 노력을 기울였다. 본서가 다양한 전공을 가진 학생 독자들에게 보다 적합해야 한다고 생각했고 개정판은 이러한 점에서 더욱 적합하다고 생각한다. 교훈적인 도움을 위해서 모든 장의 말미에 토론을 위해 여러 문제와 질문을 제시하였다.

나의 동료들 중 일부는 지구의 청지기로서의 임무는 만만찮은 일로서 이미 문제들은 인류 전체가 적절히 대응할 수 있는 수준을 넘고 있는 것이 아닌가

하는 의구심을 내보이기도 한다. 그러나 이 점에 있어 세 가지의 이유를 들어 낙관적으로 보고자 한다.

첫째, 서로 다른 국가, 다른 문화와 배경을 가진 세계의 많은 과학자들이 지구온난화에 대하여 과학적인 합의에 도달하기 위해 IPCC에서 함께 머리를 맞대고 책임의식을 가지고 일하는 모습을 보아왔기 때문이다. 둘째, 화석연료의 보다 효율적인 사용과 재생가능한 새로운 에너지의 개발에 필요한 기술들이 개발 가능하며 실제로 그 유용성이 발휘되고 있다는 것이다. 셋째, 지구와 이를 지키는 데 있어 하나님의 가호에 대한 계시에 따라 필자는 지구의 청지기 역할이 특별히 의미 있고 도전할 만한 일이라는 신념을 가지게 되었다는 점이다.

본 개정판을 준비함에 있어, 또한 IPCC에서 함께 일하며 많은 가르침을 준 동료들의 도움에 감사의 뜻을 표한다. 그리고 몇몇 장에 있어 구체적인 지적을 해준 John Twidell과 Michael Banner에게도 감사드리고, 책의 출간에 있어 헌신적인 노력을 아끼지 않은 캠브리지 대학 출판부의 Catherine Flack, Matt Lloyd를 위시한 많은 편집진들에게도 감사를 드린다.

1997년

존 휴턴(John Houghton)

초판 서문

기후변화와 지구온난화는 현시대의 정치적 의제로 떠오르고 있다. 여기에 대해 모든 사람들이 당장 궁금해 하는 의문들을 살펴보면 다음과 같다. 인간의 활동이 기후를 변화시키고 있는가? 지구온난화는 사실인가? 이러한 변화는 어느 정도의 규모인가? 심각한 재난이 일어날 것인가? 얼마나 자주 일어날 것인가? 우리들이 이러한 기후변화에 적응할 수 있을까? 우리들이 노력한다면 이러한 변화를 늦추거나 나아가 변화 자체를 막을 수 있을까?

지구 기후계는 매우 복잡하고, 기후의 변화에 대한 인간의 행위와 반응도 매우 복잡하므로 위의 의문에 답한다는 것 자체가 많은 과학자들에게 커다란 도전이다. 물론 우리들의 지식이 상당히 빠른 속도로 늘어나긴 했지만 많은 과학적인 질문에 대한 부분적인 답변만이 가능한 실정으로 세계의 과학자들이 엄청난 정력과 의지를 가지고 이러한 의문에 대한 해답을 구하기 위해 매진하고 있다.

환경 문제 하면 사람들은 흔히 세 가지의 주요 오염문제들을 떠올린다. 지구온난화, 오존층 파괴(오존홀), 그리고 산성비가 바로 그것이다. 이 세 가지 현안에 대한 과학적인 접근 사이에는 연관성이 있긴 하지만(오존층을 파괴하는 화학물질과 산성비를 가져다주는 입자들도 역시 지구온난화에 기여한다), 이들 세 가지 문제들은 근본적으로 서로 다른 경향성을 지니고 있다. 이들의 가장 중요한 공통점은 모두 대규모로 일어난다는 사실이다.

산성비의 경우를 예로 들면 한 국가에서 발생한 황산화물의 배출은 바람의 방향에 따라 바람맞이에 위치한 다른 국가들의 삼림과 호수에 심각한 영향을 미칠 수 있다. 지구온난화와 오존층 파괴도 전 지구적 오염—한 개인이나 한 국가의 활동이 모든 사람들과 모든 국가에 영향을 미칠 수 있는 오염—의 사례들이다. 인간의 활동이 이렇게 전 지구적으로 영향력을 행사하게 된 것은 단지 최근 30년에 불과하다. 그리고 이런 문제들이 전 지구적으로 영향을 미친다면 모든 나라들이 문제해결에 참여해야만 한다.

지구온난화 문제를 제기해온 핵심적인 단체는 기후변화에 대한 정부간 협의체(Intergovermental Panel on Climate Change, IPCC)로서 1988년에 결성되었다. 그해 11월 스위스 제네바의 첫 모임에서 협의체의 첫 활동은 학술 보고서 작성을 요청하는 것으로 지구온난화에 대한 과학적 사실들이 정립될 수 있었다.

첫 학술 보고서는 1990년 5월 31일에 출간되었다. 그해 5월 17일 월요일에 필자는 런던의 다우닝가 10번지에서도 마가렛 대처 당시 영국 총리와 각료들에게 보고서에 대한 사전 검토안을 발표한 바 있다. 발표 동안에 많은 반박들과 질문들이 예상되었다. 30명도 넘는 각료들과 관료들은 이 유서 깊은 각료회의실에서 조용히 나의 설명을 경청해주었다. 분명히 그들은 보고서에 대한 관심이 매우 높았으며, 발표 후의 질문과 토론은 그들이 전 지구적인 환경 문제에 대해 관심이 상당히 많았다는 것을 보여주었다.

그 뒤 많은 세계의 정치지도자들의 관심이 고조되기 시작했다. 예를 들면, 1990년 제네바에서 열린 2차 세계기후회의와 1992년 리우데자네이루에서 열린 유엔환경개발회의(UNCED)와 같은 지구온난화에 대한 중요한 두 차례의 국제회의에 많은 지도자들이 참석하였다. 리우회의는 2만 5천 명이 넘는 인원이 참가하여 총회 및 분과회의에 참가한 역대 세계 최대의 회의로 성황을 이루었다. 단일 국제회의로서는 어느 회의보다도 많은 정치지도자들이 참여하여 지구정상회의(Earth Summit)라는 별칭을 얻게 되었다.

지구온난화에 대한 지속적이고 수많은 평가 작업들은 IPCC의 주된 관심사이며 IPCC는 대략 3개의 실무 그룹으로 나누어져 과학, 영향, 대응전략 등을 연구하고 있다. 1990년에 발간된 IPCC의 첫 보고서는 리우데자네이루에서의 UNCED회의 의제를 준비하기 위한 국제간 협상에 있어 핵심 사항에 대한 내용이었다. IPCC 보고서는 리우회의에서 160개국 이상이 서명한 기후변화협약에 대한 초안작성 회의를 추진하는 상당한 원동력이 되었다. 본인은 IPCC 작업을 하면서 많은 시간과 전문성을 제공해온 세계의 많은 학자들과 학술적인 교류를 하는 행운을 누렸다.

이 책을 위하여 IPCC의 3개 실무 그룹의 1990년과 1992년 보고서의 많은 내용들이 참고되었다. 나아가 행동을 위한 선행조건(forward options)을 붙임에 있어 기후변화협약의 논리를 따랐다. 필자가 말하고 싶은 것은 IPCC 보고서와 기후변화협약의 적용이 일관성이 있어야 한다는 것이다. 그러나 본인이 취한 자료의 선택이나 특정 견해들은 완전히 필자의 책임으로 이루어졌으며 IPCC의 견해로 이루어진 바는 전혀 없음을 강조하고자 한다.

1990년과 1992년의 IPCC 보고서를 준비하는 동안 다음 세기에 과연 얼마나 많은 기후변화가 있을 것인가에 대한 많은 학술적인 논의가 있었다. 일부 연구자들은 이러한 것에 불확실성이 너무 커서 과학자들이 미래에 대한 어떤 예상치를 제시하거나 예측을 하는 일 자체를 꺼려한다는 점을 처음부터 직감적으로 느꼈다. 그러나 과학자들은 기후변화에 대한 가설들을 분명히 제시하고 예측치의 불확실성의 정도를 밝히면서, 대략적인 기후변화의 규모에 대한 가장 가능성 있는 정보를 서로 교류할 의무가 있음이 곧 분명해졌다. 기후변화의 연구 결과들은 완벽하지 않지만 기상캐스터와 같이 유용한 길잡이를 제공할 수 있다는 것이다.

지구온난화에 대해서는 이미 많은 책들이 출간되었다. 이 책이 기존의 저서들과 다른 점들은 지구온난화에 대한 과학적 설명을 시도했으며 과학자가 아닌 지성인들이 충분히 이해할 수 있는 방법으로 그 영향과 대응방안을 제시하려는 노력을 기울였다는 점이다. 책 내용에는 비록 많은 수치들이 나오지만 —나는 문제점들에 대해서 정량화하는 일은 매우 중요하다고 믿는다—수학공식은 없다. 본문에서는 특정 분야의 전문용어 사용을 최소화했다. 과학적으로 훈련된 사람에게 흥미를 줄 수 있는 학술적 내용에 대한 설명은 글상자로 처리하였다. 보다 깊은 내용인 경우 필요하다면 추가로 찾아볼 수 있도록 참고문헌을 달았다.

이 책을 만드는 데 있어 참고자료들을 제공하거나 준비해주고 또한 초고를 읽어주고 조언해준 많은 이들에게 감사를 드린다. 이들 중에는 IPCC와 관계한 분들이 많다. IPCC 의장인 Bert Bolin, IPCC의 학술담당 실무 그룹에서 나와 공동의장을 맡고 있는 Gylvan Meira Filho, IPCC의 영향과 대응전략 실무 그룹의 공동의장을 맡고 있는 Robert Watson, 그리고 Bluce Challander, Chris Foland, Neil Harris, Kathryn Maskell, John Mitchell, Martin Parry, Peter Rowntree, Catherrine Senior, Tom Wigley 등이 그들이다.

또 감사드릴 분들은 Myles Allen, David Carson, Jonathan Gregory, Donald Hay, David Fisk, Kathryn Francis, Michael Jefferson, Geoffrey Lean, John Twidell이다. Lion 출판사의 스텝인 Rebecca Winter, Nicholas Rous, Sarah Hall은 이 책이 출간되는 데 협조를 아끼지 않았으며 특히 이 책이 일반 독자들이 흥미롭게 읽을 수 있을 만큼 매력적이라는 것을 확신시켜주었다.

마지막으로, 나의 아내인 Sheila에게 고마운 마음을 전한다. 그녀는 가장 먼저 이 책을 저술할 수 있도록 용기를 북돋아주었으며 책이 출간되는 최종 순간까지도 격려와 지원을 아끼지 않았다.

1994년

존 휴턴(John Houghton)

나의 사랑하는 손주들

대니얼, 나하, 에스터, 맥스, 조너던, 제미마, 샘과

그리고 그들과 동시대를 살고 있는 사람들에게

차례

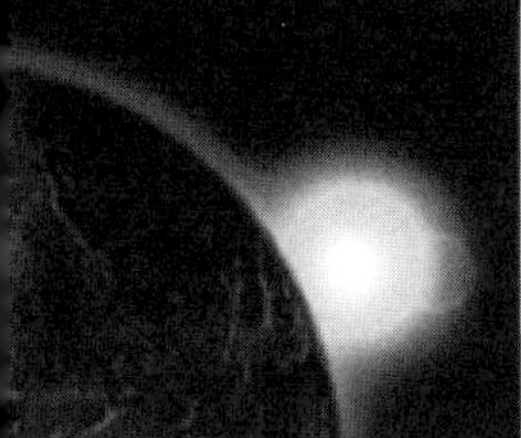

지구온난화와 기후변화 1

"지구온난화"라는 용어는 오늘날 중요한 환경 문제 중 하나로서 우리들에게 친숙하게 다가와 있다. 이 문제에 대해서는 파멸의 심판에서부터 비관적인 태도에 이르기까지 많은 견해들이 있어왔다. 이 책의 목적은 우리들이 지구온난화에 대한 현재까지의 과학적인 성과를 분명하게 제시하여 사실에 근거한 의사 결정을 내릴 수 있도록 정보들을 제공하는 데 있다.

기후는 변화하고 있는가?

2060년이 되면 나의 손주들은 70대가 될 것이다. 그 때의 세상은 어떠한 모습일까? 70년 혹은 그들의 생애동안에 어떠한 일이 일어날까? 지난 70년 동안 1930년대에는 예상하지 못했던 많은 새로운 일들이 일어났다. 변화의 양상을 보면 다음의 70년 동안에는 보다 새로운 일들이 일어날 것으로 보인다. 인구는 점점 늘어나고 세상은 점점 복잡해질 것이다. 점차 증대되고 있는 인간활동의 규모는 환경에 어떠한 영향을 미칠까? 특히 세계는 더 뜨거워질까? 기후는 어떻게 변해갈까?

미래의 기후를 연구하기 전에 과거의 기후변화는 어떻게 바라볼 것인가? 보다 더 오랜 과거에도 커다란 변화들이 존재해왔다. 과거 몇 백만 년 동안에 대규모의 빙하기와 온난기가 계속 교대로 반복되어왔다. 약 2만 년 전에 마지막 빙하기가 끝나고 난 후 우리들은 소위 간빙기로 불리는 시기에 살고 있다. 이 책의 제4장은 과거로 돌아가 이러한 시대에 초점을 맞추고 있다. 그러나 우리들이 기억할 수 있는 과거 몇십 년의 매우 짧은 시기에도 변화는 계속되지 않았던가?

언제나 매일 날씨 변화가 나타나고 이러한 사실은 우리 삶의 중요한 부분을 차지한다. 한 지역의 기후는 적어도 몇 개월, 계절 혹은 몇 년간의 평균 날씨를 의미한다. 사실 기후의 변동은 우리에게 매우 친숙한 것이다. 우리들은 여름 날씨를 말할 때 습하거나 건조하다고 말하고, 겨울 날씨에 대해서는 온화하다거나, 춥다거나 폭풍이 일어난다고 말한다. 세계의 모든 나라들처럼 영국에서는 어느 계절이라고 하더라도 그 전의 계절과 같은 적은 없었고 앞으로도 그와 비슷하게 계절은 계속 반복될 것이다. 이런 변동의 대부분을 우리는 당연한 것으로 여긴다. 우리의 생활에서 벌어지는 관심사 정도이다. 우리들이 특히 관심을 기울이는 것은 극단적인 기후 상황과 기후재해이다(예를 들면, 그림 1.1은 지난 1998년 동안에 전 세계에 일어난 주요한 기후 관련 사건과 기후재해를 보여준다). 사실 세계에서 발생하는 최악의 재해 대부분은 기상이나 기후와 관련되어 있다. 세계의 언론들은 전 세계의 곳곳에서 일어나고 있는 기상 현상들을 즉각 알려준다. 이런 기상 현상에는 열대성 저기압(허리케인이나 태풍), 폭풍우, 홍수, 토네이도, 서서히 나타나기도 하지만 결국 치명적인 재난을 가져오는 가뭄 등이 있다.

20세기 말의 현저한 기후변화

1980년대와 1990년대는 비정상적으로 온난했다. 전 지구적으로 보면, 약

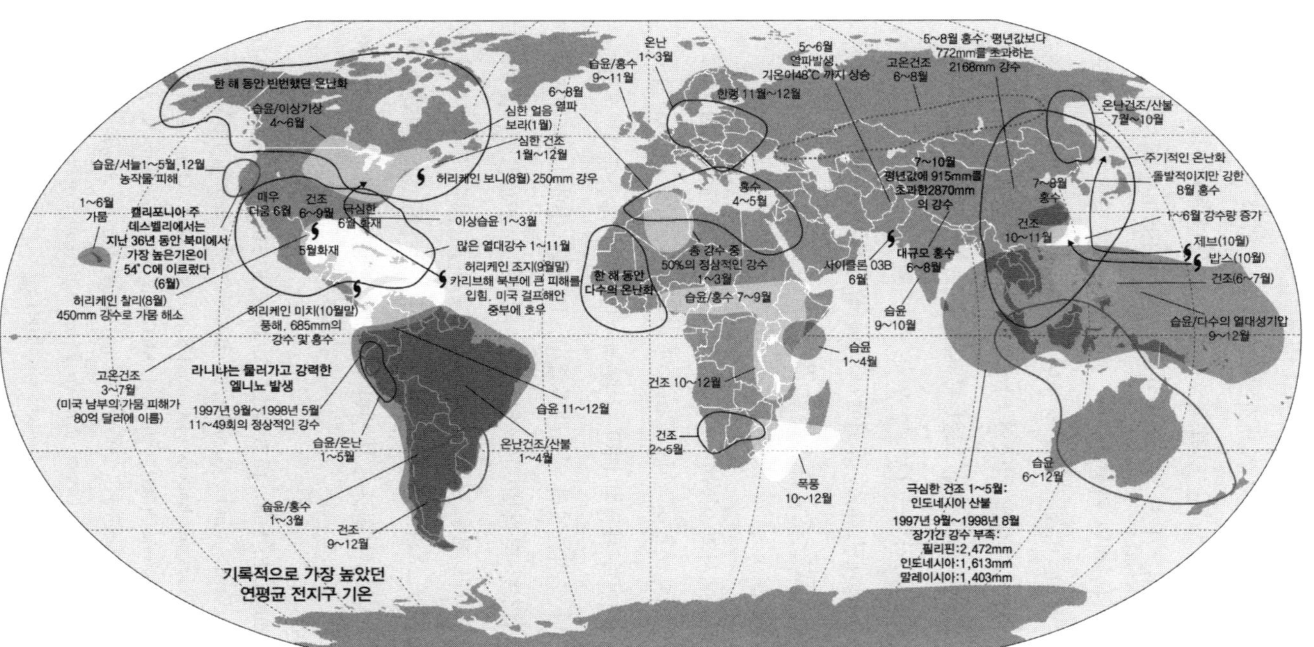

그림 1.1. 미국의 국립해양대기국(NOAA)의 기후예측센터에서 작성된 1998년에 나타난 주요 이상기후 현상의 분포

100년 전 정확한 기상측정이 시작된 이래로 가장 온난한 시기였으며, 이러한 비정상적인 온난한 상태가 21세기에도 계속되고 있다. 지표의 전 지구 평균기온을 살펴보면 1998년은 기기측정에 의한 기상관측이 시작된 이래로 가장 온난한 해였으며, 가장 온난한 9개의 연도가 1990년 이후에 발생했다.

이 시기는 극단적인 기상과 기후 현상의 빈도와 강도에 있어서도 기록적이었다. 예를 들면, 비정상적인 강풍이 서부 유럽을 강타했다. 1987년 10월 16일 이른 아침 시간에 영국의 남동부와 런던 지역에서만 1,500만 그루의 나무들이 강풍에 쓰러졌다. 또한 북부 프랑스, 벨기에, 네덜란드에도 엄청난 강풍이 몰아쳤고 이것은 1703년 이후 이 지역에서 경험한 최악의 폭풍으로 기록됐다. 그 후에도, 서부 유럽에서 이와 유사하거나 보다 강력하거나, 보다 넓은 지역을 뒤덮은 강풍을 동반한 폭풍우가 1990년에 4건, 1999년 12월에만 3건이 발생했다.[1)]

그러나 유럽에서의 이러한 폭풍은 같은 기간 동안에 세계의 다른 지역에서 경험한 폭풍우의 강도와 피해에 비하면 약한 편이었다. 열대성 저기압의 다른 이름인 허리케인과 태풍이 매년 약 80여 개씩 열대 해양에서 발생했고, 붙여진 이름만큼이나 우리들에게 익숙해져 있다. 1998년 자메이카의 여러 섬과 멕시코 해안에 엄청난 타격을 가한 허리케인 길버트, 1991년 일본을 강타한 태풍 미레이유(Mireille), 1992년 미국 플로리다와 미국 남부 지역에서의 허리케인 앤드류, 1998년 온두라스를 비롯한 중앙아메리카의 많은 지역에 피해를 준 허리케인 미치 등이 최근에 발생한 주요 열대성 저기압들이다. 방글라데시와

---

1) P. V. Vellinga, E. Mills, L. Bowers, G. Berz, S. Huq, L. Kozak, J. Paultikof, B. Schanzenbacker, S. Shida, G. Soler, C. Benson, P. Biden, J. Bruce, P. Huyck, G. Lemcke, A. Peara, R. Radevsky, C. van Schoubroeck, A. Dlugolecki, "Insurace and other financial service"(2001), In J. J. McCarthy, O. Canziani, N. A. Learry, D. J. Dokken, K. S. White(eds.), 2001, *Climate Change: Impacts, Adaption and Vulnerability. Contribution of Working Group Ⅱ to the Third Assessment Report of the Intergovernmental Panel on Climate Change*(Cambridge: Cambridge University Press, 2001), 8장 표 8.3 참조.

같이 저지대에 위치한 국가는 열대성 저기압에 의한 해일의 피해까지 나타난다. 강력한 저기압, 극단적인 강풍, 밀물 때의 해일 등이 결합하게 되면 내륙 깊숙이까지 많은 피해를 입히게 된다. 20세기 최악의 재난으로 기록된 것은 1970년 방글라데시에서 태풍으로 25만 명이 익사한 것이다. 1999년에도 이와 유사한 폭풍 피해가 이웃한 인도의 오릿사 주에서 발생했으며, 이보다 작은 규모의 해일들은 이들 지역에서 일상적으로 일어나고 있다.

근래에 들어 폭풍의 강도가 증가하고 있다는 사실은 보험회사들에 의해서 밝혀졌는데, 이들 회사들은 최근의 재난에 의해서 어려운 국면을 맞고 있는 듯하다. 1980년대 중반까지 폭풍우나 허리케인 피해에 대한 보험 보상액이 10억 달러를 넘었는데, 이것도 단지 미국에 국한된 액수였다. 그러나 1987년 10월 서부 유럽에 닥친 강풍은 일련의 폭풍재해를 가져와 피해액이 100억 달러에 육박했지만 일상적인 일로 받아들여질 정도이다. 또 다른 예로 허리케인 앤드류는 1999년 물가로 보면 거의 210억 달러의 보험 보상액을 지불하게 되었는데, 전체 피해는 무려 370억 달러에 이르렀다. 그림 1.2는 보험회사들에 의해 집계된 지난 50년 동안의 기상 관련 재해에 대한 보상액[2)]을 보여주고 있다. 1950년대와 1990년대 간의 경제적인 손실은 수치상으로만 보더라도 10배의 증가를 보여주고 있다. 이러한 증가는 취약한 지역의 인구증가와 다양한 사회적·경제적인 요인에서 원인을 찾을 수 있다. 지구촌 공동체는 의심할 여지 없이 재해에 대해 더욱 취약해지고 있다. 그러나 이러한 현상의 많은 부분은 1950년대와 비교할 때 1980년대 말과 1990년대의 폭풍우 증가에 의해서 일어났다.

폭풍우와 허리케인이 재해를 유발하는 유일한 극단적인 기상과 기후 현상은 아니다. 강도가 높거나 오랫동안 지속되는 강우에 의한 홍수와 오랜 시간 동안의 강수량 부족(혹은 강수량이 전혀 없는 경우도 포함)에 의한 가뭄은 인간의

2) 폭풍우, 허리케인 또는 태풍, 홍수, 토네이도, 우박, 블리자드 등에 의한 피해는 포함하지만 가뭄은 포함되지 않는다. 가뭄의 피해는 즉각적으로 일어나는 것이 아니라 비교적 긴 기간에 걸쳐서 나타나기 때문이다.

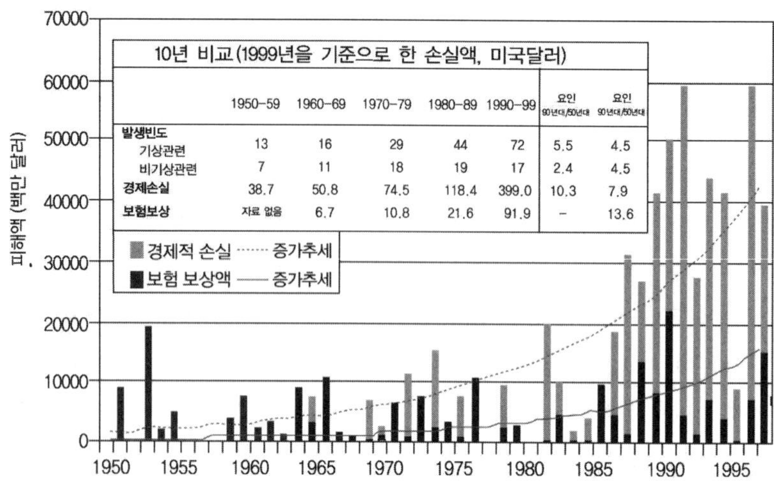

10년 비교(1999년을 기준으로 한 손실액, 미국달러)

	1950-59	1960-69	1970-79	1980-89	1990-99	요인 90년대/50년대	요인 90년대/50년대
발생빈도							
기상관련	13	16	29	44	72	5.5	4.5
비기상관련	7	11	18	19	17	2.4	4.5
경제손실	38.7	50.8	74.5	118.4	399.0	10.3	7.9
보험보상	자료 없음	6.7	10.8	21.6	91.9	-	13.6

그림 1.2 Munich Re 보험사가 집계한 20세기 후반의 치명적인 기상재해에 의한 총 경제 손실액과 보험 보상액. 두 비용 모두 후반부로 접어들면서 급격히 증가하고 있다. 기상과 관련 없는 재해들도 비교를 위해 제시했다. 7장의 표 7.2와 7.3은 자세한 지역정보를 보여주고 있으며 최대의 경제적인 손실과 보험 보상액을 가진 지난 최근의 재해들을 제시했다.

생명과 재산에 심각한 피해를 준다. 이러한 현상들은 열대와 아열대의 여러 지역에서 특히 빈번하게 나타난다. 지난 20년 동안에 특기할 만한 사례들이 많았다. 홍수에 관한 사례를 들어보자. 1988년에 방글라데시에서 일어난 기록적인 홍수는 전체 국토의 80%를 잠식했다. 중국에서는 1991년, 1994~1995년, 1998년에 수백만 명에 영향을 미친 치명적인 홍수가 발생했다. 1993년에 미국의 미시시피 강과 미주리 강 유역에서는 역대 기록보다 더 높은 홍수위를 기록하여 오대호 중의 한 호수 면적에 해당하는 범위의 지역이 범람했다. 1999년에 베네수엘라의 여러 지역에서 일어난 주요 홍수는 대규모 산사태를 유발하고 3만 명에 이르는 사망자를 발생시켰으며 아프리카의 모잠비크에서는 2000년과 2001년에 걸친 1년 동안에 두 번의 전국적인 홍수가 발생하면서 50만 명에 이르는 수재민이 발생했다. 이 기간 동안에 심각한 가뭄이 아프리카의 남부와 북부 지역의 전역에 걸쳐 발생하여 장기적으로 지속되었다. 이러한 자연재해에 대해 가장 취약한 지역은 아프리카로 대규모의 재해 피해에 대한

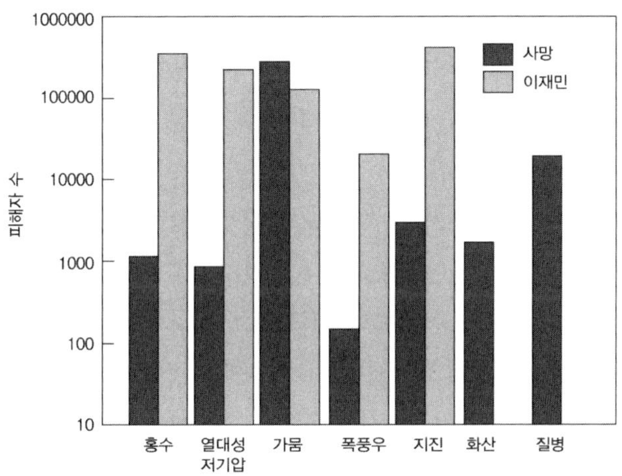

그림 1.3 아프리카 국가연합(Organization for African Unity, OAU)에 의해 추정된 1980~1989년간의 아프리카의 재해의 기록.

저항력이 거의 없는 실정이다. 그림 1.3은 1980년대의 아프리카의 가뭄이 다른 모든 재해들을 합친 것보다 더 많은 사망자를 발생시켰으며 그 규모의 중대성을 잘 보여주고 있다.

엘니뇨 현상

열대 및 아열대 지역에서 특히 홍수와 한발을 이끄는 강수 패턴에는 전구 해양의 표면 온도에 의한 영향이 매우 크다. 특히 남아메리카 태평양 연안의 해수면 온도(5장과 그림 5.9 참조)의 패턴이 가장 좋은 사례이다. 이 지역에서는 3~5년마다 대규모로 해수의 온도 상승 현상이 나타나며 1년 혹은 그 이상 지속되기도 한다. 이러한 현상은 대체로 크리스마스를 전후해서 잘 나타나므로 엘니뇨(El Niño, 남자 아기의 뜻) 현상[3]으로 알려져 있다. 이러한 현상은

3) 다양한 엘니뇨 현상과 인류 역사에 있어 수세기에 걸친 전 세계의 여러 인간 집단에

오랫동안 남아메리카 연안을 따라 발생하면서 잘 알려져 왔는데, 어업에 미치는 영향이 매우 컸기 때문이다. 즉, 상층의 해수면 온도가 상승하면서 어족들이 필요로 하는 낮은 온도의 하층에 존재하는 영양분이 해수면으로 용승하는 것을 방해하기 때문이다.

20세기에 두 번째로 강력했던 엘니뇨가 1982년과 1983년 사이에 나타났다. 이때의 해수면 온도는 평년보다 7℃나 높았다. 거의 모든 대륙에서 나타난 가뭄과 홍수는 엘니뇨와 연관되어 있었다(그림 1.4). 기상과 기후에 관계된 많은 사건들처럼 엘니뇨의 경우도 각각 세부적인 면에서는 그 영향이 다르게 나타난다. 예를 들면, 1990년에 시작된 엘니뇨 발생은 1992년 초에 최성기를 보여주었는데, 1992년 중반에 약간의 소강상태를 거쳐서 거의 1995년까지

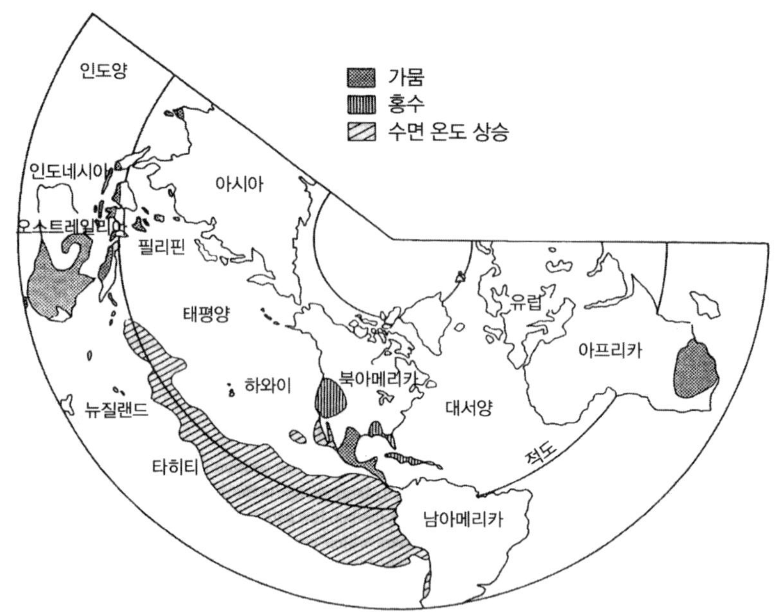

그림 1.4 1982~1983년의 엘니뇨와 관련된 가뭄과 홍수 발생 지역

대한 영향에 대한 최근 발간된 참고서로는 Ross Couiper-Jonhston, *El Niño. the Weather Phenomena that Change the World*(London: Hodder and Stoughton, 2000)이 있다.

온난한 상태를 유지하였다. 미국 중부와 안데스의 대규모 홍수, 오스트레일리아와 아프리카에서의 가뭄 등도 지나치게 길어진 엘니뇨 현상과 관계가 있다. 이와 같은 20세기에 나타난 최장기간의 엘니뇨에 이어 1997~1998년에 역시 금세기의 가장 강한 엘니뇨가 뒤따랐는데, 중국에서부터 인도대륙에 이르는 지역에서는 엄청난 홍수가 일어났으며, 반대로 인도네시아에서는 심한 한발이 발생했다. 이로 인해 이 지역은 광대한 삼림에 산불이 일어나면서 수천 마일에 이르는 지역에 두꺼운 매연이 하늘을 뒤덮었다(그림 1.1).

5장에 기술된 컴퓨터 모델을 이용한 연구는 엘니뇨와 극단적인 기상 현상과의 관계에 대한 과학적인 근거를 제공한다. 또한 이러한 연구는 머지 않아 재해발생의 가능성을 예측할 수도 있다는 자신감을 주고 있다. 현재 시급하게 풀어야 할 과학적 문제는 엘니뇨 발생의 특성 및 강도와 인간의 활동에 의한 지구온난화 간에 존재할 수 있는 연관성이다.

극단적인 기온 현상에 미치는 화산 폭발의 영향

화산은 대기 상층으로 많은 양의 먼지와 기체를 분출하며 여기에는 많은 양의 이산화황이 포함되어 있는데, 이것은 태양 에너지를 받아 광화학적 반응을 일으키면서 황산성의 산성비와 황산염 입자를 만들어낸다. 특히 이러한 입자들은 대기 하층으로 낙하하여 비로 씻어내리기 전까지 수년간에 걸쳐 성층권(고도 약 10km 상공)에 머물게 된다. 이 기간 동안 입자들은 지구 전체에 고루 퍼져서 지표에 닿는 태양복사열을 차단시켜 기온하강을 가져올 수 있다.

20세기에 발생한 가장 큰 화산 폭발의 하나는 1991년 6월 12일에 발생한 필리핀의 피나투보 화산 폭발로 엄청난 양의 화산재와 함께 2천만 톤에 달하는 이산화황을 성층권으로 올려 보냈다. 이들 성층권의 먼지들은 분출 후 수개월에 걸쳐 일몰현상의 장관을 연출했다. 이로 인해 대기권의 하층부에 도달하는 태양복사가 약 2% 감소하였다.

지구의 평균온도가 0.25° C 정도 낮은 상태가 2년간 지속되었다. 1991년과 1992년에 나타난 중동의 한랭한 겨울과 서부 유럽의 온난한 겨울과 같은 이례적인 기상 패턴은 화산의 분진 효과와 관련이 있다.

변화에 대한 취약성

수세기에 걸쳐 지구상의 다양한 인간 집단들은 그들 나름의 방법으로 기후에 적응해왔다. 따라서 평균적인 기후의 대규모 변화는 이들에게 스트레스를 가져다주게 된다. 극단적인 기후와 기후재해는 기후가 우리들의 생명과 얼마나 중요하며 전 세계 모든 지역에 걸쳐 발생하는 기후변화에 인간은 얼마나 취약한가를 알게 한다. 자원에 대한 수요가 급속히 증가하면서 이러한 취약성도 증가한다.

그러나 다음과 같은 의문점이 있다. 이러한 이상 기후 발생은 어느 정도의 영향력을 가지는가? 변화하는 기후의 어느 정도가 인간활동에 의한 것인가? 화석연료의 연소에 의해 발생하는 이산화탄소와 다른 온실기체들의 사용량 증가로 인한 지구온난화에 대한 증거가 드러나고 있는가?

여기에 주의할 점이 있다. 정상적으로 작동하는 자연적 기후 변동성의 범위는 상당히 크다. 극단적인 기후 현상이 새로운 것은 아니다. 기후 현상에 대한 신기록은 계속 경신되고 있다. 사실, 기록 경신 없이 한달이 지났다는 것 자체도 신기록감이라 할 수 있다! 진정한 장기간의 경향을 알려주는 기후변화는 수년 이후에나 식별될 수 있다.

그러나 인간활동으로 인한 화석연료 연소로 대기 중에 이산화탄소는 지난 이백 년 이상 동안 증가해왔으며 최근 50년 동안에 증가폭이 더욱 커졌다는 것은 분명히 인식하고 있다. 이러한 이산화탄소의 증가와 관련된 기후변화를 파악하기 위해서 위와 비슷한 기간 동안의 지구온난화 경향을 살펴볼 필요가 있다. 이 기간은 한 세대 정도의 기억할 수 있는 시간과 정확하고 정밀한 기록이 존재하는 시간보다 길다. 따라서, 예를 들면, 북대서양 지역에서 1980년대와 1990년대가 그 전의 30년보다도 폭풍우 발생이 증가했다는 것은 확신할 수 있다 하더라도, 이 기간이 지난 한 세기 동안에 어느 정도로 예외적인 기록인가를 아는 것 자체가 쉽지 않다. 적절한 기록이 없기 때문에 세계의 많은 지역들에서 상세한 기후변화를 추적한다는 것은 매우 어려운 일이다. 또한 발생률이 낮은 이상기후의 빈도에 대한 경향은 더욱 탐지하기 어렵다.

1960년대와 1970년대 초의 전 세계의 한냉기는 지구가 빙하기로 접어들고 있는 것은 아닌가 하는 추측을 자아냈다. 기후변화에 대한 영국의 한 텔레비전 방송의 '빙하기의 도래'라는 프로그램이 1970년대 초기에 제작되어 방영되었지만 한냉기는 곧 종식되었다. 우리들의 상대적으로 짧은 기억들로 인해서 오도되어서는 안 된다.

중요한 것은 기후와 기후변화에 대한 실제적인 관측과 과학지식이 이끌어내는 것을 주의 깊게 비교해야 한다는 것이다. 지난 몇 년 동안에도 일반대중들이 극단적인 이상 기후를 경험하면서 환경 문제를 잘 인식하게 될 때,[4] 과학자들도 인간의 활동들이 기후변화에 작용하고 있다는 사실을 보다 확신하게 되었다. 뒷장에서 지구온난화의 과학과 우리들이 기대할 수 있는 기후변화에 대하여 자세하게 고찰할 것이며, 이러한 변화들이 최근의 기후 기록과 어느 정도 맞아들어가는지 알아볼 것이다. 그러나 여기에서 우리들의 현재의 과학적 이해 정도를 간단히 점검해보기로 한다.

지구온난화 문제

산업, 농경지(예를 들면, 삼림 개간에 의한), 혹은 교통 및 가정 등과 관련된

4) 최근 몇십 년 동안에 걸친 변화들을 잘 요약하여 설명하고 있는 책으로는, Mark Lynas, *High Tides: News from a Warming World*(London: Flamingo, 2004)가 있다.

모든 종류의 인간활동은 다량의 온실기체 배출을 가져온다. 특히 대기 중으로 배출되는 이산화탄소가 많다. 이렇게 인공적으로 배출되는 이산화탄소는 기존의 대기 중에 존재하는 이산화탄소에 매년 7억 톤에 달하는 양을 더해주고 있는데, 이 중 상당량은 거의 100년 이상 대기 중에 머문다. 이산화탄소는 지표면에서 발생하는 열복사를 잘 흡수하기 때문에 이산화탄소의 증가는 지구 표면에 담요효과를 가져와서 지표면의 온도를 더욱 높이게 된다. 대기의 온도 증가와 함께 대기 중의 수증기 양도 증가하게 되는데 이로써 담요효과를 더욱 강화시키고, 기온을 더 상승시키는 작용을 한다.

지구온난화가 계속된다는 것은 추운 기후대에 살고 있는 사람들에게는 솔깃하게 들릴지도 모른다. 그러나 지구 기온의 상승은 지구의 기후를 변화시키게 된다. 기후의 변화가 소폭으로 그리고 천천히 일어난다면 우리들이 충분히 적응해나갈 수 있을 것이다. 그러나 전 세계에 걸쳐 산업이 급속히 발전하고 있어, 소폭의 느린 변화를 기대하기 어렵다. 다음 장에서 필자가 제시하고 있는 추정치를 보면, 이산화탄소 배출 증가를 억제하고자 하는 노력이 없는 상태에서는 매 10년마다 지구의 평균기온은 섭씨 0.3° C 정도의 증가추세를 보이고 있다. 이 수치는 1세기마다 약 3° C의 증가를 의미한다.

이러한 기온변화는 정상적인 일상의 낮과 밤의 기온차 혹은 하루 사이의 기온차와 비교할 때 별로 커 보이지 않는다. 그러나 이것은 어느 한 지역의 기온 변화가 아니라 전 지구에 걸쳐서 나타나는 평균적인 수치이다. 한 세기에 3° C 정도의 증가세를 보여주는 변화율의 예상치는 과거 1만 년 동안의 어느 시기보다 기온 상승이 빠르게 진행되고 있는 것이다. 빙하기의 가장 추운 시기와 간빙기의 온난한 시기의 지구 평균기온의 차가 5~6° C에 불과하다는 점을 보면(그림 4.4 참조), 이 정도의 온도 변화는 매우 큰 변화라 할 수 있다. 지구의 많은 생태계와 인간 사회(특히 개발도상국에서)는 이러한 변화, 특히 급격한 변화에 적응하는 데 어려움을 겪게 될 것이다.

물론 기후변화가 모든 지역에서 불리하지는 않을 것이다. 지역에 따라 가뭄, 홍수, 해수면 상승이 보다 빈번하게 혹은 보다 강력하게 발생할 수도 있으며 또 다른 지역에서는 이산화탄소의 시비 효과로 인해서 농업생산량이 증가할 수도 있다. 예를 들면, 지역에 따라서는 한대지역이 보다 살만한 지역이 될 수도 있다. 그렇다고 하더라도 이러한 변화율은 많은 문제들을 야기할 수 있다. 영구동토대가 녹게 되면 건물에 많은 피해를 주게 될 것이며 다른 지역의 수목과 마찬가지로 한대지역의 수목들도 새로운 기후대에 적응하는 데 상당한 시간이 걸릴 것이다.

과학자들은 인간의 활동으로 야기되는 지구온난화와 기후변화를 엄연한 사실로 받아들이고 있다. 그러나 지구온난화의 규모와 지역에 따른 변화의 양상에 대해서는 여전히 상당한 불확실성이 남아 있다. 과학자들은 어느 정도의 결과가 나왔다 하더라도, 어느 지역이 가장 많은 영향을 받게 될 것인가에 대해서는 정확하게 말할 수 없다. 과학적인 예측의 신뢰도를 높이기 위해서는 보다 많은 연구가 뒤따라야 한다.

적응과 완화

인간의 간섭에 의한 기후변화의 종합적인 예측은 그림 1.5에 나와 있듯이 원인과 결과가 완전히 연결되어 있다. 그림 1.5에서 오른쪽 하단에 나타나 있는 경제활동에서 시작되는데 경제의 규모가 크든 작든, 선진국이든 개발도상국이든 관계없이 이러한 경제활동은 온실기체(이산화탄소가 가장 중요한 기체)와 에어로솔을 배출하게 된다. 그림에서 시계방향으로 돌아보면 이러한 배출은 기후계의 에너지의 출입을 변화시키고 그 결과로 기후변화를 가져오는 대기권의 중요 구성 요소들의 농도에 변화를 가져오게 한다. 이러한 기후변화는 자원 유용성의 패턴을 변화시키고, 인간의 생활과 건강에도 영향을 미쳐서 인간과 자연생태계 모두에 영향을 미치게 된다. 이런 영향은 다시 모든 측면에서 인류 발전에 영향을 준다. 시계반대 방향의 화살은 인류와 자연 생태계의 발전에 대한 또 다른 효과를 보여주는데, 예를 들면, 삼림벌채와 생물다양성의

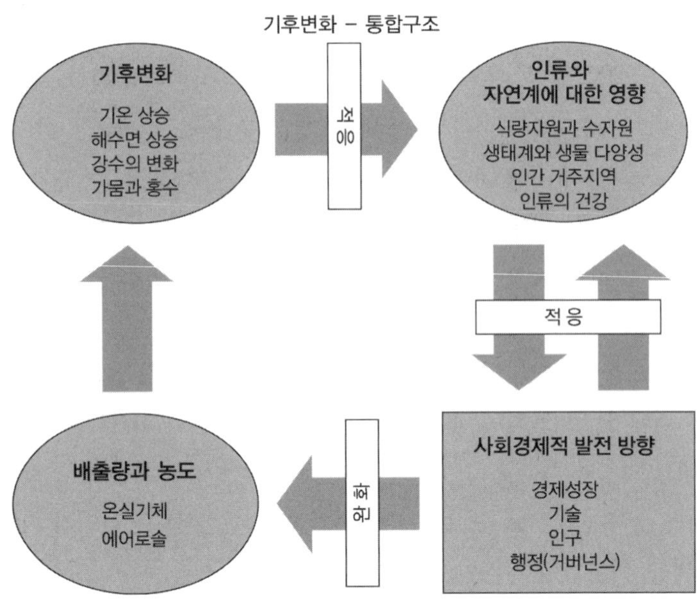

그림 1.5 기후변화의 통합적 체계

손실을 초래하는 토지이용의 변화를 들 수 있다.

그림 1.5는 원인과 그 영향 모두가 적응(adaptation)과 완화(mitigation)를 통해서 변화될 수 있음을 보여준다. 일반적으로 적응은 영향을 감소시키며, 완화는 기후변화의 원인, 특히 기후변화에 영향을 미치는 온실기체의 배출을 감소시키는 데 그 목적이 있다.

불확실성과 반응

미래 기후의 예측은 많은 불확실성을 지니는데, 그것은 기후변화의 과학 수준과 원인이 되는 미래의 인류활동에 대한 불완전한 지식 때문이다. 정치가와 의사결정자들은 기후변화의 위협에 반응하여 취할 수 있는 다양한 행동의 비용과 바람직함을 모든 측면의 불확실성과 비교, 고찰할 필요가 있다. 어떤 완화책은 경우에 따라 상대적으로 적은 비용(혹은 순비용의 절감)으로 비교적 용이하게 실행에 옮길 수 있는데, 예를 들면, 에너지원을 보존하거나 절약할 수 있는 프로그램의 개발과 삼림벌채를 감소시키고 식목을 장려하는 정책의 개발 등이 여기에 해당할 수 있다. 또 다른 행동의 방식으로 들 수 있는 이산화탄소의 배출을 많이 야기하지 않는 에너지원(예를 들면, 재생 에너지원들, 바이오매스, 수력, 풍력, 태양 에너지 등)으로의 대규모의 대체 작업은 선진국이나 개발도상국 모두가 시간이 걸릴 것이다. 이렇듯 새로운 에너지 체계의 구축과 현재의 이산화탄소 배출에 따른 기후변화에 대한 대응에는 장기간의 시간이 필요하기 때문에 지금 당장 긴급하게 착수해야 한다. 제9장에서도 논의하겠지만 '관망하는 자세'로의 대응은 무책임하다고 본다.

다음 장에서 먼저 지구온난화의 과학, 지구온난화의 증거, 그리고 기후 예측에 대한 현재의 기술 수준에 대해서 설명할 것이다. 그리고 기후변화가 인간 생활에 미칠 수 있는 영향에 대해서, 예를 들면, 수자원과 식량공급에 관한 알려진 사실을 논의할 것이다. 왜 우리들이 환경에 관심을 가져야 하며 과학적 불확실성에 직면하여 어떠한 행동을 해야 하는가에 대한 문제들은 이산화탄소 배출량의 대규모 감소를 위한 기술적 가능성을 고찰하고 이러한 작업이 우리들의 에너지원과 그 이용—특히 교통 부문—에 어떠한 영향을 미칠 것인지를 살펴보고 난 연후에 풀리게 될 것이다.

마지막으로 '지구촌'의 과제를 강조할 것이다. 환경에 관한 한 국가 간의 경계는 갈수록 그 중요성을 잃어가고 있다. 한 국가의 오염은 전 세계에 영향을 미칠 수가 있다. 더욱이 환경 문제는 인구증가, 빈곤, 자원의 낭비, 국제적 안정성 등과 같이 다른 전 지구적인 문제와 연계되어 있다는 인식이 확대되고 있다. 이 모든 문제들은 전 지구적인 방안에 의해서만 해결책이 나올 수 있는 전 지구적인 도전인 것이다.

■ ■ ■ 과제

1. 기후변화, 지구온난화 혹은 온실효과를 다루고 있는 최근의 신문이나 잡지 기사들을 살펴보자. 얼마나 많은 기사들이 정확한 내용을 담고 있는가?

2. 기후변화, 지구온난화, 온실효과에 대한 설문지를 작성해보자. 얼마나 많은 사람들이 이 주제에 대하여, 그리고 이들 간의 관련성과 중요성을 알고 있는가? 응답자들의 배경을 고려하여 설문 결과를 분석해보자. 그리고 이들이 보다 나은 지식을 얻을 수 있는 방안을 제시해보시오.

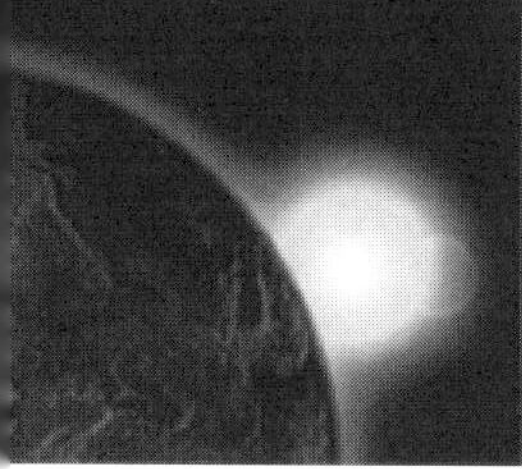

온실효과 2

지구온난화의 기본 원리는 지구표면을 덥혀주는 태양복사에너지와 우주로 방출되는 지구와 대기로부터의 지구 복사에너지를 고려해야 이해할 수 있다. 평균적으로 이 두 가지 복사는 균형을 이룬다. 균형이 깨어지면(예를 들면, 대기 중 이산화탄소의 증가) 지구표면의 기온이 증가되면서 다시 균형을 이룬다.

지구는 어떻게 온도를 유지하는가

지구와 대기가 덥혀지는 과정을 설명하기 위하여 매우 단순한 지구를 가정해보자. 만일 지구를 덮고 있는 구름, 수증기, 이산화탄소, 모든 미량 기체와 먼지들을 모두 갑자기 제거한다고 가정하면 대기 중에는 질소와 산소만이 남게 된다. 다른 조건들은 모두 그대로 유지한다. 이러한 조건하에서라면 대기의 온도는 어떻게 될까?

비교적 단순한 복사균형을 고려하면 계산은 간단하다. 대기권 상층에서 1m²당 직접 입사되는 태양복사에너지는 약 1,370W이다. 대체로 가정용 백열등 정도의 에너지에 해당된다. 그러나 지구표면에 직접 도달하는 태양열은 극히

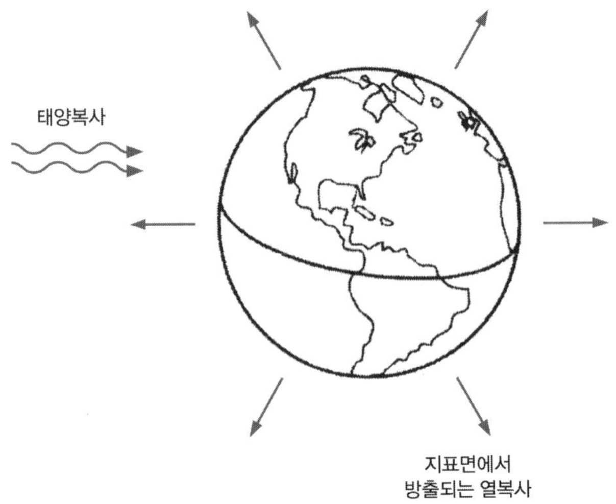

그림 2.1 지구 행성의 복사 균형. 순입사 태양복사는 지구로부터 방출되는 열에너지와 균형을 이룬다.

일부 지역에 불과하고, 또 하루 중 절반인 야간에는 태양 에너지가 도달하지 않게 되어 대기권 상층의 입사 태양열의 약 1/4에[1] 불과한 약 343W이다. 이러한 복사가 대기를 통과하면서 6% 정도는 대기 중의 기체분자들에 의해서 산란되어 우주로 되돌아간다. 평균적으로 약 10%는 대륙과 해수면에서 우주로 반사된다. 남은 84%인 지표면 $1m^2$당 약 288W는 지구표면을 실제로 덥혀주는 데 사용된다. 이것은 큰 백열등 3개 정도가 방출하는 에너지이다.

이러한 입사에너지와 균형을 이루기 위하여 지구 자신은 열복사의 형태로 동일한 양의 에너지를 우주로 방출해야 한다(그림 2.1). 모든 물체들은 이러한 종류의 복사에너지를 방출한다. 물체의 온도가 높으면 방출하는 복사를 눈으로 볼 수 있다. 약 6,000℃ 정도의 태양은 희게 보이며 800℃ 정도의 백열등은 붉게 보인다. 보다 차가운 물체들은 육안으로 볼 수 없는 복사를 방출하며

---

1) 지구가 태양 에너지를 받아들이는 면적은 지구 단면을 이루는 원면적이며 이것은 지구표면의 약 1/4에 해당하기 때문이다(그림 2.1 참조).

스펙트럼 중에서 적색 바깥쪽에 놓인 적외선 복사가 된다(태양열의 단파복사와 구분하기 위하여 때때로 장파복사로 불리기도 한다). 맑고 별이 빛나는 겨울 밤에 우리들은 지구에서 우주로 복사에너지가 방출되는 효과를 느낄 수 있다. 그 결과로서 서리가 생기기도 한다.

지표면에서 방출되는 열복사의 양은 지표면의 온도에 따라 달라진다. 지표면이 따뜻하면 할수록 보다 많은 에너지가 방출된다. 복사의 양은 표면이 에너지를 얼마나 많이 흡수하는가에 달려있다. 흡수량이 많으면 많을수록 보다 많은 에너지를 방출한다. 우리들이 적외선 파장대를 볼 수 있다면 지구 표면의 대부분은 얼음과 눈까지 포함하여 '검게' 보일 것이다. 이것은 이러한 물체들이 받아들이는 열복사를 반사하는 대신 전부를 흡수한다는 것을 의미한다. 계산해보면[2] 입사하는 에너지와 균형을 이루기 위해서 지표면에서 에너지를 방출하게 되면, 지표면의 평균온도가 -6℃ 정도가 될 것이다.[3] 실제로는 온도가 더 낮다. 사실, 육지와 해양을 포함한 거의 전 지구 표면에서 측정된 연평균 온도는 약 15℃에 이른다. 이러한 불일치를 설명하는 데는 아직 계산에 포함되지 않은 몇 가지 요인들이 필요하다.

온실효과

대기의 대부분을 구성하는 기체인 질소와 산소는 열복사를 흡수하지도 방출

2) 흑체 복사는 스테판-볼쯔만 상수($5.67 \times 10^{-8} Jm^{-2}K^{-4}s^{-1}$)에 흑체의 절대온도(K) 값의 4승을 곱한 것이다. 절대온도는 섭씨온도에 273을 더한 값이다(1K=1℃).

3) 질소와 산소만을 가지는 대기라는 단순 모형을 이용한 이러한 계산은 다른 기체들의 효과, 특히 수증기와 이산화탄소의 효과를 알아보기 위하여 제시되었다. 물론 실제로 존재하는 모형은 아니다. 모든 수증기들이 물과 얼음의 표면에 인접한 대기로부터 제거될 수도 없다. 더욱이 평균 표면 온도가 -6℃ 상황이면 실제로는 더 많은 면적이 얼음으로 뒤덮히게 된다. 추가되는 얼음은 보다 많은 태양 에너지를 우주로 반사하면서 표면의 온도를 더욱 낮추게 된다.

표 2.1 대기 구성 물질, 주요 기체들(질소와 산소)과 온실기체(1995년 현재)

기체	소수(fraction)*와 ppm으로 표시된 혼합비 혹은 몰분율(mole fraction)
질소(N_2)	0.78*
산소(O_2)	0.12*
수증기(H_2O)	변화가 큼(0~0.02*)
이산화탄소(CO_2)	370
메탄(CH_4)	1.8
이산화질소(N_2O)	0.3
염화불화탄소(CFCs)	0.001
오존(O_3)	변화가 큼(0~1000)

* 용어해설을 참조할 것.

하지도 않는다(표 2.1은 대기의 구성을 상세히 보여주고 있다). 지표에서 방출되는 열복사를 흡수하는 것은 대기에서 그 양이 매우 적은 수증기, 이산화탄소 및 일부 미량 기체이고 이들은 부분적인 담요효과를 가진다. 이것이 지구 표면 평균기온인 15℃와, 대기 중에서 질소와 산소만이 존재한다고 가정할 때[4]의 -6℃ 간의 21℃ 차이를 유발한다. 이러한 담요작용을 자연적인 온실효과(natural greenhouse effect)라고 부르고 이러한 작용을 하는 기체들은 온실기체라고 한다. '자연적'이라고 불리는 것은 모든 대기 중의 기체들[염화불화탄소(CFCs)는 제외]이 인류가 지구상에 등장하기 전부터 존재해왔기 때문이다. 뒤에서 '강화된 온실효과(enhanced greenhouse effect)'에 대해 논의하는데 이는 화석연료

4) 이러한 계산은 때로는 여기서 가정된 16% 보다 더 많은 지구와 지구대기의 평균 반사율 30%을 이용하여 수행되기도 한다. 표면의 온도 계산은 16%일 때의 -6℃보다 더 낮은 -18℃가 나온다. 지구의 평균 반사도를 30%라는 보다 높은 값을 주게 되면, 구름이 포함된 경우에 적용이 될 수 있는데, 이 때의 -18℃는 지구의 표면에는 적용이 곤란하고 보다 상층의 대기에서 적용이 가능하다. 더욱이 구름은 태양복사를 반사할 뿐만 아니라 열복사를 흡수하여 온실효과와 유사한 담요효과를 가진다. 따라서 온실효과를 설명하려면 초기계산에서 구름의 효과를 생략하는 것이 옳다.

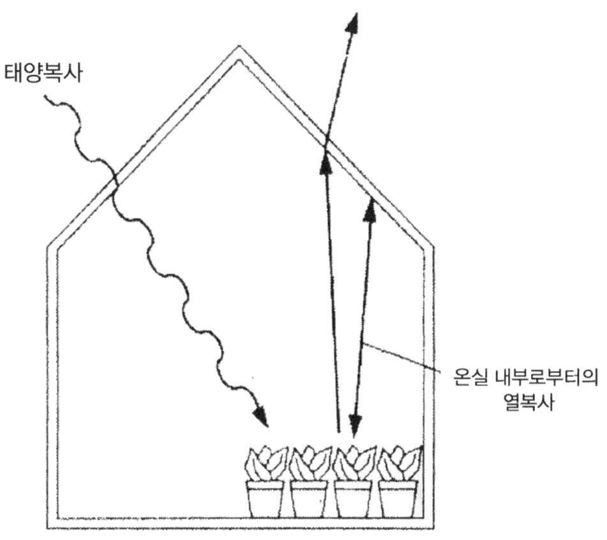

그림 2.2 온실은 입사 태양복사와 방출 열복사에 대한 대기의 작용과 유사한 효과를 보여준다.

의 연소와 삼림벌채와 같은 인간활동에 의하여 현재의 대기 중에 온실기체가 더해져서 발생하는 효과를 말한다.

온실효과에 대한 기초 과학은 지구 대기의 복사와 온실 유리의 복사 특성 간의 유사성(그림 2.2)이 처음 주장된 19세기 초부터 알려져왔으며 따라서 이름도 '온실효과'로 불려져왔다(글상자 참조). 온실에서 태양으로부터의 가시 광선은 거의 방해받지 않고 유리를 통과하여 내부의 식물과 토양에 흡수된다. 그러나 식물과 토양에 의해서 방출된 열복사는 유리에 의해서 흡수되는데 그 일부를 온실로 다시 재방출한다. '복사 담요'와 같은 작용을 하는 유리는 온실을 따뜻하게 유지시키는 데 도움을 준다.

온실에서의 복사 전달은 여러 가지 열전달 방법 중의 하나에 불과하다. 열전달의 보다 중요한 수단은 대류작용으로서 밀도가 보다 낮은 따뜻한 공기가 상승하고 밀도가 보다 높은 찬 공기가 하강하게 되는 것이다. 이러한 과정과 유사한 사례로 가정에서 사용하는 대류형 전열기를 들 수 있다. 이는 방안에서

온실효과 과학의 선구자들[5)]

대기 중 온실기체의 온난화 효과는 수학발전에 큰 공헌을 하여 잘 알려진 프랑스 과학자 장-밥티스트 푸리에(Jean-Baptiste Fourier)에 의해서 1827년 처음으로 알려졌다. 또한 그는 대기와 온실 유리의 작용 간의 유사성을 밝혀내고 '온실효과'라는 이름을 붙였다. 그 이후 영국의 과학자 존 틴들(John Tyndall)은 1860년경에 이산화탄소와 수증기에 의한 적외선 복사의 흡수량을 측정했다. 그는 또한 빙하시대의 발생 원인이 이산화탄소에 의한 온실효과 감소에 있다고 주장했다. 1896년 스웨덴의 화학자인 스반테 아레니우스(Svante Arrhenius)는 온실기체의 농도 증가의 효과를 계산했다. 그는 이산화탄소가 배증할 때마다 지구 평균온도가 5~6℃ 정도 상승한다고 추정했다. 이 추정치는 현재 알려져 있는 과학적 지식과 큰 차이가 없다.[6)] 거의 50년 후인 1940년에 영국에서 연구하던 칼렌다(G. S. Callendar)는 화석연료의 연소로 발생하는 이산화탄소의 증가에 기인하는 온난화 정도를 처음으로 산출했다.

온실기체의 증가로 나타나는 기후변화의 문제가 처음으로 알려지게 된 것은 1957년 미국 캘리포니아의 스크립스 해양연구소의 로저 레벨(Roger Revelle)과 한스 쥐스(Hans Suess)가 인류는 이산화탄소라는 빌딩을 세우고 그 속에서 대규모 지구물리학 실험을 수행하고 있다고 지적한 논문을 발표하면서부터였다. 같은 해 하와이의 마우나 키아에 있는 관측소에서 주기적인 이산화탄소 측정을 시작했다. 그 이후 화석연료의 급속한 사용 증가는 환경에 대한 관심의 증대와 함께 지구온난화라는 주제를 1980년대의 주요 국제 정치 의제로 끌어올렸으며 결국 다음 장에서 다루게 될 1992년의 기후협약 체결에 이르게 하였다.

5) 보다 자세한 내용은 Mudge, F. B. "The development of greenhouse theory of global climate change from Victorian Times," *Weather*, 52(1997), pp.13~16 참조.

6) 1.5~4.5℃의 범위가 6장, 173쪽에서 인용되고 있다.

열의 대류작용을 강화시켜 방안 전체를 난방한다. 따라서 온실에서의 상황은 복사가 열전달의 유일한 과정인 경우보다 더 복잡하다.

혼합과 대류는 보다 큰 규모로 대기 중에서 나타나는데, 온실효과를 올바르게 이해하기 위해서는, 대류에 의한 열전달 과정을 대기 중에서 복사 전달과 마찬가지로 중요한 과정으로 받아들여야 한다.

대기 내에서(최소한 지표에서 대기의 3/4 정도 혹은 약 10km의 높이를 가지는 대류권) 대류는 실질적으로 열전달의 주된 방법이다. 대류작용은 다음과 같이 일어난다. 지구표면은 태양광선을 흡수하여 덥혀진다. 지표면 가까이에 있는 공기가 따뜻해지면서 밀도가 낮아져 상승한다. 공기가 상승하면 팽창하여 냉각된다. 타이어의 공기가 밸브를 통해 빠져나올 때 냉각되는 것과 같은 원리이다. 어떤 공기 덩어리가 상승하면 다른 공기 덩어리는 하강하게 된다. 따라서 공기는 상승과 하강의 서로 다른 운동을 지속적으로 주고받으며 균형을 이루는데 이를 대류 평형상태라고 한다. 대류권의 온도는 고도가 높아질수

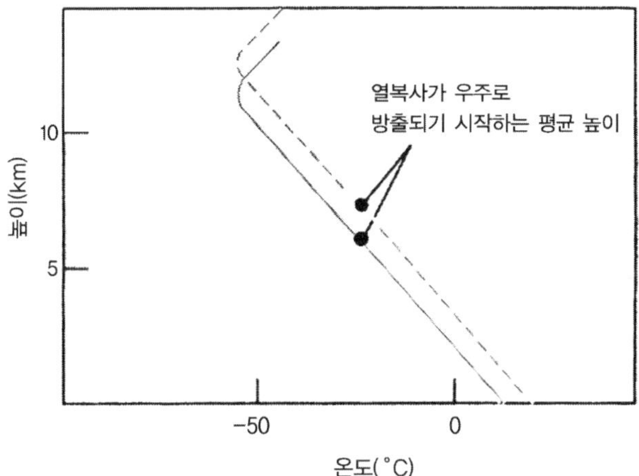

그림 2.3 대류권의 기온 분포(실선). 점선은 대기 중 이산화탄소의 양이 증가할 때 어떻게 기온이 증가하는가를 보여준다(그림에서 실선과 점선 간의 차이가 과장되어 있다. 예를 들어, 다른 효과의 영향이 없다면, 이산화탄소가 두 배가 되면 온도 증가는 약 1.2℃가 된다). 그림에서는 두 경우 모두 대기권을 벗어나기 시작하는 열복사의 평균적인 높이도 보여준다(교란되지 않은 대기에서는 약 6km 정도).

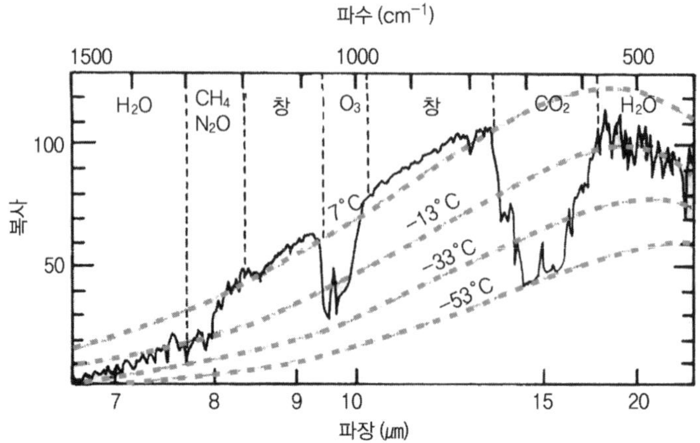

그림 2.4 지중해 상공에서 위성에 의해 관측된 지구표면과 대기권에서 방출되는 적외선 파장대(가시광선 파장대는 0.4~0.7㎛)에서의 열복사. 여러 기체들이 복사에 관여하는 스펙트럼의 파장대의 영역을 보여준다. 파장대 8㎛과 14㎛ 사이에서 오존 밴드를 제외하고는, 대기는 구름이 없는 상태에서는 매우 투과성이 높다. 이러한 스펙트럼 영역을 '창(window)' 영역(대기의 창)으로 불린다. 스펙트럼 영역 위에 7℃, -13℃, -33℃, -53℃의 흑체로부터의 복사 곡선이 그려져 있다. 복사 단위는 watt/m²/스테라디안/파수이다.

록 낮아지는데 온도하강률은 대류작용의 정도에 의해 정해진다. 온도하강률은(기온감률로 불린다) 1km 상승할 때마다 평균 6℃ 정도이다(그림 2.3).

대기 중에서 일어나는 복사의 전달은 지구궤도를 도는 위성에 실린 측정기구로 관측된 지구와 지구대기에 의해서 방출되는 열복사를 분석함으로써 알 수 있다(그림 2.4). 어떤 적외선 파장대에서 대기는 구름이 없는 상태에서 마치 스펙트럼의 가시광선에서처럼 대체로 투과성이 높다. 만일 우리들의 눈이 이들 파장대에 민감하다면 우리들은 가시광선역의 스펙트럼에서처럼 대기를 통해서 하늘 높이 있는 태양, 별, 달을 볼 수 있을 것이다. 이 파장대에서 지구표면으로부터 벗어나는 모든 복사들은 대기를 떠나간다.

지표면에서 방출되는 나머지 다른 파장대의 복사는 대기 중에 존재하는 수증기와 이산화탄소 같은 몇몇 기체들에 의해서 강력하게 흡수된다. 복사에

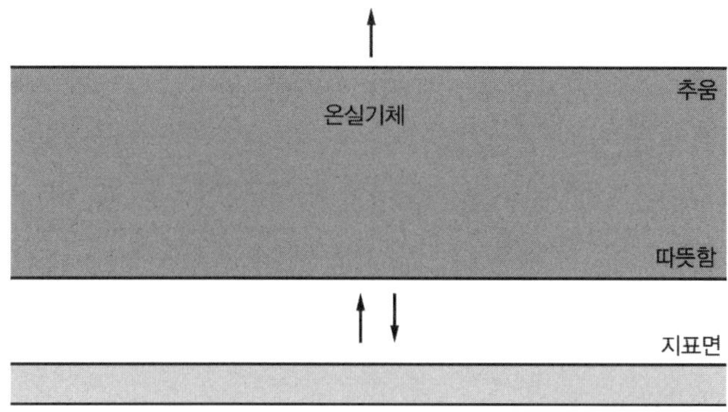

그림 2.5 온실기체의 담요효과

너지를 잘 흡수하는 물체들은 방출도 잘한다. 검은 물체 표면은 좋은 흡수체이면서 방출체이지만, 반면에 반사를 잘하는 표면은 흡수와 방출 모두를 잘하지 못한다(반사능이 좋은 은박의 보온병 벽면과 다락방의 단열면에 이용되는 이치와 같다).

대기 중에서 흡수성이 있는 기체들은 지구표면에서 방출되는 복사열의 일부분을 흡수하고 다시 우주로 복사열을 방출하기도 한다. 방출하는 열복사의 양은 온도에 비례한다.

이들 기체에 의해 대기권 상한 근처에서 복사가 우주로 방출되는데 대체로 5~10km 사이의 높이가 된다(그림 2.3). 여기서는 앞에서 언급한 대류작용 때문에 지표보다 30~50℃ 정도 혹은 그 이상으로 기온이 떨어진다. 기체가 차갑기 때문에 여기에 상응하여 복사를 잘 못하게 된다. 따라서 이들 기체들은 지구표면에서 방출되는 복사열들을 흡수하게 되며 우주로 방출되는 복사량은 훨씬 줄어든다. 이렇게 하여 이들 기체들은 지표면을 덮는 담요와 같은 역할을 하게 되면서(담요의 바깥은 담요의 안쪽보다 훨씬 춥다는 점을 유의) 지구표면을 보다 따뜻하게 유지시켜준다.[7](그림 2.5).

7) 온실효과에 대한 수식이론은 Houghton, J. T., *The Physics of Atmosphere*, 3th ed.,

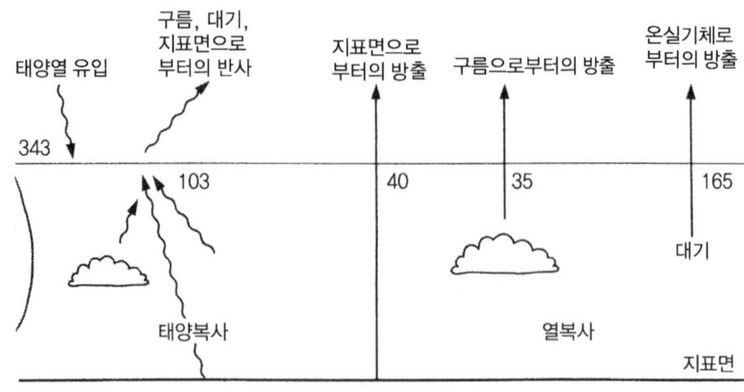

그림 2.6 지구의 대기를 출입하면서 지구 복사수지를 이루는 복사(W/m^2) 성분

대기권의 상층으로 유입되는 복사와 방출되는 복사 간에는 균형을 유지할 필요가 있다. 이 장 시작 부분에서 다룬 매우 간단한 모델에서도 잘 나와 있다. 그림 2.6은 실제 대기권 상태에서 대기권의 상층에 유입되거나 방출되는 여러 가지 형태의 복사 요소들을 보여준다. 평균적으로 대기와 지표면에 의해서 흡수되는 태양복사는 240W/m^2 정도이다. 이것은 구름의 효과가 계산되었기 때문에 본 장의 도입부에서 언급된 288W보다도 적은 값이다. 구름은 태양으로부터 입사하는 복사의 상당량을 우주로 돌려보낸다. 그러나 구름도 역시 열복사를 흡수하고 방출하면서 온실기체와 유사한 담요효과를 가지고 있다. 이들 흡수와 반사 효과는 서로 반대로 작용한다. 태양복사의 반사 기능은 지구의 표면을 냉각시키는 경향을 지니고 복사열을 흡수하는 기능은 지구를 따뜻하게 만든다. 이들 두가지 효과를 면밀히 따져보면 전체 복사수지 면에서 구름의 평균적인 순효과는 지구표면을 약간 냉각시키는 것으로 나타난다.[8)]

그림 2.6의 숫자는 평균적으로 입사하는 240W/m^2와 방출하는 240W/m^2가 균형을 이루기 위해서 제시된 것이다. 지표면의 온도와 이와 관련된 대기의

(Cambridge: Cambridge Univ. Press, 2002), 2장에 있다. 이 책의 14장도 참고.

8) 구름의 복사효과에 대한 보다 자세한 내용은 5장 및 그림 5.14와 5.15를 참고.

온도는 이러한 균형이 유지될 수 있도록 자체적으로 조절이 된다. 유의할 것은 온실효과는 대기 상층부에 상대적으로 낮은 온도 상태가 될 때만 작용을 한다는 점이다. 따라서, 고도 상승에 따라 기온이 감소하는 구조가 아니라면 지구상에는 온실효과가 없었을 것이다.

화성과 금성

온실효과와 유사한 현상들이 지구와 가장 가까운 행성인 화성과 금성에서도 나타난다. 지구를 기준으로 본다면, 지구보다 적고 매우 얇은 대기를 가진 화성 표면에 설치되는 기압계는 지구 표면의 기압보다 1% 정도 낮은 수치를 보여줄 것이다. 하지만 화성의 대기는 거의 이산화탄소로만 이루어져 있어 크지는 않지만 상당한 온실효과를 발휘하고 있다.

아침과 저녁 하늘에서 태양에 근접해 있을 때 잘 보이는 금성은 화성과는 매우 다른 대기구조를 지니고 있다. 금성은 지구와 크기가 비슷하다. 금성에서 사용할 기압계는 매우 가혹한 환경에서도 견뎌내야 하고, 지구 대기의 100배에 이르는 기압을 측정할 수 있어야 한다. 매우 많은 이산화탄소를 포함하고 있는 금성의 대기 내에서는 거의 순수한 황산으로 만들어진 방울들이 두꺼운 구름이 되어 행성을 완전히 덮고 있어 태양열이 행성표면까지 도달하기는 거의 불가능하다. 금성에 착륙했던 러시아의 우주 탐사선들은 지구상에서 먼지로 뒤덮힌 듯한 금성의 대기 상태를 관측하였는데, 이러한 구름 상태를 통과할 수 있는 태양복사는 거의 1~2%에 불과했다고 기록하고 있다. 행성표면을 덥힐 수 있는 태양 에너지의 양이 매우 적기 때문에 금성이 서늘한 상태라고 추측할 수 있다. 반대로, 같은 러시아 우주 탐사선의 측정 결과를 보면 금성 표면의 온도는 525℃로 사실은 흐릿한 붉은 색의 열기를 띠고 있다.

이와 같은 매우 높은 온도의 원인은 온실효과이다. 이산화탄소로 이루어진 매우 두껍고 흡수성이 높은 대기는 표면으로부터의 열복사가 우주로 빠져나가지 못하게 한다. 이러한 대기는 복사에 대해 매우 효과적인 담요 역할을 하게 되어 행성표면을 가열하는 태양 에너지가 많지 않다 하더라도 온실효과가 나타나면서 거의 500℃에 이르는 대기 온도를 보여준다.

급격한 온실효과

금성에서 나타나고 있는 것은 '급격한(runaway)' 온실효과로 불리는 현상의 한 예이다. 이에 대한 설명을 위해 금성 대기의 생성 초기 역사를 상상해보기로 하자. 금성의 대기는 행성 내부로부터 기체의 방출로 형성되었다. 금성의 대기

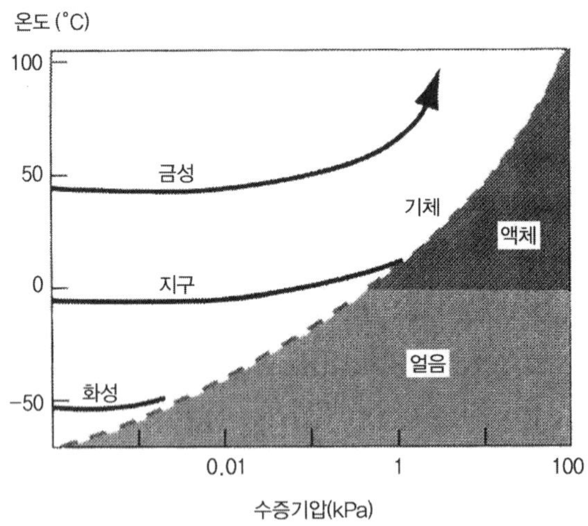

그림 2.7 지구, 화성, 금성의 대기 진화과정 모식도. 이 그림은 세 행성의 표면 온도와 각 행성의 진화과정 중에 대기 중 수분의 증기압과의 관계를 보여준다. 물의 상태변화선(phase line)이 점선으로 표시되어 있는데, 각각 수증기, 액체 상태의 물과 얼음이 균형상태를 이루고 있다. 화성과 지구에서는 수증기가 얼음과 액체 물과 평형을 이루면서 온실효과가 정지되고 있다. 금성에서는 이러한 정지상태가 나타나지 않고 있으며 그림에서 보듯이 '급격한' 온실효과가 계속되고 있음을 보여준다.

는 형성 초기에 강력한 온실기체인 수증기를 많이 함유하게 되었다(그림 2.7). 수증기의 온실효과는 행성표면의 온도를 상승시켰다. 대기의 온도가 상승하면서 행성표면에서 더 많은 수분을 증발시켰고, 대기 중 수증기의 양은 더욱 많아지면서, 온실효과가 더욱 강화되고 행성표면의 온도도 더욱 올라갔다. 이러한 과정은 대기가 수증기로 포화되거나 가용한 수분들이 모두 증발할 때까지 계속되었을 것이다.

우리들이 알고 싶은 것은 지구는 금성과 거의 같은 크기이고 더구나 대기의 구성 성분도 비슷한데, 지구에서는 왜 이러한 일들이 일어나지 않는가 하는 것이다. 그 이유는 금성은 지구보다 태양에 가깝기 때문이다. 금성에 도달하는 m^2당 태양 에너지는 지구에 비해 거의 두 배에 달한다. 금성의 표면 온도는 대기가 전혀 없었던 초기에 50℃를 약간 넘는 온도로 시작했다(그림 2.7). 금성에서는 앞에서 언급한 일련의 연속된 과정들을 통하여, 지표면의 수분들이 계속하여 증발한 것이다. 높은 온도 때문에 대기는 수증기로 포화되지 않았다. 그러나 지구는 보다 낮은 온도에서 대기가 시작되었다. 연속과정의 각 단계마다 지표면과 대기 사이에는 수증기 포화로 인하여 평형상태에 도달했다. 따라서 지구에서는 이러한 급격한 온실효과의 가능성은 없다.

강화된 온실효과

화성과 금성을 살펴보았으니 이제 지구로 다시 돌아가자! 자연적 온실효과는 현재의 지구와 같이 자연상태로 대기 중에 존재하는 수증기와 이산화탄소와 같은 기체 때문에 나타난다. 대기 중의 수증기의 양은 해수면의 온도에 크게 의존한다. 대부분의 수증기는 해수면으로부터의 증발로 인해 발생하며 인간활동에 의한 직접적인 영향은 받지 않는다. 이산화탄소는 다르다. 이산화탄소의 양은 산업혁명 이후 인간의 산업활동과 삼림벌채로 인해 약 30% 정도 크게 변화해왔다(3장 참조). 앞으로도 통제 요인이 없다면 대기로의 이산화탄소

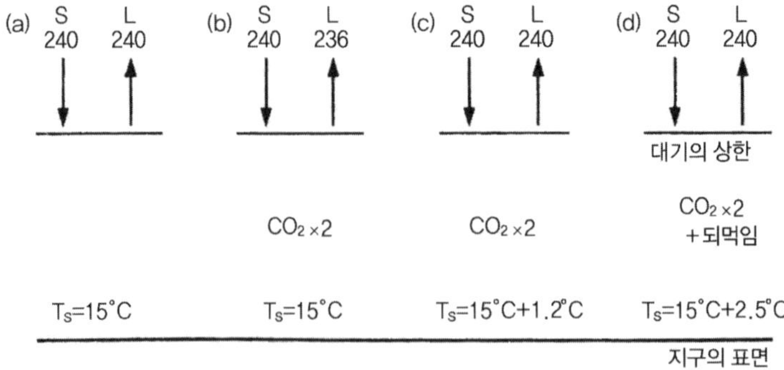

그림 2.8 강화된 온실기체 효과의 모식도. 자연조건(a)에서는 유입되는 순태양복사량 (S=240W/m^2)은 대기의 상한을 벗어나는 열복사(L)와 균형을 이룬다. 지표면의 평균온도(Ts)는 15℃이다. 이산화탄소 농도가 갑자기 배증(b)하게 되면, L은 4W/m^2 감소한다. 1.2℃까지 상승한 지표와 하층 대기의 온도를 제외하고 아무것도 변하지 않았다면 열수지는 회복된다. 되먹임과정(d)까지 고려한다면 지표면의 평균온도는 약 2.5℃까지 상승하게 된다.

의 배출량은 가속화되고, 다음 100년 기간 내에 산업화 이전 시기와 비교하여 2배로 증가할 것이다(그림 6.2).

이러한 이산화탄소의 증가는 강화된 온실효과로 인해 지구표면에서 온난화를 가져온다. 예를 들어, 다른 조건들은 그대로인 상태에서 대기 중의 이산화탄소의 양이 갑자기 배증했다고 상상해보자(그림 2.8). 배증하기 전의 복사수지에서 숫자상으로 어떠한 변화가 있을까?(그림 2.6) 태양복사의 수지는 영향을 받지 않는다. 대기 중의 이산화탄소의 양이 늘어난다는 것은 대기로부터 방출되는 열복사가 그 전에 비해 보다 고도가 높고 온도가 낮은 층에서 나타나게 될 것이다(그림 2.3). 따라서 열복사수지는 감소되고 그 감소량은 4W/m^2 정도가 될 것이다(보다 정확한 값은 3.7).[9)]

이것은 전체적으로 4W/m^2 정도의 순불균형을 가져온다. 나가는 것보다

9) 강화된 온실효과에 대한 보다 자세한 내용은 Houghton, J. T., *The physics of Atmosphere*, 3th ed., (Cambridge: Cambridge University Press, 2002), 14장 참고.

더 많은 에너지가 들어오게 된다. 균형을 회복하기 위하여 지표면과 하층 대기는 보다 따뜻해질 것이다. 온도 외에 다른 요소들이 변하지 않는다면, 즉 구름, 수증기, 빙하, 적설 면적 등이 그대로라면 기온은 약 1.2℃ 정도 변화할 것이다.

물론 실제상황에서 다양한 다른 요인들이 변화하게 되고, 이들 중 일부 요인들은 온난화를 가속화시킬 것이며(양의 되먹임이라고 한다), 어떤 요인들은 온난화를 감소시킬 것이다(음의 되먹임이라고 한다). 실제 상황은 단순한 계산보다는 훨씬 복잡하게 전개된다. 이러한 복잡한 상황은 5장에서 보다 상세히 다루어질 것이다. 여기서는 현재의 시점에서 이산화탄소의 농도가 배증된다면 지표면 평균기온 증가의 최적 추정치는 단순 계산의 약 2배인 2.5℃가 될 것이라고 제시하는 데 그친다. 1장에서 살펴본 것처럼, 전 지구 평균온도에 있어서 이 정도의 상승은 대단한 변화이다. 현재의 관심사는 강화된 온실효과로 인해 예상되는 지구온난화이다.

이산화탄소 양의 배증을 고려하면서, 만약 모든 이산화탄소가 대기로부터 제거된다면 어떤 일이 벌어질까 가정해보는 것도 흥미로운 일이다. 이러한 가정하에서는 반대 방향으로 방출되는 복사가 4W/m^2 정도 변화가 일어난다면 지구의 온도는 1~2℃ 정도 하강할 것으로 추정된다. 사실 이산화탄소의 배출이 반 정도로 줄어든다면 이와 같은 현상도 가능하다. 이산화탄소가 모두 제거된다면 방출 복사량은 25W/m^2로서 4W/m^2의 거의 6배에 달하는 방출량이지만, 기온의 변화는 비슷하게 증가할 것이다. 그 이유로는, 현재 대기 중에 존재하는 이산화탄소 양으로도 이산화탄소 흡수 파장대상에서 일어날 수 있는 최대한의 흡수가 일어나고 있으며, 따라서 이산화탄소의 농도가 크게 증가한다 하더라도 이산화탄소가 흡수하는 복사량에는 상대적으로 변화가 적게 나타날 것으로 보기 때문이다.[10] 이것은 수영장의 물과 같은 상황이다. 물이 깨끗하다면, 적은 양의 뻴이라도 물을 탁하게 만들 수 있지만, 이미 탁한 상태라면

10) 기체의 농도와 흡수량과의 관계는 로그지수적인 관계이다.

더 추가되어도 별 차이를 느끼지 못한다.

강화된 온실효과의 증거들이 최근의 기후 기록에서 구체적으로 나타나고 있는가는 분명하게 파악해야 할 질문이다. 제4장은 지난 한 세기 또는 그 이상의 기간 동안 지구상에서 일어난 기온 기록에 대하여 살펴볼 것이다. 지난 세기 동안 지구에는 평균적으로 0.5℃ 이상의 온도 상승이 있었다. 4장과 5장에서 이러한 온난화의 대부분은 강화된 온실효과 때문이라는 뚜렷한 근거가 제시되고 있는데 물론 자연적 기후 변동성의 규모가 크기 때문에 기여의 정확한 정도는 아직은 불확실한 상태로 남아 있다.

이상 논의들을 정리해보면 다음과 같다.

- 자연적 온실효과의 실체는 누구도 의심하지 않는다. 이러한 온실효과는 그렇지 못한 경우보다 20℃ 이상의 기온 상승을 가져왔다. 그 동안 이 점에 대한 과학적 이해에는 많은 진전이 있었다. 이러한 과학적 이해는 강화된 온실효과에도 유사하게 적용된다.
- 지구와 가장 인접한 화성과 금성에서도 엄청난 온실효과가 일어나고 있다. 이들 행성에 주어진 조건에 따른 온실효과의 규모가 계산될 수 있으며, 계산에 따른 측정치의 유용성에 대해서는 모두 동의하고 있다.
- 과거의 기후에 대한 연구는 4장에서 다루어질 것이며 온실효과에 대한 많은 실마리들을 제공할 것이다.

그러나, 무엇보다 먼저 온실기체 자체에 대한 이해가 있어야 할 것이다. 이산화탄소가 어떻게 대기로 배출되는가, 그리고 다른 기체들은 지구온난화에 어떠한 영향을 미치는가?

■ ■ ■ 과제

1. 지구를 부분적으로 덮고 있는 구름이 입사 태양복사량의 30%를 반사시킬 경우 지구에서 균형을 이루는 평균온도는 -18℃가 되는 과정을 주석 4(주석 2와 함께)를 참조하여 계산해 보자. 구름이 지구의 반을 덮는다고 가정하고 이에 따라 지구의 반사도가 1% 증가한다고 가정한다면, 지구 균형상태의 평균온도는 얼마나 될까?

2. 이산화탄소에 의한 온실효과는 적외선에서의 흡수파장대가 거의 포화상태에 이르고 있으므로 무시해도 좋다는 주장들이 때때로 있어왔다. 이것은 지표로부터의 열복사를 더 이상 흡수하지 않을 것이라는 주장이다. 이러한 주장의 오류는 무엇인가?

3. 대기 중에서 이산화탄소가 완전히 제거될 경우 나타날 지표면의 대략적인 온도를 그림 2.4에 있는 정보를 이용하여 계산해보자. 지구와 지구 대기가 복사하는 총에너지가 항상 동일한 수준에 있다는, 즉 그림 2.4에서의 복사 곡선이 변하지 않는다는 가정이 지켜지려면 어떠한 조건들이 요구되는가? 여기에 기초하여 이산화탄소 파장대가 없는 새로운 곡선을 만들어보자.[11)]

4. 기후학이나 기상학에 대한 논문이나 저서들의 내용을 이용하여 대기 중의 수증기의 존재가 대기순환에 왜 중요한지를 설명해보자.

5. 온실기체의 증가에 의한 지역 온난화 정도는 일반적으로 해수면보다 육지지역에서 더 크게 나타난다. 그 이유는 무엇인가?

---

11) 여러 온실기체들의 적외선 파장대에 대한 이해에 도움을 줄만한 그림과 내용들은 Harries, J. E., "The greenhouse Earth: a view from space", *Quartly Journal of the Royal Meteorological Society*, 122(1996), pp.799~818 참조.

6. (물리학 배경이 있는 경우에 한하여) 국지열역학평형(Local Thermodynamic Equilibrium, LTE)[12]의 의미는? 지구온난화 논의에 적절한 하층 대기에서의 복사 전달의 계산에서 요구되는 기본 가정으로서의 LTE의 의미를 알아보자. LTE를 적용하는데는 어떠한 조건들이 필요한가?

12) LTE에 대한 정보는 앞에서 언급한 Houghton(2002) 참고.

온실기체 3

온실기체란 대기 중에 존재하며 지표면으로부터 방출되는 열복사를 흡수하는 기체로서 지표면에 대해서 담요효과를 가진다. 온실기체 중에서 가장 중요한 것은 수증기이지만 대기 중의 양은 인간활동 때문에 직접적으로 변화하지 않는다. 인간활동에 의한 영향을 직접 받는 중요한 온실기체는 이산화탄소, 메탄, 질소산화물, 염화불화탄소(CFCs), 그리고 오존이다. 이 장에서는 온실기체의 기원에 대해서 알려진 것은 무엇이고, 대기 중의 농도는 어떻게 변하고 조절되는지를 기술하게 될 것이다. 또한 지표를 냉각시키는 것으로 알려진 인공적으로 방출되는 입자(에어로솔)에 대해서도 살펴볼 것이다.

가장 중요한 온실기체는 무엇인가?

앞의 그림 2.4는 온실기체가 흡수하는 적외선 파장대의 영역을 보여준다. 온실기체에 있어 그 중요성은 대기 중의 농도(표 2.1)와 함께 적외선 복사의 흡수 강도에 있다. 흡수 강도는 기체마다 매우 다양하게 나타난다.

이산화탄소는 온실기체 중에서 가장 중요하다. 그것은 인간활동에 의해 대기 중의 농도가 계속 증가하고 있기 때문이다. 지구상의 분포도 다양하고 또한 양을 측정하기 어려운 염화불화탄소(CFCs)나 오존의 효과를 잠시 접어둔다면, 강화된 온실효과의 기여도는 이산화탄소(CO_2)가 70%, 메탄(CH_4) 24%, 아산화질소(N_2O) 6% 정도이다.

복사 강제력

이 장에서는 서로 다른 대기 성분들의 상대적인 온실효과를 비교하기 위하여 복사 강제력(radiative forcing)의 개념을 사용하기로 한다. 먼저 복사 강제력의 정의에 대해 알아보자.

앞의 2장에서 모든 다른 조건은 동일한데 대기 중의 이산화탄소의 농도가 갑자기 2배가 되면, 대기 상층에서의 순복사 불균형의 값은 3.7W/m^2가 될 것이라고 언급했다. 이러한 복사 불균형은 복사 강제력의 한 사례로서 복사 강제력은 대류권[1](하층 대기, 용어설명 참조) 상층에서 평균 순복사의 변화량으로 정의되며, 이러한 변화는 온실기체 농도의 변화 혹은 전반적인 기후계의 변화에 의해 일어난다. 예를 들면, 태양복사 입사량의 변화도 복사 강제력을 유발한다. 2장에서 논의되었듯이 시간이 지남에 따라 기후는 입사 복사와 방출 복사 간의 복사수지 회복에 대해 반응을 한다. 양의 복사 강제력은 평균적으로 지표면을 온난하게 만들고, 음의 복사 강제력은 지표면을 냉각시킨다.

이산화탄소와 탄소순환

이산화탄소는 탄소순환(carbon cycle)으로 알려져 있는 자연 상태에서의 다양

---

1) 복사 강제력은 대기 전체의 상층에서보다는 대류권 상층에서의 복사 불균형으로 정의하는 것이 편리하다.

한 탄소 저장소 간의 주요 이동수단으로 작용한다. 인간들도 호흡하는 매 순간마다 이러한 순환에 기여한다. 우리들이 공기로부터 산소를 흡입하여 섭취한 음식물에서 나온 탄소를 태우게 되고 이때 만들어지는 이산화탄소를 숨을 내쉬면서 몸 밖으로 내보낸다. 이런 방법으로 우리들은 생명을 유지하는 데 필요한 에너지를 제공받는다. 동물들도 같은 방법으로 대기 중에 이산화탄소를 배출한다. 불을 피우거나, 나무가 썩고, 토양의 유기물이 분해되는 등 여러 가지 방법으로 이산화탄소가 만들어진다. 이렇게 탄소가 이산화탄소로 변화하는 호흡의 과정들을 상쇄하는 것으로 그 반대 방향으로 작용하는 식물과 나무의 광합성을 포함한 과정들이 있다. 빛이 있는 곳에서 식물들은 이산화탄소를 흡입하고, 성장을 위해 탄소를 이용하며 산소를 대기 중으로 내보낸다. 호흡과 광합성은 물론 해양에서도 일어난다.

그림 3.1은 대기, 해양(해양 생물체를 포함), 토양, 육상 생물체(biota: 모든 살아 있는 생물체를 총칭하며, 생물권을 형성하는 육지와 해양의 모든 식물, 동물 등을 포함)와 같은 다양한 탄소 저장소 간의 탄소순환의 단순 개념도이다. 이 그림은 이산화탄소의 형태로 대기로의 탄소 출입이 상당히 많다는 것을 보여준다. 대기 중 탄소 총량의 1/5 정도가 매년 대기를 출입하고 있으며, 이들 탄소 중 일부는 육상 생물체, 일부는 해수면에서의 물리, 화학적 반응으로 이동이 이루어진다. 육지와 해양에 저장된 탄소는 대기 중의 양보다 훨씬 많다. 이들 대규모 저장소에서의 작은 변화도 대기 중의 농도에 큰 영향을 미친다. 해양에 저장된 탄소의 2%가 방출되면 대기 중의 이산화탄소는 바로 2배로 증가한다.

단위 시간당 인위적으로 대기 중에 이산화탄소의 형태로 방출되는 탄소는 파괴되지 않고 여러 형태의 탄소 저장소에 재분배된다는 점을 이해하는 것이 중요하다. 이러한 점에서 이산화탄소는 대기 중에서 화학적 반응으로 파괴되는 다른 온실기체와 다르다. 탄소 저장소들은 1년 이하의 기간에서 수십 년(해수면과 육지 생물권 간의 교환), 또는 수천 년(심해나 오래된 토양과의 교환)에 이르는 각각의 변환주기에 의해서 결정되는 다양한 시간 규모로 탄소를 자체 교환한

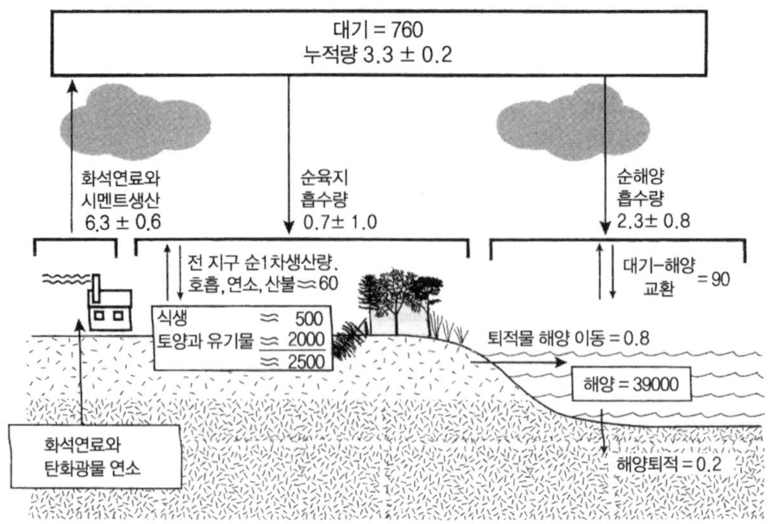

그림 3.1 1989~1998년의 10년 연평균 값으로 산출된 인류의 간섭으로 인한 저장소별 저장량(Gt)과 탄소의 이동을 보여주는 전 지구 탄소순환. 인위적으로 방출된 이산화탄소의 해양으로의 유입량은 대기-해양으로 순유입량과 퇴적물의 해양으로의 유입량을 합하고 거기에서 퇴적된 양을 빼주면 된다. 단위는 억 톤 또는 Gt을 사용한다.

다. 이들 시간 규모들은 일반적으로 이산화탄소 분자 1개가 대기 중에서 소모되는 평균시간, 즉 4년보다 훨씬 길다. 이들 변환주기의 다양함은 대기 중의 이산화탄소 농도로 인한 불안정한 상태가 다시 균형상태로 돌아가는 데 걸리는 시간을 하나의 결정된 시간 규모로 설명할 수 없음을 의미한다. 대기 중의 이산화탄소에 약 100년이라는 시간이 언급되기도 하지만 그것은 안내 정도에 그치는 것이지 단일한 기간을 지정한다는 것 자체가 잘못된 것일 수 있다.

인간의 활동이 주요한 교란 요소가 되기 전과 지질학적 시간과 비교할 때 비교적 짧은 시간을 고려하면 탄소 저장소 간의 교환은 매우 안정적이었다. 1750년경을 전후한 산업혁명이 시작되기 전 수천년 동안 빙하코어로부터 측정된 결과를 보면(4장 참조) 대기 중의 이산화탄소의 혼합비(혹은 몰분율, 용어해설 참조)에서 보듯이, 280ppm의 평균값을 가지고 10ppm 정도의 변동 범위로서 안정된 균형이 유지되었다(그림 3.2(a) 참조).

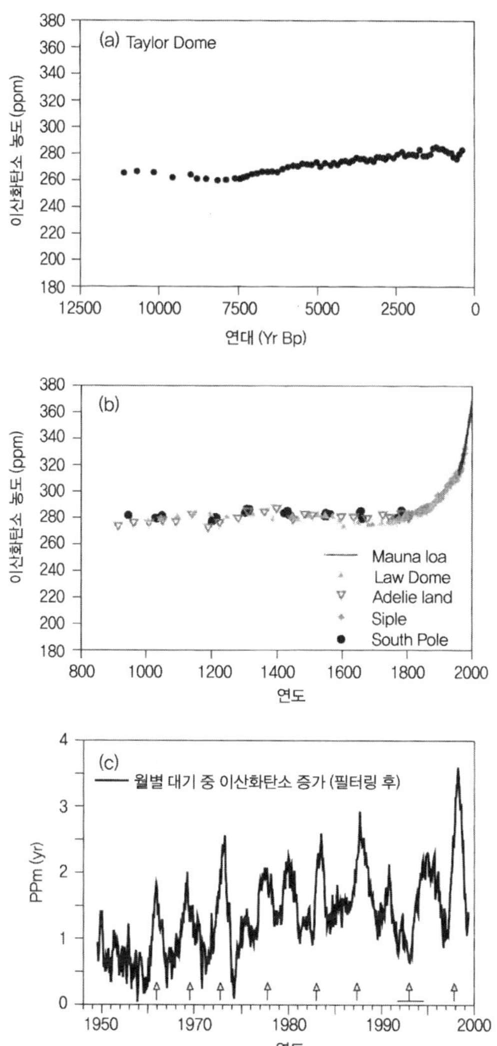

그림 3.2 대기 중 이산화탄소의 농도 (a) Taylor Dome 남극의 빙하코어로부터 얻은 지난 1만 년 동안의 기록. (b) 남극의 여러 빙하코어로부터 얻은 지난 1천 년간의 기록과 하와이 마우나 로아 관측소로부터 얻은 최근의 기록. (c) 대기 중 이산화탄소의 월별 변화. 계절순환 효과를 제거하기 위해 필터링했으며, 수직 화살표는 엘니뇨가 발생한 연도를 의미한다. 1991~1994년까지의 낮은 증가율은 1991년 필리핀의 피나투보 화산 폭발 혹은 1991~1994년 동안의 엘니뇨의 지속기간(수평선으로 표시)의 이상 연장과 관련이 있는 것으로 보인다.

산업혁명이 시작되면서 이러한 균형에 교란이 일어나기 시작했으며, 1700년경 산업혁명의 초기부터 600Gt(6천억 톤)의 탄소가 화석연료로 연소되어 대기 중으로 배출되었다. 이것은 대기 중 이산화탄소의 농도 증가를 가져왔으며 1700년 무렵의 270ppm에서 현재는 370ppm으로 약 30% 정도 증가하였다(그림 3.2(b)). 하와이의 마우나 로아 산의 정상 근처에 있는 관측소에서 1959년 이후부터 시작된 정밀 관측에 따르면 연도에 따라 어느 정도 변동은 있지만, 이산화탄소는 매년 평균 1.5ppm씩 꾸준히 증가하고 있음을 알 수 있다(그림 3.2(c)). 이러한 증가는 매년 3.3Gt 정도의 이산화탄소를 대기의 탄소 저장소에 추가시키고 있다.

매년 석탄, 석유, 그리고 천연가스 등이 얼마나 연소되는가를 밝히는 일은 쉽다. 이들 대부분은 난방, 가전제품, 산업, 수송 등을 위한 인간의 에너지 수요를 위한 것이다(자세한 내용은 11장 참조). 이러한 화석연료의 연소는 산업혁명 이후 급격히 증가해왔다(그림 3.3과 표 3.1). 현재 매년 6~7Gt의 탄소가 연소되어 대기 중의 이산화탄소로 배출되고 있다. 인간의 활동에 의한 또 다른 이산화탄소의 배출은 토지이용의 변화에 의한 것으로 특히 식목이나 삼림 재성장과의 균형을 깨는 삼림 소실과 벌채 작업이 대표적이다. 이러한 변화는 정량화하기 쉽지 않지만 그림 3.3과 표 3.1에 어느 정도의 추정치가 제시되어 있다. 1980년대(표 3.1 참조)에 화석연료의 연소, 시멘트 생산, 토지이용의 변화 등으로 대기 중으로 인공적으로 배출된 이산화탄소의 양은 매년 약 7.1Gt이였으며, 그 중에서 3/4 이상이 화석연료의 연소에서 비롯된 것이다. 대기 중의 이산화탄소의 연간 순증가량은 3.3Gt로서 새로 만들어지는 탄소 7.1Gt의 약 45%가 대기 중의 이산화탄소 농도의 증가에 기여한다. 나머지 55%는 해양과 육지 생물군의 두 저장소에 놓인다. 그림 3.5는 미래에 이들 저장소 간의 저장 비율이 상당히 변화할 것임을 보여주고 있다.

화석연료 연소의 95%는 북반구에서 발생하기 때문에 남반구보다 이산화탄소량이 많다. 그 차이는 현재 2ppm 정도인데 수년 동안에 걸쳐 화석연료 연소 배출과 평행하게 증가해왔으며, 이는 대기 중 이산화탄소의 농도 증가가

표 3.1 1980년대와 1990년대의 전 지구 평균 연간 탄소수지(Gt/년[a])
(양의 값은 대기로의 유입, 음의 값은 대기로부터의 방출을 의미)

	1980년대	1990년대
배출량(화석연료, 시멘트)	5.4±0.3	6.4±0.4
대기 중의 증가	3.3±0.1	3.2±0.1
해양-대기 교환	-1.9±0.6	-1.7±0.5
육지-대기 교환*	-0.2±0.7	-1.4±0.7
*육지-대기 세분		
토지이용	1.7(0.6에서 2.5)	1.4~3.0
육지잔류	-1.9(-3.8에서 0.3)	-4.8~-1.6

[a] 위 네 항목은 Prentice *et al.* 2001의 표 3.3에서 참조. 표시된 수치 범위는 67%의 확실성을 가짐. 육지-대기 교환의 '세분 항목'은 House *et al.*(2003).[2)]

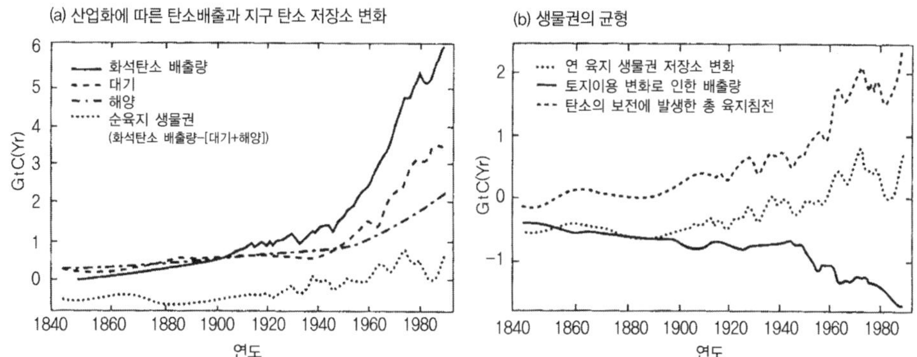

그림 3.3 (a) 화석탄소 배출량(화석연료와 시멘트 생산 통계에 근거)과 지구 저장소 변화 추정, 1840~1990년: 대기(직접 관측과 빙하코어 측정 자료), 해양〔프린스턴 대학 지구물리 유체역학 연구소(GFDL, Geophysical Fluid Dynamics Laboratory)의 해양 탄소 모델〕, 순육지 생물권(현재의 불균형). 이 결과들은, 1940년까지는 육지 생물권이 대기 이산화탄소의 기원의 전부였으며(음의 값) 1960년부터는 순육지침전(net sink)임을 의미한다. (b) 육지 생물권의 탄소 균형에 대한 기여도 추정. 육지 저장소 변화를 나타내는 곡선은 (a)로부터 계산했다. 토지이용 변화에 의한 배출(열대우림 벌채를 포함)은 음의 값으로 나타나고 있는데 이것은 생물권의 탄소의 손실 때문이다. 이러한 추정에 대한 불확실성은 큰 편이다(표 3.1의 불확실성의 추정을 참조).

이러한 배출의 결과라는 뚜렷한 증거를 보이고 있다.

해양에서는 어떤 일이 벌어지는지 알아보자. 우리들은 탄산음료에서 보듯이 이산화탄소가 물 속에 녹아 있다는 사실을 알고 있다. 전 세계 해수면과 해수 위의 공기는 이산화탄소를 교환하는데(연간 90Gt 정도가 교환된다, 그림 3.1 참조), 특히 파도가 부서질 때 잘 일어난다. 바닷물의 표면에 녹아 있는 이산화탄소와 인접한 공기층에 포함된 이산화탄소 간에 균형이 이루어지고 있는 것이다. 이러한 균형을 지배하는 화학법칙은 대기 중의 농도가 10% 정도 바뀌면, 해수에 녹아 있는 이산화탄소의 농도는 그 1/10, 즉 1% 정도가 바뀌게 된다는 것이다.

이러한 변화는 해양의 상층부, 깊이 100m 정도까지는 매우 빠르게 나타나며, 따라서 인공적으로 대기 중으로 배출(인류 기원)된 이산화탄소의 일부(위에 언급된 55%의 대부분은 해양 부분)도 매우 빠르게 해양에 흡수된다. 더 깊은 해양에서의 흡수는 보다 장기적으로 일어난다. 하층부의 해수 혼합은 수백 년간에 걸쳐 일어나며 더 깊은 하층부와의 혼합은 수천 년이 걸린다. 대기의 이산화탄소들이 해양의 하층부로 흡수되는 이러한 과정은 보통 용해도 펌프(solubility pump)라고 불려진다.

해양은 대규모 저장소로서 교환의 규모를 넘어서 단기간 동안에 증가된 대기 중의 이산화탄소의 흡수원(sink) 역할을 하지 않는다. 단기간에 일어나는 변화에 대해서만 해양의 표면이 탄소순환에서 큰 역할을 한다.

---

2) 표 3.1에 대한 참고문헌들은 I. C. Printice *et al.* "The carbon cycle and atmospheric carbon dioxide," In J. T. Houghton, Y. Ding, D. J. Griggs, M. Noguer, P. J. vander Linden, X. Dai, K. Maskell, C. A. Johnson(eds.), *Climate Change 2001: The Scientific Basis. Contribution of Working Group I to the Third Assessment Report of the Intergovernmental Panel on Climate Change*(Cambridge University Press, 2001); J. I. House, *et al.* "Reconciling apparent inconsistencies in estimates of terrestrial CO_2 sources and sinks," *Tellus*, **55B(2003)**, pp.345~363; R. T. Watsom, I. R. Noble, B. Bolin, N. H. Ravindranath, D. J. Verando, D. J. Dokken(eds.), *Land use, Land-use Change, and Forestry*(Cambridge: Cambridge University Press), 1장, 표 1.2 참조.

해양에서의 생물의 활동도 중요한 역할을 한다. 뚜렷이 보이지는 않지만 해양은 말 그대로 많은 생명체들로 충만해 있다. 해양 내의 생명체의 총량은 크지 않지만 높은 회전율(turnover)을 가지고 있다. 해양에서 살고 있는 생물체들은 육지 생산율의 30~40% 정도를 지닌다. 생산량의 대부분은 식물성 및 동물성 플랑크톤으로서 세대주기가 매우 빠르게 이어진다. 이들이 죽어서 부패하게 되면, 그들이 지니고 있던 탄소의 상당한 부분이 해저 깊은 곳으로 하강하여 그 곳에 탄소축척을 이루게 된다. 일부는 보다 깊은 곳 혹은 해저 바닥까지 내려가게 되는데, 탄소순환의 입장에서 보면 수백 년 혹은 수천 년에 걸쳐 일어나는 순환과정이다. 이러한 과정은 탄소순환의 측면에서 생물펌프(biological pump, 글상자 참조)라고 하는데, 빙하기 동안 대기 및 해양 모두에서 이산화탄소의 농도 변화를 밝혀내는 데 중요한 역할을 한다.

해양에서의 생물 펌프[3)]

온대 및 고위도 지역의 해양 생물 활동은 매년 봄에 최절정에 이른다. 겨울 동안 영양분이 충분한 해수가 깊은 해저에서 해수면 가까운 위치까지 올라온다. 봄에는 태양광이 증가하므로 플랑크톤 개체수가 폭발적으로 증가하는데 이는 '춘계 만발(spring bloom)'로 알려져 있다. 지구 궤도를 도는 위성에서 촬영한 해양 사진을 보면 이러한 현상이 극적으로 일어나고 있음을 알 수 있다.

플랑크톤은 해양의 표면층에서 살고 있는 식물(phytoplankton)과 동물(zooplankton)이다. 크기는 1/1000mm에서 육지의 전형적인 벌레 크기에 이르기까지 다양하다. 초식성의 동물성 플랑크톤은 식물성 플랑크톤을 먹이로 하고 육식성 플랑크톤은 초식성 플랑크톤을 잡아먹는다. 이러한 생물계에서 떨어진

3) Prentice *et al.*, *Climate change 2001*, 표 3.3에서 인용.

잔류물들은 해저 깊은 곳으로 가라앉는다. 가라앉는 동안에 일부는 분해되어 영양분으로 환원되며, 다시 이 영양분의 일부(약 1% 정도)는 심해나 해저 바닥으로 가라앉는다. 이 경우 수백 년, 수천 년, 나아가 수백만 년 동안 탄소순환 주기를 가진다. '생물 펌프'의 순효과는 탄소를 해양의 표면층에서 해저 깊은 곳 혹은 해저 바닥으로 이동시키는 것이다. 해수면층의 탄소의 양이 감소하게 되면 대기로부터 보다 더 많은 이산화탄소가 해수면층의 탄소 균형을 보충하기 위하여 흡수된다. 지난 세기 동안 '생물 펌프'는 가용한 이산화탄소의 증가에 영향을 받지 않고 그 작용을 지속적으로 유지해온 것으로 여겨진다.

'생물 펌프'의 중요성에 대한 증거는 빙하코어로부터의 고기후 기록에서 나타나고 있다(4장 참조). 대기로부터 나온 구성성분의 하나로 빙하의 거품에 잡혀 있는 기체형태의 메틸황산이 있는데, 이는 해양 플랑크톤의 분해에서 나온 것이다. 따라서 이 기체의 농도는 플랑크톤의 활동 지표로 볼 수 있다. 약 2만 년 전 빙하기가 끝나면서 지구의 기온이 상승하기 시작하고 대기 중의 이산화탄소의 농도가 증가하면서 메틸황산의 농도는 감소했다(그림 4.4). 대기 중의 이산화탄소와 해양의 생물활동 간에는 관심을 가질만한 연계성이 있다. 빙하기의 한랭기간 동안 해양에서는 생물활동이 증가하게 되고 따라서 대기 중의 이산화탄소는 보다 낮은 농도를 유지하게 되는데, 말하자면 '생물 펌프'의 효과를 발휘한 것이다.

육지 표면으로부터 불어온 철성분을 함유한 먼지에 의해 해양의 생물활동이 자극을 받았음을 보여주는 고기록의 증거들이 일부 있다. 해양에 적정량 이상의 철성분을 인위적으로 유입시키면 '생물 펌프'를 강화시키게 된다는 연구 가설들이 나오고 있다. 흥미있는 제안으로서 대규모의 활동이 대규모의 실질적인 효과를 가져오는 것은 아니라는 것이 일부 심화 연구들에서 나오고 있다.

그럼에도 의문이 남는 것은 왜 빙하시대의 해양 생물활동이 간빙기의 활동보다 더 많았을까 하는 점이다. 영국의 해양학자 존 우즈(John Woods) 교수의 주장에 따르면 겨울철 동안 봄철의 만개를 위해 해양의 상층부에 많은 영양분들이 집중된다는 것이다. 대기 중의 이산화탄소가 감소하는 때에는 해수면으로부터의 복사에 의한 냉각이 커진다. 해 상층부에서의 대류작용은 표면에서의 냉각 때문에 일어나므로 이러한 냉각 작용의 증가로 인해 모든 생물활동이 이루어지는 해양층 표면에 가까운 혼합층의 수심이 더욱 깊어진다는 것이다. 이것은 양의 생물적 되먹임의 한 예이고, 보다 깊은 층에서 보다 많은 플랑크톤의 성장이 이루어지고 있음을 뜻한다. 우즈는 이것을 '플랑크톤 증식기(plankton multiflier)'라고 했다.[4]

물리적 행태를 예측하기 위해, 주어진 물리적 조건을 설명하는 수학방정식에 대한 해를 계산하는 컴퓨터 모델이 대기와 해양의 여러 부분 간의 탄소교환을 자세하게 기술할 수 있도록 설계되었다. 이러한 모델들의 타당성을 보증하기 위해 모델은 1950년대의 핵실험 이후 해양으로 흡수된 탄소 동위원소 ^{14}C의 해양에서의 확산과정에 적용되었고, 이 모델들은 확산과정을 잘 모의하고 있다. 모델 실험의 결과를 보면 매년 대기에 더해지는 이산화탄소의 약 2Gt (±0.8Gt) 정도가 결국 해양에 정착하게 되는 것으로 예측된다(표 3.1과 그림 3.3). 대기 및 해양에서 다양한 탄소 동위원소들의 상대적인 분포도 이러한 추정을 뒷받침해주고 있다(다음 글상자 참조).

표 3.1에 나와 있듯이 대기, 해양, 육지 생물체 간에 추가되는 이산화탄소의 대체적인 비율에 관한 보다 자세한 내용들은 대기 중의 이산화탄소 농도의 경향성과 정확한 대기 중의 산소/질소 비율[5]의 경향성을 비교해서 나온다. 이러한 가능성은 육지 위 대기에서 이산화탄소와 산소의 교환 관계가 해양 위의 대기와는 다르기 때문이다. 육지에서는 광합성을 통해서 생물체들이

4) J. Woods, W. Barkmann, "The Plankton multiplier-positive feedback in the greenhouse," *Journal of Plankton Research*, 15(1993), pp.1053~1074.

5) R. F. Keeling, S. C. Piper, M. Heimann, "Global and hemispheric sinks deduced from changes in atmospheric O_2 concentration," *Nature*, 381(1996), pp.218~221.

탄소 동위원소에서 무엇을 알 수 있을까?

동위원소는 화학적으로 동일한 형태로 되어 있지만 다른 원자 질량을 가지고 있는 원소를 말한다. 탄소순환 연구에 중요한 탄소의 동위원소는 3가지가 있다. 일반적인 탄소의 98.9%를 이루는 ^{12}C가 가장 많고, ^{13}C는 약 1.1%, 방사성 동위원소인 ^{14}C는 매우 소량으로 존재한다. 10kg의 ^{14}C는 매년 태양으로부터의 입자복사 작용으로 대기 중에서 만들어진다. 그 중 절반은 5,730년[^{14}C의 반감기(half-life)]의 반감기를 거쳐 붕괴되어 질소로 변한다.

이산화탄소 내의 탄소가 식물을 비롯한 여러 생물체에 의해서 흡수될 때 비율상으로 ^{12}C보다 ^{13}C가 덜 흡수된다. 석탄과 석유와 같은 화석연료는 생물체로부터 생성되었기 때문에 오늘날 대기 중의 보통 공기 속의 이산화탄소 보다 ^{13}C를 덜 가지고(1.8% 정도) 있다. 화전, 식생의 부패, 화석연료 등으로 대기에 들어간 탄소는 ^{13}C의 비율을 감소시키는 경향을 지닌다.

화석연료는 지구상에서 5,730년보다 더 오래 저장되어왔기 때문에 ^{14}C는 전혀 가지고 있지 않다. 따라서 대기로 이동하는 화석연료로부터의 탄소는 대기가 지니고 있는 ^{14}C의 비율을 감소시키게 된다.

대기와 해양, 빙하코어와 나무 나이테에 갇힌 기체 등에 포함된 탄소의 다른 동위원소들의 비율을 연구하면 대기 중에 추가로 더해진 이산화탄소가 어디서 왔는가와 어느 정도가 해양으로 이동되었는가 등을 밝혀낼 수 있다. 예를 들면, 서로 다른 시기마다 얼마나 많은 이산화탄소가 삼림의 연소, 부식과 화석연료의 연소에 의해서 대기 중으로 유입되었는가를 추정할 수 있다.

이와 유사하게 대기 중의 메탄에 있는 탄소의 동위원소 측정은 화석연료로부터 얼마나 많은 메탄이 서로 다른 여러 시기마다 대기 중으로 유입되었는가를 알 수 있게 한다.

대기로부터 이산화탄소를 취하고, 탄수화물을 만들고, 대기 중으로 산소를 방출한다. 호흡과정에서도 대기로부터 산소를 취하고 이것을 이산화탄소로 바꾼다. 대조적으로 해양에서는 대기에서 흡수한 이산화탄소는 용해되어 분자 상태의 탄소와 산소는 모두 사라진다. 이러한 측정들이 과거 1990~1994년 동안에는 어떻게 해석될 수 있는지 그림 3.4를 보면 알 수 있다. 이들 자료는 표 3.1에서 나타난 1990년대의 수지와 일치한다.

표 3.1에서의 전 지구의 육지-대기 플럭스는 일반적으로 양의 값을 나타내거나 대기 중 탄소의 기원이 되는(그림 3.3) 토지이용 변화로 인한 추론에 의한 것으로, 음의 값의 플럭스 혹은 탄소 침전(carbon sink)되는 잔류 요소에 기인한 순 플럭스의 균형을 보여준다. 일부 탄소의 유입이 북반구 온대지역의 삼림 재성장과 토지관리의 변화에 의해서 일어나기는 했지만 토지이용의 변화의 추정은 열대지역의 벌채가 지배적이다. 잔류 탄소 침전에 기여하는 주요한 과정들은 질소비료의 사용 증가와 일부 기후변화 효과인 이산화탄소의 '시비' 효과(대기 중의 이산화탄소의 증가는 일부 식물의 성장 증가를 가져 온다, 231쪽의 7장 글상자 참조)로 믿어진다. 그 기여도는(표 3.1과 그림 3.3) 직접적인 측정은 어렵고 전체 탄소순환 수지의 균형 유지를 위한 요구치로 추론할 수 있는데 총량 측정보다도 불확실성이 더 높은 경향이 있다.

육지 생물권에 의해 일어나는 탄소의 흡수에 대한 단서는 이산화탄소의 대기 중 농도의 관측에서 보여지는데, 매년 일정한 주기를 보여준다. 예를 들면, 하와이 마우나 로아 관측소의 관측 결과를 보면 계절 변동은 약 10ppm 정도로 나타난다. 이산화탄소는 식물의 성장기 동안에는 대기 중에서 빠져나가고 식물이 고사하는 겨울철에 다시 대기 중으로 돌아간다. 남반구보다는 북반구에서 더 많은 식생들이 자라고 있기 때문에 대기 중의 이산화탄소순환에서 최소치는 북반구의 여름에 나타난다. 육지 생물권이 흡수하는 이산화탄소의 정도에 대한 탄소순환 모델의 예측은 북반구와 남반구 간의 차이에 대한 이와 같은 관측에 의해 영향을 받는다.[6)]

이산화탄소의 시비 효과는 생물적 되먹임 과정의 한 예이다. 이것은 음의

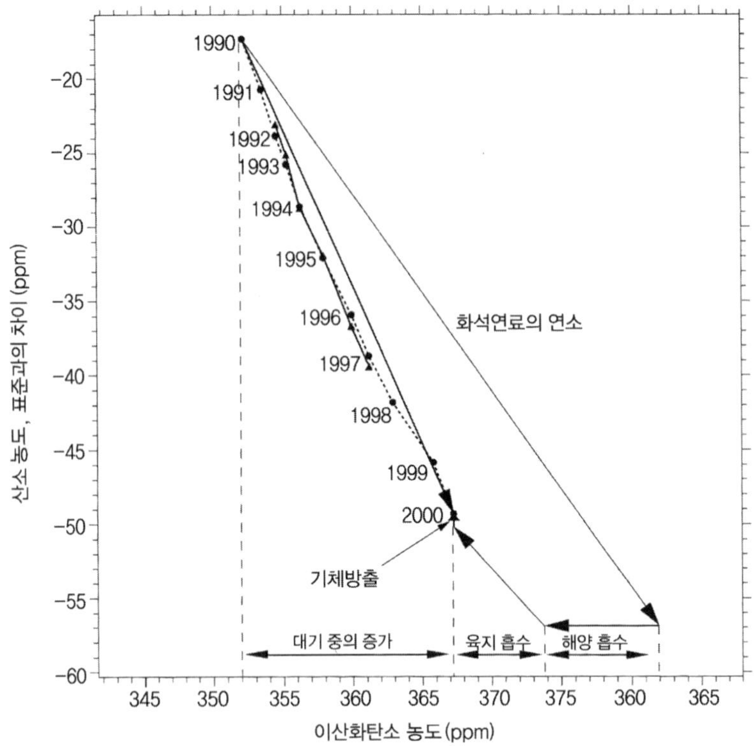

그림 3.4 산소 측정을 이용한 화석연료 연소에 의해 배출된 이산화탄소의 흡수원 구성의 변화. 그림은 이산화탄소와 산소 농도에서의 변화 관계를 보여준다. 관측 자료는 검은 점과 삼각 점으로 되어 있다. '화산연료의 연소' 표시가 된 화살표는 여러 연료 유형들의 O_2 : CO_2의 화학양론적(stoichimetric) 관계에 기초한 화석연료의 연소의 효과를 말한다. 육지와 해양에 의한 흡수는 각각의 화살표의 경사도로 표시되는 이러한 과정들과 관련된 화학양론 비율에 의해 결정된다.

---

6) 보다 자세한 것은 J. I. House, *et al.*, "Reconciling apparent inconsistencies in estimates of terrestrial CO_2 sources and sinks," *Tellus*, 55B(2003), pp.345~363 참조.

되먹임으로 이산화탄소가 증가하게 되면 식물에 의한 이산화탄소의 흡수가 증가하게 되고 이에 따라서 대기 중의 양이 감소하게 되면서 지구온난화율을 감소시키는 경향이 있기 때문이다. 물론 양의 되먹임 과정도 존재하는데 이것은 지구온난화율을 강화시키는 경향이 있다. 사실상 잠재적으로 음보다 양의 되먹임이 더 많다(아래 글상자 참조). 비록 과학적으로 아직은 정확한 값을 밝혀내지 못하고 있지만 일부 양의 되먹임은, 특히 이산화탄소가 계속적으로 증가한다면 지구온난화와 관련하여 21세기와 22세기까지 커질 수 있다는 강력한 지표가 있다.

이산화탄소는 인공적인 복사 강제력에 대한 단일 최대의 기여요소이다. 이러한 복사 강제력에 대한 산업화 이전부터 현재까지의 변화를 그림 3.8에서 볼 수 있다. 대기 중의 이산화탄소에 의한 복사 강제력 R에 대한 유용한 공식은 대기의 농도가 Cppm일 때, $R=5.3\ln(C/C_0)$로서 여기서 C_0는 산업화 이전 시대의 농도로 280ppm이다.

생물권의 되먹임

인간활동으로 인해 온실기체인 이산화탄소와 메탄이 대기 중에서 점차 증가하면, 생물권에서 일어나고 있는 생물적 혹은 다른(기후변화에 의한) 되먹임 과정들이 이들 기체의 대기 중 농도의 증가율에 영향을 미친다. 이러한 과정들은 인위적인 증가(양의 되먹임)를 강화하거나 감소(음의 되먹임)시키는 경향을 보여줄 것이다.

이 두 가지 되먹임, 양의 되먹임(해양에서의 플랑크톤 증식)과 음의 되먹임(이산화탄소 비료효과)은 본문에서 이미 언급되었다. 또 다른 세 가지 되먹임은 현재의 단계에서는 정확하게 정량화할 수 있을 정도로 우리의 지식이 충분하지 않지만 잠재적으로 중요하다.

그 중 첫째는 호흡에 대한 높은 온도의 효과로서 특히 토양 미생물을 통해서 이산화탄소 배출의 증가를 가져올 수 있다. 이러한 효과의 강도에 대한 증거로는 엘니뇨 시기와 1991년 피나투보 화산 폭발 후에 나타난 한냉한 기간 동안에 일어났던 대기 중 이산화탄소의 단기간의 변동에 대한 연구에서 찾아볼 수 있다. 이들 연구는 수년 동안의 변화를 조사했는데 평균기온 5℃의 변화는 대기 중의 평균 호흡율[7)]의 40%의 변화와 같은 엄청난 효과를 가져올 수 있다는 관계를 제시하고 있다. 풀어야 할 과제는 이러한 관계들이 수십 년에서 100년 정도의 장기적인 변화에도 계속 유지될 것인가 하는 점이다.

두 번째 양의 되먹임은 기후변화로 야기된 스트레스로 인한 삼림 성장의 감소 혹은 고사인데, 이러한 현상은 특히 아마존[8)]에서 심각하게 나타나고 있다(7장 239쪽 글상자 참조). 많은 탄소순환 모델들이 제시하는 바로는 이 두 가지 효과를 통해서 21세기의 후반에 잔류하는 육상의 저장원(sink, 표 3.1)이 변화의 조짐을 보일 것이며 중요한 순발생원(net source)이 될 것이다(그림 3.5).

세 번째 양의 되먹임은 기온의 증가에 따른 메탄 증가로 습지나 혹은 수화물 형태(압력을 받아 물 분자와 결합된 형태)로 퇴적물에 갇힌 메탄의 대규모 저장소로부터 발생하는데, 대부분 고위도에서 나온다. 메탄은 수백만 년에 걸쳐 이러한 퇴적물에 존재하는 유기물의 분해에 의해 발생해왔다. 퇴적물의 깊이가 깊기 때문에 이 되먹임은 21세기 동안에는 크게 작용할 것 같지는 않다. 그러나 지구온난화가 100년 이상 기간 동안 상당한 정도로 계속된다면 수화물에서 발생하는 메탄은 대기 중으로 대량 공급될 것이며 기후에 대한 대규모의 양의 되먹임으로 작용하게 될 것이다.

7) C. D. Jone, and P. M. Cox, 2001. Atmosphere science letters. doi.1006/asle.2001.0041; the respiration rate varies approximately with a factor $2^{(T-10)/10}$ 참조.

8) P. M. Cox *et al.*, "Amazon die-back under climate-carbon cycle projections for the 21st century," *Theoretical and Applied Climatology*(2003).

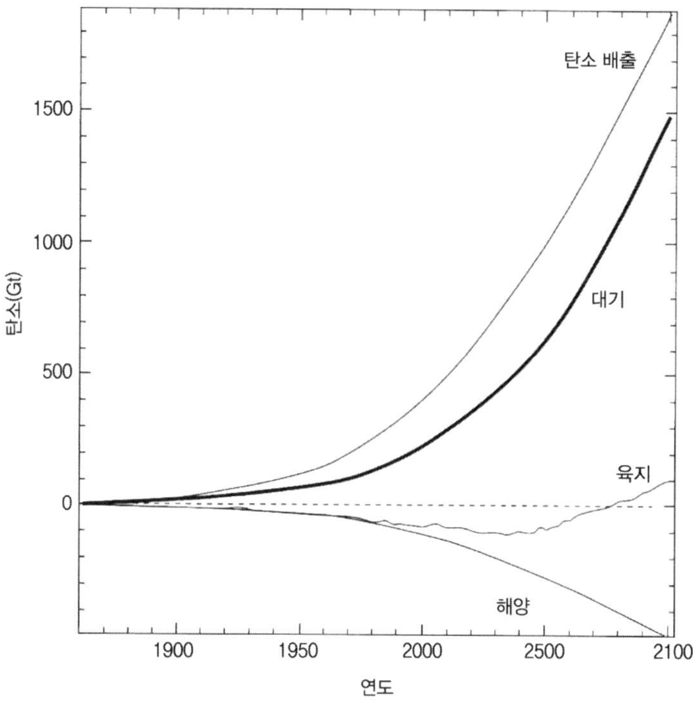

그림 3.5 탄소순환에 대한 기후 되먹임 효과의 가능성. 이러한 결과는 해양 탄소순환 모델(용해도 펌프와 생물 펌프 모두를 통해서 이산화탄소를 깊이까지 전달하는 것을 포함)과 지구 동역학적 식생 모델(토양과의 이산화탄소 교환과 5종의 식물과의 이산화탄소 교환을 포함)을 결합한 해양-대기 모델에서 대기, 육지, 해양의 탄소 수지 변화(탄소 Gt)에 의해서 나타난다. 이 모델은 1860년부터 현재까지의 화석연료에 의한 이산화탄소 배출에 따른 변화를 추적하고 있으며 그림 6.1에서의 IS92a 시나리오를 가정한 2100년까지 전망하여 추정하고 있다. 여기서 기후 되먹임 때문에 육상 생물권은 탄소의 순저장(net sink) 기능에서 21세기 중반으로 접어들면서는 이산화탄소의 순발생(net source)으로 변화하고 있다는 점을 주목할 필요가 있다. 또한 유의할 점은 이러한 발생원은 갈수록 기능이 강해지면서 2100년에는 대기 중의 탄소함량이 전체 배출량 증가율과 같은 비율로 증가할 것으로 추정된다(즉, '대기 이동분', 혹은 대기 중에 남아 있는 화석연료연소 배출분은 전체 배출 분의 2000년의 절반 수준에서 2100년에는 거의 전체가 될 것이라는 추정이다). 1860년 수준보다 1500Gt나 더 많은 대기 중 탄소 함량은 거의 1000ppm의 농도에 해당한다는 점에도 유의해야 한다.

미래의 이산화탄소 배출

미래의 기후에 대한 정보를 얻기 위해서는 미래의 이산화탄소 농도를 추정해야 하는데, 이것은 미래의 인공적인 이산화탄소의 배출량에 의해서 결정된다. 이러한 추정을 함에 있어 변화하는 대기 중 이산화탄소의 반응과 관련된 장기간에 걸친 상수들이 중요한 의미를 가진다. 예를 들면, 인간활동에 의한 모든 배출이 갑자기 정지되었다고 가정하더라도 대기 중의 농도에서 갑작스러운 변화는 나타나지 않을 것이고 다만 서서히 줄어들 것이다. 수백 년 이내에 산업화 이전과 같은 수준으로 되돌아가는 것은 기대할 수 없다.

오히려 이산화탄소의 배출은 중지되지 않을 것이며, 또한 배출량이 줄지도 않을 것이다. 사실 매년 증가율이 높아지고 있다. 따라서 이산화탄소의 대기농도는 보다 급속하게 증가될 전망이다. 뒤에서 언급하겠지만(특히 6장 참조) 21세기 기후변화의 추정은 온실기체의 증가에 기인한다. 이러한 추정을 위한 전제조건은 이산화탄소의 배출 변화가 어떻게 될 것인지에 대한 지식이다. 물론 미래에 일어날 일을 예측한다는 것은 쉽지 않다. 우리가 하는 거의 모든 일이 이산화탄소의 배출에 영향을 미치기 때문에 인류는 어떻게 행동할 것이며, 인류의 활동은 어떠한 양상을 띠게 될 것인가를 추정하기는 쉽지 않다. 인구성장, 경제성장, 에너지 사용, 에너지원의 개발과 함께 환경보호에 대한 압력의 영향까지도 가정해야 한다. 이러한 가정은 선진국이나 개발도상국을 포함한 모든 국가에 해당한다. 더욱이 어떠한 가정이 현실적으로 정확성이 결여된다면 다양한 다른 가정들이 새로 설정되어야 하므로, 다양성의 폭을 넓게 가질 수 있는 몇몇 아이디어를 가질 필요가 있다. 이러한 가능성 있는 미래들을 '시나리오'라고 부른다.

6장에서 기후변화에 대한 정부간 협의체(IPCC)와 세계에너지위원회(WEC)에 의해 각각 개발된 2개의 배출 시나리오가 소개되고 있다. 이러한 배출 시나리오는 앞에서 언급한 모든 종류의 교환을 포함하는 탄소순환의 컴퓨터 모델을 적용하여 대기 중의 이산화탄소 농도에 대한 미래 전망으로 전환될 수 있다. 더 나아가서 6장에서는 기후에 대한 컴퓨터 모델(5장 참조)을 적용하여 각각의 시나리오에 의한 기후변화의 전망 결과도 제시될 것이다.

또 다른 온실기체들

메탄

메탄은 천연가스의 중요한 구성 요소이다. 메탄은 소기(沼氣, marsh gas)의 명칭인데 이것은 보통 유기물이 분해되는 늪지대에서 거품의 형태로 눈에 띄기 때문이다. 빙하코어 자료에 의하면 1800년 이전의 최소 2000년 동안 대기 중의 메탄 농도는 약 700ppb였음을 보여준다. 그 이후 농도는 2배 이상 증가했다(그림 3.6). 1980년대에는 매년 10ppb 정도 증가했지만, 1990년대에는 평균 증가율이 연 5ppb로 떨어졌다.[9] 대기 중 메탄의 농도는 이산화탄소에 비해 훨씬 작지만(이산화탄소의 370ppm에 비해 2ppm 작다) 메탄의 온실효과는 무시할 수 없다. 메탄 분자에 의해 강화된 온실효과가 이산화탄소의 분자에 의한 것보다 무려 8배나 되기 때문이다.[10]

---

9) 1992년에는 증가세가 둔화하여 거의 제로가 되었다. 그 이유는 정확히 밝혀지지 않았지만, 러시아 경제의 붕괴로 시베리아 천연가스 수송관의 누출이 대폭 줄었기 때문으로 추정된다.

10) 이산화탄소 분자와 비교한 메탄 분자의 강화된 온실 효과의 비율을 온난화지수(GWP)라고 한다. GWP의 정의는 본 장에서 언급된다. 여기서 메탄의 GWP에 대하여 주어진 8이라는 숫자는 100년 정도의 시간대에 대한 것이다. J. Lelieveld and P. J. Crutzen, *Nature*, 355(1992), pp.339~341; Houghton *et al.*, *Climate Change 2001*, 4장, 6장 참조. GWP는 때때로 개별 기체의 단위 질량에 대한 효과의 비율로도 표현되는데, 메탄의 GWP 경우(메탄의 분자 단위 질량은 이산화탄소의 0.36) 100년 기간 동안의 값은 약 23이 된다. 온실기체로서 메탄의 기여도의 75% 정도는 방출되는 열복사에 대한 직접적인 효과 때문이다. 나머지 25% 정도는 대기의 전반적인 화학작용에 대한 영향으로 본다. 증가된 메탄은 결국 상층 대기에서의 수증기, 대류권의 오존, 이산화탄소의 소규모 증가를 유발하며 결과적으로 온실효과를 가중시키게 된다.

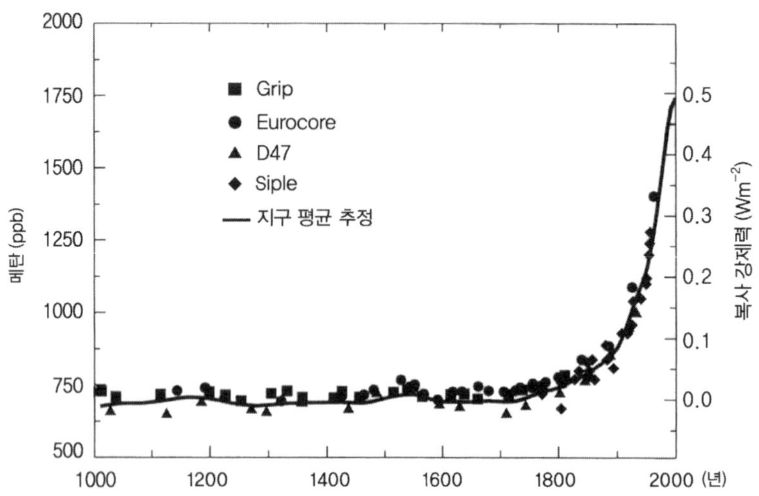

그림 3.6 빙하코어, 빙하와 전체 대기 시료에서 산출된 지난 1,000년 동안의 메탄 농도(ppb)는 왼쪽, 산업화 이전 시대 이후의 메탄에 의한 복사 강제력이 오른쪽에 제시되어 있다.

자연계에서 메탄의 기원지는 습지이다. 다른 배출원은 직간접적인 인간활동으로서 예를 들면, 천연가스 파이프라인이나 유정에서 새어나오고 논에서도 발생하며, 목장의 소와 같은 가축들의 소화과정(트림 등)에서, 매립장에서 쓰레기가 썩는 과정에서, 그리고 나무나 토탄을 태우는 과정에서도 발생한다. 이러한 메탄 발생원의 규모에 대한 보다 자세한 추정이 표 3.2에 나와 있다. 많은 추정 수치들에 덧붙어 있는 수치는 불확실성의 범위이다. 예를 들면, 전 세계 논에서 발생하는 평균 메탄의 양을 추정하는 것은 어렵다. 벼가 성장하는 동안에는 그 양이 크게 변하고 지역에 따른 편차도 크다. 이와 유사한 문제들이 동물들에 의해 발생하는 양을 추정할 때도 발생한다. 대기 중의 메탄에 대한 탄소 동위원소(70쪽 글상자 참조)들의 비율 측정치는 광산이나 천연가스 파이프라인에서의 메탄 유출과 같이 화석연료에서 발생하는 비율의 추정폭을 낮추는데 상당한 도움을 주고 있다.

대기 중에서 메탄 제거의 주요 과정은 화학적 파괴를 통한 것이다. 메탄은 태양광, 산소, 오존, 그리고 수증기 등이 작용하는 과정에서 발생하여 대기

표 3.2 연간 메탄의 발생원과 흡수원의 추정(백만톤/연)a

발생원	최적 추정치	불확실성
자연 발생		
습지	150	(90~240)
흰개미	20	(10~50)
해양	15	(5~50)
기타(수화물 포함)	15	(10~40)
인공발생		
탄광, 천연가스, 석유산업	100	(75~110)
논	60	(30~90)
가축소화과정	90	(70~115)
쓰레기 처리	25	(15~75)
매립장	40	(30~70)
바이오매스 연소	40	(20~60)
흡수원		
대기 중 제거	545	(450~550)
토양층 제거	30	(15~45)
대기 중 증가	22	(35~40)

a) M. Prather, D. Ehhalt *et al.*, "Atmospheric chemistry and greenhouse gases," In Houghton *et al.*, *Climate Change 2001*에서 발췌. 또한 M. Prather *et al.*, "Other trace gases and atmospheric chemistry," In *Climate Change 1994*(Cambridge University Press, 1995) 참조. 대기 중 증가 부분은 1990년대의 평균치이다.

* 첫 번째 열의 자료는 발생원과 흡수원에 대한 최적 추정치를, 두 번째 열의 자료는 범위를 보여주는 추정치의 불확실성을 제시하고 있다.

중에 존재하는 수산화기(OH)와 반응한다. 대기 중 메탄의 평균 생존기간은 이러한 손실률에 의해 결정된다. 약 12년 정도[11)]로 추정되는데 이것은 이산화

11) 대류권에서의 수산화기(OH)와의 반응에 기인한 손실과정을 고려하면, 화학작용과 토양 손실은 약 10년의 생존기간에 이르게 한다. 그러나, 대기 중의 농도에서 교란작용을 억제하는 메탄의 실질적인 메탄의 생존기간은(숫자상으로 인용하기에는) 복잡하게 계산되는데 그것은 메탄의 농도에 따라 달라지기 때문이다. 이것은, 화학적 되먹임작용에 기인하는, 수산화기(메탄 파괴의 주요원인으로서의 작용)의 농도 때문인데, 그 자체가 메탄 농도의 정도에 따른다(자세한 것은 Houghton *et al.*, *Climate Change 2001* 참조).

탄소의 생존기간보다 훨씬 짧다.

대부분의 메탄 발생원을 정확하게 밝혀낼 수는 없지만 자연 저습지를 제외한 가장 큰 발생원은 인간활동과 밀접한 관련이 있다. 대기 중 메탄의 증가(그림 3.6)는 산업혁명 이후의 인구증가를 거의 그대로 따르고 있음에 주목하게 된다. 그러나 기후변화의 영향 때문에 인간활동과 관련된 메탄 발생원을 통제할 수 있는 적절한 수단을 도입하지 않아도 인류와의 이런 단순한 관계가 그대로 유지될 것 같지는 않다. 6장에서 제시된 IPCC SRES 시나리오에 따르면 21세기 동안의 인간활동 관련 메탄 방출량의 증가율에 대한 추정치 범위는 100년 동안의 2배 증가에서부터 25%감소에 이르기까지 매우 다양하다. 10장(344쪽 참조)에서는 메탄 방출은 감소되어서 대기 중의 메탄 농도가 안정될 수 있는 방안도 제시되고 있다.

아산화질소

아산화질소는 일반적으로 마취제로서 사용되고 있으며 웃음 가스로 알려져 있는 또 다른 미량의 온실기체이다. 대기 중의 농도는 0.3ppm이며 매년 0.25% 정도 증가하고 있으며 산업화 이전 시대보다 16%가 증가하였다. 대기 중 생존기간은 상당히 길어 115년 정도이다. 대기 중 최대의 배출은 자연 및 농업생태계와 연관되고 인간활동과의 연계성은 주로 비료 사용의 증가 때문이다. 바이오매스의 연소와 화학공업(예를 들면, 나일론 생산)도 큰 역할을 한다. 아산화질소의 흡수원은 성층권에서의 광화학적 분해(photodissociation)와 전기적으로 활성화된 산소원자와의 반응이고 생존주기는 120년 정도이다.

염화불화탄소(CFCs)와 오존

염화불화탄소는 인공적으로 만들어진 화학물질로서 상온에서 바로 증발하고, 독성이 없고, 불연성으로, 냉장고나 절연재 제조, 각종 캔 스프레이에 이상적인 물질로 여겨져왔다. 이 물질은 화학적 반응을 잘 하지 않으므로 대기 중으로 방출되기만 하면 백년 혹은 이백년 정도 장기간 파괴되지 않고 계속 잔류하게 된다. 1980년대에 CFCs의 사용량이 급격히 늘어나면서 대기 중 농도가 증가해 현재(모든 종류의 CFCs 포함) 약 1ppb에 이르고 있다. 이 정도는 얼마 되지 않는 것으로 보이지만 2가지 심각한 환경 문제를 일으키기에 충분하다.

첫째 문제는 오존층을 파괴한다는 것이다.[12] 오존(O_3)은 산소 원자 3개가 결합한 분자로 성층권(대기 중 고도 10~50km 상공 사이에서 층을 이루고 있다)에 소량으로 존재하지만 반응성이 매우 높은 기체이다. 오존 분자는 산소 분자가 태양의 자외선과 반응하여 형성된다. 이들은 약간 긴 파장대의 태양 자외선 복사를 흡수하는 자연현상에 의해 다시 파괴된다. 이러한 과정이 없다면 자외선 복사는 지표상에 살고 있는 우리들과 다른 생물체들에게 해를 끼칠 수 있다. 성층권의 오존량은 이러한 오존의 생성과 파괴의 두 과정 간의 균형에 의해 결정된다. CFCs 분자들이 성층권으로 이동될 때 일어나는 일은 CFCs가 함유하고 있는 염소 원자의 일부가 빠져나가는 것이다. 이러한 일도 물론 태양광의 자외선에 의해서 일어난다. 이들 염소 원자들은 쉽게 오존과 반응하여 오존을 산소로 환원시키면서 오존의 파괴율을 높이게 된다. 이러한 일은 촉매 순환 속에서 일어나는데 말하자면 염소 원자 한 개가 많은 오존 분자들을 파괴할 수 있다는 것이다.

오존 파괴의 문제는 1985년 영국 남극조사단의 일원인 죠 파맨, 브라이어 가디너, 조나산 생클린 등이 봄철 동안에 남극 상공의 대기의 한 영역에서 오존의 절반 정도가 사라진 것을 발견하면서, 세계의 관심을 끌게 되었다. '오존홀(ozone hole)'의 존재는 과학자들에게는 커다란 충격을 주었고 오존 파괴의 원인을 규명하는 집중적인 연구가 시작되었다. 오존 형성의 화학적 과정과 역학은 매우 복잡한 것으로 밝혀졌다. 현재는 주요한 과정이 많이 설명되는데, 의심의 여지없이 염소 원자들이 인간의 활동에 의해서 대기 중으

12) 보다 자세한 것은, *Scientific Assensment of Ozone Depletion: 1998. Global Ozone Research and Monitoring Project-Report No 44*(Geneva: World Meteorological Organization), pp.732 참조.

로 유입되어서 반응이 일어난 것으로 밝혀지고 있다. 남극 상공(그리고 남극보다는 면적이 적지만 북극도 함께)에서 봄철의 오존 감소뿐만이 아니라 양 반구의 중위도에서도 총오존량의 약 5% 정도의 상당한 감소가 나타나고 있다. 총오존량은 지구의 한 지점의 ㎡당 오존량으로 산출된다.

CFCs의 사용에 따른 이러한 심각한 결과들이 나타나자 국제적인 움직임이 일어났다. 많은 국가들이 1987년도에 제정된 몬트리올 의정서와 1991년 런던과 1992년 코펜하겐에서 합의된 수정서에 서명했다. 이들 문서들은 CFCs의 제조를 선진국은 1996년 이후, 개발도상국은 2006년 이후에 완전히 중단할 것을 요구하고 있다. 이러한 활동 때문에 대기 중의 CFCs의 농도는 더 이상 증가하지 않고 있다. 그러나 이들은 대기 중에서 긴 생존기간을 가지고 있으므로 당분간 감소효과가 거의 나타나지 않을 것이며, 상당량의 CFCs들이 앞으로도 1백년 이상 존속하게 될 것이다.

오존 파괴에 따른 문제를 더 살펴보기로 하자. 오늘날 우리들과 직접 관련된 사안으로서 CFCs와 오존의 또 다른 문제는 이것이 모두 온실기체라는 것이다.[13] 이들은 다른 기체들이 거의 흡수하지 못하는 장파의 대기창(atmospheric window, 그림 2.4 참조)으로 알려진 영역에서 파장들을 흡수한다. 우리가 알고 있듯이 CFCs는 오존을 많이 파괴하므로 CFCs의 온실효과는 대기 중의 오존에 의한 온실효과를 감소시킴으로써 상쇄된다.

먼저 CFCs 그 자체를 살펴보면 대기 중으로 유입된 CFCs 분자는 이산화탄소 분자보다 5천 배에서 1만 배에 이르는 온실효과를 가진다. 따라서 이산화탄소와 비교하면 아주 적은 양임에도 불구하고 온실효과의 강도는 매우 강하다. 현재 대기 중에 존재하는 CFCs에 기인하는 적도에서의 복사 강제력(위에서 언급한 대로 고위도로 갈수록 오존 감소로 인한 상쇄효과가 있다)은 약 0.25Wm^{-2} 혹은 모든 온실기체가 유발하는 복사 강제력의 20%에 이른다. 이러한 강제력은 매우 서서히 다음 세기까지 감소해갈 것이다.

13) Houghton *et al.*, *Climate Change 2001,* 4장 참조.

다음으로 오존을 살펴보면 오존 고갈의 효과는 오존의 온난화의 감소량이 오존이 파괴되는 대기고도에 절대적인 영향을 받기 때문에 매우 복잡한 양상을 보인다. 더욱이 CFCs의 온실효과가 전지구상에 골고루 퍼지는 반면에 오존의 감소는 고위도에 집중된다. 열대지역에서는 거의 오존 감소가 없어 오존 온실효과의 변화가 없다. 중위도에서는 대략적으로 오존감소와 CFCs의 온실효과가 서로 상쇄되는 것으로 보인다. 극지방에서는 CFCs의 온난화에 대한 상쇄보다 큰 오존의 온실효과의 감소가 나타난다.[14)]

CFCs의 사용이 정지되면서 CFCs는 염화탄소(hydrochloro-fluorocarbon, HCFCs)와 수소염화탄소(hydro-fluorocarbons, HFCs)와 같은 할로겐화탄소(halocarbons)에 의해 대체되고 있다. 1992년 코펜하겐에서 국제사회는 HCFCs도 역시 2030년까지 사용을 중지하기로 결정했다. CFCs보다는 오존의 파괴가 덜하지만 이들도 역시 온실기체이다. HFCs는 염소나 브롬을 함유하지 않아 오존을 파괴하지 않으므로 몬트리올 의정서에 포함되지 않는다. 특히 HCFCs와 HFCs는 대체로 수십 년에 이르는 짧은 생존기간을 가지고 있어 대기 중의 농도와 이들의 배출에 따른 지구온난화에 대한 기여도는 CFCs보다는 덜할 것이다. 그러나 이들의 생산율이 대폭 증가하고 있어 다른 온실기체와 동반하여 온실 온난화에 기여할 잠재력이 커지고 있다(10장 336쪽 참조).

온실기체의 역할을 하는 또 다른 몇몇 화학 합성물들도 살펴보면 과불화탄소(perfluorcarbons, 특히 CF_4, C_2F_2)와 육불화황(SF_6) 등으로 산업활동에서 만들어진다. 이들은 대체로 1,000년 이상의 매우 긴 대기 중의 생존기간을 지니고 있으므로 대기 중으로의 배출이 누적되면 수천 년에 걸쳐 기후에 영향을 미칠 것이다. 따라서 이들도 잠재적인 주요 온실기체에 진입하고 있는 실정이다.

오존은 대기 하층부 혹은 대류권에도 존재하는데 이곳에서는 성층권의 오존의 일부가 하강하거나 또는 화학반응에 의해서 생성되기도 하는데, 특히 질소

14) 이 부분과 함께, 미량 기체 및 미량 입자들에 대한 보다 자세한 내용은 Houghton *et al.*, *Climate Change 2001*, 6장 참조.

산화물에 대한 태양광 작용의 결과로 생성된다. 특히 지표면 근처의 오염된 대기층에서의 오존에 유의할 필요가 있다. 이들이 높은 농도로 존재하게 되면 사람들의 건강에 해를 끼치게 된다. 북반구에서 오존 형성을 유발하는 화학반응의 모델 모의와 제한적인 관측 결과를 보면 대류권에서의 오존 농도는 산업화 이전 시대보다 배증하였으며, 이러한 오존의 증가는 0.2-0.6Wm^{-2}정도의 지구 평균 복사 강제력을 지니는 것으로 추정된다(그림 3.8). 오존은 물론 비행기 엔진에서 배출되는 질소 산화물의 결과로서 대류권의 상층부에서도 발생한다. 비행기에서 배출되는 질소 산화물들은 지표면에서의 배출보다 오존 형성에 더 효과적이다. 북반구의 중위도에서 비행기에 의한 오존 발생에 따른 복사 강제력[15)]은 현재 전지구 화석연료 소비의 약 3%에 해당하는 항공기 연료의 연소에서 방출되는 이산화탄소의 강제력과 거의 유사하다.

간접적인 온실효과를 지닌 기체들

지금까지 직접적인 온실효과를 가지는 대기 중에 존재하는 모든 기체들을 언급하였다. 온실기체, 예를 들면, 메탄 혹은 하층 대기의 오존과의 화학반응을 통해 온실 온난화 전체에 결국 영향을 미치게 되는 기체들도 있다. 예를 들면, 자동차에서 배출되는 일산화탄소(CO)와 질소산화물(NO와 NO_2) 등이다. 일산화탄소는 그 자체로는 직접적인 온실효과를 나타내지 않지만 화학반응의 결과로 이산화탄소를 형성시킨다. 이러한 반응은 다시 대기 중의 메탄의 농도에 영향을 미치는 수산화기(OH)의 양에 영향을 미친다. 온실기체에 대한 이러한 간접적인 영향을 유도하는 대기 중의 화학반응들에 대한 연구도 상당한 진전을 보아왔다.[16)] 물론 이들의 중요성에 대한 적절한 판단도 중요하지만 이들의

15) 보다 자세한 것은 J. E. Penner, *et al.*(eds.), *Aviation and the Global Atmosphere*. An IPCC Special Report(Cambridge University Press, 1999) 참조.

16) Houghton *et al.*, *Climate Change 2001*, 4장 참조.

결합된 효과도 인간활동에 의한 온실 온난화에 핵심물질인 이산화탄소와 메탄보다 훨씬 작다는 사실을 인식하는 것도 중요하다.

대기 중의 먼지[17)]

대기 중에 부유하는 작은 먼지들(에어로솔로 알려진)은 태양복사를 흡수하고 이를 다시 대기 공간으로 산란시켜 에너지의 수지에 영향을 미친다. 우리는 이러한 현상을 맑은 여름날에 약한 바람이 불 때 공장지대의 풍하 측에서 볼 수 있다. 구름이 없는데도 태양은 흐릿하게 보인다. 우리들은 이를 '산업연무(industrial haze)'라고 부른다. 이러한 조건하에서는 대기의 상층에 입사하는 태양광의 상당부분이 연무에 있는 수백만 개의 작은 입자들(대체로 입경 0.001~0.01mm 정도)에 의해서 산란되어 대기의 우주로 빠져나가 버린다.

대기의 먼지들은 다양한 발생원을 가지고 있다. 자연적인 발생원도 많은데 사막지역과 같이 육지 표면에서 불어 올라온다. 산불이나 바닷물의 물보라 등에서도 발생한다. 때에 따라 화산 폭발에 의해 대량의 먼지 입자들이 대기의 상층으로 유입되는데 1991년에 폭발한 피나투보 화산이 이 경우에 해당된다(5장 참조). 일부 입자들은 대기 중에서 자체적으로 형성되기도 하는데 화산에서 분출한 유황을 포함한 기체들에서 나온 황화물 입자들이 그 예이다.

다른 유형들은 인간의 활동에서 나오는데 바이오매스의 연소(특히 삼림의 연소)와 화석연료의 연소에서 나오는 황화물과 검댕 등이다. 황화물 입자들은 특히 중요하다. 이들은 이산화황에 대한 화학 반응의 결과로서 형성된다. 이산화황은 석탄과 석유(이들은 모두 다양한 양의 황을 함유하고 있다)를 연소시키는 발전소와 공장들에서 다량으로 발생한다. 이들 입자들은 대기 중에서 평균 5일 정도만 머물기 때문에 이들의 효과는 입자의 발생원에 인접한 지역에

17) Houghton *et al.*, *Climate Change 2001*, 5장 참조.

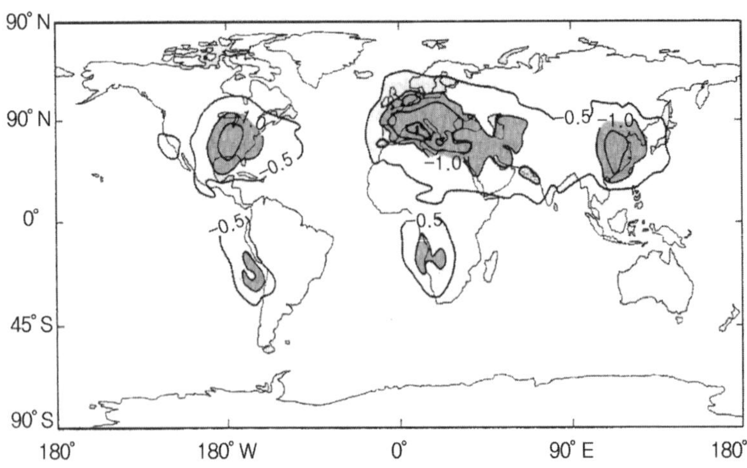

그림 3.7 대류권에서의 인공적인 황산염 에어로솔에 의한 연평균 직접 복사 강제력(Wm^{-2}) 모델 추정치의 지리적 분포. 복사 강제력은 음의 값으로 표시되어 있는데, 산업활동이 많은 지역일수록 크게 나타난다.

대체로 한정된다. 주요 대상 지역은 북반구의 산업화된 지역들이다(그림 3.7). 비록 그 효과 자체는 정반대이지만 북반구의 제한된 지역의 상공에서 이들 입자의 복사 효과는 규모면에서 현재까지의 인간활동에 의해 발생한 온실기체들의 효과에 비교할 만하다. 인간활동에 의한 다양한 발생원에서 유입되는 입자들에 의한 직접적인 복사 강제력의 추정치를 지구 전체의 평균으로 보면 그림 3.8과 같다. 이러한 추정에 대해서는 상당한 불확실성이 따른다.

지금까지 에어로솔에 의한 직접적인 복사 강제력을 살펴보았다. 대기 중의 먼지가 기후에 미치는 영향은 더 있다. 이는 간접적인 복사 강제력으로 기술되는 구름형성에 대한 먼지의 효과로 나타난다. 간접적인 강제력의 두 가지 메커니즘이 제시된다. 첫째는 구름의 복사 특성에 대한 먼지 입자들의 수와 크기의 영향이다. 즉, 구름이 형성되고 있을 때 다량의 입자들이 존재한다면 그렇지 않은 경우에 비해 결과적으로 구름은 다량의 작은 물방울로 이루어지며 이것은 도시에서 오염된 안개가 형성되는 것과 유사하다. 이러한 구름은 보다 큰 입자로 이루어진 경우보다 태양광을 더 많이 반사하게 되며 따라서

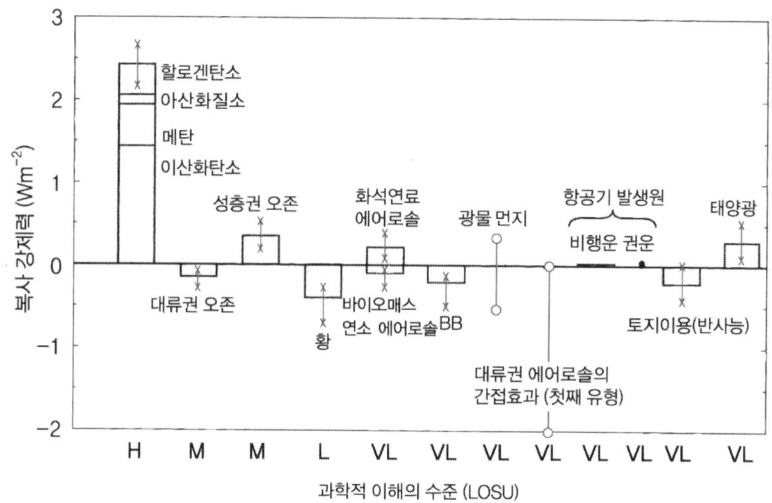

그림 3.8 산업화 이전(1750년)에서 2000년까지 많은 요인들에 의한 전 지구의 연간 평균 복사 강제력(Wm^{-2}). 막대의 길이는 최선의 추정치를 나타내며 막대가 없는 것은 불확실성이 크기 때문에 최선의 추정치가 불가능한 수준을 말한다. 'x' 혹은 'o' 표시의 구분기호를 가진 수직선은 불확실성 범위의 추정치를 나타낸다. '과학적 이해의 수준(level of scientific understanding: LOSU)' 지표는 각 강제력에 대해 표시되고 있으며, H, M, L, VL 등은 높음, 중간, 낮음, 매우 낮음의 정도를 나타낸다. 이것은 강제력, 강제력을 결정하는 지식체계의 정도, 강제력의 정량적 추정을 둘러싼 불확실성을 평가하는 데 필요한 가정과 같은 요인을 포함하여 강제력 추정의 신뢰도에 대한 판단을 나타낸다. 잘 혼합되는 온실기체는 개별적인 기여와 함께 하나의 막대로 함께 묶어졌다. 두 번째와 세 번째 막대는 성층권과 대류권의 오존에 적용된 것이다. 네 번째 막대는 에어로솔의 직접적인 효과를 나타낸다. FF는 화석연료에서 발생하는 에어로솔을 말하며 검댕탄소(black carbon, bc)와 유기물 탄소(organic carbon, oc)로 세분된다. BB는 바이오매스 연소에서 발생하는 에어로솔이다. 광물 먼지에 기인하는 효과의 표시는 그 자체가 불확실성이다. 두 번째 것은 정량적으로 증거가 존재하지 않기 때문에 첫 번째 간접적인 에어로솔 효과만 추정되었다. 모든 강제력은 분명한 공간적, 계절적 변동을 가지기 때문에(그림 3.7 참조) 지구 전체의 완전한 기후 영향의 관점에서 상쇄되므로 연역적으로 추가되거나 나타낼 수 없다.

입자의 존재로 인해서 에너지의 손실이 보다 커진다. 두 번째 메커니즘은 강수효과, 구름의 생존기간, 운량의 지리적 범위에 대한 물방울 크기와 수의 영향에 대한 것이다. 이들 두 가지 메커니즘 모두에 대해 관측한 증거도 있지만 여기에 관련된 과정들을 모델링하기는 어려운 일이며 특정 상황에 따라 경우의 수도 너무 많다. 그 영향력에 대한 추정치는 그림 3.8에 나타나 있으며 여전히 불확실성이 높다. 이러한 추정치의 확실성을 높이기 위하여, 특히 구름에 대한 보다 적절하고 정밀한 관측을 위해서는 많은 연구가 요구된다.

그림 3.8에 나와 있는 먼지 입자의 복사 효과에 대한 추정치는 약 $2.6Wm^{-2}$ 정도로 온실기체의 증가로 인한 전 지구 평균 복사 강제력과 비교될 수 있다. 그러나 전 지구 평균 복사력과의 비교가 전체를 설명해줄 수는 없다. 대기권에서는 먼지 입자들에 대한 지역적인 편차가 크기 때문에(그림 3.7), 입자들의 구름에 대한 효과는 전 지구적으로 균질한 영향을 가지는 온실기체의 증가 효과와 상당히 다를 것으로 예상된다. 이 부분은 인위적인 기후변화와 유사한 패턴을 보이는 것으로 5장에서 다시 설명될 것이다. 6장에서는 더 심도 있는 분석이 제시될 것인데 지역 규모에 따른 기후변화의 전망이 논의될 때 미래의 대기 입자들의 농도에 대한 가정이 매우 중요하게 작용할 것이다.

미래의 유황 입자의 농도에 영향을 줄 수 있는 중요한 요인은 주로 이산화황의 배출에 의해서 나타나는 '산성비' 오염이다. 이것은 주요 산업 지역의 풍하측 지역에 있는 산림과 호수의 어류들을 황폐화시킨다. 이와 같은 심각한 문제들이 특히 유럽과 북아메리카에서 진행 중에 있는데 이산화황의 배출을 상당한 수준으로 줄일 때까지 계속될 것이다. 유황이 많이 함유된 석탄의 연소량은 특히 아시아에서 급격히 늘어나고 있으므로, 이들 지역에도 사용량을 엄격히 규제해야 할 만큼 유황 오염의 피해는 심각하다. 지구 전체로 보면 유황 배출의 증가 속도는 이산화탄소의 배출 증가에는 미치지 못한다. 6장에서는 이러한 변화들을 예측하는 미래의 배출에 대한 IPCC SRES 시나리오가 제시되고 있다. 유황입자 증가의 결과로 인한 기후변화는 온실기체의 증가에 의한 것과 비교하면 그 영향이 적을 것으로 본다.

복사 강제력의 추정

이 장에서는 주요 온실기체의 발생원과 흡수원, 대기, 해양, 육지 표면을 포함하여 기후계의 구성 요소, 예를 들면, 서로 다른 요소들 간에 밀접하게 유지되어온 균형과 인간활동에 의해 온실기체의 배출에 의한 균형의 훼손 등에 대한 현재의 과학적 수준을 요약하고 있다. 미래의 배출에 대한 여러 가지 가정들이 배출 시나리오를 만들기 위해서 사용되었다. 이러한 시나리오는 미래의 온실기체 농도가 증가하게 될 것을(예를 들면, 탄소순환의 컴퓨터 모델을 이용한 이산화탄소 배출) 제시하고 있다.

온실기체의 증가 가능성에 대한 현재의 지식을 근거로 한 다음 단계의 작업은 대기에 의해서 흡수되고 방출되는 열(적외선)복사량 증가의 효과를 산출하는 일이다. 이것은 2장에서도 언급하였듯이, 스펙트럼의 적외선 파장대 복사를 흡수하는 여러 가지 기체들에 대한 정보를 이용하여 이루어지고 있다. 이들 기체 각각에 대한 배출량 증가와 관련된 복사 강제력도 계산할 수 있다. 그림 3.8에서는 이 장에서 다루어온 여러 기원을 가진 온실기체와 대류권의 에어로솔에 대한 1750~2000년까지의 전 지구 평균 복사 강제력의 추정치를 동시에 보여주고 있다.

다양한 온실기체에 의해 발생하는 복사 강제력들을 비교하는 것이 유용할 것이다. 이들은 서로 다른 생존기간을 가지고 있으므로 온실기체의 방출로 인한 복사 강제력에 대한 미래의 모습은 기체마다 매우 다를 것이다. 지구온난화지수(global warming potential, GWP)으로 불리는 지수는 이산화탄소 1kg의 방출을 기준으로 하여, 같은 시간에서의 어떤 주어진 기체의 1kg의 방출에 의한 시간을 적분한 복사 강제력 비율을 가진 온실기체로 정의되어왔다. 물론 시간대는 적분이 이루어지는 시기로 한정된다. 교토의정서에 포함된 6개 온실기체의 GWP가 표 10.2에 제시되어 있다. 온실기체의 혼합체 배출에 대해 GWP를 적용하면 이산화탄소의 양 기준으로 이 혼합체를 산정할 수 있다. 그러나 여러 시간대에 따라 GWP가 달라지기 때문에 GWP는 적용에 한계가 있으며 따라서 매우 조심스럽게 사용되어야 한다.

기후의 복사 강제력을 고려할 때, 질문은 변동이 일어났었는지 또는 기후에 영향을 미치게 되는 지구에 도달하는 태양 에너지의 양에 변동이 있을 것인지에 집중되어진다. 예를 들면, 다음 장에서 과거의 빙하기들은 지구의 공전궤도의 기하학적 변동에 의해서 시작되었는지 알아볼 것이다. 태양 에너지 자체는 시간에 따라 매우 적게 변화한다고 생각된다(6장 194쪽 글상자 참조). 그림 3.8(또한 그림 6.12 참조)은 1850년 이후부터 발생했던 태양 변동성의 추정치 범위를 제시하고 있으며, 기후에 대한 그 영향은 온실기체 증가와 비교하여 훨씬 적게 나타나고 있음을 보여준다.

복사 강제력에 대한 운항의 영향과 지표면의 알베도(용어설명 참조) 변화를 가져오게 되는 토지이용의 변화에 기인한 영향 등이 그림 3.8에 나타나 있다. 항공기는 이산화탄소와 함께 수증기도 배출하여 고층의 운량(cloud cover)에 영향을 미치게 된다. 5장에서 다루고 있듯이(138쪽 참조), 고층운은 지표면에 대한 담요효과를 제공하며 이것은 온실기체와 유사한 효과를 보여주는데 이것은 양의 복사 강제력을 유도하게 된다. 많은 항공기들이 정기적으로 운행하는 지역들의 상공에 광대한 비행운이 형성되고 있는 사례들이 자주 발견된다. 항공기는 입자 배출을 통해서 권운의 형성에도 영향을 미친다. 따라서 항공기의 전체 온실효과는 항공기의 이산화탄소 배출 영향의 두세 배에 해당한다.[18)]

21세기에 전망되는 복사 강제력에 대한 상세한 설명이 6장에 나와 있다. 5장과 6장은 복사 강제력의 추정치가 기후모델에 어떻게 통합될 수 있으며 그로 인하여 인간활동에 의한 기후변화의 가능성을 예측할 수가 있음을 보여준다. 그러나 미래의 기후변화 예측을 고려하기 전에 과거에 일어났던 기후변화에 대해 어느 정도 살펴볼 필요가 있다.

18) 항공 운항의 효과에 대한 보다 자세한 내용은 Penner, *Aviation and the Global Atmosphere* 참조.

■ ■ ■ 과제

1. 대기 중 이산화탄소 분자의 생존기간은 해양과 상호교환이 되기 전에는 약 1년 미만인데 반해 화석연료 연소에 의한 이산화탄소 농도의 증가가 대폭 감소하는 데 걸리는 시간은 여러 해가 걸린다. 이러한 차이에 대한 이유를 설명하시오.

2. 한 개인이 호흡을 통하여 매년 배출하는 이산화탄소의 양을 추정하시오.

3. 화석연료의 연소에 의해서 배출되는 일인당 이산화탄소의 추정량을 계산하시오.

4. 100만 명 정도의 인구를 가진 전형적인 선진국의 도시는 매년 50만 톤의 쓰레기를 만들어낸다. 이 쓰레기들이 매립장에서 매립되어서 부패하여 동일한 양의 이산화탄소와 메탄을 만들어 낸다고 가정하자. 쓰레기의 대략의 탄소 함량과 부패하는 비율 등에 대한 가정을 설정하고, 연간 메탄 생산량을 추정해보자. 만일 모든 메탄이 빠져나간다면, 주석 10의 정보를 이용하여 매립장에서 쓰레기가 썩어서 발생하는 이산화탄소와 메탄의 온실효과와 쓰레기를 완전히 소각시켜버릴 경우에 발생하는 이산화탄소의 온실효과를 비교하시오.

5. 40년이 되면 성숙해질 백만 그루의 나무를 심어서 새로운 삼림을 조성한다고 가정하고, 삼림에 의해 매년 삼림 속에서 사용될 수 있는 탄소의 양을 추정해보시오.

6. 1대의 비행기와 세계의 항공사와 공군에 의해서 사용되는 연료의 양을 제시하고 세계의 항공기에 의해서 연간 배출되는 이산화탄소의 양을 추정하시오.

7. 오존홀에 대한 정보를 조사하고 남극에서 주로 일어나는 이유를 설명하시오.

8. CFCs의 주요 사용처는 어디인가? 현재 대기 중으로 배출되는 CFCs의 양이 급격하게 줄어드는 이유를 설명하시오.

9. 지난 한 세기 혹은 그 이상의 기간에 발생한 전 지구 평균기온의 변동은 태양 에너지 방출의 변동에 기인한 것으로 설명될 수 있음을 보여주는 증거가 나오고 있다. 그렇다면 온실기체의 증가에 의한 요인은 전혀 없는 것으로 된다. 이러한 주장의 오류는 무엇인가?

10. 본문에서 주어진 공식을 이용하여, 대기 중 농도가 150, 280, 450, 560, 1000ppm일 때 이산화탄소에 의한 복사 강제력을 계산하시오.

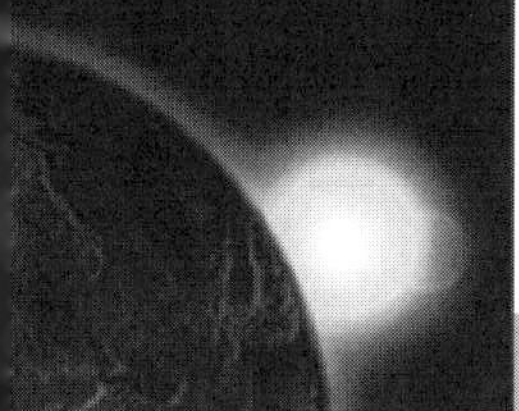

과거의 기후 4

미래의 기후변화를 예측하는 데 장애가 되는 몇 가지 문제들을 해결하기 위해서는 과거에 일어났던 기후변화를 살펴보는 것이 도움이 될 것이다. 본 장에서는 과거 100년, 1,000년, 100만 년의 세 기간 동안에 일어났던 기후변화와 기후 기록을 간단히 살펴볼 것이다. 이 장의 말미에 과거 10~20만 년 동안 다양한 기간에 걸쳐 비교적 급격한 기후변화가 존재했음을 보여주는 최근의 중요한 증거들을 소개할 것이다.

과거 100년의 기후

1980년대와 1990년대 초에는 그림 4.1에 나와 있듯이 전반적으로 전 지구에 걸쳐 상당히 온난한 해들이 이어졌다(1장 참조). 그림 4.1은 우수한 정확성과 지리적 범위를 확보한 기기 관측이 이루어진 1860년 이래 지구의 연평균기온을 보여주고 있다. 이 기간 동안의 기온 증가는 약 0.6℃에 이른다(95% 신뢰도에 0.4~0.8℃의 오차범위를 지닌다). 1998년은 이 기간 동안 가장 더웠던 해였다.[1)]

1) 2001년 IPCC 보고서에서, '매우 높음(very likely)'과 같은 확실성의 표현은 신뢰도를

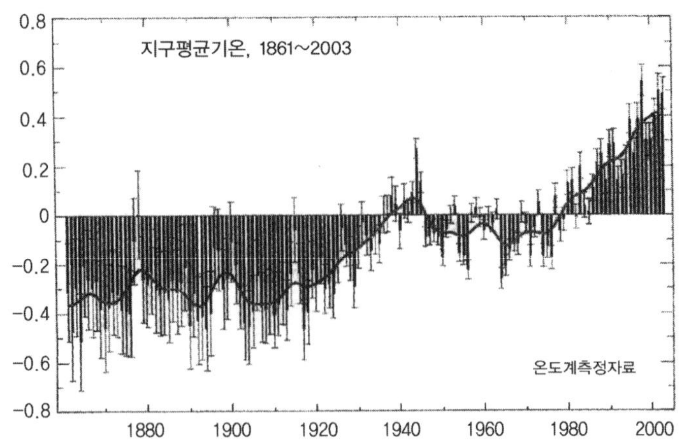

그림 4.1 지난 140년에 걸친 전 지구 지표면 평균기온의 변화. 검은색 막대는 연간 평균치이며 회색 선은 10년간의 변동성을 보여주는 이동평균 곡선이다. 자료의 불확실성들도 보여준다. 가는 흑색 휘스커는 신뢰도 95% 구간을 보여준다.

더 놀라운 통계는 1998년의 1월부터 8월까지는 각각 가장 더운 달로 기록되었다는 것이다. 기록을 보면 뚜렷한 경향성이 나타나지만 그 증가는 일정한 형태를 보이지 않는다. 사실 온난화와 함께 한랭화의 기간들도 나타나며 기록에서 분명하게 나타나는 양상은 경년과 10년간의 변동성이다.

회의론적 견해를 가진 사람들은 그림 4.1과 같은 그림이 어떻게 마련되었는가 하는 점과 이 그림을 신뢰할 수 있는지에 대해 의문을 제시한다. 결국 기온은 장소와 계절에 따라, 하루 동안에도 수십℃까지 변한다. 그러나 여기서는 국지적인 기온의 변화는 고려하지 않고 지구 전체의 평균기온을 다루고 있다. 세계 평균에 있어서는 소숫점 한 자리 정도라도 큰 변화이다.

먼저 육지표면 기온의 변화와 해수면 온도의 변화를 결합하여 추정하는

양적인 설명 가능성의 정도와 관련성이 있다. 즉, 거의 확실한(결과가 99% 이상의 가능성), 매우 높은(90~99%의 가능성), 높은(66~90%의 가능성), 중간 정도(33~66%의 가능성), 낮은(10~33%의 가능성), 매우 낮은(1~10%의 가능성), 거의 불가능한(1% 미만) 정도로 볼 수 있다.

지구 평균기온의 변화는 과연 어느 정도인지 살펴보자. 육지에서의 변화를 추정하기 위해서는 지난 130년 동안에 대부분 동일한 관측 위치를 유지하고 있는 기상관측소를 선정해야 한다. 해수면 온도의 변화는 동일한 기간에 대부분 상업용 선박인 관측선에서 행해진 6천만 개의 관측값을 통해 추정된다. 육지의 관측지점과 선박에서 얻어진 모든 관측값은 전 지구를 포함하는 위도 1°와 경도 1°의 격자에 위치시킨다. 지구 평균은 각 격자의 평균값을 평균하여 계산된다.

여러 국가들의 많은 연구단체들이 이러한 관측에 대해 신중하고 독립적인 분석을 수행하고 있다. 이들은 여러 가지 방법으로 기록에 나타난 인위적인 변화에 대한 요인들을 고려하고 있다. 예를 들면, 어떤 지상 관측소에서의 기록은 주변 지역에서 도시화가 진전됨에 따라 변화의 영향을 받을 것이다. 선박의 경우에 관측을 위한 표준 방법으로 채취한 해수 물통에 온도계를 삽입하는 방법을 사용하고 있다. 이러한 과정 속에서 미세한 온도의 변화가 나타날 수 있다. 변화의 규모는 낮과 밤에 따라 달라지고 물통의 재료에 따라 달라지는데 여러 해 동안 목재, 천, 금속 등의 다양한 재료들이 이용되어왔다. 현재 많은 관측 부분이 엔진냉각체계로 들어가는 해수의 온도측정에 의해서 이루어지고 있다. 육지와 선박에서 이루어지는 관측의 이러한 세세한 부분의 영향에 대한 세밀한 분석을 통해 기록에 대한 적절한 수정을 가하고 서로 다른 연구센터에서 수행된 분석들 간의 일치된 결과도 이끌어내고 있다.

관측된 변동이 실제적이라는 것은 변화의 경향성과 형태가 전체 관측치에서 무작위로 선별해 비교해보아도 비슷하게 나온다는 점에서 신뢰성이 높아지고 있다. 예를 들면, 육지와 해수면, 북반구와 남반구 등으로 분리하여 추출해낸 기록들도 거의 일치한다. 코어 온도와 해수면 아래의 온도 변화, 눈 덮인 면적의 감소, 빙하의 축소와 같은 간접적인 증거들도 관측된 온난화에 대한 독립적인 보완 자료 역할을 한다.

지난 30년 이상 지구를 돌고 있는 위성에서도 유용한 관측 자료가 많이 제공되고 있다. 이들의 가장 큰 이점은 전 지구를 대상으로 자동으로 자료를 제공한다는 점인데, 이는 다른 관측세트에서는 구할 수 없는 것이다. 그러나 위성 기록의 관측 기간이 일반적으로 20년이 못 되기 때문에 기후관점에서는 비교적 짧은 기간이라는 단점이 있다. 1979년 이후 하층 기온에 대한 위성 관측은 지표면에서의 상승하는 온도의 경향성과 일치하지는 않는다고 알려져 있다. 위성 관측이 지상 관측의 정확성에 의문점을 제기하는 것이 아니고 이들 두 가지 관측은 서로 다른 특성을 지니고 있다. 그러나 하층 대기 측정값과 지표면 측정값의 경향성은 연관성을 가지고 있을 것으로 예상되며 따라서 이 두 가지 기록과 그 차이를 해석하기 위해 보다 깊은 연구가 진행되어왔다(97쪽 글상자 참조).

그림 4.1에서 보여주고 있는 기후 기록에서 가장 분명한 양상은 경년뿐만 아니라 10년 단위에도 상당한 변동성이 있다는 것이다. 이러한 변동성의 일부는 대기와 해양에 대한 외적 요인에 의해서도 나타나는데, 예를 들면, 1883년의 필리핀 크라카토아 화산과 1991년의 피나투보 화산 폭발의 결과가 그것이다(1992년과 1993년의 전 지구 평균기온의 저하의 원인이 피나투보 화산에 있었던 것은 거의 확실하다). 그러나 기록상으로 나타난 모든 변동을 설명하는데 화산 폭발이나 다른 외적 요인에만 매달릴 필요는 없다. 많은 요인들은 전체 기후계 내에서 나타나는 내적 변동이며, 예를 들어, 해양의 지역적 변동이 좋은 예이다(보다 자세한 것은 5장 참조).

20세기 동안의 온난화는 전 지구에 걸쳐 균질하게 나타나지는 않았다. 예를 들어, 최근의 온난화는 중위도와 고위도에 위치하는 북반구 대륙에서 가장 심하게 나타났다. 물론 해수 순환의 변화와 관련하여 북대서양의 일부에서와 같이 한랭화가 일어난 곳도 있다(5장 참조). 기온변화에 대한 최근의 지역적 패턴의 상당부분은 북대서양 진동(NAO)과 같이 대기-해양 변동 양상의 차이와 관계가 있다. NAO의 증가 양상은, 아열대 대서양과 남유럽의 고기압, 북서 유럽에서의 온난한 겨울이라는 결과를 가져오는 데 있어 1980년대 중반 이후 기후의 주된 경향이 되고 있다.

지난 수십 년간의 기온 증가가 보여주는 흥미로운 특징은 기온의 일 변화에

위성에서 관측된 대기 온도

1979년 이후 미국 국립해양대기국(NOAA)에서 쏘아올린 기상위성은 마이크로파 고층 기상탐측기(Microwave Sounding Unit, MSU)와 같은 마이크로파 장비를 탑재하고 있으며 이를 통해 대기 하층부의 평균기온을 원격 관측해왔다.

그림 4.2(a)는 MSU로부터 추정된 전 지구 평균기온의 기록을 보여주고 있으며, 이 자료를 동일한 지역의 대기권에 기구(balloon)를 이용한 관측 자료와 비교했는데 매우 유사한 결과를 보여주고 있다. 지표면에서 기온의 기록도 1960~2000년의 기간에 위의 두 자료들과 비교할 수 있도록 추가되었다. 이들 세 측정치 모두 유사한 변동성을 보여주고 있는데 지표면에서의 변동성은 하층 대기권의 온도 변화를 따르고 있다. 짧은 기간에서도 상당한 변동성을 보여주고 있으므로, 정확한 경향을 밝혀내기에는 상당한 어려움이 따른다. 1979년 이후 3가지의 측정 장비로부터 얻어진 경향성은 조심스럽게 연구되고 비교 분석되었다. 위성자료와 기구자료가 매 10년마다 각각 0.04±0.11℃, 0.03±0.10℃ 정도의 경향을 보이는 데 비해 지표자료는 0.16±0.06℃를 가진다. 지표면과 하층 대기권 간의 기온 차의 경향성은 매 10년당 0.13±0.06℃로서 통계적으로 유의하다. 이것은 전 지구의 하층 대기권의 온난화가 약 0.03℃ 정도 이루어진 1958~1978년 간에 거의 0℃에 가까운 지표면 기온 경향성과는 대조를 이룬다. 1979년 이후 측정된 지표면과 하층 대류권의 기온 경향성 차에는 상당한 지역적 차이가 있다. 예를 들면, 특히 많은 열대와 아열대 지역에서 이러한 경향성이 분명하게 나타나는데, 이러한 지역들은 하층 대류권보다는 지표면이 보다 빨리 가열되는 경향을 보이며, 북아메리카와 유럽, 오스트레일리아 등과 같은 지역들에서는 그 경향성이 거의 유사하게 나타난다.

특히 열대와 아열대 해양에서 지표면과 하층대기의 경향성이 통계적으로 유의한 수준에서 차이가 나는 것에 대한 이유는 아직 완전하게 이해하지 못하고 있다. 하지만 차이에 대한 가능한 가설은 많다.[2)] 물론 온실기체 농도의 증가 현상이 상층 대기의 한랭화를 유도한다는 것은 잘 알려져 있다(2장 참조). 따라서 성층권에서는 온도 경향성이 반대가 되어 성층권 하층에서는 10년에 0.5℃부터 성층권 상층에서는 10년에 2.5℃까지 하강한다.

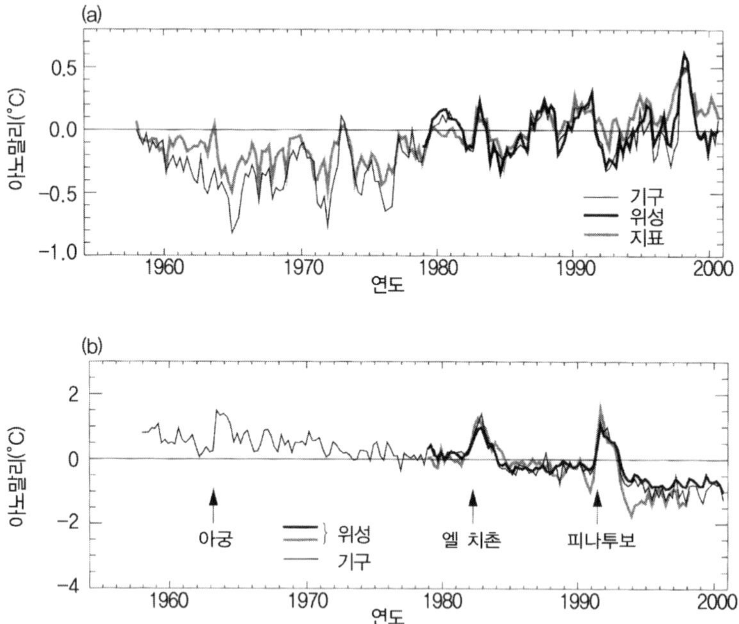

그림 4.2 전 지구 평균기온(℃) 관측값의 시계열(1979~1990 평균에 대한 아노말리로 표현): (a) 지표, 위성, 기구에 의해서 얻어진 대규권 하층부의 온도변화와 (b) 기구와 인공위성에서 얻어진 상층권 하층 온도변화.

2) 더 많은 정보는 C. K. Folland *et al.*(2장) and J. F. B. Mitchell *et al.*(12장), In J. T. Houghton, Y. Ding, D. J. Griggs, M. Noguer, P. J. van der Linden, X. Dai, K. Maskell and C. A. Johnson(eds.), *Climate Change 2001: The Scientific Basis. Contribution of Working Group I to the Third Assessment Report of the Intergovermental Panel on Climate Change*(Cambridge: Cambridge University Press, 2001) 참조.

있어 육지에서의 최저기온의 증가는 최고기온의 증가에 비해 두 배에 달했다는 것이다. 이에 대한 설명으로는 강화된 온실기체의 효과에 더하여, 일교차의 감소를 가지는 많은 지역에서 관측된 구름량의 증가를 들 수 있다. 구름의 증가는 낮에는 햇볕을 감소시키고 밤에는 지표복사의 탈출을 감소시킨다.

기온의 증가로 인해 발생할 수 있는 현상은 강수량의 증가가 있는데 강수량은 기온보다 장소와 시간에 따른 변동성이 훨씬 크다. 강수량의 증가는 특히 북반구의 중고위도 지역에서 뚜렷하게 나타나는데, 호우의 빈도가 증가하는 경향이 두드러지고 있다(표 4.1).

기온과 강수량의 이러한 변화에 대한 전반적인 특징은 온실기체의 증가 때문에 나타나는 현상과 관계가 있으나(5장 참조), 이러한 증가의 원인이 인간 활동의 영향 때문만은 아니라고 할 수 있을 정도로 기록상의 변동성이 크다. 예를 들면, 1910~1940년에 이르는 동안의 기온 증가는 너무 급격해서(그림 4.1) 이 기간동안의 비교적 작은 온실기체의 증가 때문만으로는 볼 수가 없다. 이 점에 대한 또 다른 원인들은 다음 장에서 논의가 될 것인데, 즉 20세기 전반에 걸친 기후모델의 모의시험의 결과와 실제로 관측된 기온과 비교한 결과가 전 지구적 평균기온의 변화뿐만이 아니라 지역적인 변화의 패턴도 제시할 것이다. 우리는 비록 기대되는 신호(signal)가 자연 변동성의 잡음(noise)에서도 발생하고 있지만, 지난 50년 동안 일어난 온난화의 대부분은 온실기체 농도의 증가로 인한 것일 확률이 크다고 결론짓게 된다.[3)]

성층권 하층(고도 10~30km 사이)에서 상당한 한랭화가 나타난 것은 지난 20년 동안에 걸쳐 관측되어왔다(그림 4.2). 이러한 현상은 오존(태양복사를 흡수) 농도의 감소와 함께 성층권 하층 고도에서의 한랭화 진전을 유발하는 이산화탄소 농도의 증가에 그 원인이 있는 것으로 보인다(2장 참조).

기후변화에 관한 보다 많은 정보는 해수면 고도 변화의 측정에서 나온다.

---

3) 그림 1(a)의 정책수립자들을 위한 요약으로부터, Houghton *et al.*, *Climate Change 2001: The Scientific Basis* 참조.

표 4.1 20세기 지구의 대기, 기후, 생물리계(biophysical system)의 변화

지표	관측된 변화
기체 농도 지표	
대기의 이산화탄소 농도	1000~1750년 동안 280ppm에서 2000년도의 368ppm(31±4% 증가)
육지 생물권의 이산화탄소 교환	1800~2000년대 사이에 30Gt C의 누적원(cummulative source)이지만 1990년 동안에 14±7Gt C 정도의 순침전(net sink)
대기 중 CH_4의 농도	1000~1750년 동안 700ppb에서 2000년의 1750ppb(151±25% 증가)
대기 중 N_2O의 농도	1000~1750년 동안의 270ppb에서 2000년의 316ppb로의 증가(17±5% 증가)
대류권의 O_3 농도	1750~2000년에 이르기까지 35±15% 증가했고 지역에 따라 편차가 있음.
성층권의 O_3 농도	1970~2000년에 이르기까지 감소했고 고도와 위도에 따라 편차가 있음.
대기 중의 HFCs, PFCs, SF_6의 농도	지난 50년 동안 전 지구적으로 증가
기상 지표	
지구 평균 지표 온도	20세기 동안에 0.6±0.2℃ 증가했고 해양보다 육지에서 온난화가 심함(매우 높음).
북반구의 지표 온도	지난 1000년 동안의 다른 어느 세기보다도 20세기 동안에 증가가 심했고 1990년대는 지난 1000년 동안 가장 온난하였음(높음)
지표면의 일교차	육지에서 1950년에서 2000년에 이르기까지 감소, 주간의 최저 온도의 증가율은 야간의 최고 온도의 증가율의 2배(높음)
고온일/열지수	증가(높음)
저온일/서리일	20세기 동안 거의 모든 육지 지역에서 감소(높음)
대륙의 강수	북반구에서 20세기 동안 5~10% 정도 증가(매우 높음), 그러나 일부 지역(특히 북부 및 서부 아프리카와 지중해의 일부 지역들)에서는 감소
호우 발생	북반구의 중, 고위도 지역에서 증가(높음)
가뭄의 빈도와 강도	일부 지역에서 여름철 건조의 증가와 이와 관련된 가뭄(높음). 아시아와 아프리카와 일부 지역에서 가뭄의 빈도와 강도가 최근 몇십 년간에 걸쳐서 증가 경향을 보임.

생물학적 물리학적 지표	
전 지구 평균 해수면	20세기 동안 연 평균 1~2mm 정도 증가
하천과 호수가 빙하에 덮이는 기간	북반구의 중위도와 고위도에서 20세기 동안 약 2주 정도 감소(매우 높음)
북극 해빙의 넓이와 두께	늦여름에서 초가을 동안 최근 몇 십 년 동안 두께가 약 40% 정도 얇아지고(높음) 넓이는 봄과 여름 동안 1950년대 이후에 10~15% 정도 감소
극지방 외의 빙하	20세기 이후 대규모로 후퇴
적설 면적	1960년대에 위성 관측이 시작된 이후 약 10% 정도의 면적이 감소(높음)
영구동토대	극지방, 아극지방, 산악지방 등에서 녹거나, 온난해지면서 감소
엘니뇨 발생	1900년대에 비해서 지난 1970년에서 1980년 동안 발생 빈도가 증가하고 보다 지속적이며 강한 엘니뇨 발생
작물 재배시기	북반구에서 지난 40년 동안 10년당 4일 정도 증가, 특히 고지대에서 이러한 경향이 두드러짐.
식물과 동물의 생장 지역	식물, 곤충, 조류, 어류 등에서 극지방과 고지대로 이동
번식, 개화와 이동	북반구에서 식물의 개화기, 조류의 도래시기, 짝짓기의 시기, 곤충의 이동 시기가 빨라짐.
산호초 백화현상	빈도가 증가했고 특히 엘니뇨현상 때 심해짐.
경제 지표	
기상 관련 경제 손실	지난 40년 동안에 걸쳐 전 세계적인 물가상승 대비 손실의 강도가 계속 증가, 손실의 증가는 부분적으로는 사회경제적 요인과 연계되고, 부분적으로는 기후적 요인과 연계

* 이 표는 관측된 주요 변화들의 사례를 보여주고 있으며 전체 목록은 아니다. 여기에는 인위적인 기후변화를 야기시키는 변화들과 자연적인 변동과 인위적인 기후변화에 의하여 야기되는 모든 변화들을 포함함. ( )로 표시된 신뢰도 수준은 지표들과 연관된 IPCC 실무 그룹에서 명시적으로 평가된 것임.
* 출처: IPCC 2001 Synthesis Report, 표 SPM-1.

지난 수백 년 동안 해수면은 10~20cm 정도 상승했다. 이러한 해수면 상승에 가장 중요하게 기여한 요인은 전 지구상 해수면의 평균온도 상승으로 인한 해수의 열적 팽창(대략 7cm 정도의 상승효과)과 20세기 동안 후퇴를 거듭해온 빙하(대략 4cm의 상승효과)이다. 그린란드와 남극 빙하의 후퇴에 의한 해수면 상승의 순효과는 불확실하지만 그리 크지 않은 것으로 알려져 있다.

1장에서, 극단적인 기후 현상에 대한 인류의 취약성 증가를 언급하였는데, 이는 홍수, 가뭄, 열대성 저기압, 폭풍우와 같은 형태의 최근 극단적인 기후 현상에 대한 인식을 높였다. 이러한 극단 현상들의 빈도와 강도의 증가에 대한 증거가 있는지 파악하는 것이 중요하다. 극단 현상에 대한 빈도와 강도, 그 외의 변수들이 20세기 동안에 어떻게 변화해왔는가에 대한 유용한 증거들이 표 4.1에 다양한 지표들로 정리되어 있다. 이것은 온실기체의 증가, 기온, 열대성 저기압, 폭풍우와 관련된 지표들과 생물학 및 물리학적 지표들을 포함한다. 이러한 변화들이 21세기에는 어느 정도 지속될 것인가 그리고 어느 정도 더 강화될 것인가에 대한 논의는 6장에서 다루어질 것이다.

궁극적으로 온실기체가 보다 증가하게 될 경우 온난화의 정도는 분명히 더 커질 것이며 기후에서 자연적인 변동을 무력하게 만들 것이다. 당분간 전 지구의 평균기온은 계속 증가하거나 혹은 자연적인 변동성 때문에 감소를 보여줄 수도 있을 것이다. 다가올 수년 동안에 과학자들은 실제로 일어나는 현상들이 얼마나 온실기체 방출량의 증가로 인한 과학적 예측과 관련이 있을지를 고심할 것이다. 이러한 예측들에 대한 보다 자세한 내용은 6장에서 다루어질 것이다.

과거 1000년의 기후

지난 140년 동안에 대해서 제시되었던 것처럼 기온, 강수, 운량과 같은 기상요소의 자세하고 체계적인 기록과 지역 범위가 처음부터 존재하지는 않았다. 과거로 더 거슬러 올라가면 기록은 보다 엉성해지고 관측을 위해 사용된 기구들의 정밀도에 대한 의구심도 일게 된다. 200년 전에 사용된 대부분의 온도계는 눈금이 보정되지도 못했고, 조심스럽게 설치되지도 않았다. 그러나 여러 시기에 많은 사람들이 일기를 썼고 작가들이 기록들을 남겼다. 빙하코어, 나무 나이테, 호수의 수위, 빙하의 전진과 후퇴, 화분 분포 기록과 같은 연륜 자료들이 장기간의 기후 역사를 만드는 데 유용한 정보를 제공할 수 있다. 예를 들면, 다양한 자료원을 조합하여 중국에 대한 지난 500년간의 체계적인 기상 패턴 지도를 만들 수도 있는 것이다.

이와 유사하게 직·간접적인 자료들을 모아서 지난 1,000년간의 북반구의 평균기온을 추적할 수 있다(그림 4.3). 남반구에 대해서는 같은 복원을 수행할 만큼 자료가 충분하지 않다. 그림 4.3에서 보면 11세기에서 14세기에 이르는 기간과 관련된 '중세 온난기'와 15세기에서 19세기 동안에 나타난 '소빙하기'

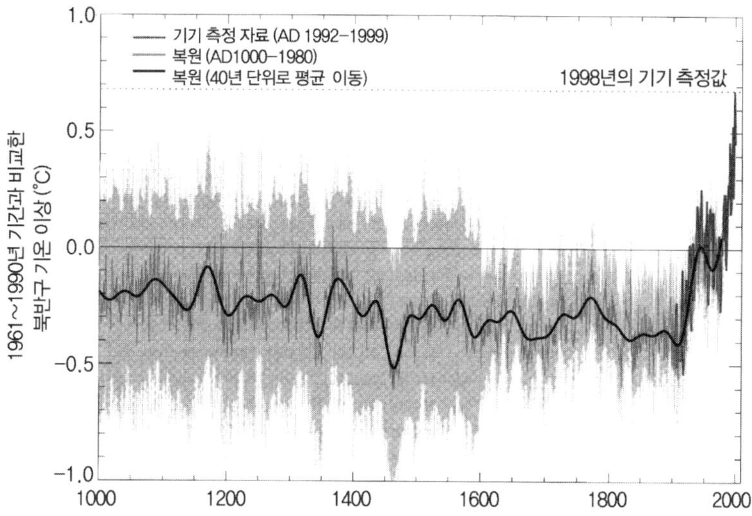

그림 4.3 나무 나이테, 산호, 빙하코어, 역사적 자료들(1000~1980년간)과 관측 자료(1902~1999년간)를 이용하여 복원된 지난 1000년간의 북반구 기온. 연 자료를 40년 이동평균한 것도 보여주고 있는데, 95%의 신뢰도를 가진다(회색 음영 처리).

의 비교적 한랭한 기간을 식별할 수 있다. 이러한 것은 단지 북반구의 일부 지역에만 유효하고 영국 중부 기록과 같은 국지적인 자료들에만 뚜렷하게 나타난다. 20세기 동안의 기온 증가는 특히 심한 편이다. 1990년대는 지난 천년 동안 북반구에서 가장 온난한 시기였으며 그 중에서도 1998년은 가장 온난한 해였다.

1000년과 1900년간에 일어났던 변동성에 관하여 확실하게 설명할 수는 없지만 이산화탄소와 메탄과 같은 온실기체들이 변화의 원인이 될 수 없는 것은 분명하다. 1800년 이전의 100년 동안에 대기의 온실기체 농도는 보다 안정적이었으며, 이산화탄소의 경우는 약 3% 이내의 변화를 보여주었다. 그러나 화산활동이나 태양 에너지의 방출의 효과를 결합하면 부분적인 설명을 가능케 한다.[4] 개별적인 화산 분출의 효과는 매우 뚜렷하다. 예를 들면, 위의 기간 동안 가장 컸던 분출의 하나인 1815년 4월의 인도네시아의 탐보라 화산 분출은 여러 지역에 예외적으로 한랭한 2년을 가져다주었다. 1816년은 뉴잉글랜드와 캐나다에서는 '여름 없는 해'였다. 비록 탐보라급의 분출 강도는 불과 몇 년 동안만 기후에 영향을 미쳤지만, 평균적인 화산활동에서의 변동성은 보다 장기적인 효과를 가져다준다. 태양열 방출과 관련해서는 비록 정확한 직접적인 측정은 불가능하지만(지난 20년 동안 위성 측정에서 이루어진 것과는 다르다), 여러 증거에 의거하면 태양열 방출에는 과거에도 커다란 변화가 있었을 것으로 보인다. 예를 들면, 오늘날의 값과 비교해보면 17세기(태양 흑점이 거의 기록되지 않은 기간. 6장의 글상자 참조)의 마운더 최소기(Maunder Minimum) 동안 다소 낮았던(1Wm^{-2}의 몇 십분의 1 정도) 것으로 보인다. 그러나 이 기간 동안의 모든 기후 변동의 원인들로서 화산 폭발이나 태양열 방출의 변동에만 매달릴 필요는 없다. 앞에서 언급된 단기간의 변화에서처럼 이러한 기후변동성은 대기와 해양에서의 내부적 변동성에서 자연적으로 도출될 수 있으며,

4) 예를 들면, T. J. Crowley, "Causes of climate change over the pasts 1000 years," *Science*, 289(2000), pp.270～277 참조.

대기와 해양 간의 양방향 상관관계인 결합으로도 나타난다.

그림 4.3의 천년간의 기록은 자연적인 원인으로 일어나는 기후 변동성의 범위와 특성을 제시해주기 때문에 중요하다. 다음 장에서 살펴볼 것처럼, 기후 모델들은 자연적 기후 변동성에 대한 정보도 제공해준다. 이러한 관측과 모델의 결과들에 대한 세심한 평가는 자연적 변동성(내부 변동성과 자연적으로 강제된, 말하자면 화산 폭발과 태양열 방출의 변화의 결합)으로는 20세기의 후반부에 나타난 온난화를 설명하기가 어렵다는 것은 분명하다.[5]

과거 백만 년의 기후

역사 기록 이전으로 더 올라가면 과학자들은 많은 과거의 기후 역사를 밝히기 위해서 간접적인 방법을 이용해야 한다. 특히 가치 있는 정보의 원천은 그린란드와 남극대륙을 덮고 있는 빙하에 저장된 기록이다. 이러한 빙모는 수천 미터의 두께를 지니고 있다. 이들 표면에 쌓인 눈은 다시 새로운 눈에 덮이게 되고 다져지면서 점차 고체의 얼음으로 변해간다. 얼음은 눌리면서 천천히 아래로 내려앉게 되고 결국 빙상의 바닥에서는 바깥으로 흘러내리게 된다. 빙상층의 꼭대기 근처의 얼음은 꽤 최근에 형성된 것이고, 바닥 근처의 얼음은 몇 천 년에서 몇 십만 년 전에 쌓였을 것이다. 따라서 서로 다른 높이의 얼음에 대한 비교 분석은 과거 서로 다른 시기마다의 특징적인 조건들에 대한 정보를 제공할 수 있다.

그린란드와 남극의 여러 지점에서 빙하 깊은 곳의 코어가 천공, 채집되어왔다. 예를 들면, 남극대륙의 동부에 있는 러시아 보스톡 기지에서는 20년 이상 이러한 천공 작업이 계속되어왔다. 최근의 가장 긴 코어는 깊이 3.5km 이상에

5) 더 많은 정보는 J. F. B. Mitchell *et al.*(12장), Houghton *et al.*, *Climate Change 2001.* 참조.

이르고 구멍 바닥에서의 얼음은 남극 대륙 표면과 비교하면 40만 년 전에 형성된 것이다.

얼음 내부에는 작은 기포들이 갇혀 있다. 이러한 공기의 조성을 분석해보면 얼음이 형성된 시기의 대기 속에 존재하는 것이 이산화탄소 혹은 메탄 등의 기체들처럼 무엇인가를 알 수 있다. 화산이나 해수면으로부터 나온 먼지 입자들도 빙하에 포함되어 있다. 보다 많은 정보가 얼음 자체에 대한 분석에서 제공된다. 여러 종의 미량의 산소 동위원소와 보다 무거운 수소 동위원소(중수소, deuterium)들이 얼음에 포함되어 있다. 이런 동위원소의 비율은 얼음의 기원이 되는 구름 속의 물방울의 증발과 응결 시 기온에 민감하게 반응한 결과이다(아래 글상자 참조). 바꾸어 말하면 이들은 지구 표면 근처의 평균기온에 따른다는 것이다. 따라서 극지방의 기온 기록은 빙하코어의 분석으로 구축될 수 있다. 지구의 평균기온과 관련된 변화는 극지방에서의 변화의 절반 정도로 추정된다.

동위원소 자료로부터 고기후 복원

산소 동위원소 ^{18}O은 자연계에서 보다 풍부하게 존재하는 동위원소 ^{16}O와 비교하면 1/500 정도의 농도를 가진다. 물이 증발할 때 보다 가벼운 동위원소를 포함하는 물은 보다 쉽게 증발하기 때문에 대기 중의 수증기는 바닷물에 비하여 보다 적은 ^{18}O을 가진다. 이와 유사한 분리현상이 구름 속에서 빙정이 형성될 때도 일어난다. 이런 과정에서 두 산소 동위원소 간의 분리의 정도는 증발과 응결이 일어나는 온도에 따른다.

서로 다른 장소에서 내린 강설들을 비교해보면, 동위원소 분석방법을 보다 정교하게 만들 수 있다. ^{18}O의 농도는 표면에서의 평균기온이 1℃ 변화할 때마다 0.0007 정도 변한다는 사실이 밝혀졌다. 따라서 정보는 빙하코어에 기록된 전 기간 동안의 극지방의 대기 온도의 변동성에 관해서는 극빙모에서 추출된 빙하코어에서 얻을 수 있다.

빙모는 해수에 비하여 ^{18}O을 덜 함유한 적설에서 형성되기 때문에 해양에서의 물에 포함된 ^{18}O의 농도는 빙모에서의 얼음 전체량의 부피를 제공한다. 빙하시대의 최대 빙하기와 간빙기 간에는 1/1000 정도의 변화가 있다. 서로 다른 시대에서 해수의 ^{18}O 농도에 대한 정보는 산호와 해저퇴적물 코어에도 갇혀 있다. 이들은 과거 수백 년에서 수천 년 동안 플랑크톤과 바다의 작은 생물체들의 화석에서 나온 탄산염들을 가지고 있다.

탄소 동위원소 ^{14}C와 같은 방사성 동위원소의 측정과 과거의 다른 결과물과의 상호연관성을 통해서 산호와 퇴적물 코어의 연대를 측정할 수 있다. 이들 물질들이 형성될 때 일어나는 산소 동위원소 간의 분리는 해수의 온도에 따라 달라지므로(온도의 영향은 위에서 열거한 다른 변수의 영향에 비해 덜하긴 하지만), 정보는 과거의 서로 다른 시기에 해수면의 온도의 분포에서도 얻을 수 있다.[6)]

보스톡 기지의 코어로부터 복원된 기온과 이산화탄소 함량에 대한 과거 16만 년 동안의 정보는 그림 4.4에 나타나 있으며, 이러한 정보는 12만 년 전부터 형성이 시작되고 대략 2만 년 전부터 사라지기 시작한 마지막 대빙하기를 포함하고 있다. 이러한 정보는 기온과 이산화탄소의 농도 간에 존재하는 보다 밀접한 관련성을 제시해준다. 유사한 상관관계가 메탄 농도에서도 발견된다. 그림 4.4에서 유의할 점은 2세기 동안 대기 중 이산화탄소의 증가이며 이러한 수준은 과거 2천만 년 동안에는 거의 없었던 현상으로 추정된다.

빙하코어로부터 얻은 자료들은 우리들을 40만 년 전으로 혹은 4번의 빙하기를 거슬러 올라가게 하는데, 이 동안의 기온과 이산화탄소의 농도 간의 상관관계가 그림 4.4에 반복되어 나타나고 있다.[7)] 과거 수백만 년보다 더 먼 이전의

6) 과거에 대한 정보와 연구 방법에 대한 자세한 내용들은 T. L. Crowley and G. R. North, *Paleoclimatology*(Oxford: Oxford University Press, 1991) 참조.

7) C. K. Folland, 2장의 표 2.22, Houghton *et al.*, *Climate Change 2001* 참조.

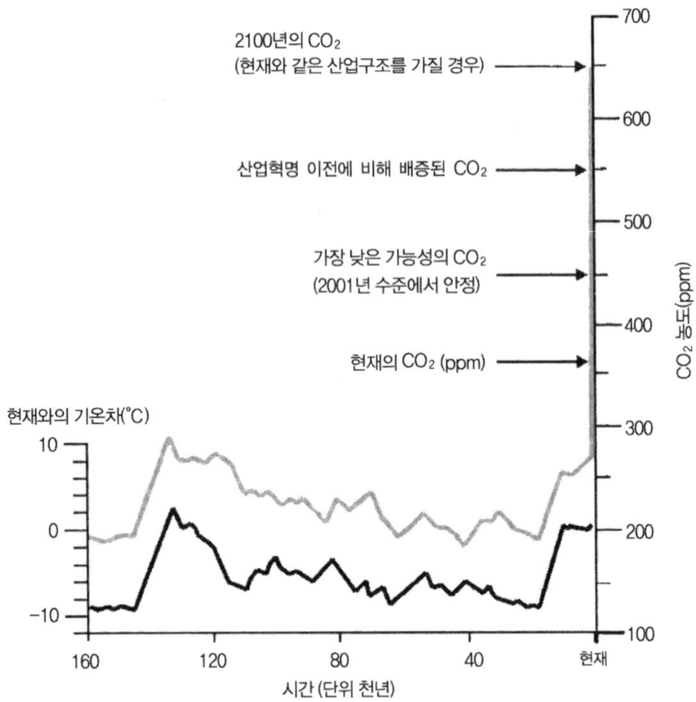

그림 4.4 남극의 보스톡 기지의 빙하코어에서 추출된 남극의 기온과 대기 중 이산화탄소의 농도에 대한 지난 16만 년간의 변화. 지구의 평균기온과 관련된 변화는 극지방에서의 변화의 절반 정도로 추정된다. 그림에서 나타난 것처럼 현재의 이산화탄소 농도는 약 370ppm이며, 농도의 증가에 대한 다양한 전망 예측을 보면 21세기 동안에도 비슷한 증가 양상을 보일 것으로 보인다.

시기로 거슬러 올라가려면 해양 퇴적물의 구성성분 조사를 통해 정보를 파악할 수 있다. 이러한 퇴적물에 포함된 플랑크톤과 기타 작은 바다 생물들의 화석들은 서로 다른 산소 동위원소를 가지고 있다. 특히 보다 풍부한 동위원소(^{16}O)와 비교할 때, 보다 무거운 산소 동위원소(^{18}O)의 양은 화석이 만들어지는 온도와 화석형성 시기의 세계 빙모의 전체 얼음량에 민감하게 반응한다(글상자 참조). 예를 들면, 산소 동위원소와 다른 자료들로부터 2만 년 전 빙하기 최성기에서 해수면은 현재보다 120m나 낮았음을 유추할 수 있다.

현존하는 다양한 고기후 자료들로부터 지난 100만 년 동안 빙모의 얼음부피의 변동을 대부분 복원할 수 있다(그림 4.5 (c)). 이러한 기록에는 6~7개의 주요 빙하기들이 파악되고 있으며 이들 사이에는 간빙기가 나타나는데, 빙하기의 간격은 대략 10만 년 정도로 추정된다. 다른 순환들도 기록에서 증거들을 찾을 수 있다.

기후의 주기적인 순환의 원인을 찾을 수 있는 가장 분명한 방법은 지구 바깥의 태양복사에서 찾을 수 있다. 과거에도 주기적으로 이러한 변화가 있었을까? 알려져 있는 대로 태양열 방출 자체는 지난 수백만 년 동안에 그리 큰 범위로 변화하지 않았다. 그러나 지구의 공전 궤도의 변화 때문에 태양복사의 분포는 지난 1000년 동안 다소 주기적인 형태로 변화하고 있다.

태양을 공전하는 지구의 궤도에서는 세 가지의 주기적인 변동이 나타나고 있다(그림 4.5 (a)). 지구의 궤도는 비록 거의 원형처럼 보이지만 실제로는 타원형을 이루고 있다. 타원궤도의 이심율(eccentricity: 타원 궤도 반경의 최장축과 최단축 간의 비율)은 약 10만 년 주기의 변화를 보여준다. 세 가지 변화 중에서 가장 느린 것이다. 지구는 자전축을 중심으로 자전을 하는데 자전축은 공전 궤도면에 대하여 기울어져 있으며 기울기는 21.6° 와 24.5° 사이에서(현재는 23.5°) 변화하고 있으며 그 주기는 약 41,000년이다. 세 번째의 변화는 지구가 태양과 가장 가까운 시기(지구 근일점)에 대한 것이다. 근일점 시기는 약 23000년 주기로 일년 중 특정 달 간에 변화를 보인다(그림 5.19 참조). 현재 지구는 1월에 태양과 가장 근접한다.

지구의 궤도와 태양과의 관계가 변화하면, 비록 지구에 도달하는 태양복사 전체량의 변화는 매우 미미하지만, 위도와 계절에 따른 태양복사의 분포가 전 지표면에 걸쳐서는 상당한 변화를 보여준다. 예를 들면, 여름철 태양광선의 변화는 극지방에서 특히 크게 나타나는데, 그 폭은 약 10% 정도에 이른다(그림 4.5(b)). 1867년 영국의 과학자 제임스 크롤(James Croll)은 과거의 주요 빙하기가 지구에 미치는 태양복사의 계절적 분포의 이러한 주기적인 변화와 연관되어 있음을 처음으로 밝혔다. 그의 아이디어는 1920년 유고슬라비아 출신 기후학자인 밀루틴 밀란코비치(Milutin Milankovitch)에 의해 발전되었고 이 이론에

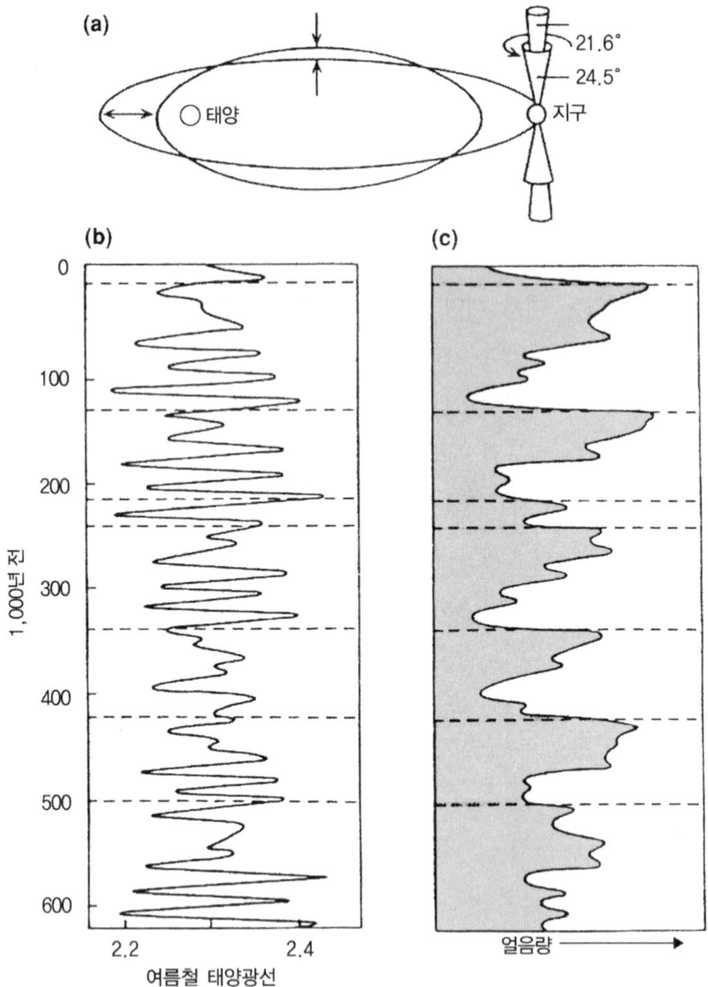

그림 4.5 지구 궤도에서의 변화(a) 즉, 이심률, 자전축의 기울기(21.6°와 24.5° 사이), 근일점의 경도(즉, 일년 중 지구가 태양에 가장 근접하는 시기, 그림 5.19 참조)의 변화는 극지방 근처에서의 여름철 평균 태양광선량(단위는 백만 $J/m^2 \cdot$일)의 변화(b)를 유발한다. 이러한 변화는 빙모의 얼음량에 관한 기후 기록에서의 주기성으로 나타난다(c).

그의 이름이 붙여졌다. 여름철의 태양광선과 지구의 얼음량의 변화 간의 관계를 조사한 것이 그림 4.5에 나타나 있는데, 서로 상당한 연관성을 지니고 있음을 보여준다. 두 곡선 간의 상호연관성을 주의 깊게 연구한 결과를 보면 이 점이 분명해지고 지구 얼음량의 기후적 변화의 60%는 지구 궤도의 세 가지 주기적인 변동의 빈도와 연관을 가지며 이는 밀란코비치 이론을 뒷받침하는 것이다.

빙하기와 지구의 궤도 변화 간의 관계에 대한 보다 정밀한 연구 결과는 기후변화의 규모가 복사 변화만의 강제력에서 기대되는 것보다 더 크게 나타난다는 것을 보여준다. 복사 변화의 효과를 강화시키는 다른 과정들(달리 표현하면, 양의 되먹임 과정들)도 기후 변동성을 설명하는 데 반영되어야 한다. 이러한 되먹임 과정은 온실효과를 통해 대기의 온도에 영향을 미치는 이산화탄소의 변화로 나타나는데, 기후 기록에서 관측되는 평균기온과 이산화탄소의 농도 간의 강한 연관성(그림 4.4)에 의해서도 나타난다. 물론 이러한 상관관계는 온실기체의 되먹임 효과의 존재를 증명하는 것은 아니다. 사실 대기의 이산화탄소 농도는 그 자체가 생물적 되먹임을 통하여(3장 참조), 지구 평균기온과 연관된 인자들에 의해 영향을 받기 때문에 상관관계의 일부분에 영향을 미친다. 그러나 5장에서 살펴보겠지만 과거의 기후는 온실기체의 되먹임 효과를 계산에 넣지 않고는 성공적인 모델링이 될 수 없다.[8)]

분명한 의문점은 밀란코비치 이론에 의하면 언제 다음 빙하가 도래할 것인가이다. 마침 현재 우리들은 태양복사의 변화가 상대적으로 적은 시기에 있으며 장기적인 전망 중에 새로운 빙하기가 도래하기 전의 간빙기를 가장 길게 잡은 예측은 평균보다 약간 긴 약 5만 년 정도 이후로 전망하고 있다.[9)]

---

8) D. Raynaud *et al.*, "The ice core record of greenhouse gases," *Science*, 259(1993), pp.926~934 참조.

9) A. Berger and M. F. Loutre, *Science*, 297(2002), pp.1287~1288 참조.

과거의 기후는 어느 정도 안정적이었을까?

본 장에서 언급된 주요 기후변화는 비교적 완만하게 진행된 것으로 보인다. 빙하기와 간빙기 간에 교차되는 극지방의 빙하들의 대규모 성장과 후퇴는 평균적으로 수천 년마다 나타나고 있다. 그러나 그림 4.4와 4.6에서와 같이 빙하코어의 기록은 비교적 대규모로 빠른 변동 속도를 보여준다. 그린란드의 빙하코어는 남극의 코어보다 보다 자세한 증거를 제시하고 있다. 그것은 그린란드 빙모 정상의 적설률이 남극 시료 채취 지점보다 높기 때문이다. 그린란드 빙하코어의 기록은 과거 일정 기간에는 보다 길며 비교적 짧은 기간의 변화에 대한 기록은 보다 자세하여 유용하다.

자료는 지난 8,000년간이 그 이전 시기에 비해서 매우 안정적이었음을 보여준다. 사실 보스톡(그림 4.4)과 그린란드(그림 4.6)의 자료를 판단해보면 홀로세 동안의 이렇게 오랫동안 안정된 기간은 지난 42만 년 가운데 기후적으로 매우 특이한 양상이다. 이러한 기후적인 조건이 문명 발전에 중요한 영향을 미쳤을 것이라는 점이 제시되어왔다.[10] 모델 모의실험(5장 참조)을 통해 홀로세 동안의 장기간 변화에 대한 자세한 분석을 보면 궤도변화 강제력의 영향과 일치함을 알 수 있다(그림 4.5).

2만 년 전 빙하기의 최성기로부터 회복하는 기간 동안의 기온변화율을 조사하여 최근의 기온변화와 비교하는 것도 의미 있는 일이다. 자료 분석에 의하면 그린란드 지역에서는 2만 년 전에서 1만 년 전까지의 기간에는 100년당 0.2℃의 평균 온난화율을 보여주고 있는데, 이는 다른 지역에 비하면 약간 낮은 것이다. 이것을 20세기의 약 0.6℃에 이르는 기온 상승과 21세기 인간활동의 결과로서 전망된 증가율과 비교해보라(6장 참조).

빙하코어 자료(그림 4.6)는 단스가드-오슈가(Dansgaard-Oeschger) 이변으로 불리는 일련의 급속한 온난화와 한랭화의 변동이 지난 빙하기에 종지부를

10) J. R. Petit *et al.*, *Nature*, 399(1999), pp.429~436. 참조.

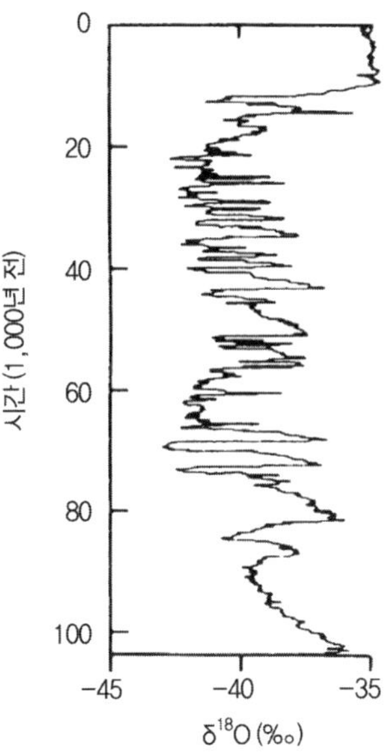

그림 4.6 그린란드 '정상부'의 빙하코어에서 얻은 산소 동위원소($\delta^{18}O$) 측정에서 유추된 지난 10만 년에 걸친 북극의 기온 변화. 그림 4.6과 4.7에서 작성된 $\delta^{18}O$의 양은 시료에서 $^{18}O/^{16}O$ 비율 간의 차이(1/1000 단위)이며 실험실 기준에서도 동일한 비율이다. 기록의 전체적인 양상인 그림 4.4의 보스톡 빙하코어에서 나온 결과와 유사하지만 보다 자세한 것은 지난 8천 년에 걸친 '정상부' 기록의 안정된 기간에 뚜렷하게 나타난다. 빙하코어의 $\delta^{18}O$에서 5/1000의 변화는 기온으로 환산하면 약 7℃의 변화에 해당한다.

찍었다는 것을 보여준다. 그린란드 빙모의 여러 지역에서 시추된 빙하코어 분석 결과의 비교를 통해 대략 10만 년 전까지의 비교적 자세한 정보를 얻을 수 있다. 남극 자료들과의 비교는 그린란드에서의 기온의 변동(아마도 16℃까지 올라감)이 남극 지역보다 크다는 점을 보여준다. 이와 유사한 대규모의 비교적 빠른 변화는 북대서양의 해저 퇴적물 코어에서도 그 증거들이 나오고 있다.

기후의 역사에 있어서 또 다른 흥미 있는 기간은 보다 최근의 영거 드리아스(Younger Dryas) 이변〔이 이름은 극지방의 꽃 종류인, 담자리 꽃나무(*Dryas octopetala*)의 확장에 의해서 특히 잘 나타나므로 붙여짐〕으로, 12,000년 전에서 10,700년 전 간의 약 1,500년 동안에 걸쳐 일어난 것이다. 이 이변이 시작되기 6,000년 전부터 지구는 마지막 빙기의 말 이후에 온난해지기 시작하였다. 그러나 영거 드리아스 동안에는 다른 많은 고기후 자료에서도 주장되고 있듯이, 마지막 빙기의 말기와 유사하게 보다 한랭한 조건으로 다시 회귀했던 것이다(그림 4.7). 빙하코어 기록은 이변의 말기인 10,700년 전에 북극에서는 단지 50년 동안 7℃의 온난화의 기록이 나타나며 폭풍현상의 감소(빙하코어에서 먼지 양이 격감한 점에서 알 수 있음)와 약 50%의 강수량의 증가와 관련이 있다는 것을 보여준다.

과거의 이러한 급속한 변동에 대한 2가지 주요 변화의 이유에 대한 설명이 제시되었다. 첫째 이유는 특히 빙상의 조건에 적용될 수 있는 것으로 그린란드와 동부 캐나다의 빙하들이 형성될 때, 때로는 하인리히(Heinrich) 이변으로 불리는 거대한 붕괴 현상이 나타나면서 엄청나게 많은 수의 유빙들이 북대서양으로 흘러 내려오게 된다. 두 번째 가능한 설명은 북대서양 지역의 해류 순환이 빙하가 녹으면서 방출되는 다량의 담수 유입에 의해서 큰 영향을 받고 있기 때문이다. 현재 이 지역의 해류 순환은 깊은 해저로 침강하는 한랭한 염수에 의해 강한 영향을 받으며, 염도가 높은 관계로 밀도도 높게 나타나고 있다. 이렇게 침강하는 과정은 '컨베이어 벨트'의 한 부분을 이루게 되는데 이 벨트는 전 세계를 연결하는 심해 대순환의 주요한 특성을 이룬다(그림 5.18 참조). 빙하 융해의 결과로 유입되는 다량의 담수는 해수의 염도를 떨어뜨리게 되고, 이 때문에 해수의 침강을 방해하게 되면서 대서양 전체의 해류 순환을 변화시킨다는 것이다.

빙하의 융해와 해류 순환 간의 연결고리는 영거 드리아스 이변에 대한 월러스 브뢰컬(Wallace Broecker) 교수가 주장한 설명의 주된 요지이다.[11)]북아메리카를 덮고 있는 거대한 빙하가 지난 빙하기의 말기에 녹기 시작하면서

11) W. S. Broecker and G. H. Denton, "What drives glacial cycles?" *Scientific American*, 262(1990), pp.43~50. 참조.

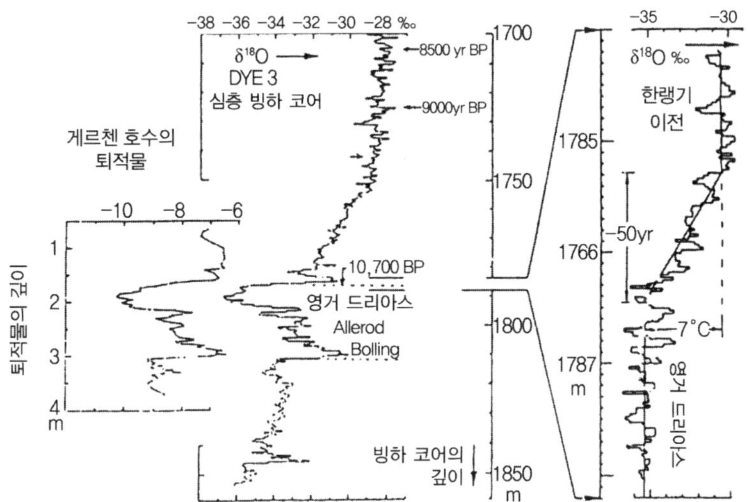

그림 4.7 10,700년 전 '영거 드리아스' 이변과 급속한 종말을 보여주는 스위스 게르첸(Gerzen) 호의 퇴적물과 그린란드 빙하코어 '다이(Dye) 3'의 시료에서의 산소 동위원소 $\delta^{18}O$의 변화에 대한 기록. 매년 표면에 내린 강설층의 수를 헤아리는 방법으로 빙하코어의 연대를 계산한다. 호수 퇴적물의 연대는 탄소 동위원소 방법을 사용한다. 빙하코어의 $\delta^{18}O$에서 5/1000의 변화는 기온변화로는 7℃에 해당한다.

먼저 담수들이 미시시피 강을 통하여 멕시코 만으로 유입되었다. 그러나 결국 빙하가 후퇴하면서 센트로렌스 강 지역에 하구가 열리게 되었다. 북대서양으로의 담수의 유입은 브뢰컬 교수가 주장한 대로 염도를 감소시키고 '컨베이어 벨트'의 한 부분을 이루는 심해수의 형성을 방해하게 되었다.[12] 따라서 북쪽으로 흐르는 온난한 해류의 이동이 방해를 받게 되고, 결과적으로 보다 더 한랭한 조건으로 바뀌게 되었다. 이러한 설명은 또한 위와 같은 역전이 일어난다면 대서양 '컨베이어 벨트'가 갑작스럽게 온난화의 시작을 유도할 수도 있음을 시사한다.

영거 드리아스 이변에 대한 보다 세부적인 사항에 대해서는 계속 논의가

12) 보다 많은 정보는 5장 특히 그림 5.18 참조.

이루어지고 있지만, 심층수의 순환과 연관된 브뢰컬 교수의 설명의 주요 요소에 대한 상당한 증거들이 해저 퇴적물과 같은 연관 자료에서 나오고 있다. 또한 고기록으로부터 심층수의 형성과 심층수 순환이 과거의 다른 시기들에서도 커다란 변화를 경험했음이 밝혀지고 있다. 3장에서 온실기체 농도의 증가에 따른 지구온난화에 의해 야기되는 이러한 변화들의 가능성을 논의했다. 미래 기후변화의 가능성에 대한 전망을 위해서 우리는 과거에 일어났던 급속한 기후변화를 참작할 필요가 있다.

지금까지 본서의 전반부에서는 지구온난화, 온실기체와 그 기원, 과거의 기후에 대한 현재의 지식수준 등을 기술함으로써 준비 단계를 가졌는데, 다음 장에서는 컴퓨터를 통한 기후모델을 이용하여 어떻게 미래의 기후변화를 예측할 수 있는지에 대해 살펴볼 것이다.

■ ■ ■ 과제

1. 지난 빙기의 최성기에는 현재보다도 해수면이 120m 더 낮았다고 가정하고, 미국과 유라시아 대륙의 북부를 덮었던 빙상의 얼음량을 추정하시오.

2. 앞의 문제에서 계산된 얼음량을 녹이는 데 요구되는 에너지는 얼마인가? 이 에너지를 그림 4.5에 있는 자료에 의거하여 18,000년 전과 6,000년 전 사이에 북위 60° 에서의 추가 태양광선량과 비교하시오. 당신의 해답이 밀란코비치 이론을 지지하는지를 설명하시오.

3. 지구상 화석연료의 매장량이 다음 빙하기가 도래할 무렵까지 유지되어서 빙하기의 충격이 연기될 수 있을 것이라는 주장도 있다. 온실효과와 대기와 해양에 있는 이산화탄소의 효과의 작용에 대해 알고 있는 지식을 활용하여 화석연료의 알려진 매장량을 인간이 연소할 때 다음 빙하기의 도래에 어떠한 영향을 미칠 것인가를 설명하시오(그림 11.2 참조).

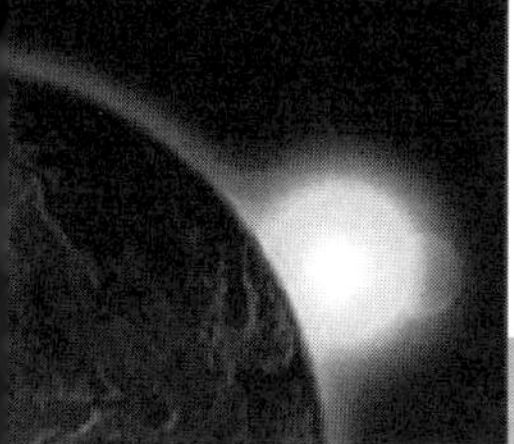

기후모델링 5

앞의 2장에서 단순한 복사 수지의 관점에서 온실효과를 살펴보았다. 그것은 온실기체 증가로 인한 지구 표면의 평균온도의 증가 예측을 설명해주었다. 그러나 어떠한 기후변화도 모든 지역에서 균일하게 나타나지 않는다. 기후계는 그 이상으로 훨씬 복잡하다. 기후변화의 예측에 대한 보다 자세한 것은 컴퓨터를 이용한 매우 정교한 계산을 요구한다. 문제 자체가 너무 커서 매우 빠르고 용량이 큰 컴퓨터가 필요하다. 그러나 컴퓨터로 계산 작업을 하기 전에 기후모델을 그 사용에 맞도록 설계해야 한다.[1] 기상 예측에

1) 이 장의 주제에 대한 더 많은 정보는 다음 문헌에서 찾을 수 있다. J, T. Houghton, "The Bakerian Lecture, 1991: The predictability of weather and climate," *Philosophical Transactions of the Royal Society, London*, A, 337(1991), pp.521~571; Houghton, 2002. *The Physics of Atmospheres*, third edition(Cambridge: Cambridge University Press, 2002); Houghton, Jenkins, Ephraums(eds.), *Climate Change: the IPCC Scientific Assessments* (Cambridge: Cambridge University Press, 1990); Houghton, Callander, Varney(eds.), *Climate Change 1992: The Supplementary Report to the IPCC Scientific Assessment*(Cambridge: Cambridge University Press, 1992); Houghton, Meira Filho, Callander, Harris, Kattenberg, Maskell(eds.), 1996. *Climate Change 1995: the Science of Climate Change*. (Cambridge: Cambridge University Press, 1996); J. T. Houghton, Y. Ding, D. J. Griggs, M. Noguer, P. J. van der Linden, X. Dai, K. Maskell, C. A. Johnson(eds.), *Climate Change 2001: the Scientific Basis*(Cambridge: Cambridge University Press, 2001); K. Mcguffie, A.

사용되는 기상 모델은 컴퓨터에서 수치모델(numerical model)의 의미를 설명하는 데 이용될 것이며, 모델에서 기후계의 모든 구성요소들을 포함시키기 위한 보다 정교한 작업들에 대해 살펴보기로 한다.

기상의 모델링

영국의 수학자인 루이스 프라이 리처드슨(Lewis Fry Richardson)은 기상 수치모델을 처음 고안하였다. 그는 1차세계대전 동안 프랑스에서 우정의 앰뷸런스 구조단(Friend's Ambulance Unit, 그는 퀘이커 교도였다.)에서 봉사를 하는 동안 여가 시간을 이용하여 첫 수치 기상예보를 수행했다. 그는 엄청난 노력으로 계산기를 이용하여 예보에 적합한 방정식을 구하여 6시간 기상예보를 만들었다. 별로 좋은 결과를 내지는 못했지만 그는 6개월을 예보 생산에 소비했다. 그러나 그의 초기 방법은 1922년에 출판된 그의 책에 기술되어 있는 대로[2] 옳았다. 그는 이 방법을 실제 예보에 적용하기 위해 관객들로 가득 찬 매우 큰 가상의 연주장을 설정하고 관객들 개개인 모두가 계산의 한 부분을 수행한다면 이러한 수치모델의 통합을 통해 기상에 대한 정보를 얻을 수 있을 것으로 보았다. 그러나 그는 너무 시대를 앞서갔다. 실제로 리처드슨의 방법이 적용된 것은 40년이 지난 뒤의 일로서 최초의 실제 기상예보 작업은 전자 컴퓨터를 이용하여 이루어졌다. 현재는 첫 예보에 사용되었던 컴퓨터(그림 5.1)보다 백만 배 이상 빠른 컴퓨터가 모든 기상예보의 기초를 이루는 수치모델을 수행하고 있다.

Henderson-Sellers, *A Climate Modelling Primer*. second edition(New York, Wiley, 1997); K. E. Trenberth(ed.), *Climate System Modelling*(Cambridge: Cambridge University Press, 1992).

2) L. F. Richardson, *Weather Prediction by Numerical Processes*(Cambridge: Cambridge University Press, 1922), Reprinted by Dover(1965).

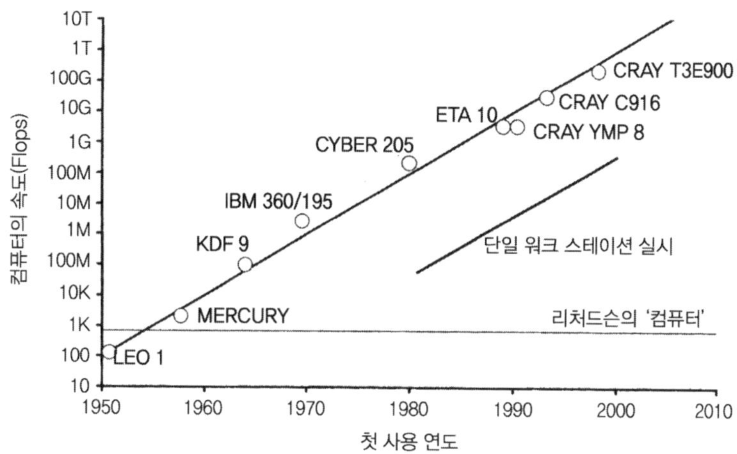

그림 5.1 주요 기상예보 센터에서 사용된 컴퓨터의 발달과정. 이러한 컴퓨터들은 영국 기상청에서 수치 기상 예측 연구를 위하여 사용된 것으로 1965년 기상예보에 처음 사용된 이래로 최근까지 기후 예측을 위한 연구에 이용되고 있다. 리처드슨의 컴퓨터는 앞에서 언급한 대규모의 '인간' 컴퓨터에 대한 그의 꿈의 실현을 의미한다.

이러한 기상과 기후에 대한 수치모델들은 대기, 해양, 빙하와 육지 등에서 일어나는 이동과, 그 이동 과정에 대한 물리학과 역학을 기술하기 위해 기본적인 수학 공식에 기초를 두고 있다. 모델들이 경험적 정보를 포함하고 있지만 많은 부분에서 경험적 관계에만 기초를 두는 것은 아니다. 많은 다른 분야의 모델들, 예를 들면, 사회과학에서 사용되는 수치모델들과는 다르다.

기상예보를 위한 대기 모델(그림 5.2 참조)을 설정하기 위해서는 대기 중으로 유입하는 태양 에너지를 수학적으로 설명해야 하는데 이들 에너지의 일부는 지표면이나 구름에 의해 반사되며, 일부는 지표면 혹은 대기 중에 흡수된다(그림 2.6 참조). 대기와 지표면 사이에서 일어나는 에너지와 수증기의 교환에 대한 설명도 필요하다.

수증기는 변화과정에서 잠열(다른 말로 바꾸면, 응결될 때 방출되는 열)과 응결의 결과로 구름을 형성하면서 입사하는 태양 에너지와 대기 간의 상호작용 관계에 결정적인 영향을 미치기 때문에 매우 중요하다. 이들 에너지 유입의

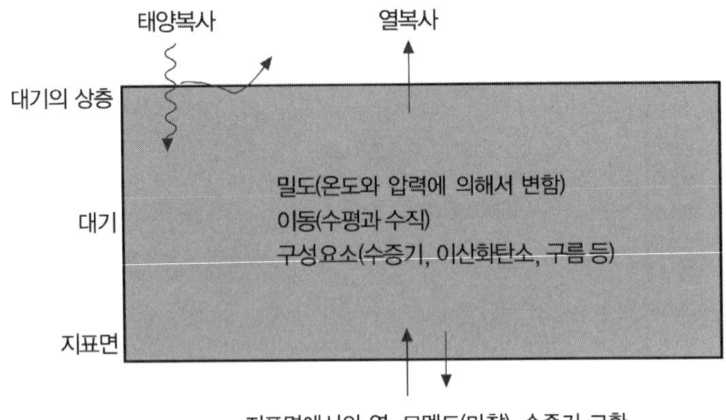

그림 5.2 대기 모델에 포함된 매개변수들과 물리적 과정에 대한 모식도

변동은 대기의 온도 구조를 변형시키면서 대기밀도의 변화(가열된 기체는 팽창하여 밀도가 낮아지므로)를 가져온다. 이런 밀도의 변화는 바람과 기류 같은 대기의 운동을 일으키고 다시 이것은 대기의 밀도와 구성에 변화를 준다. 모델 구성에 대한 보다 자세한 내용은 다음 글상자(123쪽)에 제시되어 있다.

날씨를 며칠 전에 미리 예보하기 위해서는 전 지구를 대상으로 하는 모델이 필요하다. 예를 들면, 오늘의 남반구 순환은 며칠 내로 북반구의 기상에 영향을 미칠 것이며 그 역도 마찬가지다. 전 지구 예측 모델에서 대기 물리와 역학을 설명하는 데 필요한 변수들(즉 기압, 온도, 습도, 풍속 등)은 지표면의 좌표상의 특정 지점에서 얻어질 수 있다. 전형적인 좌표의 수평 간격은 100km이며 수직 간격은 1km이다. 보통 모델 내에서 수직적으로 20개 정도의 층이 있다. 간격의 정밀도는 현재 사용되고 있는 컴퓨터의 계산능력에 따른다.

현재로부터 예보를 생산하기 위한 모델을 설정한다는 것은, 대기의 현 상태로부터 출발하여 6일이나 그 이후까지 대기의 순환과 구조의 새로운 값을 제공하기 위해서 시간에 대해 적분한다는 것이다. 대기의 현 상태에 대한 기술을 위하여 폭넓은 자료들을 모아서 모델에 입력해야 한다.

대기 수치모델의 설정

대기의 수치모델은 적절한 컴퓨터 형태와 필요한 추정치를 가지면서 대기의 여러 구성 성분들과 그들 간의 상호작용에 대한 기본적인 역학과 물리학에 대한 설명을 담고 있다.[3] 물리적 과정이 알고리즘(단계별 계산 방식)과 단순한 변수들(수학공식에서 포함된 변수들의 값)에 대한 측면에서의 설명을 할 수 있도록 이 과정들은 변수로서 표현될 수 있어야 한다.

역학적 방정식은 다음과 같다.

- 수평 운동 방정식(뉴턴의 제2 운동 법칙). 여기서 단위부피당 공기의 수평 가속도는 수평 기압경도력과 마찰력이 균형을 이룬다. 지구는 자전을 하므로 이러한 가속은 코리올리(전향력) 가속도를 포함한다. 모델에서 '마찰력'은 좌표 간격보다 작은 운동에서 주로 일어나기 때문에 매개변수화되어야 한다.
- 정역학 방정식(hydrostatic). 특정 지점에서의 기압은 그 점 위에서의 대기의 질량에 의해 결정된다. 수직적 가속도는 무시된다.
- 연속 방정식. 이것은 질량 보존의 법칙을 지킨다.

모델의 물리학은 다음을 포함한다.

- 상태 방정식. 이것은 대기의 압력, 부피, 온도를 연계한다.
- 열역학 방정식(에너지 보존의 법칙).
- 습윤화 과정의 매개변수화(증발, 응결, 구름의 형성과 소산).
- 태양복사와 열복사의 흡수, 방출, 반사.
- 대류 과정의 매개변수화(parameterisation).
- 지표면에서의 운동량 교환(바꾸어 말하면, 마찰), 열, 수증기의 매개변수화.

모델 방정식의 대부분은 미분방정식이며 이것은 각 방정식이 시간과 위치에 따라 기압과 풍속이 변하는 정도를 설명하고 있음을 의미한다. 주어진 시간에서의 풍속과 풍속의 변화율을 안다면 미래 시점의 풍속을 계산할 수 있다. 이러한 절차의 지속적인 반복을 적분이라고 한다. 방정식의 적분은 요구되는 모든 양들의 새로운 값들이 미래 시점에서의 계산 절차로서 모델의 예측력을 제공한다.

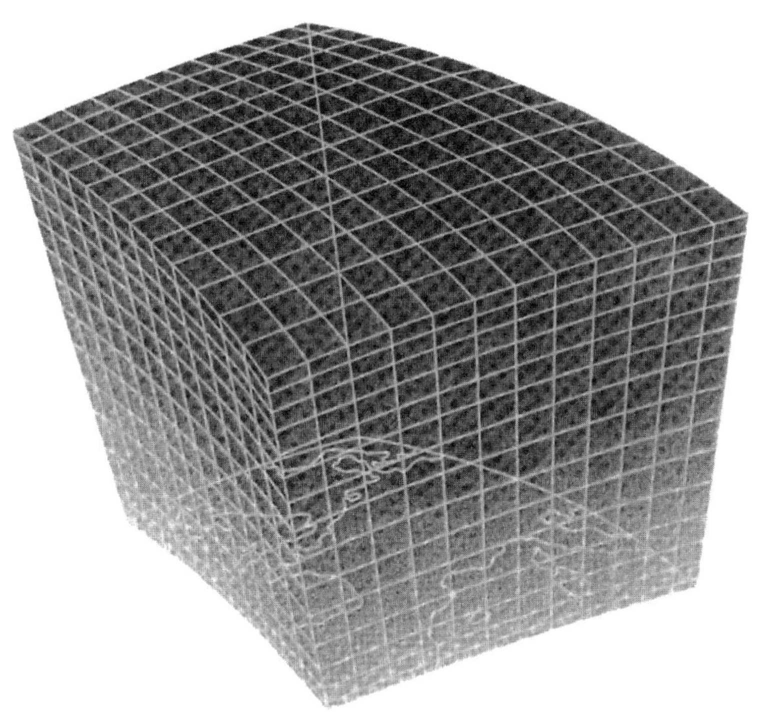

그림 5.3 모델 좌표의 설명. 수직 간격은 동일하지 않다. 최상층은 전형적으로 고도 30km에 위치한다.

3) 보다 자세한 내용을 예로 들면, Houghton, *The Physics of Atmospheres* 참조.

모델 초기화를 위한 자료들

세계 주요 기상예보 센터에서는 많은 자료원에서 자료들을 모아서 모델에 입력한다. 이러한 과정을 초기화(initialization)라고 한다. 그림 5.4는 1990년 7월 1일 세계시(UT, Universal Time)의 1200시 시작부터의 예보에 대한 자료원의 일부를 보여주고 있다. 전 세계로부터 자료들을 정확한 시간에 수신하기 위하여 전용 통신망이 구축되었고, 오직 기상 자료 송수신 목적으로만 사용되고 있다. 이러한 자료들의 질과 정확도 유지는 물론 모델에 대한 자료의 입력을 원활히 하기 위하여 매우 세심한 관리가 요구된다.

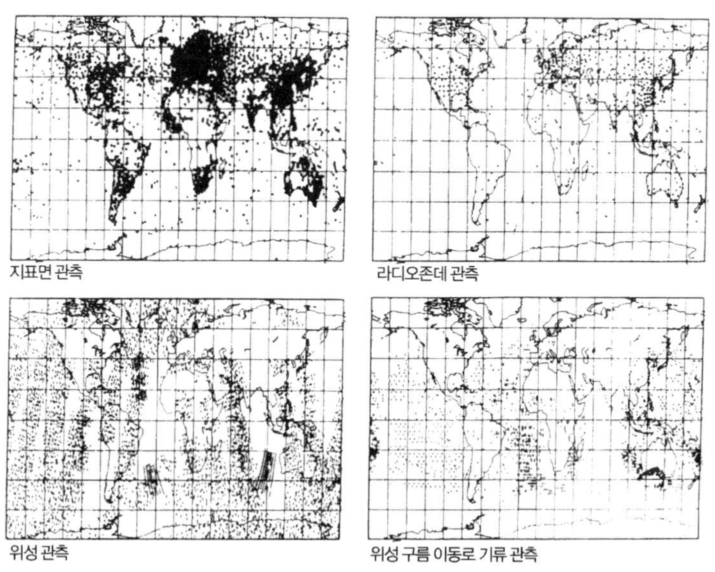

그림 5.4 전형적인 한 날(a day)에 있어서 영국기상청의 전지구 기상예보 모델에 입력되는 자료들의 자료원들 중 일부를 보여준다. 지표면 관측은 육지 관측소(유인 및 무인), 관측선박, 관측 부이로부터 자료를 얻는다. 라디오존데 기구와 관측선의 관측소를 이용하면 고도 30km까지 관측이 가능하다. 위성 관측을 통하여 적외선과 마이크로파 복사로부터 유추되는 여러 대기 고도에서의 기온과 습도 자료를 얻는다. 구름 이동경로에 따른 위성 기류 자료는 지구 정지 궤도 위성의 영상에서 구름의 움직임을 관측하여 얻게 된다.

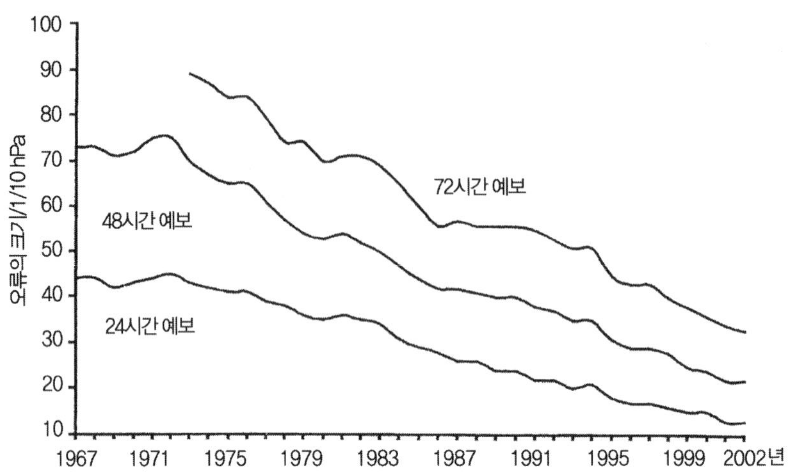

그림 5.5 1966년 이래 24시간, 48시간, 72시간 예보에 대한 북대서양과 서부 유럽에 대한 영국 기상청의 예보 모델의 오류(분석치와 지표면 기압 예보 차의 2차제곱근). 1hPa= 1mbar.

기상예보를 위해 컴퓨터 모델이 처음 도입된 이래로 예보 능력은 초기 모델이 개발될 때 예상한 것보다 훨씬 많은 발전을 거듭해왔다. 모델 정립에서 초기화(앞의 글상자)에 사용되는 자료의 정확도와 적용범위 혹은 모델의 해상력(좌표점 간의 거리)에서 많은 진전이 이루어짐에 따라, 결과적으로 예보 능력도 높아졌다. 예를 들면, 영국에서는 당일 예보의 지표면 기압에 대한 3일 예보는 그림 5.5에서 보여줄 수 있는 것처럼 평균적으로 지난 십 년 전 동안의 2일 예보보다 적중률이 높다.

예보 능력의 지속적인 발전을 보면 기술의 진보는 계속될 것인가 혹은 우리들이 기대할 수 있는 예측능력에 대한 한계는 없을까 하는 의문이 당연히 생긴다. 대기는 부분적으로는 카오스계(chaotic system, 다음 글상자 참조)로 이루어져 있기 때문에, 비록 대기의 상태와 순환을 완벽하게 관측한다 하더라도 미래의 어느 시점에 대기의 자세한 상태를 예측하는 기술은 한계가 있을 것이다. 그림 5.6에서는 현재의 예보기술을 완벽한 모델과 자료를 사용했을 때 영국에 대한 예보능력 한계의 최대추정과 비교하였다. 이 추정에 따르면 전반

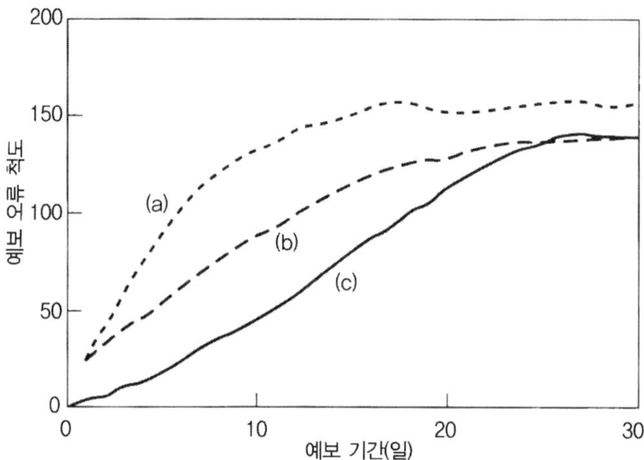

그림 5.6 보다 나은 자료와 모델이 개발될 경우의 예보 능력에 대한 개선 잠재력. 세로 좌표는 예보의 오류 척도이다(분석치와 500hPa 높이에서의 예보의 차에 대한 제곱근으로 표시되는 차이이다). 곡선(a)는 예보 기간의 함수로서 1990년 영국 기상청 예보의 오류이다. 곡선(b)는 동일한 초기 자료를 완벽한 모델이 사용된다는 전제하에서 오류가 어떻게 감소될 것인가를 보여주는 추정치이다. 곡선(c)는 초기 상황에 완벽에 가까운 자료가 제공된다면 보다 개선된 예보가 기대됨을 보여주는 추정치이다. 충분히 긴 시간이 지난 후에는 모든 곡선들은 임의로 선택된 어떠한 예보들 간에도 평균 제곱근 차이의 포화값에 접근한다.

적인 미래 예보 기술의 한계는 대략 20일 정도이다.

예보 능력은 기상 상황과 패턴에 따라 상당히 달라진다. 바꾸어 말하면 어떤 상황은 다른 상황에 비해 보다 '혼란스럽다(chaotic)'(사용되는 용어가 기술적인 의미일 때, 글상자 참조). 주어진 상황에서 얻을 수 있는 예보 능력을 결정할 수 있는 방안으로 앙상블(ensemble) 예보를 채택하는 것인데 앙상블 예보는, 관측 및 분석 오류의 범위 내에서 초기값을 조금씩 변화시켜서 생성되는 초기 상태들의 조합에서 얻어지는 것이다. 이러한 앙상블 평균에 의해서 제공되는 예보는 개별 예보에 비해 상당히 개선되는 것을 보여준다. 더욱이 앙상블 내에서의 분산이 적은 경우 상대적으로 높은 기능(skill)을 가지고 있기 때문에 앙상블에서의 분산이 큰 경우보다 예보 능력이 높다.

기상예보와 카오스[4)]

카오스의 과학은 컴퓨터의 발달에 따라 1960년(기상학자 에드워드 로렌츠가 그때의 선구자 중 한 사람이다) 이후로 급속히 발달해왔다. 이러한 맥락에서 보면 카오스는 특정한 기술의 의미를 지닌 용어이다. 카오스계는 용어상으로 그 행태가 시작의 초기 조건에 매우 민감하여 미래 예측이 가능하지 않다는 것을 의미한다. 아무리 단순한 체계라 할지라도 주어진 조건에 따른 카오스를 나타낸다. 예를 들면, 간단한 진자의 운동(그림 5.7)은 어떤 조건에 놓이면 '카오스' 상태가 될 수 있으며 작은 교란에도 극도의 민감한 반응을 하기 때문에 구체적인 움직임은 예측할 수 없다.

카오스 행태의 조건 중 하나는 체계의 운동을 지배하는 수치들 간의 관계가 비선형이라는 점이다. 바꾸어 말하면 그래프상에서의 관계는 직선보다는 곡선으로 나타난다.[5)] 대기에 적합한 관계들도 비선형이므로 카오스 행태를 보일 것으로 보는 것이다. 그림 5.6에서 보듯이 초기 상태를 설명하는 자료들이 개선된다면 기대될 수 있는 예측가능성이 높아질 수 있다. 그러나 실질적으로 완벽한 자료를 가졌다 하더라도 미래 시점에 대한 예측도는 6일에서 불과 20일 정도로 개선될 뿐인데 이것은 대기가 카오스계이기 때문이다.

단순한 진자운동에서 모든 상황이 카오스는 아니다. 따라서 대기와 같은 복잡한 체계에서도 몇몇 경우는 다른 경우보다도 예측력이 높다는 것은 놀라운 일이 아니다. 초기 자료에 특히 민감한 경우와 자료의 모델 동화 방식에 민감한 경우의 좋은 사례는 1987년 10월 16일 금요일 이른 새벽 영국 남동부를 강타한 폭풍우에 대한 영국 기상청의 예보이다. 폭풍이 기승을 부리는 동안에 90노트(시속 170km)의 강풍이 기록되었고 대략 1,500만 그루의 나무가 쓰러졌다. 전주 일요일 예보가 예사롭지 않은 심각한 폭풍에 대한 충분한 초기 경고를 내렸지만, 10월 15일에 사용된 모델 예보는 초기의 예보에 비해 안내가 빈약했고 폭풍우의 강도와 진로 예측에 실패했다. 당시에 제기된 의문은 사용된 수치모델이 이와 같은 예외적인 사건에 대한 정확한 예측을 할 수 있는지에 관한 것이었다. 그림 5.8은 모델에서 보다 나은 동화과정을 보여준 모든 자료들을 이용할 경우 특이한 기상현상에 대한 좋은 예보를 얻을 수 있음을 보여준다.

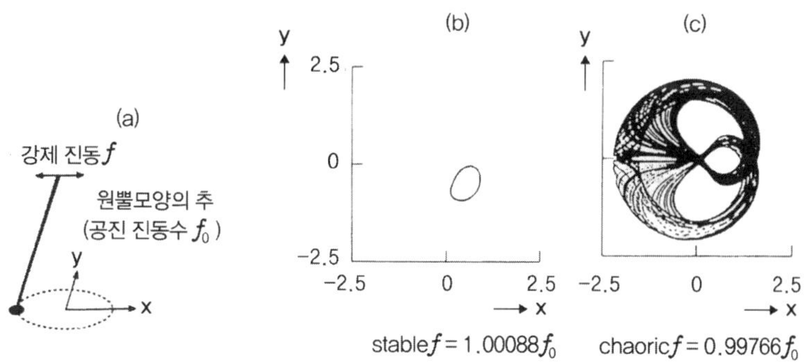

그림 5.7 (a) 진자의 공진 진동수 f_0에 가까운 진동수로 선형적인 강제 진자운동으로 움직이는 받침대의 한 점에 달린 길이 10cm의 진자 끝에 붙은 추로 이루어진 단순한 진자 구조를 보여주고 있다. (b)와 (c)는 수평면에서의 추의 운동을 그래프로 보여주고 있다. 크기는 센티미터로 표시되고 있다. (b) f_0보다 조금이라도 큰 강제 진동인 경우에는 추의 운동은 단순하고, 정규적인 패턴으로 움직이면서 점차 줄어든다. (c) f_0보다 조금이라도 작은 경우 추는 초기 조건의 함수로서 무작위적이고 불연속적인 '카오스'적인 운동(비록 주어진 영역 내이지만)을 보여준다.

---

4) 보다 자세한 내용은 Houghton, *The Physics of Atmospheres*, 13장; T. N. Palmer, "A nonlinear perspective on climate change," *Weather*, 48(1993), pp.314~326; Palmer, *Journal of Climatology*, 12(1999), pp.575~591 참조.

5) y=ax+b와 같은 식은 선형이다. 즉, 좌표에서 x에 대한 y는 직선을 이룬다. 비선형 공식의 사례는 $y=ax^2+b$ 혹은 y+xy=ax+b이다. 여기에서 x에 대한 y는 직선이 아니다. 진자의 경우, 운동을 기술하는 공식은 수직과 이루는 각도가 작을 때는 각도의 사인값이 거의 각과 같아서 선형이다. 각도가 더 크면 근사값은 점차 덜 정확해지고 비선형이 된다.

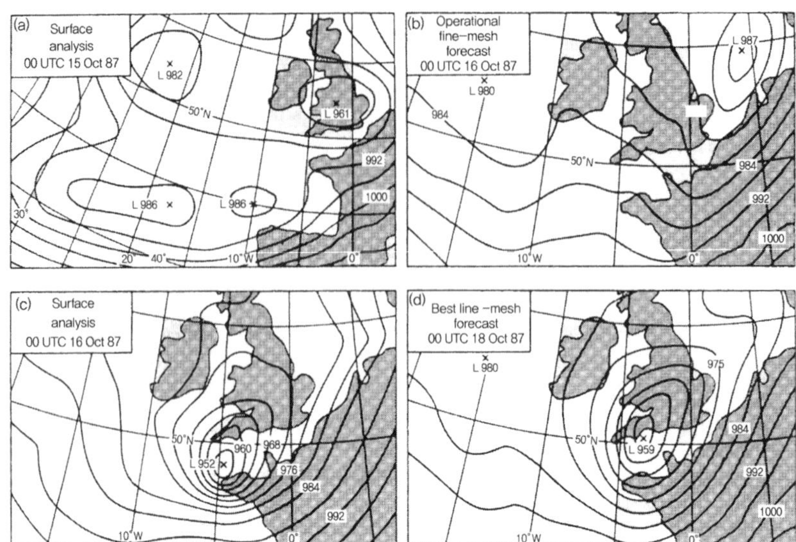

그림 5.8 1987년 10월 15~16일 영국 남부를 통과한 저기압에 대한 지표면 기압 분석치와 예보치(단위 밀리바 1mbar=100Pa=1hPa). 런던 지역에 도착하기 4시간 전(b)쯤에서 저기압은 완전한 발달을 보여준다. (a)는 저기압의 완단전 발달 24시간 전 상황. (c)와 (d)는 기상청에서 운용하는 미세격자(find-mesh) 모델을 사용한 24시간 예보치로서 (c)는 특정시각에 유용한 것이며, (d)는 보다 완전한 자료와 보다 근사치 절차를 적용한 뒤 생성된 예보치이다.

계절 예보

지금까지는 보다 상세한 단기간의 날씨에 대한 예보를 살펴보았다. 20일 혹은 그 이상을 넘어서면 예보는 기술적 한계를 가진다. 더 먼 미래에 대한 예보는 어떻게 이루어질까? 비록 자세한 기상예보는 힘들더라도 수개월 내의 평균적인 기상은 어느 정도 예측할 수 있지 않을까? 앞에서 보았듯이 일부 지역에 따라서는 해수면 온도의 분포 영향 때문에 이것이 가능하다. 계절 예보에서 요구되는 보다 자세한 정보는 더 이상 대기의 초기 상태가 아니다. 오히려 지표면의 조건과 그들이 어떻게 변화할 것인가에 대한 것이다.

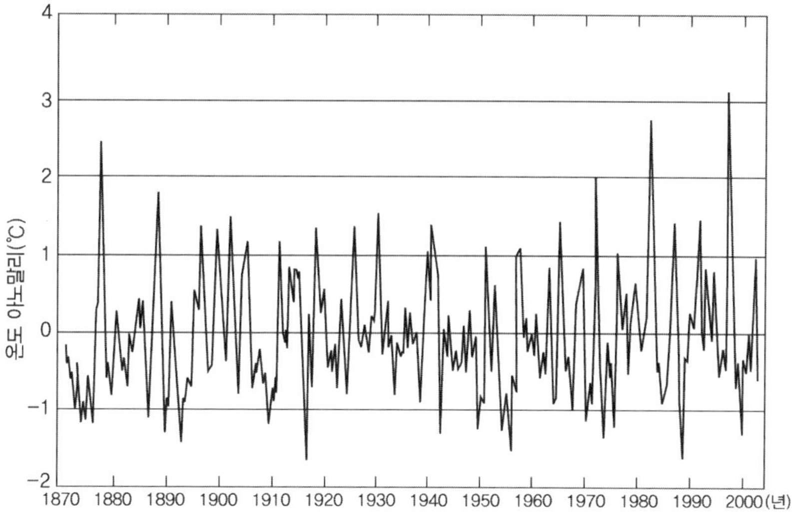

그림 5.9 페루 근해 동태평양 열대에서 1871~2002년 동안의 해수면 온도 변화를 1961~1990년 평균과 비교하여 보여주고 있다.

열대의 대기는 특히 해수면의 온도에 민감하다. 이것은 대기로의 열 유입에 가장 크게 기여하는 현상이 해수면으로부터의 증발과 그로 인하여 발생하는 대기 중의 응결로 인한 잠열의 방출이기 때문에 당연한 것이다. 포화 수증기압은 온도에 따라 급속히 증가하므로 기온이 높을 때는 더 많은 물이 대기가 포화될 때까지 증발할 수 있다. 표면에서의 증발과 그에 따른 대기로의 열 유입은 특히 열대에서 크게 나타난다.

열대 태평양의 동쪽 해역의 엘니뇨 기간(그림 5.9 참조)에는 해양 온도의 변화가 가장 크게 나타난다. 모든 열대 지역과 앞의 중위도 일부에서의 대기 순환과 강수량의 아노말리는 엘니뇨 현상과 연관이 있다(그림 1.4 참조). 앞에서 기술된 대기 모델 실험의 좋은 예는 해수면 온도에 대한 엘니뇨 영향을 연계하여 모델을 수행해보고 이러한 기후 아노말리를 잘 모사하는지 살펴보는 것이다. 수많은 다양한 대기 모델들을 이용하여 이러한 실험이 수행되고 있다. 이들은 관측된 대규모 아노말리를 모의실험하는 데 있어 상당한 능력을 보여주고 있으며 특히 열대와 아열대에서 더욱 진가를 발휘하고 있다.[6)]

아프리카 사헬 지역에서의 예측

아프리카 사헬 지역은 북반구 여름(특히 7월에서 9월) 동안 연 강수량의 대부분이 내리는 사하라 남부 경계대를 따라 500km 폭으로 띠를 형성하고 있다. 이 지역은 장기적으로 가뭄이 지속되는 것으로 유명하며, 특히 1970년대와 1980년대에는 지역경제에 엄청난 타격을 가했다(그림 5.10). 가뭄은 해수면 온도(SST, sea surface temperature)의 몇몇 변동과 연계되어 있다. 그림 5.11은 1901년 이래로 사헬의 가장 습한 5년과 가장 건조했던 5년간 세계 평균 SST의 패턴과의 차이를 보여주고 있다. 이 패턴과 또 다른 여러 패턴들은 1986년 이래 사헬에 대한 영국 기상청에 의해서 작성되어온, 통계 및 전 지구 대기순환 모델에 의한 계절적 예측의 기초를 이루고 있다.[7] 장기 예측으로는 5월에 6~9월 우기에 대한 예측이 이루어지고 6월 초에 갱신된다.

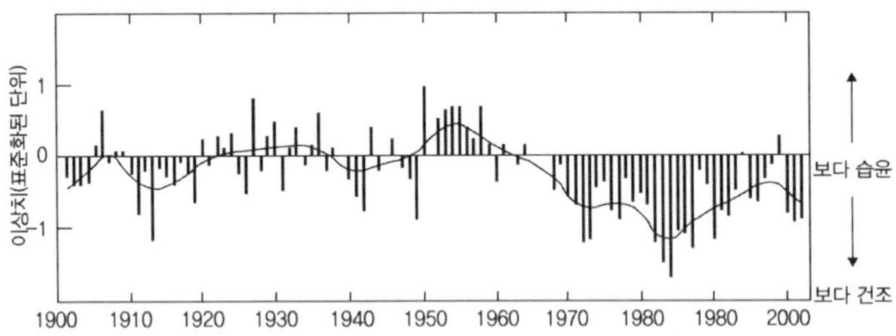

그림 5.10 표준화된 단위(평균에 대한 표준편차)로 표시된 사헬 지방의 장기간 평균치(그리고 이상치)에서 도출된 연 강수량 차. 부드러운 곡선은 10년 이동평균을 대략적으로 표시한 것이다.

---

6) 보다 자세한 B. J. McAvaney *et al.*, In J. T. Houghton, Y. Ding, D. J. Griggs, M. Noguer, P. J. van der Linden, X. Dai, K. Maskell, C. A. Johnson(eds.), *Climate Change 2001: the Scientific Basis. Contribution of Working Group I to the Third Assessment Report of the Intergovernmental Panel on Climate Change*(Cambridge: Cambridge University Press, 2001), 8장 참조.

7) C. K. Folland, J. Owen, M. N. Ward, A. Colmen, "Prediction of seasonal rainfall

예측에 있어서 일반적인 어려움은 SST 패턴 변화가 예보 시기와 주요 우기 사이에서 나타난다는 데 있다. 이러한 문제를 극복하기 위해 대기 순환 변화 모델과 함께 대기-해양 결합 모델(다음 절에서 '기후계'를 참조)을 이용하여 SST 변화를 예측한다. 관측과 모델에 의한 평균 강수량 간의 상관도는 0.37 정도로, 건조한 상태의 주요 변화가 돌출하는 한계는 있지만 예측 능력은 개선되었다.[8] 이러한 모델들은 이미 중요한 요소로 드러난[9] 지표면의 식생과 토양의 특성 변화와 연계되어 사헬과 세계의 많은 지역들에서 계절적 예측에 대한 최고 수준의 기법을 제공하고 있다.

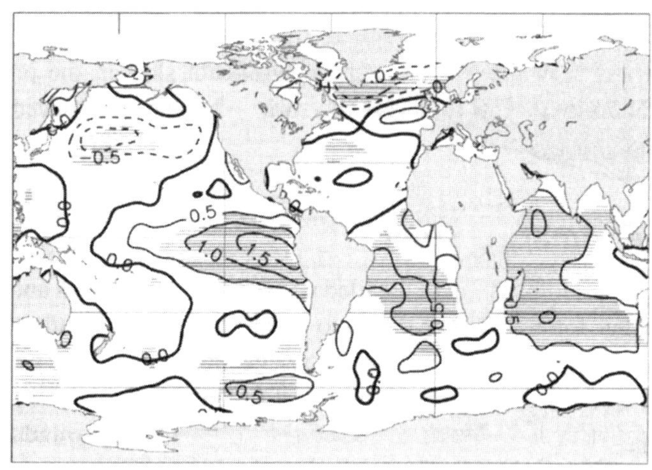

그림 5.11 1900년 이후 가장 건조했던 5개 연도(1972, 1982, 1983, 1984, 1987) 및 가장 습윤했던 5개 연도(1927, 1950, 1953, 1954, 1958)에 관측된 6~9월의 SST(℃) 평균의 차이. 줄쳐진 음영 부분은 가장 일관성 있게(통계적으로 유의한) 큰 차이를 보여주는 영역이다.

---

in the Sahel region using empirical and dynamical methods," *Journal of Forecasting*, 10(1991), pp.21~56.

8) C. Folland, Hadley Center, UK.

9) Y. Xue, "Biospheric feedback on regional climate in tropical north Africa," *Quarterly*

해양의 거대한 열 용량 때문에 해수면 온도의 아노말리는 여러 달 동안 지속되는 경향이 있다. 따라서 기상과 해수면 온도의 패턴 간에 강한 상관관계를 가지는 지역에서는 몇 주 혹은 몇 개월 앞서 기후(혹은 평균 기상)를 예측할 수 있다. 이러한 계절 예측은 특히 강수량이 적은 지역에서 잘 맞는다. 브라질 북동부와 사하라 남쪽에 위치하는 아프리카의 사헬 지역같이 인간의 생존이 한계상황의 강수량에 의존해야 하는 지역들을 예로 들 수 있다.

상당한 기간을 사전에 정확하게 예측할 수 있는 능력은 해수면 온도의 변화를 예측할 수 있는가에 크게 의존한다. 이를 위해서는 해양 순환과 대기 순환의 결합 방식에 대한 모델의 이해와 모델링 능력이 요구된다. 해수면 온도의 가장 큰 변화는 열대에서 일어나고 다른 지역보다는 열대에서 해양을 보다 잘 예측할 수 있으므로, 해수면 온도의 예측은 특히 열대지역에 중점을 둔다. 특히 엘니뇨 현상의 예측에 있어서는 더욱 그렇다(글상자 참조).

이 장의 뒷부분에서는 대기 모델과 해양 모델의 결합에 대해 살펴볼 것이다. 여기서 잠깐 언급하자면 태평양 지역의 대기와 해양에 대한 상세한 관측과 함께 결합 모델을 사용하면 일년 정도는 미리 엘니뇨 현상을 예측할 수 있다(7장 참조).[10]

기후계

지금까지 모델링의 과학과 기술을 소개하기 위하여 며칠 간의 상세한 기상 예보와 1개월 전후의 평균적인 기상예보, 나아가 계절 예보에 대해 설명하였

Journal of the Royal Meterrological Society, 123(1997), pp.1483~1515.

10) M. A. Cane(1992), In K. E. Trenberth(ed.) *Climate System Modelling*(Cambridge: Cambridge University Press), pp.583~616; McAvaney *et al*., in Houghton, *Climate Change 2001*, 8장; A. V. Federov *et al*., "How predictable is El Niño?" *Bulletin of the American Meterological Society*, 84(2003), pp.911~919 참조.

엘니뇨의 단순 모델

엘니뇨(El Niño) 현상은 해양과 대기 순환 간의 강력한 연계의 좋은 사례이다. 대기 순환에 의해서 해양에 가해지는 스트레스(바람)가 해양 순환의 주요 동인이다. 물론, 우리들이 알고 있듯이, 해양으로부터 주로 증발에 의해서 일어나는 대기로의 열 유입은 대기 순환에 큰 영향을 미친다.

해양 내에서 전파될 수 있는 여러 가지 파동의 효과를 보여주는 엘니뇨 현상에 대한 단순한 모델이 그림 5.12에 나타나 있다. 이 모델에서 로스비파(Rossby wave)로 알려진 해양에서의 파동은 적도 근처에서 해수면 온도 아노말리를 나타내는 온난 해역에서 서쪽으로 전파된다. 로스비파가 해양의 서쪽 경계에 도달하면 반사하게 되는데, 이것은 켈빈파(Kelvin wave)로 동쪽으로 이동하게 된다. 이러한 켈빈파는 원래의 온난 아노말리를 저지하고 역전시키는 역할을 하면서 한랭현상을 유발시킨다. 전체 엘니뇨 과정의 절반 순환에 걸리는 시간은 해양에서 전파되는 파동의 속도에 의해 결정된다. 대략 2년이 걸린다. 이것은 근본적으로 해양 역학적으로 움직이는 것으로, 관련된 대기의 변화는 해양 역학의 결과에 따른 해수면 온도의 패턴(그리고 되돌아 재강화된 패턴)으로 결정된다. 이러한 단순 모델에서 보듯이 엘니뇨 현상의 상당한 부분은 근본적으로 예측가능한 것으로 나타나고 있다.

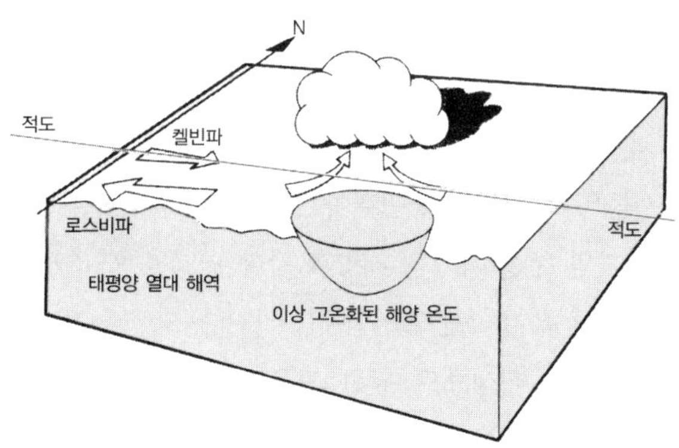

그림 5.12 엘니뇨 진동을 보여주는 개념도

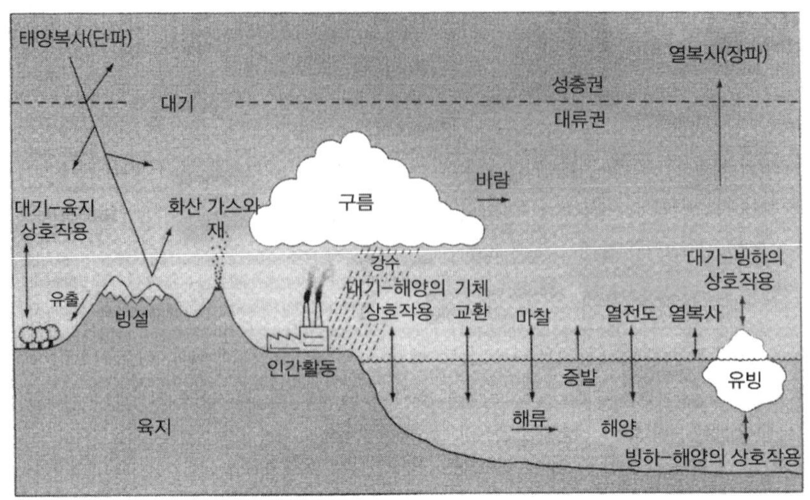

그림 5.13. 기후계 개념도

다. 이는 보다 정교한 기후모델에 대한 과학적 신뢰도의 상당 부분은 매일매일의 날씨에 관련된 과정들을 기술하고 예측하는 능력에서 나오기 때문이기도 하다.

기후는 몇 년에서부터 십 년 혹은 그 이상에 이르기까지 상당히 긴 기간과 관계가 있다. 어느 특정 기간의 기후에 대한 기술은 이 기간 동안의 적절한 기상 요소들의 평균(기온과 강수량 등)을 포함하며 이들 요소들의 통계적 변동도 함께 다루게 된다. 화석연료의 연소와 같은 인간활동의 효과를 고려할 때는 10년 이상에서 1세기 혹은 2세기 동안의 기후변화를 예측할 수 있어야 한다.

우리들은 대기 중에 살고 있기 때문에 기후를 기술하는 데 일반적으로 사용되는 변수들은 주로 대기와 관련이 있다. 그러나 기후는 대기만으로 설명될 수 없다. 대기의 순환 과정은 해양과 강한 연계를 맺고 있다(앞에서 설명). 대기와 해양은 물론 육지 표면과도 연계를 가진다. 또한 얼음으로 덮힌 지표면(빙설계, cryosphere)과 식생으로 덮힌 지표면, 육지와 해양의 다른 생물계(biosphere)와도 연계를 맺는다. 대기, 해양, 육지, 빙설, 생물 등의 5개 요소가 모여서 기후계를 형성한다(그림 5.13).

기후계의 되먹임 작용

2장에서는 지표면과 대기 하층에서의 기온 상승과는 별도로, 다른 변화들은 없다고 가정할 때 대기 중 이산화탄소 농도의 배증 결과로 인한 지구 평균기온의 상승을 다루었다. 기온의 증가는 1.2℃로 파악되었다. 그러나 기온의 증가와 관계되는 되먹임 작용(양과 음 모두 포함)으로 인한 지구 평균기온의 실제적인 증가는 2배 정도로 대략 2.5℃로 추정되고 있다. 이 장에서는 중요한 되먹임 현상들을 차례로 살펴보고자 한다.

수증기 되먹임

수증기 되먹임은 가장 중요한 부분이다.[11] 대기가 보다 온난해지면 해양과 습윤한 육지 표면에서 더 많은 증발이 발생한다. 따라서 평균적으로 대기가 온난할수록 더 습윤할 것이다. 즉, 보다 많은 수증기를 함유할 것이다. 수증기는 강력한 온실기체이므로 평균적으로 순방향 되먹임은 고정된 수증기량에서 발생할 수 있는 지구 평균기온 증가를 거의 두 배로 증가하게 만든다.[12]

구름-복사 되먹임

구름-복사 되먹임은 여러 과정들이 포함되기 때문에 매우 복잡하다. 구름은

11) 수증기 되먹임과 관련하여 기온감율 되먹임(lapse rate feedback)도 나타나는데, 이것은 대기 중의 기온과 수증기 함량의 변화와 연관되어 평균적인 기온감율(고도에 따른 기온 하강의 비율)이 나타나기 때문이다. 이러한 변화들은 이 되먹임을 강화시키는데, 수증기 되먹임보다는 강도가 작지만 작용하는 방향은 반대이다. 즉, 양 대신 음으로 작용한다. 수증기 되먹임에 대한 전반적인 값이 인용될 때 기온감율 되먹임이 포함된다. 보다 상세한 것은 Houghton, *the Physical of Atmospheres* 참조.

12) T. F. Stocker *et al.*, "Physical climate processes and feedbacks," In J. T. Houghton, Y. Ding, D. J. Griggs, M. Noguer, P. J. van der Linden, X. Dai, K. Maskell, C. A. Johnson(eds.), *Climate Change 2001: the Scientific Basis. Contribution of Working Group I to the Third Assessment Report of the Intergovernmental Panel on Climate Change.* (Cambridge: Cambridge University Press, 2001), 7.2.1.1절.

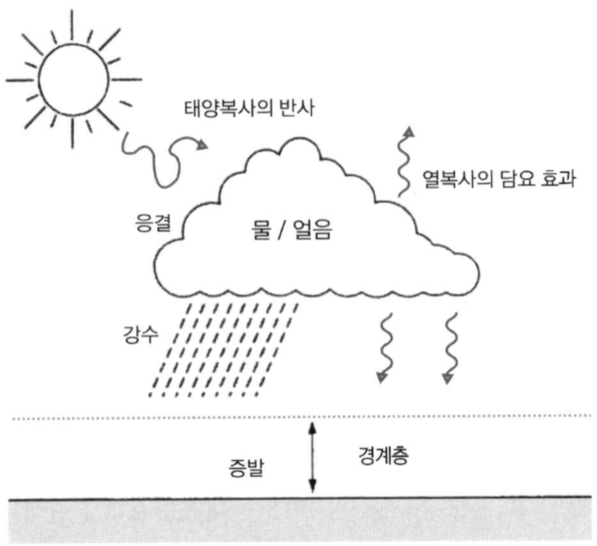

그림 5.14 구름과 관련된 물리적 과정의 개념도

두 가지 방법으로 대기에서의 복사 전달을 방해한다(그림 5.14). 첫째로 구름은 태양복사의 상당량을 우주로 반사하여 기후계에서 사용할 수 있는 총에너지를 감소시킨다. 둘째로 온실기체와 유사한 방법으로 지구 표면으로부터 열복사의 방출을 막아주는 구름의 담요효과이다. 그 아래에 있는 지구 표면에 의해서 방출되는 열복사를 흡수함으로써 그리고 스스로 열복사를 방출함으로써 구름은 지구 표면에서 우주로의 열손실을 감소시키는 역할을 한다.

특정 구름이 관여하는 효과는 구름의 온도(구름의 높이와도 연관됨)와 구체적인 광학적 특성(태양복사의 반사도와 열복사와의 상호작용을 결정하는 특성)에 따라 달라진다. 후자는 구름이 물 또는 얼음, 액체 혹은 고체 상태의 물 함량(얼마나 두껍고 얇은가), 구름 입자의 평균 크기 등에 따라 달라진다. 일반적으로 하층운은 반사도 효과(reflectivity effect)가 커서 지구-대기계를 냉각시키는 경향이 있다. 이와 대조적으로 고층운은 담요작용 효과(blanketing effect)가 주로 일어나 지구-대기계를 덥혀준다. 따라서 구름의 되먹임 효과는 전반적으로 순방향이기도 하며 역방향일 수도 있다(글상자 참조).

구름의 복사 강제력(radiative forcing)

본문에서 언급된 구름의 두 가지 효과의 차이를 구분하는 데 도움이 되는 개념은 구름의 복사 강제력에 관한 것이다. 구름 위 대기의 상층에서 방출되는 복사량을 R이라고 하자. 모든 조건이 같은 상태에서 구름을 제거하고 난 후에 대기 상층에서 방출하는 복사를 R'이라 하자. 이들 간의 차이 R' − R이 구름의 복사 강제력이다. 이들은 태양복사와 열복사로 구분될 수 있다. 위성 관측으로부터 산출된 구름 복사 강제력 값은 그림 5.15에 제시되어 있다. 평균적으로 구름은 지구-대기계를 약간 냉각하는 경향이 있는 것으로 밝혀졌다.

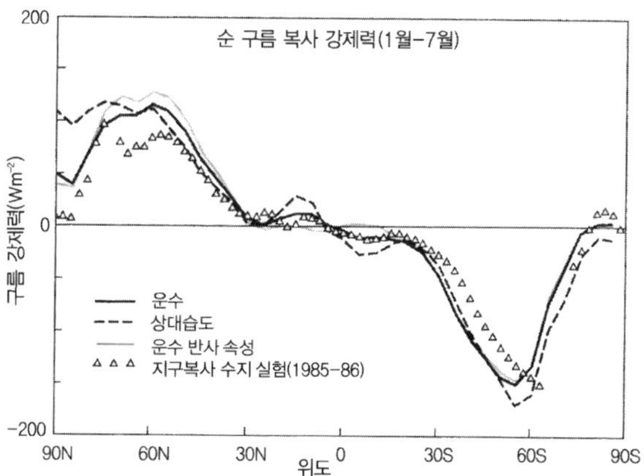

그림 5.15 구름 복사 강제력은 태양복사와 열복사로 구성되어 있다. 이는 일반적으로 반대개념으로 작용하는데, 각각 전형적으로 그 강도가 50과 100Wm^{-2} 사이에 있다. 여기서 평균 순강제력은 지구복사 수지 실험(Earth Radiative Budget Experiment, ERBE)의 일환으로 2년간(1985∼1986) 위성으로부터 관측된 것으로, 다양한 구름 형성의 기법[단순경계 상대습도 기법(RH), 분리된 변수로 운수(cloud water)를 포함하는 기법(CW), CW와 같지만 또한 구름의 복사특성을 가진 기법으로 운수함유량에 의해서 결정되고 수분의 함유량이 많은 두꺼운 구름은 얇은 구름보다 반사가 크다(CWRP)]을 가진 기후모델로 모의된다. 모델의 결과와 관측의 결과 간에는 잘 일치되는 경우도 있지만, 또한 차이가 날 경우가 있음을 이해해야 한다. 구름 복사 되먹임에 대한 보다 명료한 이해는 이러한 비교를 통해서 얻을 수 있다.

표 5.1 온실기체와 구름의 변화에 대한 다양한 가설하에서의 지구 평균기온 변화 추정치

온실기체	구름	현재 지구 표면 평균온도 15℃에서의 변화(℃로 표시)
현재와 동일	현재와 동일	0
없음	현재와 동일	-32
없음	없음	-21
현재와 동일	없음	4
현재와 동일	현재와 동일하지만 상층운 + 3%	0.3
현재와 동일	현재와 동일하지만 하층운 + 3%	-1.0
CO_2 농도 배증	현재와 동일(구름의 되먹임 없음)	1.2
CO_2 농도 배증 + 되먹임의 최적 추정	구름 되먹임 포함	2.5

기후는 운량 혹은 구름 구조의 변화 가능성에 매우 민감하다. 이는 다음 장에서 논의되는 모델의 결과로도 알 수 있다. 이를 살펴보기 위하여 표 5.1은 운량(cloud cover)의 작은 비율 변화의 기후에 대한 가설적 영향과 이산화탄소 농도의 배증에 의해 기대되는 변화와의 비교를 보여준다.

해양-순환 되먹임

해양은 지구의 현재 기후를 결정하는 데 커다란 역할을 한다. 따라서 해양은 인간활동에 기인한 기후변화에 중요한 영향을 미치고 있다.

해양은 네 가지 방법으로 기후에 작용하는데 첫째, 해양과 대기는 강하게 결합된 체계로 밀접한 상호작용을 한다. 이미 언급한 대로 해양에서의 증발은 대기 수증기의 주요 원천이며, 구름의 응결에 의한 잠열을 통한 대기에 대한 최대의 단일 열 공급원이다. 반대로 대기는 해양 순환의 원동력으로 해수면에 가해지는 바람 스트레스를 통해서 영향을 미친다.

둘째, 대기와 비교하여 해양은 열 보존력이 크다. 바꾸어 말하면 해양의 온도를 약간만 올리는 데도 엄청난 양의 열에너지가 요구된다. 비교하자면

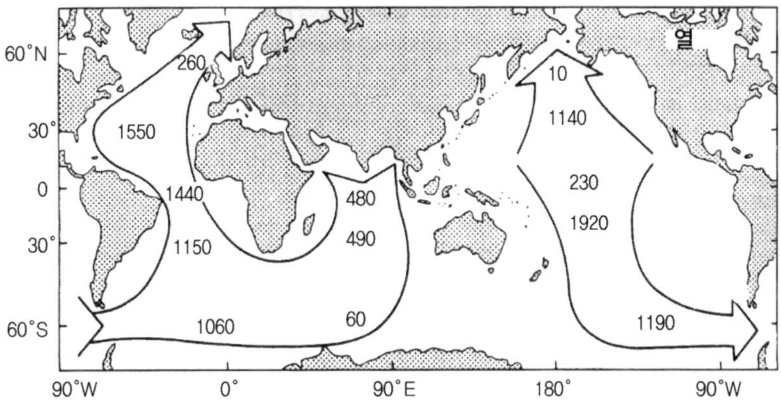

그림 5.16 해양에 의한 열 수송 추정도. 단위는 테라와트(10^{12}W 혹은 1조W)이다. 해양 간의 연계와 북대서양에 의해 수송된 열의 일부는 태평양에서 발원한다는 점에 유의하자.

대기의 전체 열용량은 3m 깊이 이내의 해양의 용량과 비슷하다. 이것은 따뜻해지고 있는 세계에서 해양은 대기보다 느리게 따뜻해지고 있음을 의미한다. 우리들은 대기 온도의 극단성을 감소시키는 경향이 있는 해양의 이러한 효과를 경험해오고 있다. 예를 들면, 일일과 계절 모두에서 기온교차는 내륙 깊숙한 곳에 비해 해안에 가까운 곳에서 훨씬 작다. 따라서 해양은 대기 변화의 비율에 주요 조절자 역할을 수행한다.

셋째, 해양은 내부 순환을 통하여 기후계 전반에 걸쳐 열을 재분배한다. 적도에서 극지방으로 해양에 의해 수송되는 총 열에너지량은 대기에 의해 수송되는 것과 비슷하다. 그러나 수송의 지역적 분포는 매우 다르다(그림 5.16). 해양에 의한 지역적 열 수송의 작은 차이로도 기후변화에서는 커다란 차이를 보인다. 예를 들면, 북대서양에 의한 열수송량은 1,000 테라와트(1테라와트는 10^{12}W)를 상회한다. 이것이 얼마나 큰 양인지 살펴보면 대형 발전소 한 곳이 약 10억W(10^9)의 에너지를 생산할 수 있으며 지구 전체에서 상업적으로 생산되는 에너지의 총량은 약 12테라와트이다. 이러한 맥락에서 더 나아가 서유럽 북부와 아이슬란드 사이의 북대서양 해역을 살펴보면 해양 순환에 의해 운반되는 열 유입량(그림 5.16)은 직사 태양복사에 의해 이곳 해수면에 도달하는 양과 비슷하다. 따라서 기후변화에 대한 정교한 모의실험에서 특히 이 해역의 변동을 볼 때, 해양의 구조와 역학에 대한 설명이 반드시 포함되어야 한다.

빙하-알베도 되먹임

얼음이나 눈 표면은 태양복사의 강력한 반사체이다(알베도는 반사도의 척도이다). 따라서 보다 따뜻해진 표면에서 얼음의 일부가 녹게 되면 전에는 얼음이나 눈에 의해서 우주로 반사되었던 태양복사가 흡수되어 온난화를 가속화시키는 역할을 한다. 이것은 그 자체로 이산화탄소의 배증에 의한 전구 평균기온을 약 20%까지 증가시킬 수 있는 또 다른 양의 되먹임이다.

지금까지 네 가지 되먹임들을 파악하였는데 이들 모두는 기후의 결정에 커다란 역할을 하며, 특히 기후의 지역 분포에 많은 영향을 미친다. 따라서 이들을 기후모델에 도입하는 것은 필수적이다. 지구 모델은 지역적인 변이를 허용하고 또한 모델 구성에 중요한 비선형적 과정들을 포함하므로, 모델들은 원칙적으로 이러한 되먹임의 효과에 대한 완전한 설명을 제공할 수 있다. 사실 이들은 이러한 잠재적 수용력을 가지고 존재하는 유일한 도구이다. 이제 기후예측모델에 대한 설명으로 돌아가자.

기후예측을 위한 모델

성공적인 모델이 되기 위해서는 우리들이 살펴보았던 되먹임에 대한 적절한 기술을 포함할 필요가 있다. 수증기 되먹임과 그 지역적인 분포는, 수증기의 증발, 응결, 이류(수평적인 기류에 의한 이동)에 대한 상세한 과정과 대류과정(소나기나 천둥으로 반응하는)이 보다 높은 지표면 온도에 의해 영향을 받는 방식에 따라 달라진다. 이러한 모든 과정들은 이미 기상예보 모델에 포함되어 있으며 수증기 되먹임은 매우 완벽하게 연구되어왔다.[13] 다른 되먹임들 중에서 가장 중요한 것은 구름 복사 되먹임과 해양-순환 되먹임이다. 이들은 모델에 어떻게 결합될까?

모델링 목적을 위하여 구름을 두 가지 유형으로 구분하는데 층형(layer) 구름은 일반적으로 격자 크기보다는 큰 규모로 나타나며 대류형(convective) 구름은 격자보다 작은 규모로 나타난다. 층형 구름의 분석을 위해 초기 기상예보와 기후모델은 비교적 단순한 기법을 사용했다. 전형적인 기법은 상대습도가 한계치를 넘을 때 특정 고도에서 구름이 생성되는 것으로 되어 있다. 한계치는 모델 적용으로 산출된 운량과 기후학적 기록들에서 관측된 운량 간에서 대체적으로 일치되는 값으로 잡는다. 보다 최근의 모델들은 응결, 동결, 강수, 구름 형성 등의 과정들을 보다 완전하게 매개 변수화하고 있다. 이들 모델들을 통하여 상세한 구름 특성(예를 들면, 수적 혹은 빙정, 물방울의 수와 크기)도 고려하고 있는데, 이로써 구름이 대기의 전반적인 에너지 수지에 미치는 영향이 적절히 설명될 수 있도록 충분히 구체화된 구름의 복사 특성(예를 들면, 반사도와 투과도)을 파악할 수 있다. 현재 가장 정교한 모델들은 구름 특성에 대한 에어로솔의 영향도 포함하고 있다. 에어로솔의 간접적인 영향은 그림 3.8에 나와 있다. 대류형 구름의 영향은 대류의 매개 변수화를 위한 모델 기법의 일부로 포함되고 있다.

특정 기후모델에서의 평균적인 구름-복사 되먹임의 정도와 표시(양 혹은 음)는 모델 구성의 여러 측면을 반영하고 있으며 동시에 구름 형성의 설명에

13) R. S. Lindzen, "Some coolness concerning global warming," *Bulletin of the American Meteorological Society*, 71(1990), pp.288~299. 이 논문에서 Lindzen은 대류권 상층부에서 수증기로 인한 되먹임의 크기와 방향을 찾고, 모델에서 예측된 것보다 더 양일 수도 있고, 약간 음일 수도 있음을 제시하고 있다. 수증기 되먹임에 대한 가능성 있는 강도를 조사하기 위해서 관측과 모델 연구를 통하여 많은 성과가 이루어졌다. 보다 자세한 것은 T. F. Stoker *et al*., "Physical climate processes and feedbacks," In Houghton *et al*., *Climate Change 2001*, 7장을 참조. Lindzen을 포함한 7장의 저자들은 많은 증거들이 모의실험에서 나타난 것과 비교할 만한 강도의 맑은 날에 양의 수증기 되먹임을 선호하는 것으로 나타난다고 결론 내리고 있다.

사용되는 특정 기법에 의해서도 영향을 받는다. 따라서 여러 가지 기후모델들은 양이거나 음 중에 어느 쪽일 수도 있는 평균적인 구름-복사 되먹임을 보여줄 수 있다. 나아가 되먹임은 상당한 지역적 변동을 보여줄 수도 있다. 예를 들면, 하층운이 어떻게 처리되는가에 따라 모델 결과들이 달라지는데 모델에 따라서 온실기체가 증가하면 하층운이 증가하고, 어떤 모델에서는 감소한다. 구름-복사 되먹임에 관한 불확실성은 기후 민감도(climate sensitivity, 6장 참조)나 이산화탄소 농도의 배증에 따른 지구 표면 평균온도의 변화에 있어 불확실성 증가의 주된 원인이 되고 있다.

두 번째 중요한 되먹임은 해양 순환의 영향에 기인한 것이다. 기상예보를 위한 전구 대기 모델과 비교할 때 기후모델링이 가장 중요하게 노력해야 할 점은 해양의 효과를 포함시키는 일이다. 초기의 기후모델은 해양을 너무 엉성하게 다루었다. 이 모델들은 해양을 단순히 지구표면의 계절적 가열과 냉각에 반응하여 나타나는 해양의 혼합층의 대략적인 깊이인 50m 혹은 100m 정도 깊이를 가진 단순한 평면층으로 보았다. 이제 이러한 모델에서 해류에 의한 열수송을 다룰 수 있도록 조정되고 있다. 증가하는 이산화탄소와 같은 교란을 다루는 모델을 사용할 때 나타날 가능성이 있는 열수송의 어떤 변화도 허용할 가능성이 없었기 때문에 이러한 모델들은 심각한 한계를 가질 수 밖에 없었다.

해양의 영향에 대한 적절한 설명을 위하여 해양 순환과 대기 순환을 결합한 모델을 만들 필요가 있다. 그림 5.17은 이러한 모델들의 구성 요소들을 보여주고 있다. 모델의 대기 부분에서는 가용한 컴퓨터를 장기간 돌리기 위하여 격자가 상당히 커야 하는데, 전형적으로 수평으로는 300km 정도가 된다. 이 정도가 아니라면 앞에서 언급했던 기상예보를 위한 전 지구 모델과 본질적으로 같다. 모델의 해양 부분의 역학과 물리적 구성은 대기 부분과 유사하다. 수증기의 영향은 물론 대기에 속하는 것이지만 해양의 염도(소금 함량)는 해수의 밀도에 미치는 영향이 크기 때문에 하나의 변수로서 다루어야 한다. 특히 해양에서의 대규모 와류와 같은 역학체계는 대기에서의 와류보다 규모가 작기 때문에 해양 구성요소의 격자 크기는 대기 크기의 절반 정도가 일반적이다.

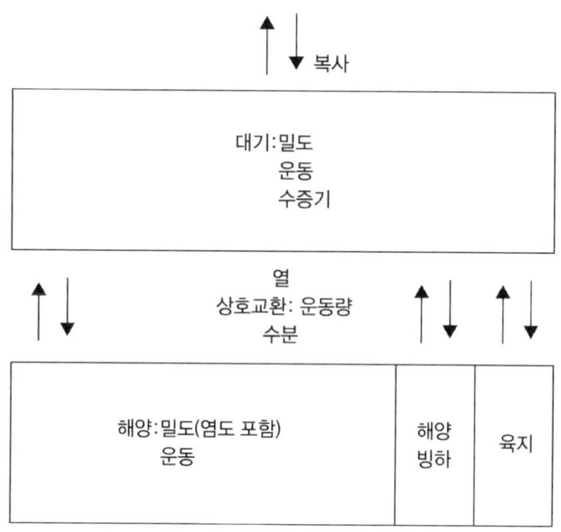

그림 5.17 대기-해양 경계면에서의 상호교환을 포함하는 대기-해양 결합 모델의 구성요소와 변수.

반면에 해양에서의 변화는 느리기 때문에 모델 적분을 위한 시간 단계는 해양 구성요소에서 더 크게 나타난다.

해양-대기 경계면에서 두 유체 간의 열, 수분, 운동량(운동량의 교환은 마찰을 유발)의 교환이 일어난다. 대기에서의 수분의 중요성과 대기순환에 대한 영향은 이미 언급되었다. 대기에서 비와 눈의 형태로 떨어지는 담수의 분포는 해양의 염도 분포에 영향을 미치고 이는 다시 해수밀도에 영향을 미쳐서 해양 순환에도 큰 영향을 미친다. 따라서 모델에 의하여 설명되는 '기후'는 경계면에서의 수분 교환의 규모와 분포에 매우 민감해진다.

모델을 예측에 사용하기 전에 안정된 '기후'에 도달할 때까지 상당한 시간 동안 모델을 운용해보아야 한다. 증가하는 온실기체에 의해서 교란되지 않고 모델이 운영될 때 모델의 '기후'는 가능한 한 현재의 실제 기후에 근접하도록 해야 한다. 상호교환이 정확하게 기술되지 못한다면 실제 기후를 반영하지 못할 것이다. 상호교환을 정확하게 모델에 반영하는 것은 어려운 일이다. 최근까지 많은 결합 모델들이 모델의 '기후'가 현재의 기후와 일치할 수 있다는 확신을 높이기 위하여 플럭스(flux)에 대한 인위적인 조정(플럭스 조정으로 알려져 있다)을 도입했다. 그러나 모델의 해양 요소는 보다 높은 해상도(150km 혹은 그 이하) 증가로 개선되었기 때문에 이러한 조정들에 대한 필요성은 사라지고 이제 모델들은 기후에 대한 적절한 설명을 제공할 수 있게 되었다.

해양에 대한 설명을 마치기 전에 수문학적 순환과 심층 해양 순환 간에 언급되어야 할 되먹임이 있다(다음 글상자 참조). 강수량의 변화는 해양의 염도에 영향을 미치면서 해양 순환과 상호작용을 할 수 있다. 이것도 기후에 영향을 미치는데 특히 북대서양에서 두드러진다. 이러한 현상이 과거 몇몇의 급격한 기후변화에 관여했다(4장 참조).

가장 중요한 되먹임은 모델의 대기와 해양 요소에 대한 것이다. 이들이 가장 큰 요소들이고 이들은 모두 유체이며 역학적으로 서로 결합되어 있기 때문에 이들을 모델에 잘 반영할 필요가 있다. 그러나 모델링된 또 다른 되먹임은 빙하-알베도 되먹임이며 이것은 해빙과 눈의 변동에 의한 것이다.

해빙면적은 겨울 극지방에서 많은 부분을 차지한다. 이것은 지표 바람과 해양 순환에 의해 이동한다. 빙하-알베도 되먹임을 적절히 설명하려면 해빙의 성장, 쇠퇴, 역학이 모델에서 다루어져야 한다. 육지 빙하도 물론 포함되어야 하는데 특히 고정된 값인 경계조건이 반영되어야 하는데, 육지 빙하의 면적은 연도에 따른 변화가 거의 없기 때문이다. 그러나 모델은 빙하의 부피 변화가 비록 소규모라 할지라도 해수면 변동에 미치는 영향을 규명할 수 있다는 것을 보여주어야 한다(7장은 해수면 변화의 영향을 보여주고 있다).

육지 표면과의 상호작용도 적절히 기술되어야 한다. 모델을 위한 가장 중요한 특성은 육지 표면의 습윤도(wetness)로서 보다 정확하게 표현하면 토양수분 함유량(이것은 증발량에 영향을 미친다)과 알베도(태양복사에 대한 반사도)이다. 모델은 증발과 강수를 통하여 토양수분의 변화 양상을 추적한다. 알베도는 토양 유형, 식생, 적설 면적, 지표면 습윤도에 따라 달라진다.

해양의 심층순환

10년 이상의 주기를 가지는 기후변화에 대해서는 단지 해양의 상층 부분만이 대기와 많은 상호작용을 한다. 그러나 보다 긴 주기에 대해서는 심층순환과의 연계가 중요해진다. 심층순환에서 변화의 영향은 특히 중요하다.

예를 들어, 그림 5.20에 나와 있듯이(다음 글상자 참조), 화학 추적물을 이용한 실험은 심해와 강한 연계가 나타나는 지역을 파악하는 데 도움을 준다. 심해로 가라앉기 위해서는 특히 해수의 밀도가 높아야 하는데 바꾸어 말하면 차갑고 염도가 높아야 한다. 이러한 고밀도 해수가 심해로 가라앉는 곳으로는 두 지역이 있다. 북대서양(그린란드와 스칸디나비아 사이의 그린란드 해와 그린란드 서해의 라브라도 해)과 남극이다. 이러한 방식으로 형성된 염분을 포함한 심층수는 모든 해양에서 이동하는 심층 해양 순환(그림 5.18)에 기여하게 되며, 이를 열염분 순환(thermohaline circulation, THC)이라고 한다.

4장에서 열염분 순환과 빙하의 융해 간 연계를 언급하였다. 빙하의 융해가

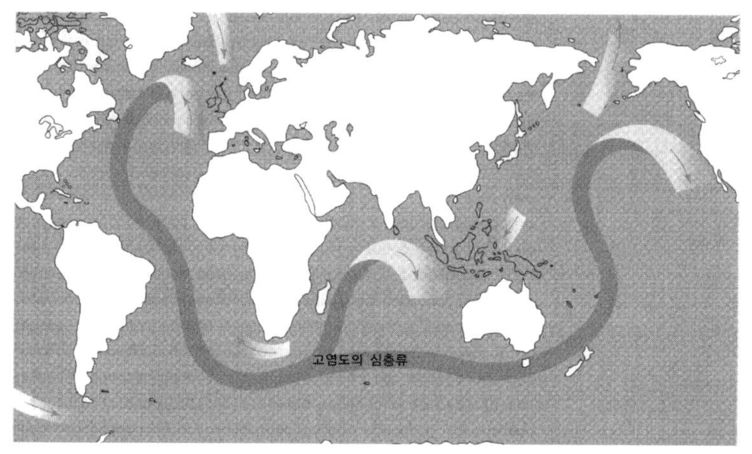

그림 5.18 심층수의 형성과 순환. 심층의 고염도 해류의 기원지는 북대서양이다. 표면 근처에서 북류하는 고염도의 해류는 보다 차가워지고 증발을 통해 염도가 더 높아지게 되면 밀도가 높아져서 가라앉는 원인이 된다.

증가하면 해양 표층수의 염도가 낮아지고 따라서 밀도도 낮아진다. 이렇게 되면 쉽게 심층으로 가라앉지 않게 될 것이며 심층수가 형성되지 않고 열염분 순환도 약화될 것이다. 6장에서는 열염분 순환과 대기에서의 수문(물) 순환 간의 연계가 언급되고 있다. 예를 들어, 북대서양 지역에서 강수량이 증가하면 열염분 순환을 약화시킬 수가 있다.

모델의 검증

모델링(modelling)의 다양한 측면을 논의하면서 이미 기후모델 요소들의 검증(validation)이 어떻게 수반되어야 하는지 지적되어 왔다. 기상예보 모델의 성공적인 예측을 통하여 세계 여러 지역에서의 해수면 온도 아노말리와 강수 패턴 간의 연관성에 대해 이미 앞 장에서 언급된 모의실험에 대한 것과 마찬가지로, 대기 요소들의 중요한 부분들을 검증한다. 기후모델들의 해양 부분에 대한 다양한 검증이 수행되어 왔는데 예를 들면, 화학 추적자(chemical tracer)의 이동에 대한 모의실험과 관측 간의 비교를 통해서 이루어진다(글상자 참조).

종합적인 기후모델이 만들어지면 3가지 주된 방법으로 검증이 이루어질 수 있다. 첫째, 수년간의 기간을 대상으로 모의 모델에 의해 생성된 기후를 현재의 기후와 구체적으로 비교할 수 있다. 타당한 것으로 판단되는 모델에 대해서는 지표면의 기압, 기온, 강수량과 같은 적절한 변수들의 평균 분포와 계절적 변화들이 관측치와 잘 일치하는지 비교해보아야 한다. 동일한 방법으로 모델 기후들의 변동성은 관측된 변동성과 유사해야 한다. 현재 기후 예측을 위해 사용하고 있는 기후모델들은 이러한 비교에 잘 들어맞고 있다.[14)]

둘째, 모델들은 주요 변수들의 분포가 현재 상태와 상당히 다른 과거 기후의

14) 보다 자세한 것은 B. J. McAvaney *et al*.(2001), in Houghton, *Climate Change 2001*, 8장 참조.

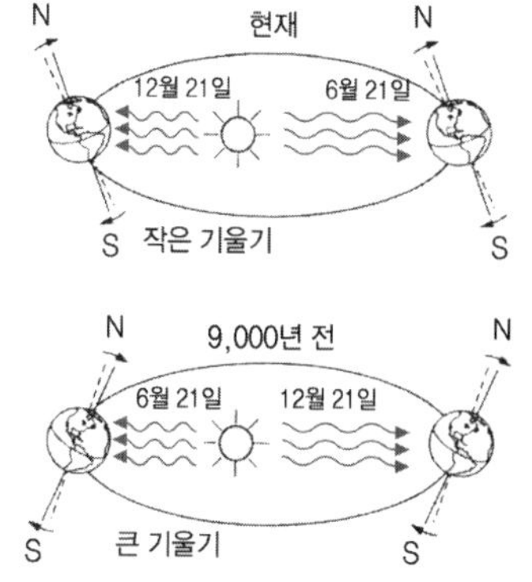

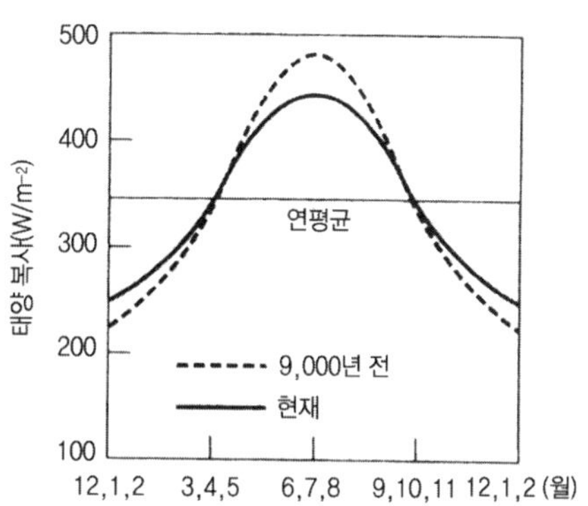

그림 5.19 현재 형태에서부터 9,000년까지 지구의 타원 공전궤도의 변화와 북반구에서의 연중 평균 태양복사의 변화(오른쪽 그림).

모의실험치와 비교될 수 있다. 예를 들면, 9,000년 전에는 태양에 대한 지구의 공전궤도의 형태가 달랐다(그림 5.19 참조). 근일점(지구-태양 최소거리)은 현재와 같이 1월이 아니라 7월에 나타난다. 물론 지구 자전축의 기울기도 현재와 약간 다르다(23.5℃보다는 24℃). 이러한 궤도 차이로 인한 결과(4장 참조)로, 연중 태양복사의 분포가 지금과는 상당한 차이가 났다. 북반구에서 평균적인 입사 태양복사 에너지는 7월에 7% 정도가 많고 이에 상응하는 1월에는 적었다.

이렇게 변경된 변수들이 모델에 도입되면 다른 기후가 산출된다. 예를 들면, 북쪽의 대륙들은 여름이 더 더워지고 겨울은 더 추워진다. 여름에는 대륙-해양의 기온 차가 증가하여 북부 아프리카와 남부 아시아에 걸쳐 확장된 저기압대들이 발달한다. 이들 지역에서 여름 몬순이 강화되고 강수량이 증가한다. 이러한 모의실험에 의한 변화들은 고기후 자료와 질적으로 일치한다. 이러한 자료들은 약 9,000년 전에는 현재의 식생 한계선에서 대략 1,000km 정도 북상해 있던 상태로 남부 사하라에 호수와 식생이 존재했다는 증거를 제공하고 있다.

이러한 과거의 기후를 밝히는 데 사용할 수 있는 자료들의 정확도와 공간 범위는 한정되어 있다. 그러나 위에서 언급한 9,000년 전을 대상으로 한 모델

해양에서의 추적자 모델링

모델의 해양 요소의 검증을 돕는 실험의 하나로서 화학 추적자의 분포를 모델에 의한 모의실험 결과와 관측값을 비교하는 것이다. 1950년대 방사성 삼중수소(수소의 동위원소)가 주요 원자핵 실험에서 누출되어 해양으로 흘러들어갔으며 이들은 해양 순환과 혼합되어 분산되었다. 그림 5.20은 주요 핵실험 10년 후의 북서 대서양 해역에서의 삼중수소의 분포(삼중수소 단위들로서 표시)에 대한 관측과 12단계 해양 모델에 의해 모의실험된 분포 결과가 일치하고 있음을 보여주고 있다. 이와 유사한 실험으로 프레온 가스의 하나인 CFC-11의 채집량 측정치와 모델 실험치 비교가 있다. 이 가스의 대기 중 방출은 1950년대 이후 급속히 늘어났다.

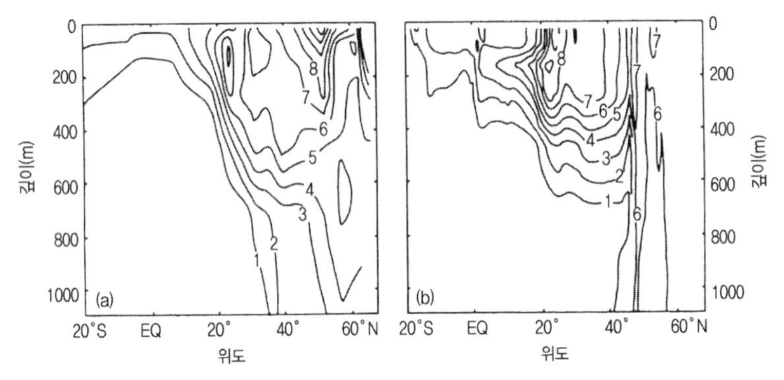

그림 5.20 주요 핵실험 후 대략 10년 후의 북서 대서양 해역에서의 삼중수소 분포. (a) GEOSECS 프로그램에서의 관측 결과, (b) 모델 실험 결과

모의실험과 또 다른 과거에 대한 모의실험들은 기후모델의 타당성 연구에 상당한 가치가 있음을 보여준다.

모델이 검증될 수 있는 셋째 방법은 기후에 대한 대규모 교란의 영향을 예측하는 것이다. 엘니뇨 현상과 이와 연관된 기후 아노말리에 대한 사전 1년의 예측은 많이 진전되었다(이 장의 앞 부분 참조). 다른 단기간의 교란은

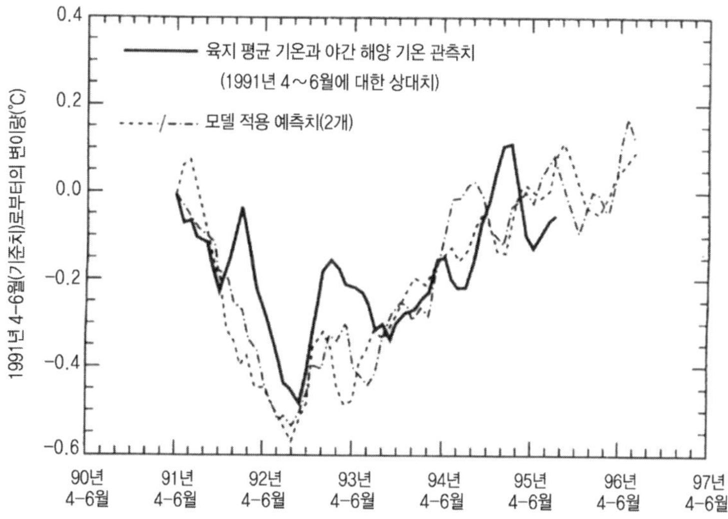

그림 5.21. 피나투보 화산의 분출 후, 1991년 4~6월에서 1995년 3~5월까지 3개월 이동 평균한 해수면 기온의 예측과 관측 비교

화산 분출에 기인하는 것으로 그 영향은 1장에 언급되어 있다. 몇몇 기후모델들은 1991년에 분출한 피나투보(필리핀) 화산에서 분출된 화산재의 영향을 고려하여 조정된 태양복사 입사량을 모델에 적용하고 있다(그림 5.21). 이 화산 분출로 인한 지역 기후의 지역 아노말리로는 비정상적으로 추웠던 중동의 겨울과 서부 유럽의 온난한 겨울이 대표적인 예로서 모델에 의해서 밝혀졌다.[15)]

다양한 시간 간격의 범위를 다루고 있는 이러한 세 가지 방식의 검증을 통하여 인간활동으로 인한 기후변화를 예측하는 모델의 성능에 대한 신뢰도를 높여나가고 있다.

15) H.-E. Graf, *et al.*, "Pinatubo eruption winter climate effects: model versus observations," *Climate Dynamics*, 9(1993), pp.61~73.

관측과의 비교

현재 전 세계 10개국에 위치한 15개 이상의 센터에서 대기와 해양의 순환을 완전 결합하여 기술하는 방식의 기후모델을 운영하고 있다. 이러한 모델들의 일부는 자연 강제력(특히 태양복사와 화산 폭발)과 온실기체와 에어로솔 농도의 증가를 고려하여 지난 150년간의 기후를 모의실험하는 데 사용되어왔다. 이러한 모의실험의 한 사례가 그림 5.22인데, 여기서는 지구 평균 표면 기온의 관측된 기록을 자연 강제력, 인위적 강제력(특히 온실기체와 에어로솔 증가), 그리고 자연 강제력과 인위적 강제력 결합을 차례로 고려한 모델 모의실험과 비교하고 있다. 그림 5.22에서 보면 모의실험은 하나의 모델에 기초하고 있지만 다른 많은 모델에서도 비슷한 결과들이 도출되고 있다.

그림 5.22에서 3가지 흥미 있는 모습들을 찾아볼 수 있다. 첫째, 인위적 강제력의 간여는 지난 세기 동안(특히 지난 세기의 후반기)에 관측된 기온변화의 상당 부분에 대한 설명을 제공하지만, 자연 강제력과 인위적 강제력이 모두 포함될 때 관측치에 최대한 근접한다. 특히 태양복사 산출의 변화와 화산활동의 상대적인 결여는 20세기 초반부에 자연 강제력 요인에서의 중요한 변동으로 보인다. 둘째, 모델 모의실험은 몇 년에서 몇십 년 이상의 기간에 0.1℃ 혹은 그 이상의 변동성을 보여준다. 이런 변동성은 기후계의 다양한 구성 사이에서 모델 내의 내부교환에 의한 것이고 관측에 나타나는 변동성과 다르지 않다. 셋째, 기온변화에 대한 해양의 완충 효과 때문에 기후계가 온실기체와 에어로솔의 증가로 인한 복사 강제력하에서 평형을 유지한다면 관측 혹은 모델에 따른 온난화는 예상되는 것보다는 작다.

그러나 관측과 모의실험 모두에서 상당한 정도의 자연 변동성이 남아 있으며 지난 10년 이상 실제의 기후 기록에서 관측된 온실기체의 증가에 기인한 지구온난화 증거의 규모에 대한 많은 논란이 있어왔다. 바꾸어 말하면 지구온난화에 기여할 수 있는 '신호(signal)'는 자연 변동성의 '잡음(noise)'을 넘어설 만큼 충분히 상승했을까? IPCC도 이러한 논쟁에 오랫동안 관여해왔다.

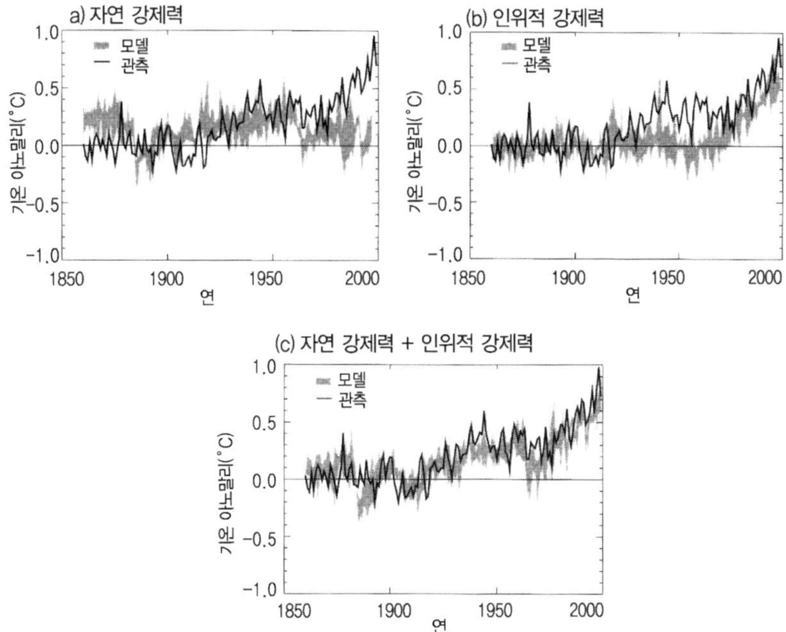

그림 5.22 1860~2000년 기간에 관측 비교한 기후모델로 모의된 지표면의 연평균기온. 각 모의실험에서 (a)는 단순한 자연 강제력(태양복사와 화산활동)만을 (b)는 인위적 강제력(온실기체와 황산염 에어로솔)만을 (c)는 자연 강제력 및 인위적 강제력을 동시에 고려하고 있다. 모의실험은 동일한 모델에 4차례 적용한 결과를 보여주며 이것은 모델 내에서의 자연 변동성의 범위를 보여준다.

1990년에 간행된 IPCC의 1차 보고서는[16] 관측된 온난화의 규모가 기후모델의 예측과 상당히 일치하지만, 이것은 물론 자연적인 기후 변동성의 규모와도 유사하다고 조심스럽게 서술했다. 인위적인 기후변화가 탐지되었다는 명확한 서술은 제시될 수 없었다. 1995년경까지는 보다 분명한 증거가 제시되었고 IPCC의 1995년 보고서[17]는 다음과 같은 조심스러운 결론에 이르렀다.

16) 정책입안자 요약 참조. In J. T. Houghton, G. J. Jenkins, J. J. Ephraums(eds.), *Climate Change: the IPCC Scientific Assessment*(Cambridge: Cambridge University Press, 1990).

전 지구의 기후에 대한 인간의 영향을 정량화하는 우리들의 능력은 현재 제한되어 있는데 그 이유는 기대되는 신호가 아직은 자연적 기후 변동성 잡음에서 나왔고, 핵심 요인들에 대한 불확실성들이 여전히 존재하기 때문이다. 여기에는 장기적인 자연 변동성의 규모와 패턴, 온실기체와 에어로솔 농도의 변화와 지표 변화에 의한, 혹은 그에 대한 반응으로서 시간에 따라 변화하는 강제력들의 패턴 등이 이에 포함된다. 그럼에도 불구하고 많은 증거들은 지구 기후에 대한 분명한 인류의 영향이 있음을 보여준다.

1995년 많은 연구들이 기후변화의 탐지(detection)와 원인 규명(attribution)[18]의 문제들을 강조해왔다. 모델을 이용한 자연 변동성에 대한 보다 나은 추정들을 보면 지난 100년 동안의 온난화가 자연 변동성에 의한 것만은 아니라는 결론에 도달한다.[19] 전 지구적 평균으로 산출된 변수를 이용한 연구와 함께 모델 결과와 관측에 적용되는 최적 탐지 기법에 기초한 패턴 상관관계를 이용한 상세한 통계적 연구도 있다. 예를 들면, 그림 5.23은 고도의 함수로서 위도대별 평균기온의 변화에 대한 모의 및 관측 추정치 간의 비교를 보여주고 있다. 이러한 연구들을 고려하여 IPCC 2001년 보고서[20]는 다음과 같은 결론에 도달했다.

---

17) 정책입안자를 위한 요약. In J. T. Houghton, L. G. Meira Filho, B. A. Callander, N. Harris, A. Kattenberg, K. Maskell(eds.), *Climate change 1995: the Science of climate change*(Cambridge: Cambridge University Pres, 1995) 참조.

18) 탐지는 관측된 변화는 자연 변동성이 설명할 수 있는 것보다는 (통계적인 측면에서) 유의하게 다르다는 점을 보여주는 과정이다. 원인 규명은 신뢰할 수 있는 수준으로 원인과 결과를 설정하는 과정으로 경쟁하는 가설들에 대한 평가도 포함한다.

19) 탐지와 원인 규명 연구에 대한 정보를 위해서는 J. F. B. Mitchell, D. J. Karoly, 2001, "Detection of climate change and attribution of causes," In Houghton, *Climate Change 2001*, 12장 참조.

20) 정책입안자를 위한 요약. In Houghton, *Climate Change 2001* 참조.

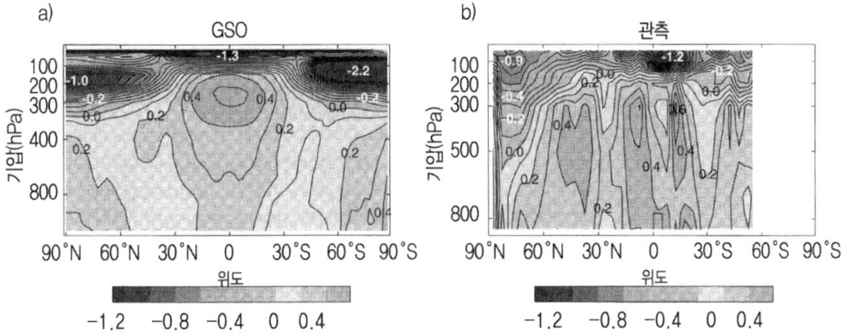

그림 5.23 위도와 고도의 함수로서 모의 및 관측에 의한 위도대별 평균기온 변화. 그림에 표시된 변화는 1986~1995년의 10년 평균과 1961~1980년 동안의 20년의 평균간 차이를 나타낸다. 등치선 간격은 0.1℃이다. (a) 모의실험에 의한 변화는 이산화탄소, 황산화물 에어로솔, 성층권 오존의 관측된 변화의 효과를 고려한 것이다. (b) 관측된 변화. 성층권의 한랭화와 대류권의 온난화의 일반적인 패턴은 관측 및 모델 실험 모두에서 분명하다. 성층권 한랭화는 부분적으로 이산화탄소의 증가(그림 4.2(b)도 참조)와 오존의 감소(3장 참조)에 기인한다.

새로운 증거들과 남아 있는 불확실성을 고려했을 때 지난 50년 동안 관측된 온난화의 대부분은 온실기체의 농도 증가에 기인하는 것으로 추정된다.

앞의 두 절에서 제시된 방법으로 기후모델에 설정된 신뢰도를 가지고 인간 활동으로 인해 미래에 있을 기후변화의 전망에 이들 모델을 이용하는 구체적인 사례들은 다음 장에서 논의될 것이다.

관측과의 비교를 마무리하기 전에 제시된 그림에 대한 보다 큰 확신을 심어주는 해양의 온난화와 관련된 최근의 몇몇 연구들에 대하여 언급하고자 한다. 2장에서 온실기체의 증가 효과는 복사 강제력 측면에서 표현되고 있는데, 바꾸어 말하면, 지구-대기계로의 열에너지 순투입을 말한다. 이러한 대부분의 잉여 에너지는 해양에 저장된다. 이러한 잉여 에너지량은 여러 장소에서 깊이 3km까지의 해양 온도 증가량 측정으로 추정된다. 1957년에서 1994년까지 추정치는 (19±9)×10×22줄(jules)이고 불확실성은 대부분 매우 넓은 해양역에서의 부적절한 표본 채취와 관련이 있다.[21] 이러한 양은 이 기간 동안 지구에 받아들여지는 태양 에너지의 0.5%를 약간 상회한다. 불확실성의 범위를 가진 잉여 에너지량은 앞에서 제시된 복사 강제력의 추정치와 해양의 열 흡수 모델 추정치와 일치하고 있다.[22]

기후는 카오스적인가?

이 장을 통하여 암묵적으로 가정하고 있는 것은 기후변화는 예측가능하고 모델을 통해 인간활동으로 인한 기후변화의 예측이 가능할 것이라는 점이다. 이러한 가정이 정당한 것인지를 검토하기로 한다.

기상예보와 관련된 모델의 적용 가능성이 제시되어왔다. 모델은 계절 예보에서도 상당한 능력을 보여주고 있다. 이들은 현재의 기후와 기후의 계절적 변동성을 잘 모사하고 있다. 나아가 모델은 대체로 재현가능하고 다른 모델들 간에도 논리적으로 일관성 있는 예측을 제공한다. 그러나 이러한 일관성이 기후보다는 모델의 특성에서 나온다는 주장이 제기되고 있다. 기후가 예측가능하다는 견해를 뒷받침할 수 있는 다른 증거는 없는가?

보다 나은 증거를 찾기 위한 좋은 자료는 4장에서 다루었듯이 과거의 기후 기록이다. 지구의 공전궤도 변수에 대한 밀란코비치의 주기와 과거 50만 년 동안의 기후변화의 주기 간의 상관관계(그림 4.4와 5.19 참조)는 기후변화를 일으키는 주요 인자로서 지구 궤도의 변동성을 입증하는 데 강력한 증거를 제시한다. 세 가지 궤도 변동에 매우 다양한 반응 정도를 조절하는 되먹임 작용의 특성은 아직도 더 밝혀져야 한다.

과거 100만 년 동안의 고생물학적 자료에서 얻어진 지구 평균기온의 기록에

21) S. Levitus *et al.*, *Science*, 287(2000), pp.2225~2229; S. Levitus *et al.*, *Science*, 292(2001), pp.267~270 참조.

22) J. Gregory *et al.*, *Journal of Climate*, 15(2002), pp.3117~3121 참조.

서 나타나는 분산의 60±10% 정도는 밀란코비치주기에서 확인되는 빈도수에 근접하고 있다. 이러한 놀랄만한 주기성의 존재는 기후계는 이러한 대규모 변화가 관여하는 한 그다지 카오스적인 것은 아니고 밀란코비치 강제력에 의해 예측가능한 반응임을 시사한다.

이러한 밀란코비치 강제력은 지구 궤도의 변동성 때문에 지구에서의 태양복사 분포의 변화를 야기한다. 온실기체 증가의 결과로서 나타나는 기후변화는 대기권의 상한에서 복사량의 변화에 의해서도 일어난다. 이러한 변화들은 밀란코비치 강제력을 제공하는 변화들과 다르지 않은 종류(비록 분포에서는 다르지만)들이다. 따라서 온실기체의 증가가 예측가능한 반응의 결과를 가져올 것이라고 주장할 수 있다.

지역 기후의 모델링

이 장에서 지금까지 기술한 모의실험들은 전형적으로 컴퓨터의 계산 능력에 의해 제한되어지는 크기인 대략 300km의 수평 해상력(격자 크기)을 가진 지구 순환 모델(global circulation model, GCM)들을 이용한 것이다. 격자 크기와 비교하여 규모가 큰 기상과 기후는 상당히 잘 기술한다. 그러나 지역 규모로[23) 기술되는 격자 크기를 가지는 규모에서는 지구 모델의 결과로는 상당한 한계를 지닌다. 지역 규모에서 존재하는 강제력과 순환의 효과를 적절하게 표현할 필요가 있다. 예를 들면, 강수 패턴은 지역 규모에서 나타나는 지형과 지표면의 다양한 특성에 따라 크게 달라진다(그림 5.24 참조). 따라서 지구 모델에 의해서 생성된 패턴은 지역 규모에서 실질적으로 나타나는 현상들을 설명하기에는 부족하다.

이러한 한계를 극복하기 위하여 지역 모델링 기법들이 개발되어왔다.[24)]

---

23) 지역 규모는 10^4~10^7km^2의 범위이다.

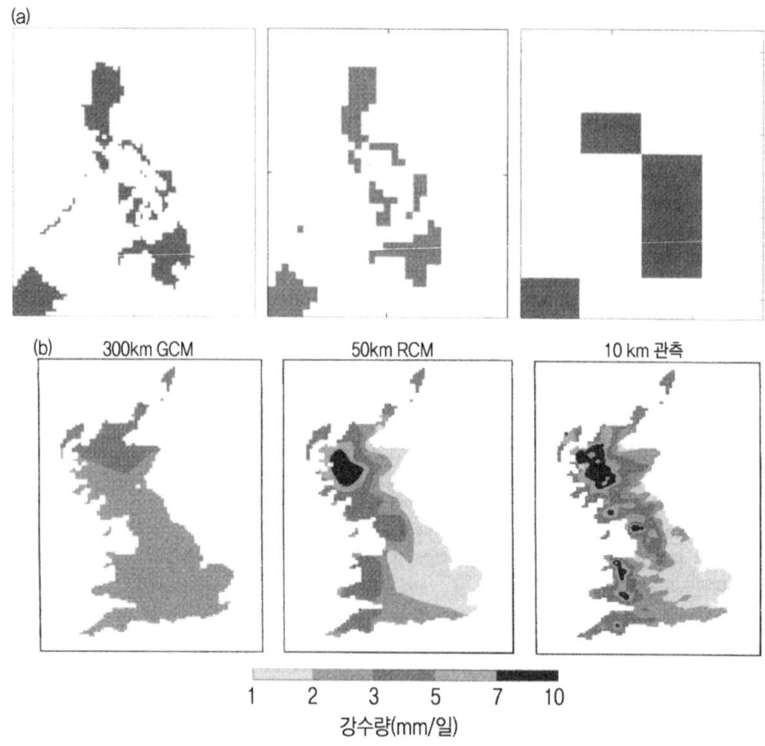

그림 5.24. (a) 25km, 50km의 해상력을 가진 지역 기후모델과 400km의 전구 기후모델로 표현된 필리핀, (b) 현재의 영국 겨울 강수량 패턴, (i) 300km 해상도의 지구 모델 모의실험 결과, (ii) 50km 해상도의 지역 모델 모의실험 결과, (iii) 10km 해상도로 관측된 결과

기후 모의실험과 예측에 가장 용이하게 적용될 수 있는 것이 지역 기후모델(regional climate model, RCM)이다. 수평 해상도로 보면 대략 25km, 50km에서 지역을 적절하게 다룰 수 있는 모델이 지구 모델에서 '둥지격자화(nested)'될 수 있다. 지구 모델은 RCM을 위하여 대규모 강제력에 의한 대기 순환의

24) 보다 많은 정보를 위해서는 F, Giorgi, B. Hewitson, "Regional information-evolution and projections," in Houghton, *Climate Change 2001*(2001), 10장 참조.

반응과 경계 정보의 변화를 제공한다. 강제력과 관련되는 물리적 정보는 지역 규모의 격자에 입력되고 상세한 순환의 변화는 RCM 내에서 나타난다. RCM은 GCM에 포함된 것보다 더 작은 규모에서의 강제력(특히 지형과 피복의 비동질성에 기인, 그림 5.24 참조)을 설명할 수 있으며 더 작은 규모에서 대기 순환과 기후 변수들을 모의할 수도 있다.

이미 언급된 지역 모델링 기법의 한계는, 비록 지구 모델이 지역 모델을 위한 경계 입력값들을 제공하지만 지역 모델은 지구 모델에 대하여 상호작용의 입력값을 제공하지 못한다는 점이다. 보다 용량이 큰 컴퓨터라면 해상도를 대폭 높여 지구 모델에서의 이러한 제한들을 감소시킬 것이다. 동시에 지역 모델들은 보다 규모가 작은 지역도 다룰 수 있는 능력을 갖추게 될 것이다. 지역 모델 모의의 여러 사례들은 6장에서 제시되어 있다(그림 6.10).

또 다른 기법은 통계적 규모축소(*statistical downscaling*)로서 기상예보에서 널리 사용되고 있다. 이것은 지역 혹은 국지 규모의 변수에 대규모 기후 변수들(혹은 예측변수, predictor)을 연결시키기 위한 통계적 기법이다. 지구 순환 기후모델로부터의 예측 변수들은 상응하는 지역 기후 특성을 추정하기 위해 통계 모델에 입력될 수 있다. 이러한 기법의 장점은 쉽게 적용될 수 있다는 점이다. 기후변화 모의의 관점에서 불리한 점은 변화된 기후 상황에 통계적 연관성이 어느 정도 적용되는지 확인하기가 불가능하다는 것이다.

기후모델링의 미래

이 장에서 생물계에 대한 논의가 거의 없었다. 3장에서는 화학 및 생물적 과정과 대기 과정과 해양 수송에 대한 비상호작용적인 서술을 포함하는 탄소순환에 대한 비교적 단순한 모델을 다루었다. 이 장에서 다루어진 대규모의 3차원 전구 순환 기후모델들은 다양한 역학과 물리를 담고 있지만 상호작용적인 화학이나 생물은 포함하고 있지 않다. 컴퓨터의 처리 용량의 증가로 탄소순환을 구성하는 생물 및 화학적 과정들과 다른 기체들의 화학과 결합한 전구의 역학 및 물리적 순환 모델들이 현재 개발 중에 있다. 머지 않아 우리들은 대기, 해양, 육지에서의 역학적, 물리적, 화학적, 생물적 과정들을 완전히 포함하는 상호작용적이고 통합적인 설명이 가능한 모델들을 기대할 수 있을 것이다.

기후모델링은 급속한 성장이 계속되고 있는 과학이다. 초기에는 컴퓨터를 이용하여 간단한 기후모델에서 유용한 시도들이 이루어졌지만 컴퓨터의 성능이 획기적으로 발전하면서 기후 예측을 위해 대기-해양 결합 모델들이 이용되고 그 결과들이 정책입안자들에 의해서 진지하게 고려될 만큼 충분히 종합적이고 신뢰성 있는 것으로 나타난 것은 최근 10년 사이의 일이다. 그 동안 개발되어온 기후모델은 자연과학 분야에서는 가장 정교하고 정밀한 컴퓨터 모델들일 것이다. 더욱이 기후에 대한 자연과학을 기술하는 기후모델은 통합 평가 모델에서 사회·경제적 지식과 결합되고 있다(9장 322쪽 글상자 참조).

컴퓨터의 성능이 증가함에 따라 다양한 초기 조건들, 모델 매개변수화, 공식화를 포함하는 다양한 앙상블을 운영하여 모델의 민감도를 보다 잘 분석할 수 있게 됐다. 특히 관심을 끄는 프로젝트[25]는 가정, 학교, 직장의 컴퓨터상에서 최신의 기술 수준으로 기후 예측 모델을 운용함에 있어 세계 각지의 수천 명의 컴퓨터 이용자들이 참여하는 것이다. 수천 개의 모델로부터 자료를 수집하게 됨으로써 세계에서 가장 큰 기후모델링 예측 실험이 이루어지고 있다.

모델 예측의 불확실성을 줄이기 위해서는 여전히 많은 숙제들이 남아 있다. 우선적으로 구름의 모델링과 해양-대기 상호작용의 모델 설명력을 개선해야 할 것이다. 보다 정교한 모델 물리학과 역학뿐만 아니라 모델 격자의 해상력을 증가시키는 등의 문제들을 해결하기 위해서는 보다 용량이 크고 빠른 컴퓨터가 요구된다. 또한 기후계의 모든 요소들에 대해 보다 철저한 관측도 요구되는

25) www.climaterediction.net 참조.

데 이렇게 되면 모델 구성이 보다 정교해지고 타당성이 높아질 것이다. 나아가 광범위한 상황에 적용될 때 지역 기후모델링 기술도 급속하게 발전하게 될 것이다. 이러한 모든 현안들을 해결하기 위해서 현재 개별 국가 및 국제적 프로그램들이 대대적으로 진행되고 있다.

■ ■ ■ 과제

1. 리처드슨의 '피플' 컴퓨터 초당 작동 속도를 추정해보시오. 당신은 그림 5.1의 추정치에 동의하는가?

2. 모델에서 격자점 간의 간격이 100km이고 수직으로 20층이 있다면, 지구 모델에 총 격자점의 수는 얼마인가? 격자점 간의 거리가 수평적으로 반으로 된다면 주어진 예보를 위해 컴퓨터를 돌리는 데 소요되는 시간은 얼마나 길게 될까?

3. 일주일치의 지역 기상예보를 가지고 12시간, 24시간, 48시간 전에 대한 예측의 정확도를 기술하시오.

4. 북유럽과 아이슬란드 간에 선을 그어 형성된 격자에 해수면을 설정하고 태양에서 받는 평균 에너지를 계산해보시오. 그리고 이를 북대서양에 의해서 이 지역으로 수송되는 평균 에너지량과 비교해보시오(그림 5.16).

5. 280K에서 완전한 흡수를 하는(흑체) 행성 표면이 완전한 흡수를 하지 않고 방출도 하지 않는 대기로 덮여 있는 가상적인 상황을 설정하자. 스펙트럼의 가시 부분에서는 흡수하지 않고 열 적외선에서 완전히 흡수하는 구름이 지표면을 덮고 있다면, 평형상태의 온도는 235K($=280/2^{0.25}$ K)가 됨을 밝히시오. 구름이 태양복사를 50% 반사하고 나머지는 통과한다면, 행성 표면은 구름이 없을 때와 같은 에너지량을 받게 될 것임을 설명하시오. 하층운의 존재는 지구를 냉각시키고 상층운은 지구를 온난하게 만드는 경향이 있음을 입증할 수 있는가? 방출되는 에너지는 온도의 4승에 비례한다는 스테판의 흑체 복사의 법칙을 상기하자.

6. 해수면에서 증발량의 증가를 가져온 빙하의 융해와 관련되어 하층운이 증가할 수 있다. 이것은 얼음-알베도 되먹임에 어떠한 영향을 미치는가? 이것은 양의 되먹임을 만드는 경향이 있는가?

7. 1957년에서 1994년까지의 37년 동안 태양으로부터 지구가 받아들인 총에너지를 산정하시오. 반사와 산란에 의한 손실을 고려하시오. (1) 온실기체의 증가에 따른 이 기간 동안의 전체 복사 강제력(예로서 그림 3.8 참조)과 (2) Levitus *et al.*(156쪽)에 의해 유도된 해양에 의해 흡수된 에너지의 정확한 비율을 산정하여 얻어진 결과에 대해 설명하시오.

8. 기상 및 기후모델은 매우 복잡하고 완전히 자연과학에만 기초를 두고 있다는 이의가 제기되기도 한다. 이 모델들(특히 가정, 과학적 기반, 잠재적인 정확성 등에서)을 여러분이 자연과학과 사회과학(특히 경제모델들) 모두에 익숙한 다른 컴퓨터 모델들과 비교하시오.

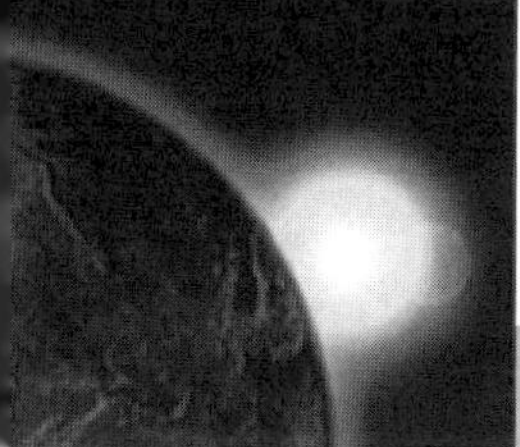

21세기와 그 이후의 기후변화 6

앞 장에서 인간의 활동으로 야기되는 미래의 기후변화를 예측하기 위해 현재 사용되는 가장 효과적인 도구는 기후모델임을 보여주었다. 본 장에서는 21세기에 일어날 수 있는 기후변화에 대한 모델 예측에 대해 살펴볼 것이다. 물론 기후변화를 야기시키는 다른 요인들도 논의할 것이며 온실기체의 효과에 대한 상대적인 중요성도 평가하게 될 것이다.

배출 시나리오

기후모델 개발의 주요한 동기는 금세기와 그 이후의 기후변화 가능성에 대한 보다 상세한 내용들을 알기 위함이다. 미래에 대한 모델 모의 결과는 미래의 인위적인 온실기체의 배출량에 대한 가정에 기반하고 이는 다시 인간의 활동을 포함한 다양한 요인을 가정으로 설정하기 때문에 미래 기후의 모의를 사전 '예측'이라고 부르는 것은 부적절하고 오해의 여지도 있다. 따라서 인간활동과 관련된 가정의 범위 내에서 일어나는 미래 기후의 가능성을 추적하는 것을 강조하기 위하여 일반적으로 '전망(projections)'이라고 부른다.

미래의 기후변화 가능성을 전망하는 출발점은 미래의 전 지구적인 온실기체

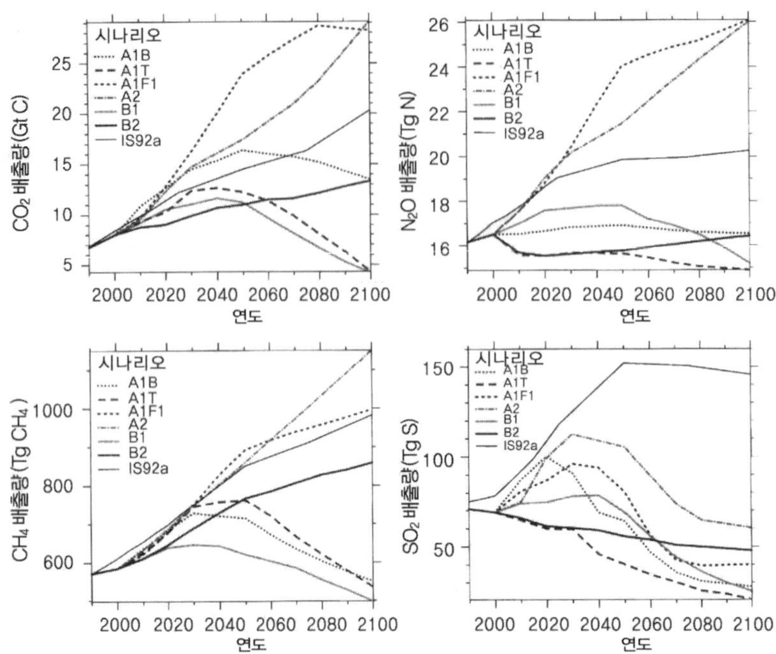

그림 6.1. 이산화탄소, 메탄, 이산화질소, 이산화황의 미래의 인공적 배출을 6개의 SRES 시나리오(A1B, A2, B1, B2, A1F1, A1T)로 나타냄. 이들과의 비교를 위해서 IS 92a 시나리오도 같이 표시되어 있음.

의 배출에 대한 일련의 설명들이다. 이들은 인구, 경제성장, 에너지 이용, 에너지 생성원 등을 포함하는 인간의 행위와 활동에 대한 다양한 가정들에 따라 달라진다. 3장에서 언급되었듯이 미래의 배출에 대한 이러한 설명들을 시나리오(scenarios)라고 부른다. 다양한 범위를 지닌 시나리오들이 IPCC에 의해 배출 시나리오 특별 보고서(Special Report on Emission Scenarios, SRES) 형식으로 발표되어왔다.[1] 2001년 시나리오는 본 장에서 언급되고 있는 미래 기후 전망의 개발에 사용된 것이다. 덧붙여 말하면, 이것은 모델 연구에 널리 사용되

1) N. Nakicenovic *et al.*, *Special Report on Emission Scenarios(SRES). A Special Report of the IPCC*(Cambridge:Cambridge University Press, 2000).

어왔으므로 본 장에서 제시된 결과들도 1992년 IPCC에 의해 개발되고 '현재의 산업 활동을 유지하는(business-as-usual)' 것을 전제로 하여 널리 사용되어진 시나리오에서 채택된 것(IS92a)를 사용하고자 한다.[2] 이들 시나리오에 대한 보다 자세한 것은 그림 6.1에 나와 있다.

SRES 시나리오는 토지이용의 변화를 포함하여 모든 요소로부터 발생하는 온실기체 배출에 대한 추정치를 포함하고 있다. 다른 시나리오에서의 추정치는 삼림제거를 포함하여 토지이용의 변화를 현재의 가치로 산정하여 설정된다(표 3.1). 시나리오마다 다양한 가정을 바탕으로 하고 있는데, 개간할 수 있는 삼림이 점점 줄어들고 있음에도 여전히 지속되고 있는 삼림벌채로부터 이산화탄소 저장을 확대하기 위한 대규모 삼림조성에 이르기까지 매우 다양하다.

배출 시나리오에 대한 특별보고서(SRES)

SRES 시나리오는 크게 4개의 스토리라인으로 이루어진 하나의 세트에 기초를 두고 있으며, 이들 스토리라인들은 각자의 시나리오군을 독자적으로 개발하여 전체 시나리오는 총 35개에 이른다.[3]

A1 스토리라인

A1 스토리라인과 시나리오군은 매우 빠른 경제성장을 가진 미래 세계로 21세기 중반쯤에 세계 인구는 정점에 이른 후 감소하고, 새롭고 보다 효율적인

2) IS92a에 대한 보다 자세한 내용은 다음을 참조. J. Leggett, W. J. Pepper and R. J. Swart, "Emission scenarios for the IPCC: an update," In J. T. Houghton, B. A. Callender and S. K. Varney(eds.), *Climate Change 1992: the Supplementary Report to the IPCC Assessments*(Cambridge: Cambridge University Press, 1992), pp.69~95. 몬트리올 의정서에 담긴 발전된 내용들을 반영하기 위하여 부분적인으로 수정된 사항들은 IS92a에 반영되어 있다.

기술들이 급속히 도입될 것을 가정하고 있다. 저변에 깔려 있는 주요 주제들은 1인당 소득의 지역적 격차가 상당한 감소하는 것과 함께 지역 간의 수렴, 수용력 배양, 문화 및 사회적 상호교류 증대 등이다. A1 시나리오군은 에너지 체계에 있어 기술 변화의 대안적 방향에 따라 세 그룹으로 세분한다. 기술을 어느 정도 강조하는가에 따라 화석연료 집중 사용(A1F1), 비화석 에너지원 개발(A1T), 모든 에너지원의 균형(balance)적 이용(A1B) 등으로 나뉜다. 여기서 균형이라는 말은 모든 에너지원과 최종 사용 기술 개발이 비슷한 비율로 개선되어간다는 전제하에서 특정 에너지원에 지나치게 의존하지 않는다는 뜻이다.

A2 스토리라인

A2 스토리라인과 시나리오군은 매우 비동질적인 세계를 기술한다. 주요 주제는 자기의존적이며 지역적 정체성을 보존한다는 점이다. 지역 간 확산 패턴이 매우 느리게 추진되며 이는 지속적인 인구의 증가에 기인하는 것으로 본다. 경제개발은 지역 편향적이며 1인당 경제성장과 기술 변화는 다른 스토리라인보다 단편적이며 느리게 진행된다.

B1 스토리라인

B1 스토리라인과 시나리오군은 통합하는 세계를 기술한다. 이 세계 역시 A1 스토리라인과 같이 21세기 중반경에 세계인구가 정점을 이루고 이후에 감소하지만 서비스와 정보화 경제구조로 급속히 전환되며 물질 집중도의 감소, 청정 기술과 효율적 자원 이용의 기술이 도입될 것으로 본다. 경제적·사회적·환경적 지속가능성에 대한 전 지구적 해결책을 강조하게 되는데, 형평성은 개선되지만 기후와 관련된 추가적인 개선책은 없다.

B2 스토리라인

B2 스토리라인과 시나리오군은 경제적·사회적·환경적 지속가능성에 대한 국지적 해결책을 강조한다. A2보다 낮은 증가율로 세계 인구는 계속적으로

증가하고 경제 개발 수준은 중간쯤이며, B1과 A1 스토리라인들보다는 덜 급속하지만 보다 다양한 기술 변화를 가진 세계이다. 스토리라인이 환경보전과 사회적 형평성으로 기울면서 국지적·지역적 수준에 초점을 맞춘다.

총 35개의 시나리오 중 A1B, A1F1, A1T, A2, B1, B2의 6개 그룹에서 각각 하나의 시나리오가 선택되었다(그림 6.1). 이들 시나리오들에게는 동등한 중요성이 부여된다. 그림으로 표시된 6개의 시나리오의 세트에 대한 자료들은 이 장에서 대부분 언급되고 있다.

SRES 시나리오들은 추가적인 기후관련 개선책을 포함하지 않는다. 이는 이들 시나리오들이 유엔기후변화협약(United Nations Framework Convention on Climate Change)이나 도쿄 의정서의 배출 규제 기준 적용을 명시적으로 가정하고 있지 않다는 의미이다.

기후변화의 전망 방안 개발의 다음 단계는 온실기체의 배출 구조를 온실기체 농도(그림 6.2)와 농도에 따른 복사 강제력(표 6.1과 그림 6.4(a))으로 전환하는 작업이다. 전환 방법은 3장에서 설명되었는데 불확실성의 주요 발생원도 언급되었다. 이산화탄소 농도 시나리오에 있어서 이러한 불확실성들은 특히 육지 생물계로부터의 기후 되먹임의 규모와 관계되는 것으로 각 변화마다 2100년에는 -10~+30%의 범위를 보여준다.[4]

대부분의 시나리오에서 21세기 동안 주요 온실기체의 배출과 농도가 증가할 것으로 보고 있다. 그러나 경우에 따라서는 대규모의 화석연료 증가 전망에도 불구하고 이산화황(그림 6.1)의 배출과 이에 따른 황산염 에어로솔의 농도는 인간활동, 생태계의 대기오염, '산성비' 침전의 치명적인 결과를 완화시키기

3) 정책입안자들을 위한 SRES 요약문에서 발췌함. Houghton, *Climate Change 2001*, p.18.

4) +30%의 양은 2100년의 이산화탄소 농도에 200~300ppm 정도 추가된 것임(73쪽의 탄소 되먹임에 대한 글상자 참조)

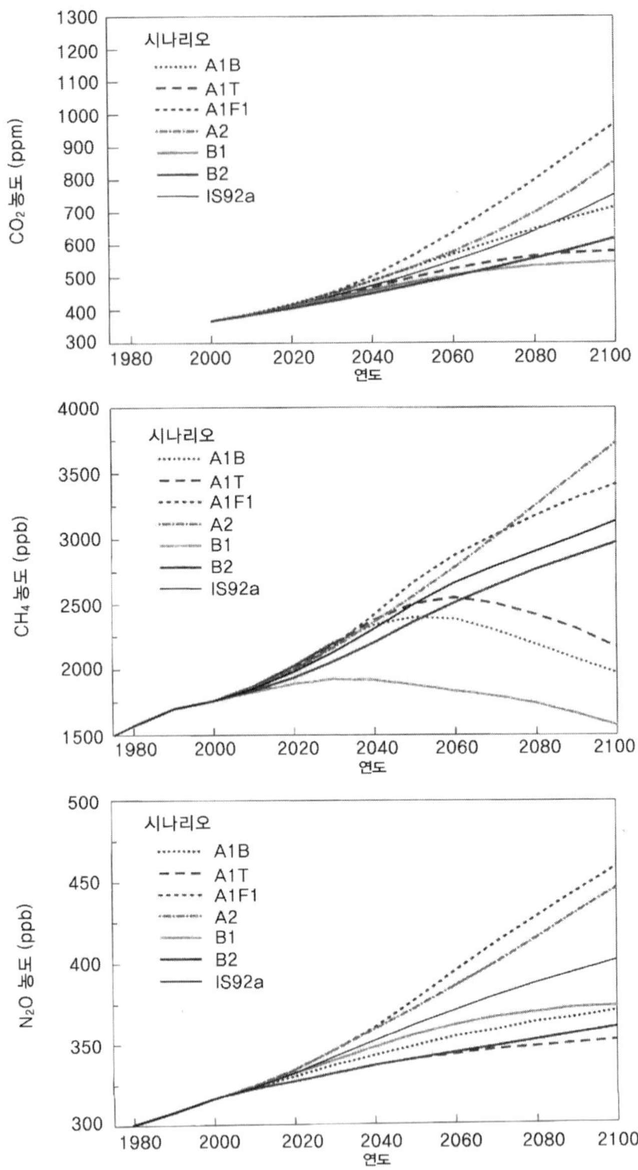

그림 6.2 6개의 SRES 시나리오와 IS 92a 시나리오 적용 결과에서 나온 이산화탄소, 메탄, 아산화질소의 대기 중 농도. 각 변화(곡선)의 불확실성은 특히 탄소 되먹임의 가능성으로 인해 2100년에 -10~+30% 범위로 추정된다.

위한정책 확산으로 인해 상당히 줄어들 것으로 기대된다.[5] 증가된 온실기체로 인한 온난화 감소경향에 대한 황산입자 영향은 1990년 중반에 작성된 전망보다 현재의 전망에서 훨씬 적다(그림 6.1의 이산화황에 대한 IS 92a 시나리오 참조). 그림 3.8에서 제시된 대기 입자의 또 다른 인위적인 발생원들도 21세기 동안 양 혹은 음의 복사 강제력을 가질 것이다.[6]

모델 전망

앞장에서 설명된 유형과 같이 매우 정교하게 결합된 대기-해양 모델에서 나온 결과들은 기후 전망의 기초 정보들을 제공한다. 그러나 이러한 모델들은 계산시간이 매우 길기 때문에 유용한 결과는 매우 제한적이다. 따라서 많은 연구들은 보다 단순한 모델을 이용하여 수행된다. 이들 중 상당수는 대기과정에 대해서는 충분히 기술하지만 해양에 대해서는 단순화시킨다. 이것은 지역적인 변화를 탐색하는 데 유용하다. 때로는 에너지 균형 모델(글상자 참조)로 불리는 다른 모델은 대기와 해양 모두에 대한 역학과 물리학을 매우 단순화시키고 다양한 범위의 배출량 시나리오들을 가지면서 전 지구의 평균적인 반응의 변화를 탐색하는 데 유용하다. 단순화된 모델의 결과들은 가장 잘 결합된 대기-해양 모델의 결과와 면밀하게 비교할 필요가 있으며, 단순화된 모델은 채택된 특정 변수들에 있어서 복잡한 모델과 가능하면 근접하도록 '조정되어

---

5) 세계에너지위원회 보고서인 *Energy for Tomorrow's World*(London: World Energy Council, 1993). 가장 가능성이 높은 시나리오인 이 보고서의 추정에 따르면 2020년의 전 지구 황화물 배출은 분포 양상은 다르더라도 1990년과 거의 같다(아시아에서 보다 높을 것이며 유럽과 북아메리카에서는 다소 감소할 것이다). 이 연구의 연장선 *Global Energy Perspectives to 2050 and Beyond*(London: World Energy Council, 1995)에서 예측된 2050년의 세계 황화물 배출은 1990년 수준의 절반이 조금 넘을 것이라는 전망이다.

6) 자세한 값의 목록은 V. Ramaswamy *et al*., "Technical summary," In Houghton, *Climate Change 2001*, 6장 참조.

표 6.1. 1750~2000년까지의 온실기체와 2050~2100년의 SRES 시나리오에 의한 전구 평균 복사 강제력(Wm^{-2}).

온실기체	연도		A1B	A1T	A1F1	A2	B1	B2	IS 92a
	2000	1.46							
CO_2	2050		3.36	3.08	3.70	3.36	2.92	2.83	3.42
	2100		4.94	3.85	6.61	5.88	3.52	4.19	4.94
	2000	0.48							
CH_4	2050		0.70	0.73	0.78	0.75	0.52	0.68	0.73
	2100		0.56	0.62	0.99	1.07	0.41	0.87	0.91
	2000	0.15							
N_2O	2050		0.25	0.23	0.33	0.32	0.27	0.23	0.29
	2100		0.31	0.26	0.55	0.51	0.32	0.29	0.40
	2000	0.35							
O_3(대류권)	2050		0.59	0.72	1.01	0.78	0.39	0.63	0.67
	2100		0.50	0.46	1.24	1.22	0.19	0.78	0.90
	2000	0.34							
할로겐탄소	2050	0.49							
	2100	0.57							

자료: V. Ramaswamy *et al.*, "Radiative forcing of climate change," In Houghton, *Climate Change 2001*, 6장의 표 6.1과 6.4를 사용했다. 2000년의 복사 강제력과 2050년과 2100년의 할로겐탄소에 대해서는 모든 시나리오들이 같은 가정을 만들었다.

야(tuned)'한다. 다음 절에서 논의되는 전망들은 모든 종류의 모델로부터 얻어진 결과를 바탕으로 한다.

모델 간 비교를 원활하게 하기 위하여 많은 모델 실험들은 산업화 이전의 280ppm 수준에서 배증된 대기 중 이산화탄소의 농도를 이용하여 수행되었다. 이산화탄소의 농도가 배증된 상태에서의 전 지구 평균온도 증가를 기후 민감도(climate sensitivity)[7]라고 부른다. 1990년의 IPCC 보고서는 2.5℃를 '가장

7) 이산화탄소의 증가에 대한 지구 평균기온의 반응은 이산화탄소의 농도에 있어서는 로그지수적이기 때문에 이산화탄소 농도의 배증에 의한 지구 평균기온의 상승은 배증의 기준을 어디에 두든지, 말하자면 280ppm에 대한 배증이나 360ppm에 대한 배증이나, 지구 기온 상승치에 있어서는 동일하다. '기후 민감도'에 대한 논의는 U. Cubasch, G. A. Meehl *et al.*(2001), In Houghton, *Climate Change 2001*, 9장 참조.

잘 추정된' 기후 민감도 값으로 보았다. 가장 잘 결합된 대기-해양대순환 모델(AOGCMs)의 결과를 포괄하는 1.5~4.5℃의 범위밖에 기후 민감도가 놓일 가능성은 적다. IPCC의 1995년과 2001년 보고서는 이들 값들을 확정하고 있다. 기후모델들의 추정치에서 이러한 불확실성의 범위가 존재하는 이유는 5장에서 설명되었다. 이 장에서 제시된 전망은 IPCC 2001년 평가서를 따르고 있다.[8)]

단순 기후모델

5장에서 대기와 해양의 대순환 모델과, 온실기체의 인위적 방출에 의해 교란되는 기후와 현재 기후의 모의를 제공하는 대기와 해양 모델의 결합 방법에 대해 상세히 설명했다. 이러한 모델들은 미래의 기후에 대한 상세한 전망의 기초를 제공한다. 그러나 이들은 매우 정교하기 때문에 계산시간이 오래 소요되며 따라서 대규모의 결합 모델에서는 단지 몇몇 실험만이 가능하다.

온실기체 혹은 에어로솔의 미래 배출 특성하에서 보다 많은 실험들이 수행되고 혹은 서로 다른 변수(넓게 보아 기후 민감도를 정의하는 대기의 되먹임을 설명하는 변수)들에 대한 미래 변화의 민감도를 탐색하기 위하여 단순 기후모델들이 널리 이용되어왔다.[9)] 이러한 단순 모델들은 보다 복잡한 대기-해양 결합 모델(AOGCMs)의 결과와 최대한 일치하도록 '조정된다.' 보다 단순해진 모델들 중에서도 가장 단순화한 것은 하나 혹은 더 많은 차원 자체를 제거하기 위해 관심 있는 대상의 값을 위도대별로 평균을 내거나(2차원 모델) 혹은 전 지구를 대상으로 평균하기도(1차원 모델) 한다. 물론 이러한 모델들은 단순히 위도 혹은 전 지구 평균을 모의하는 것으로 지역적인 정보를 제공할 수 있는 것은 아니다.

8) Houghton, *Climate Change 2001* 참조.

그림 6.3은 적절한 유입과 방출을 지닌 하나의 '상자' 내에 대기가 담겨 있는 모델의 구성 요소들을 보여주고 있다. 열교환은 육지 표면(또 다른 '상자')과 해수면에서 일어난다. 해양 내에서는 수직적 확산과 순환이 허용된다. 이러한 모델은 이산화탄소 혹은 에어로솔의 증가에 따른 전 지구 평균 지표 온도의 변화를 모의하기에 적절하다. 대기, 육지, 해양 간의 경계면에서의 이산화탄소의 교환까지 포함되면 모델은 탄소순환을 모의하는 데 사용될 수 있다.

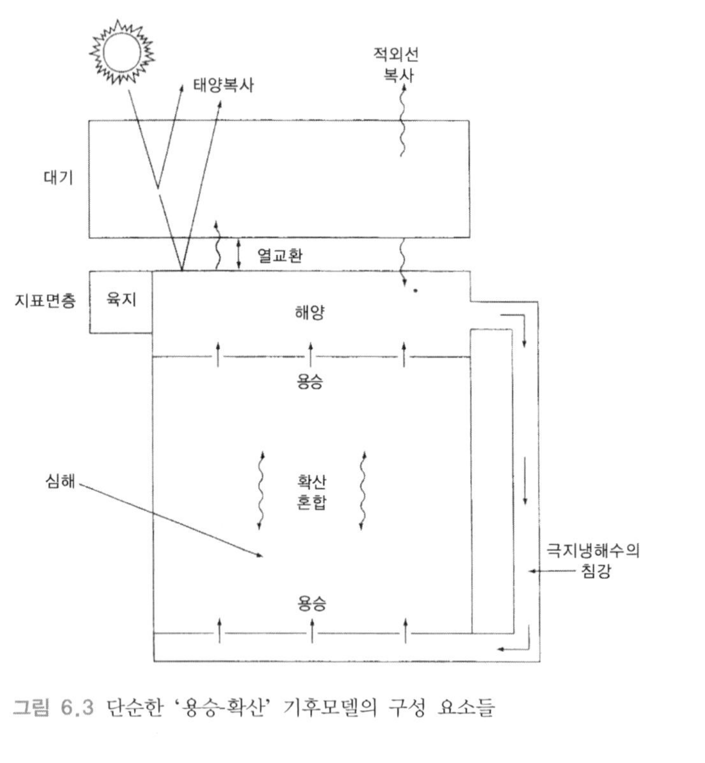

그림 6.3 단순한 '용승-확산' 기후모델의 구성 요소들

9) D. D. Harvey, "An introduction to simple climate models used in the IPCC Second Assessment Report," in *IPCC Technical Paper 2*(Geneva: IPCC, 1997).

전 지구 평균기온의 전망

그림 6.1, 6.2, 6.4(a)에 나와 있는 유형의 정보가 단순 혹은 보다 복잡한 모델들과 결합될 때 기후변화의 전망이 만들어질 수 있다. 앞 장에서 살펴보았듯이 그동안 널리 사용되어온 기후변화를 위한 유용한 지표는 전 지구 평균기온의 변화이다.

산업혁명 이후부터 나타난 온실기체와 에어로솔의 증가로 인한 전 지구 평균기온 상승의 전망 결과가 그림 6.4(b)에 나타나 있다. 이 그림은 2000년까지 0.6℃ 증가하고 2100년경까지는 2℃에서 약 6℃의 범위 내의 증가를 보여주는데, 그것은 미래의 배출에 대한 매우 높은 불확실성과 변화하는 대기조성에 대한 기후적 반응과 연관된 되먹임에 관해 남아 있는 불확실성의 결과로 나타난 것이다(5장에서 설명된 바 있다).[10)]

매일의 변화와 해가 지나면서 일상적으로 경험하는 기온변화와 비교해보면, 2~6℃ 사이의 변화는 그리 커보이지는 않는다. 그러나 1장에서도 지적했듯이 전 지구적인 평균기온에서 보면 사실상 매우 큰 값이다. 이 정도의 변화를 빙하기 중반기와 간빙기의 온난한 시기 사이에 나타난 5~6℃ 정도의 전 지구 평균기온의 변화와 비교해보라. 21세기에 전망된 변화는 기후변화의 정도 측면에서 보면 전체 빙하기의 1/3 정도이다.

21세기에 전망된 전 지구 평균기온의 변화율은 10년당 0.15~0.6℃ 정도의 범위이다. 이 정도는 작은 비율의 변화로 여겨질 수 있다. 많은 사람들은 소숫점 정도의 온도변화는 탐지하기가 어렵다고 생각할 것이다. 그러나 이러한 변화가 전 지구적인 평균이라는 점을 상기하면 대단히 높은 변화율이다. 사실 고기후 자료로부터 유추되듯이 최소한 지난 10,000년 동안에 경험한 어떠한 변화율보다도 훨씬 더 크다. 다음 장에서도 살펴보겠지만 인간과 생태

10) 그림 6.4에 나와 있는 불확실성의 범위는 탄소순환에서의 기후 되먹임에 관한 지식의 부족에서 야기된 것들을 포함하지 않는다.

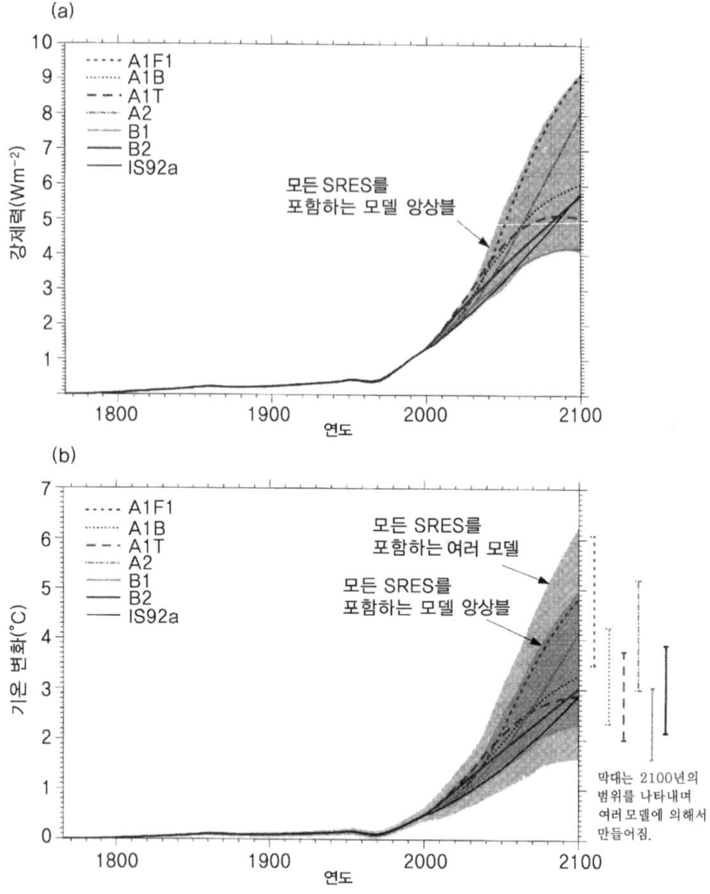

그림 6.4. 단순 모델의 결과. 2000년까지는 온실기체와 에어로솔에 대한 과거 자료에(그림 3.7 참조), 2100년까지는 SRES 시나리오에 기초한 (a) 인위적인 전 지구 평균 복사 강제력. 음영 부분은 35개의 SRES 시나리오의 전 범위를 포함하는 강제력의 영역을 보여준다. (b) 과거 역사기록에 나타난 인위적인 전 지구 평균기온 변화와 7개의 AOGCMs(1.7~4.2℃ 범위에서의 기후 민감도를 가짐)에 맞추어 조정한 단순 기후 모델을 이용하여 계산한 SRES 시나리오와 IS 92a 시나리오에 의한 미래의 변화. 진한 음영 부분은 모델 결과들의 평균(평균 기후 민감도는 2.8℃)을 이용하여 35개의 SRES 시나리오의 전 세트를 포함하는 영역을 표시하고 있다. 약한 음영은 7개 전체 모델 전망을 포함하는 영역을 표시한다(각 시나리오의 모델 결과들의 범위는 오른쪽 바깥에 막대로 표시되어 있다).

계 모두가 기후변화에 적응할 수 있는 능력은 변화율에 크게 의존한다.

그림 6.4(b)에 표시된 IPCC 2001년 보고서에 실린 전 지구 평균기온의 변화는 IPCC 1995년 보고서의 결과보다 상당히 크다. 이러한 차이의 주요 원인은 IS 92 시나리오와 비교할 때 SRES 시나리오에서 에어로솔 배출이 훨씬 적게 나왔기 때문이다. 이것은 그림 6.4(b)에 제시된 IS 92a 시나리오에 대한 2100년의 기온에 의해서 설명된다. IS 92 시나리오의 기온은 2100년 시점에서의 이산화탄소 배출이 SRES B2 시나리오보다 50%나 많음에도 불구하고 B2 시나리오의 기온과 유사하다.

많은 기후변화 모델링 연구에서 산업화 이전의 대기 중 이산화탄소량의 배증 상황을 여러 가지 모델 전망과 그 결과에 따른 영향의 비교를 보완하기 위해 특별히 그 기준으로 삼아왔다. 산업화 이전 시대의 농도를 280ppm으로 보면 그 배증은 560ppm이 된다. 그림 6.2의 곡선에서 살펴보면 시나리오에 따라 달라지겠지만 배증시기는 대체로 21세기 후반부가 될 것으로 보인다. 그러나 다른 온실기체들도 증가하면서 복사 강제력에 기여하고 있다. 따라서 전체적인 윤곽을 보다 쉽게 파악하기 위하여 다른 온실기체들의 양을 동일한 효과의 이산화탄소의 양으로 환산하는 것이 편리한데, 말하자면 동일한 복사 강제력으로 환산한다는 것이다.[11] 표 6.1의 정보를 바탕으로 환산이 가능하다. 예를 들면, 이산화탄소 이외의 온실기체들(오존을 포함)의 증가에 따른 복사 강제력은 이산화탄소의 증가에 따른 강제력의 80% 정도에 해당한다(그림 3.7). 이러한 비율은, 거의 모든 시나리오에서 이산화탄소의 증가가 보다 지배적일 것으로 보이는 다음 수십 년 동안 크게 감소할 것이다. 그림 6.4(a)의 내용과

---

11) 온실기체들은 서로 간에 그 영향력이 동일하다는 가정은 여러 가지 목적에서 하나의 좋은 방안이 될 수 있다. 그러나, 그들의 복사 특성이 다르므로 이들의 효과에 대한 정확한 모델링에서는 서로 달리 취급되어야 한다. 이 문제에 대한 보다 자세한 언급은 W. L. Gates *et al.*, "Climate modelling, climate prediction and model validation," In J. T. Houghton, B. A. Callender and S. K. Varney(eds.), *Climate Change 1992: the Supplementary Report to the IPCC Scientific Assessments*(Cambridge University Press, 1992), 00171-5 참조.

함께 약 3.7Wm^{-2} 정도의 복사 강제력을 생산하는 이산화탄소의 배증을 감안하면 산업화 이후 이산화탄소 환산 배증시기는 시나리오에 따라 2040년과 2070년 사이가 될 것으로 보인다.

이제 그림 6.4(a)에서 시나리오 중 하나인 A1B를 선택하여 살펴보자. 이 시나리오의 복사 강제력은 2040년 정도를 이산화탄소량 배증(3.7Wm^{-2}) 시기가 된다고 본다. 그림 6.4(b)로 옮겨가보면, 2040년에 기온 상승은 약 1.7℃정도가 된다. 이것은 동일한 조건 아래서 이산화탄소의 배증 때문에 기대되는 2.8℃(그림 6.4(b)의 해설에 나오는 결과 설명을 위한 기후 민감도의 값)의 절반에 지나지 않는다. 5장에서 언급했듯이 이러한 차이는 기온 상승에 대한 해양의 완충 효과 때문에 일어난다. 그러나 이것은 이산화탄소의 농도가 계속 증가한다면 어느 시점에서 인식하지 못하는 사이에 보다 심각한 기온 상승이 일어날 가능성이 있음을 의미하기도 한다.

기후변화의 지역적 패턴

지금까지 우리들은 기후변화의 규모에 대한 전반적으로 유용한 지표를 제공하는 지표면 평균기온 증가의 가능성에서 전 지구 기후변화를 논의해왔다. 그러나 지역적인 적용에 있어서는 전 지구적인 평균값보다 자세한 공간 정보가 필요하다. 실제로 느끼게 될 전지구적 기후변화의 영향과 효과는 지역적 혹은 국지적 변화이다.

지역적 변화 측면에서 보면 대기 순환이 작용하는 방식과 전체 기후계의 형태를 지배하는 상호작용 때문에 지구상의 기후변화가 항상 일정하지 않다는 점을 인식하는 것이 중요하다. 예를 들면, 우리들은 거대한 대륙과 해양의 변화 간에 상당한 차이가 있음을 상정한다. 대륙은 열 수용력이 작으므로 반응이 매우 빠르다. 아래의 목록은 예상되는 기후변화의 특성을 결정짓는 대륙 규모에서의 전반적인 양상을 보여준다. 보다 자세한 패턴은 그림 6.5(a)에 표시되어 있다. 4장에서 보면 이러한 특징들의 많은 부분들이 이미 지난 몇십 년 동안의 기록에서 발견되어왔다.

- 일반적으로 지표면의 온난화는 해양보다 육지가 훨씬 커서 지구 평균보다 40% 정도 크다. 특히 북반구 고위도의 겨울에 더 크게 나타나는데(감소되는 해양 빙하와 적설 면적과 관련), 남부 및 동남아시아의 여름과 남서 아메리카의 겨울은 40%가 적음.
- 남극과 북대서양 북부 지역에서는 최소한의 온난화가 나타나는데 이것은 이들 지역 주변 해양에서의 심해 순환의 혼합과 관련이 있음.
- 여름철의 남극에서는 온난화가 거의 없음.
- 저위도와 남반구 극권 해양에서는 온난화의 계절적인 변이가 거의 없음.
- 대부분의 계절과 지역에서 일교차가 감소하며, 밤 동안의 최저온도의 증가가 낮 동안의 최고온도 증가보다 큼.

이제까지 우리들은 대기 온도 변화에 대한 결과만을 논의해왔다. 기후변화에 있어서 또 다른 중요한 지표는 강수량이다. 지구 표면의 온난화와 함께 해양은 물론 육지 표면으로부터의 증발량 증가는 평균적으로 대기의 수증기량을 증가시키며 평균 강수량도 증가시킨다. 대기가 수분을 저장하는 능력은 1℃ 상승할 때마다 6.5% 증가하기 때문에,[12] 지표면 온도의 증가에 따라 강수량이 상당히 높아진다. 사실 모델 전망에 따르면 지표면의 온도 1℃ 상승에 따라 대체로 3% 정도의 강수량 증가를 가져온다.[13] 더욱이 대기 순환에 유입되는 에너지 중에서 가장 큰 요소는 수증기 응결에 따른 잠열의 방출에 의한 것이므로 대기 순환에 사용될 수 있는 에너지는 대기의 수분 함유량에 비례하여 증가할 것이다. 따라서 온실기체의 증가에 따른 인위적인 기후변화

12) Clausius Clapeyton 공식인 $e^{-1}de/dT=L/RT^2$와 연관되어 있다. 여기서 e는 온도 T에서 포화수증기압이고, L은 증발 잠열이며, R은 기체상수이다.

13) M. R. Allen and W. J. Ingram, *Nature*, 419(2002), pp.224~232.

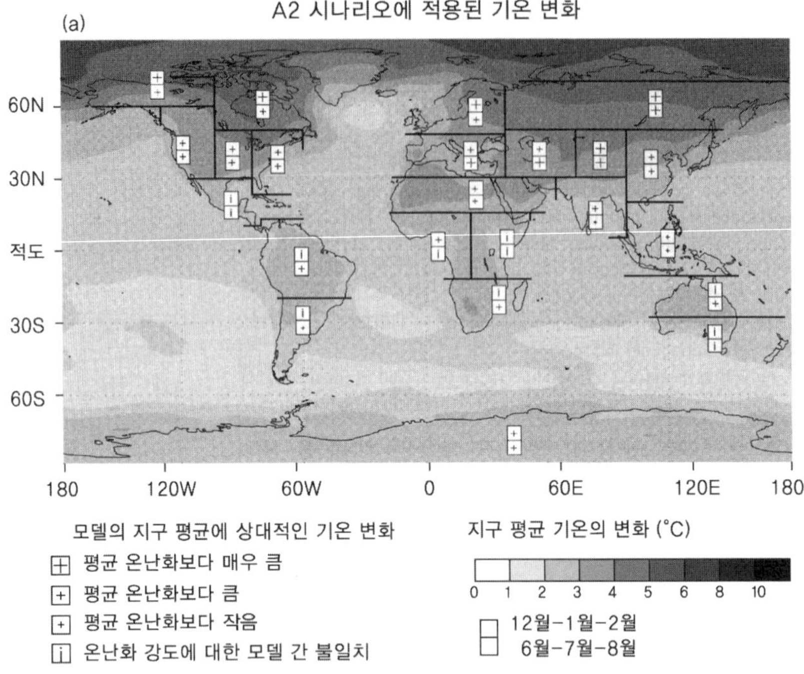

그림 6.5. 9개의 다른 해양-대기 대순환 모델의 앙상블에서 도출된 1961~1990년과 비교한 2071~2100년 동안에 대한 SRES 시나리오 A2에 대한 전망. (a) 연평균온도 변화는 음영으로 보여줌(℃). 상자는 겨울과 여름철 지역의 상대적인 온난화(특히 각 모델의 지구 평균 온난화에 대한 상대적인 온난화). 지역구분은 지구 연평균보다 40% 더 큰 온난화로 합의된 지역(평균 온난화보다 매우 큼), 지구 연평균보다 크거나 작은 온난화로 합의된 지역(평균 온난화보다 크거나 작음) 혹은 지역의 상대적인 온난화의 강도에 대한 모델 간 합의가 안 된 지역(온난화 강도 불일치)으로 나타낸다. 9개의 모델 중 적어도 7개 이상에서 나타나는 일치된 결과는 합의가 요구된다. 여기에 사용된 모델들의 지구 연평균 온난화는 이 시나리오에서는 1.2~4.5℃의 범위를 보인다. (b) 상자는 겨울철과 여름철 지역 강수량 변화에 있어 모델 간 일치 여부의 분석을 보여준다. 지역 구분은 평균보다 +20% 이상의 변화(큰 증가), +5~+20% 사이의 변화(작은 증가), -20% 이상(많은 감소) 혹은 비합의(불일치 표시) 지역으로 나타난다. 9개의 모델 중 적어도 7개 이상에서의 일관된 결과는 일치된 것으로 본다.

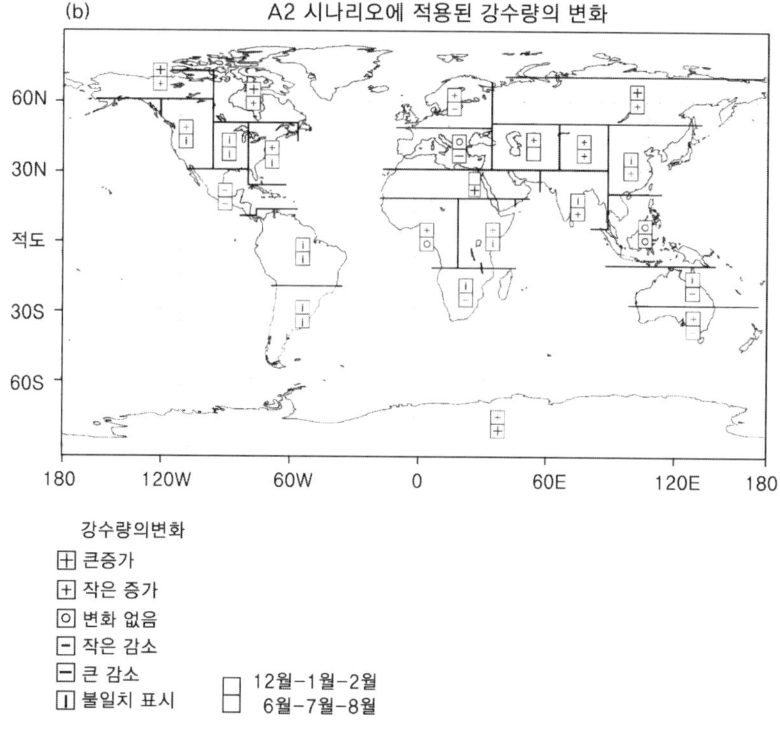

의 특징은 수문순환을 보다 강화시킬 것이다. 극단적인 강수현상에 대해 일어날 수 있는 영향은 다음 절에서 논의될 것이다.

그림 6.5(b)는 강수량 분포의 변화를 전망하고 있다. 평균적으로 강수량은 증가하지만 지역적 변동성이 상당히 존재하고 많은 지역들이 평균 강수량보다 적고 또한 계절적인 분포에도 변화가 나타난다. 북반구 고위도에서는 겨울철에 증가하고 남부 아시아에서는 여름철에 증가한다. 남부 유럽, 중앙 아메리카, 남부 아프리카, 오스트레일리아는 대체로 보다 건조한 여름철이 된다.

대다수의 자연적 기후 변동성은 지속적인 기후 패턴이나 영역에서의 변화 혹은 이들 패턴이나 체계 간의 진동 때문에도 나타난다. 태평양과 북대서양 아노말리(Pacific North Atlantic Anomaly, PNA: 주로 미국 동부에 매우 추운 겨울을 가져다주는 경향이 있는, 동부 태평양과 북아메리카 서쪽에 걸쳐서 발달하는 고기압에 지배를 받음), 북대서양 진동(North Atlantic Oscillation, NAO: 북서 유럽 겨울 기후의 특성에 강한 영향을 줌)과 5장에서 언급된 엘니뇨 현상 등은 이러한 기후 영역의 사례들이다. 온실기체의 증가에 기인하는 강제력에 대한 반응으로 일어나는 기후변화의 중요한 요소들은 이들 영역에 의해서 설정된 기후 패턴의 강도 혹은 빈도의 변화로 기대된다.[14] 현재에 이들 패턴의 전망과 관련하여 모델 간에 일치는 거의 없다. 그러나 열대 태평양에서의 최근 경향을 보면 표면 기온이 점차 엘니뇨를 닮아가는 듯하다(100쪽의 표 4.1 참조). 서부 적도 태평양보다 동부 적도 태평양에서 온난화가 더 잘 나타나고 이에 따라 강수량도 동쪽으로 이동하고 있으며, 이 현상들은 많은 모델들에서 지속되는 것으로 전망되고 있다. 온실기체 농도의 증가와 관련된 온난화는 아시아 몬순의 강화와 강수량 변동성이 증가하는 원인이 될 것이라는 증거들도 있다. 엘니뇨와 같은 이러한 기후 영역에 대한 온실기체 증가의 영향은 시급한 중요 연구 대상이다.

온실기체와 비교하여 대기 중의 에어로솔의 또 다른 영향으로 인해 기후변화의 해석이 복잡해진다. SRES 시나리오들에 기초한 전망에서 에어로솔의 영향이 IPCC 1995년 보고서[15]에 실린 IS 92 시나리오에 근거한 것보다 훨씬 작기는 하지만 여기에서 예상된 복사 강제력은 여전히 유효하다. 지구 평균기온과 해수면 상승에 대한 영향력을 고려하면(7장 참조), 전망을 위해서는 지구 평균 복사 강제력의 값을 이용하는 것이 적절하다. 예를 들면, 황산염 에어로솔에 의한 음의 복사 강제력은 온실기체의 증가로 인한 양의 복사 강제력을 상쇄하게 된다. 그러나 에어로솔 강제력의 효과가 지역적으로 동질하지 않으

14) 여기에 대한 자세한 내용은 T. N. Palmer, *Weather*, 48(1993), pp.314~325; and T. N. Palmer, *Journal of Climate*, 12(1999), pp.575~591 참조.

15) A. Kattenberg *et al.*, "Climate models-projections of future climate," In J. T. Houghton, L. G. Meira Filho, B. A. Callender, N. Harris, A. Kattenberg and K. Maskell(eds.), *Climate Change 1995: the Science of Climate Change*(Cambridge:Cambridge University Press, 1996), 6장 참조.

므로(그림 3.7), 기후변화와 그 지역적인 특징을 고려할 때 에어로솔 증가의 효과를 온실기체 증가의 효과와 단순히 상쇄해버리는 것은 적절치 못하다. 에어로솔로 인한 지역 강제력의 커다란 변동성은 기후 반응의 지역적 변이에도 큰 영향을 미친다. 온실기체와 에어로솔의 증가에 대한 다양한 가정하에서의 기후변화를 전망하기 위해서는 가장 잘 만들어진 기후모델로부터 나온 구체적인 지역 정보가 필요하다.

극단적 기후의 변화

앞의 절에서는 기후변화의 지역적 패턴에 관한 것을 주로 살펴보았다. 미래의 극단 기후의 빈도와 규모는 어떤가? 결국 일반적으로 감지할 수 있는 것은 평균적인 기후의 변화가 아니라 인간의 삶에 커다란 영향을 줄 수 있는 한발, 홍수, 폭풍, 한파, 폭염 등과 같은 극단 기후 현상인 것이다(1장 참조).

우리들이 극단 현상이라고 예상할 수 있는 가장 분명한 변화는 극단적인 혹한일수 감소와 맞먹는 극단적인 폭염일수(그림 6.6)의 큰 증가이다. 많은 모델 전망이 일반적으로 북반구 육지 지역의 겨울철 일교차의 감소와 여름철 일교차의 증가를 보여주는데, 이것은 그림 6.6(c)에서의 상황이 이들 지역에 적용될 수 있음을 의미한다. 이 사례는 7장의 246쪽 글상자에 나와 있다.

그러나 커다란 피해를 유도하는 변화들은 물순환과 관련되어 있다. 앞 절에서 온실기체의 증가로 온난해진 세계에서는 평균 강수량이 증가하고 물순환이 보다 강화되고 있음을 설명하였다.[16] 강수량이 증가된 지역에서 어떠한 일들이 일어나는지를 살펴보자. 대체로 물순환이 강화된 지역에서의 많은 강수량은 증가된 대류활동에 의한 것으로 실제로 호우와 강한 뇌우가 빈번해질 것이

16) 수문 순환에 대한 지구온난화의 영향에 대한보다 자세한 논의는 M. R. Sllen and W. J. Ingram, *Nature*, 419(2002), pp.224~232 참조.

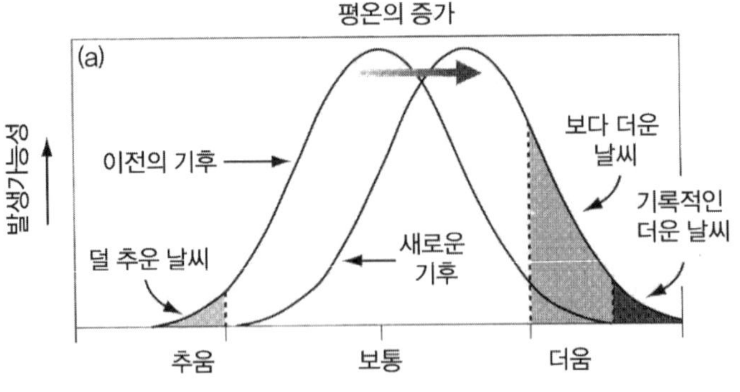

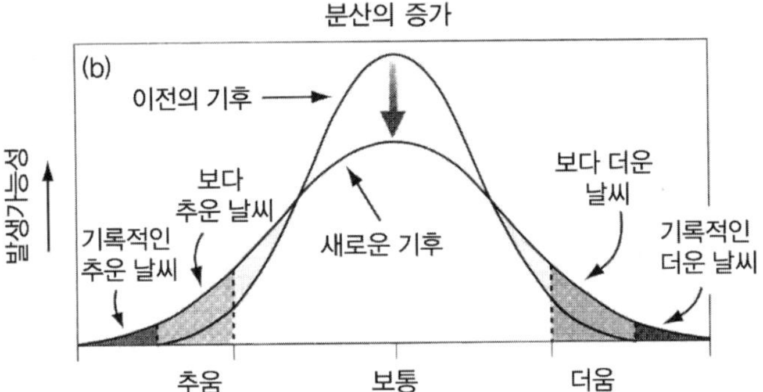

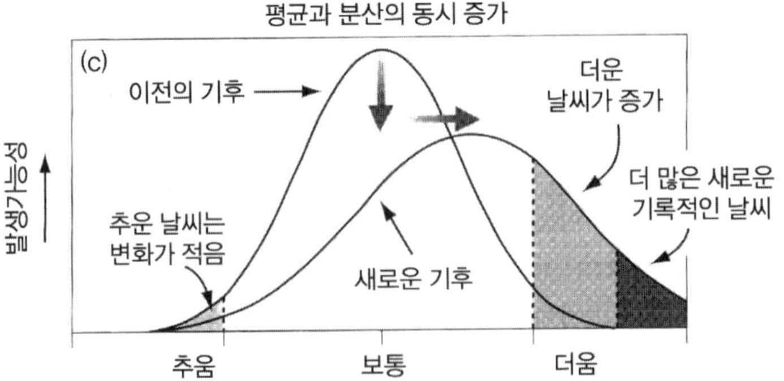

그림 6.6. 극단적인 기온의 효과를 보여주는 도식들. (a) 평균의 증가로 기록적인 더운 날씨 발생, (b) 분산의 증가, (c) 평균과 분산의 동시 증가로 보다 기록적인 더운 날씨 발생

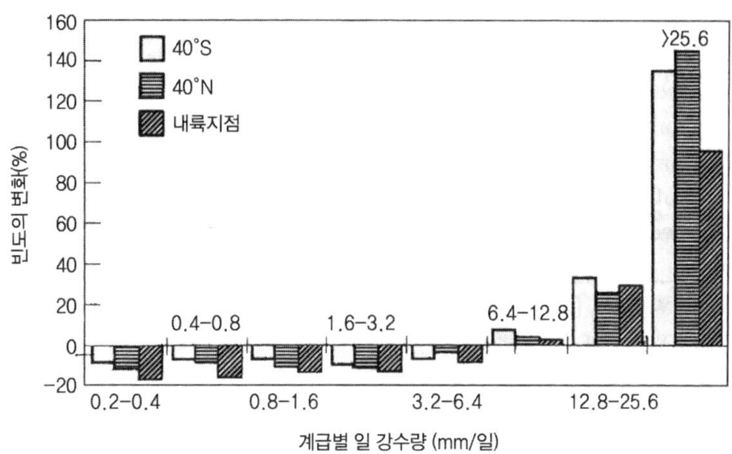

그림 6.7. 오스트레일리아의 CSIRO 모델에 의해서 추정된 이산화탄소 배증에 따른 계급별 일 강수량 발생 빈도의 변화

다. 이산화탄소 농도가 배증되면서 강우량에 미치는 영향에 대한 오스트레일리아의 기후모델 연구 결과가 그림 6.7에 나타나 있다. 호우(25mm/일 이상)의 빈도가 배증되었고 홍수를 유발하는 조건의 확률도 최소한 배증된다. 유사한 결과들(강수일수의 감소, 주어진 평균 강수율에 대한 일 최대 강수량의 증가)이 다른 많은 기후모델에서도 나오고 있다. 최근의 모델 연구(그림 6.8)에서 보면, 대기 중 이산화탄소의 농도가 산업화 이전 농도의 두 배가 된다면 겨울철의 계절적인 극단 강수량의 발생 확률은 중부 및 북부 유럽의 많은 지역에서 상당히 증가하고 지중해 유럽과 북아프리카는 감소하게 될 것이다. 중부 유럽의 일부 지역에 따라서는 극단 강수의 재현 기간이 1/5(말하자면 50년에서 10년으로)로 짧아질 것이다. 유사한 결과들이 전 세계의 주요 대하천 유역에 대한 연구에서도 나오고 있다.[17)]

그림 6.7에서 보면 약한 강수 현상을 가진 날(6mm/일 이하)의 수는 온난화가 진행된 세계에서는 감소하는 것으로 예상된다는 점에 유의할 필요가 있다.

17) P. C. D. Milly *et al.*, "Increasing risk of great floods in a changing climate," *Nature*, 515(2002), pp.514~517 참조.

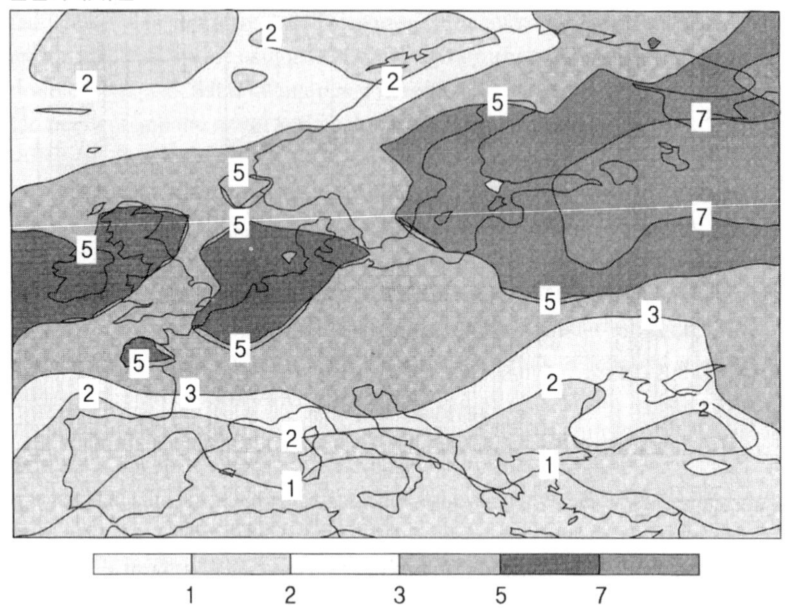

그림 6.8 약간씩 다른 초기 조건을 이용하여 하나의 모델을 가지고 19번 실험한 결과의 앙상블에서 얻어진 겨울철 여름의 극단적 계절 강수의 변화 확률. 이 그림은 이산화탄소의 변화가 없는 규준(control)실험과 비교된 1년에 1%씩 이산화탄소의 농도를 증가(약 70년 내에 배증)하여 행한 80년 실험 중에 61년에 대한 80년의 극단 강수 사상의 발생확률의 비율을 보여준다.

이것은 보다 강화된 물순환을 가지고 있어 강수량의 보다 많은 비율이 호우일에 내리고 나아가 이러한 현상은 대류가 일어나는 지역에서 상승기류가 발달하면 더욱 습해지고 하강기류가 발달하면 더욱 건조해진다. 상대적으로 강수량이 적은 지역에서 계속 줄어드는 경향을 보이는데 이것은 한발의 가능성을 보여주는 징조로 보인다.

남부 유럽(그림 6.5(b))의 사례처럼 여름 평균 강수량이 대략 20% 감소한 지역에서의 한발 가능성을 예로 들어보자. 강수량 감소의 결과는 강수 시에 강수량이 줄어들고 강수 일수도 줄어든다. 강수 일수도 줄어들 뿐 아니라 연속 무강수 기간(그림 6.9 참조)도 상당히 길어질 가능성이 커진다는 것이다.

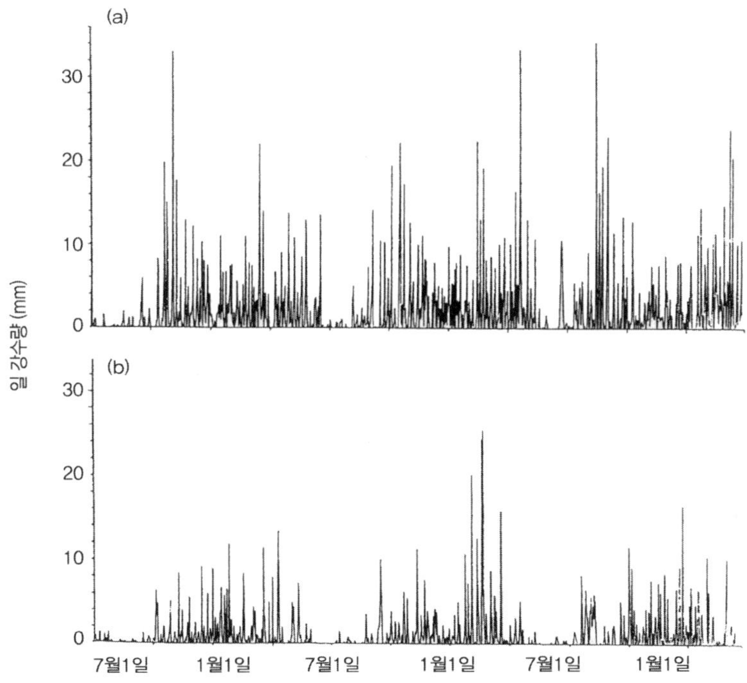

그림 6.9 기후모델에 의해 모의실험된 이탈리아의 3년간 일 강수량. (a) 현재의 기후 상황, (b) 산업화 이전 시대에 대한 상당 이산화탄소 농도보다 4배 증가할 경우에 해당하는 기후(예를 들어, A2 시나리오에서 2100년 이전에 일어날 경우를 예측)

바꾸어 말하면 한발의 가능성이 보다 커진다는 것이다. 더욱이 고온은 지표의 존재 가능한 수분의 양을 감소시키면서 증발량을 증가시켜 한발 상황을 악화시킨다. 한발의 발생 가능성의 증가는 평균 강수량의 감소보다 훨씬 크다.

따라서 온실기체의 증가로 온난해진 세계에서 지역에 따라 보다 빈번한 한발과 홍수를 경험하게 될 것이다. 1장에서 살펴보았듯이 커다란 문제들을 야기시키는 것은 극단 기후라고 할 수 있는데 다음 장에서 보다 자세하게 살펴보게 될 것이다.

예를 들면, 강폭풍과 같은 다른 극단 기후 현상의 경우는 어떠한가? 열대 해양에서 형성되어 육지에 도달할 때 심각한 파괴를 가져다주는 파괴적인 회전성향의 저기압인 허리케인과 태풍은 어떠한 영향을 받을까? 이러한 폭풍의 에너지는 대체로 온난한 해수면에서 증발하여 폭풍 내부의 구름에서 응결되어 에너지를 방출하는 수분의 잠열에 의한 것이다. 보다 온난해진 해수온도는 보다 많은 에너지 방출을 의미하며 따라서 보다 빈번하고 강한 폭풍을 가져다줄 수 있다. 그러나 해양의 온도가 열대성 폭풍의 형성을 조절하는 유일한 변수는 아니다. 전반적인 기류 흐름의 성질도 중요하다. 더욱이 제한된 자료에 근거한 것이지만 열대성 저기압의 강도와 빈도에 대한 관측된 변동성은 20세기의 후반부에 들어서 뚜렷한 경향을 보여주지 않고 있다. 모델들은 모든 관련된 인자들을 계산에 넣어보지만 격자의 규모가 크기 때문에 열대성 저기압과 같은 비교적 소규모 요란에 대한 상세한 모의실험은 할 수가 없다. 열대성 저기압의 빈도 혹은 형성 지역의 변화에 대한 모델 전망에서 어떠한 일관된 증거도 나오지 않고 있다. 그러나 모델 전망[18]과 이론 연구에 따르면, 이산화탄소 농도가 배증되면 최대풍속의 강도는 5~10% 정도 증가하고 평균 및 최대 강수량 강도는 20~30% 정도 증가하는 것으로 알려져 있다.

중위도에서의 폭풍 발생을 조절하는 다양한 요인들은 복합적이다. 두 가지 요인들이 폭풍의 강도를 증가시키는 경향을 가진다. 먼저, 열대성 폭풍처럼 보다 높은 기온, 특히 해수면의 높은 기온은 가용한 많은 에너지를 생성시킨다. 두 번째 요인은 육지와 해양 간의 기온차가 증가하는 것인데, 특히 북반구에서 잘 나타나는 것으로 급격히 증가된 기온경도는 강한 기류와 불안정성의 가능성을 유발한다. 유럽의 대서양 연안 지역에서 이러한 증가된 폭풍 경향성이 예상되는데, 몇몇 모델의 전망에서 잘 나타나고 있다. 그러나 이러한 전망은 너무 단순해 보인다. 다른 모델들은 지역에 따라서 매우 다양한 변화를 가져다주는 폭풍우의 이동경로 변화를 제안하기도 하지만 모델 간의 전체적으로 일관성 있는 경향성은 거의 없다.

전 지구 모델에서는 실험이 불가능한 매우 소규모의 기후 현상(예를 들면,

18) 보다 자세한 정보는 Houghton, *Climate Change 2001*, 10장 참조.

표 6.2 극단 기후와 기상의 관측된 변화와 전망된 변화에 대한 신뢰도 추정

관측된 변화에 대한 신뢰도 (20세기 후반부)	변화 현상	전망된 변화에서 대한 신뢰도(21세기 100년간)
높음[b]	거의 육지 전역에 걸쳐 최고 기온의 상승, 폭염일수의 증가	매우 높음
매우 높음	거의 육지 전역에 걸쳐 최저기온의 상승, 한랭일수와 서리일수의 감소	매우 높음
매우 높음	육지 전역에 걸쳐 일교차의 감소	매우 높음
높음: 많은 지역에서	육지 지역에서 열지수[a] 증가	매우 높음: 대부분 지역에서
높음: 북반구 중위도에서 고위도에 이르는 육지 지역에서	보다 강화된 강수 현상	매우 높음: 대부분 지역에서
높음: 일부 지역에서	여름철 대륙의 건조화 증가와 이와 관련된 한발 재해 가능성 증가	높음: 대부분의 중위도 대륙 내부(다른 지역에서 전망의 일관성이 부족함)
분석 결과에 나타나지 않음	열대 저기압의 최대풍속의 강도의 증가	높음: 몇몇 지역에서
평가를 내리기에는 불충분한 자료	열대 저기압의 평균 및 최대 강우 강도의 증가	높음: 일부 지역에서

[a] 열지수(heat index)는 인체의 쾌적함에 미치는 영향의 정도로서 기온과 습도를 결합하여 산출된 지수.

[b] 높음(likely), 매우 높음(very likely) 등에 대한 설명은 4장 주석 1)을 참조.

출처: Table SPM-1 from Summary for policymakers. In Houghton, J. T., Griggs, D. J., Noguer, M., van der Linden, P. J., Dai, X., Maskell, K., Johnson, C. A.(eds.) *Climate Change 2001: The Scientific Basis. Contribution of Working Group I to the Third Assessment Report of the Intergovernmental Panel on Climate Change*(Cambridge University Press).

토네이도, 뇌우, 우박, 번개 등)같은 극단 기후에 대해서는 비록 이러한 현상들이 심각한 영향을 미치기는 하지만 최근의 경향성을 평가할 만한 충분한 정보가 없는 형편이며 따라서 그에 대한 이해의 정도도 확실한 전망을 제시할 만한 수준이 되지 못한다.

표 6.2는 극단 현상의 미래 발생률 추정에 대한 지식의 수준을 요약하고 있다. 일반적인 경향성을 나타내는 정도는 가능하지만 극단 현상의 빈도와 강도 변화의 정량적인 추정에 대한 전망은 거의 없는 실정이다. 많은 연구기관들이 극단적인 현상에 대한 온실기체 증가의 영향과 기후 다양성의 변화에 대한 보다 정밀한 연구들을 계속해나가고 있다.

지역 기후모델

지금까지 논의된 변화들의 대부분은 대륙 규모였다. 보다 작은 지역에서의 변화에 대한 보다 상세한 정보들이 제공될 수 있을까? 이것이 어려운 것은 5장에서 언급되었듯이 지역적 규모[19]에 대한 변화의 모의실험에 있어 전지구 순환 모델(GCM, global circulation model) 적용의 한계는 전형적으로 300km 혹은 그 이상으로 모델의 수평공간 격자의 간격이 너무 크기 때문이다. 물론 5장에서 전 지구 순환모델에서 지역 기후모델(RCM, regional climate model)을 소개했는데 RCM은 전 지구 순환모델 내에서 '둥지 격자화'될 수 있고 전형적으로 50km의 해상력을 가진다. 그림 6.10과 그림 7.8에 극단 현상의 모의실험과 지역의 상세함을 제공하는 RCM에 의해 이루어진 개선의 사례가 제시되었다. 많은 경우에 GCM에 의해서 제공되는 평균값과 RCM의 결과가 매우 달랐다.

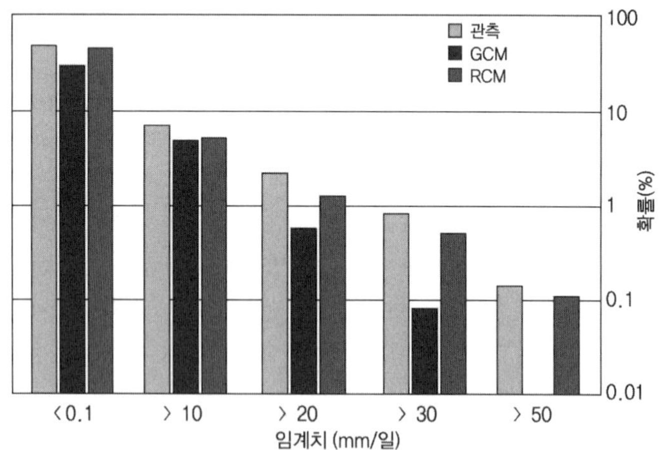

그림 6.10 다양한 강수량의 임계치를 이용한 알프스 지역 겨울철의 확률을 보여주는 모의실험의 사례. 관측, 300km 해상도의 GCM 결과, 50km 해상도의 RCM 결과 비교. RCM 값은 특히 높은 임계치에서 관측과 비교적 잘 일치한다.

19) 대륙 규모와 지역 규모의 정의에 대해서는 5장의 주 23) 참조.

지역 모델은 기후변화의 상세한 패턴 분석을 위한 강력한 도구를 제시하고 있다. 이러한 상세한 정보의 중요성은 다음 장의 기후변화의 영향 평가에 대한 연구에서 잘 드러날 것이다. 그러나 모델이 완벽하다 하더라도 대륙 규모 혹은 더 큰 규모의 평균적인 기후에서보다 국지적인 기후에서 자연 변동성이 더 많이 발생하기 때문에 국지적·지역적인 규모에서의 전망은 보다 큰 규모에 비하여 불확실성이 높아질 수 있음을 인식해야 한다.

장기간의 기후변화

제시되는 미래 기후 전망의 대부분은 21세기에 대한 것이다. 예를 들면, 그림 6.2의 곡선들은 2100년까지를 포함한다. 이 곡선들은 이 기간 동안에 화석연료가 계속하여 세계 에너지 수요의 대부분을 감당할 것이라는 전제하에서의 경향성을 나타내고 있다.

산업혁명 시작에서부터 2000년까지 화석연료의 연소 결과 대기 중 이산화탄소의 형태로 대략 300Gt의 탄소가 배출되었다. SRES A1B 시나리오에 따르면 서기 2100년까지 추가로 1500Gt의 탄소가 대기 중에 배출될 것으로 전망된다. 11장에서 언급될 것인데, 전체 화석연료의 매장량은 서기 2100년까지 지속적으로 성장하는 이용률을 충분히 감당할 것으로 본다. 이에 따라 지구 평균온도가 계속 상승하여 22세기에 매우 높은 수준으로 오른다면 오늘날보다 10℃ 정도가 높아질 것이다(9장 참조). 이 경우 기후와 관련된 변화들은 더욱 커질 것이고 거의 돌이킬 수 없을 것이다.

금세기 동안 중요하다고 여기는 보다 장기간의 효과는 기후변화로 인한 탄소순환에서의 양의 되먹임 효과이다. 이점은 3장에서 언급이 되었으며(73쪽의 글상자 참조) 그림 6.2에 나와 있듯이, 이러한 되먹임을 허용할 수 있도록 이산화탄소의 대기 중 농도에서 2100년에는 +30%의 불확실성이 상정되었다. 이러한 효과를 감안하면 그림 6.4에 나와 있는 범위의 정점에서 2100년의 지구 평균기온은 보다 더 높게 전망된다. 이러한 되먹임의 미래 적용의 일부는 10장에서 논의될 것이다.

특히 보다 장기적인 기후변화를 논의할 때는 놀랄 만한 일이 일어날 수도 있다. 즉, 예상치 못한 기후계의 변화의 가능성을 고려해야 한다. 오존홀의 발견이야말로 인류의 활동으로 인한 대기의 변화이고 과학적 '놀라움'의 사례이다. 본질적으로 그와 같은 '놀라운 사건'은 물론 예지할 수 없다. 그러나 시스템의 다양한 부분이 아직 잘 이해되지 않고 심층 해류순환이나 주요 빙상의 안정도의 예처럼 가능성이 있다(5장 147쪽의 글상자 참조).[20] 다음 절에 이들 가능성에 대해서 보다 자세하게 알아보고 그 다음 절에서는 '해수면이 얼마나 상승할 것인가?'에 대해서 다룰 것이다.

해양 열염분 순환의 변화

해양 열염분 순환(Thermohaline Circulation, THC)은 5장의 147쪽에서 살펴보았고 그림 5.18은 세계의 해양 간의 열과 담수를 수송하는 심해 해류를 설명하고 있다. 열염분 순환의 주요한 공급원이 위치하는 그린란드와 스칸디나비아 사이의 북대서양 지역으로 녹은 빙하로부터 대량의 담수가 유입되는 과거 THC(해양 열염분 순환)의 영향이 글상자에 언급되어 있다.

증가하는 온실기체에 기인한 기후변화로 고위도에서 강수량이 크게 꾸준히 증가할 것이고(그림 6.2(b)), 이로 인해서 해양에 담수의 추가 유입이 발생할 것이라고 전망해왔다. THC(열염분 순환)의 시작점인 북대서양의 밀도가 높은 해수는 염도가 점점 줄어들 것이고 그로 인해 밀도가 약해질 것이다. 그 결과 열염분 순환은 약해지고 열대지역에서 북대서양으로 북류하는 열의 양은 감소할 것이다. 모든 해양-대기 결합 GCM들은 이와 같은 결과를 보여준다. 그

20) 표 7.4 참조.

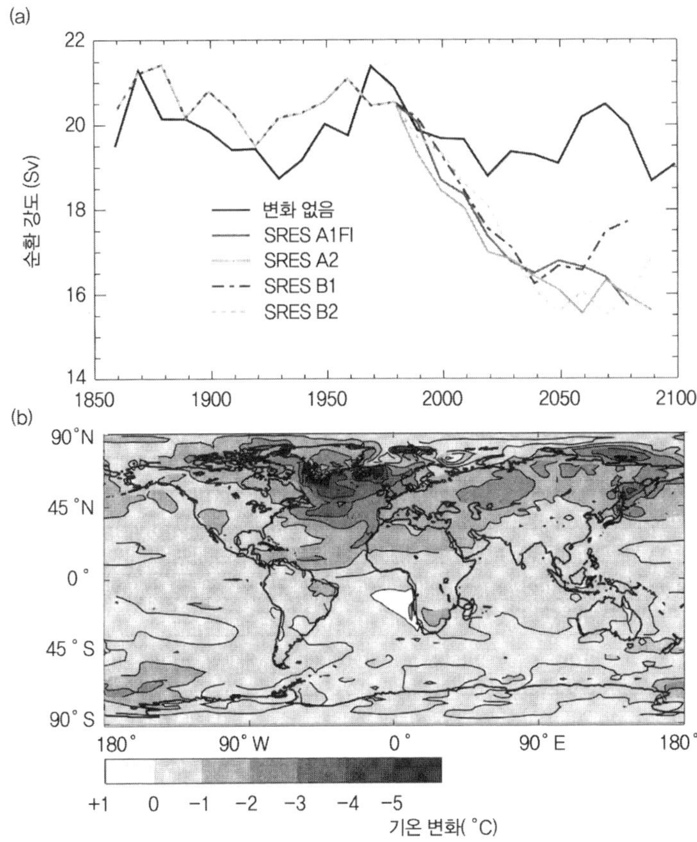

그림 6.11 (a) 여러 SRES 시나리오들에서 해들리 센터의 기후모델(Hadley Centre Climate Model)에 의해서 모의된 북대서양에서의 열염분 순환의 강도 변화. 순환 단위는 Sverdrup으로 $10^6 m^3 s^{-1}$이다. (b) 해들리 센터 기후모델에 의해 모의된 것처럼 열염분 순환의 붕괴를 가정하고 20년 후의 지표면 기온의 변화를 현재의 기온과 비교하여 제시. 실제 상황에 대한 기온 분포를 얻기 위해 붕괴 시 증가된 온실기체로 인한 변화도 그 결과로서 THC 붕괴에 의한 변화에 더해졌다.

예는 그림 6.11(a)에 제시되어 있고 2100년까지 순환이 약 20% 약해질 것으로 전망한다. 비록 순환 약화의 규모에는 불일치가 있을지라도 모든 모델에서 온실기체의 증가하에서 기온변화 패턴의 전망은 북대서양 지역에 소규모온난화를 보여준다(그림 6.5(a)). 하지만 21세기 동안 이 지역에서 실제적인 냉각현상은 어느 모델도 제시하지 못했다. 장기적으로 볼 때 몇몇 모델은 온실기체의 증가이후 2세기 혹은 3세기 뒤에는 열염분 순환이 완전히 멈추는 것을 보여준다. 그림 6.11(b)는 열염분 순환의 중단이 전 지구 지표기온의 패턴에 어떤 영향을 가지는지 보여준다. 주목할 점은 북대서양과 북서 유럽의 혹독한 냉각과 남반구에서 소폭의 온난화이다. 열염분 순환의 변화와 가능성 있는 영향을 명료하게 밝히기 위해 관측과 모델을 이용한 집중 연구가 계속되고 있다.

기후변화에 영향을 미치는 다른 요인들

지금까지는 인간활동에 의한 기온변화를 논의해왔다. 기온계 외부에서 기후변화를 가져올 다른 요인들이 또 있을까? 4장에서는 지구궤도의 변화의 결과로서 태양 에너지의 입사량의 변동이 있었고 이 때문에 빙하시대가 도래하면서 과거의 주요 기후변화를 기록하게 되었음을 보여주었다. 물론 이러한 변동들은 계속되고 있다. 이러한 변동이 현재는 어떠한 영향을 미치고 있을까?

태양열의 방출은 변화하는가?

일부 과학자들은 단기적이라 할지라도 모든 기후 변동은 태양 에너지의 방출량의 변화 결과라고 주장해왔다. 태양 에너지의 방출량을 직접 측정한 자료는 1978년 이후 지구 대기 영향권 밖의 관측위성으로부터 존재하기 때문에 그와 같은 제안은 다소 추론적일 수 있다. 이러한 측정이 제시한 것은 매우 일정한 태양열 방출 변화 때문인데 최고치와 최저치 간의 차이는 불과 0.1%에 불과한 것으로 이러한 차이는 태양 흑점 수에 의해 결정되는 태양의 자기활동의 주기에 의한 것이다.

태양 흑점 활동이 과거 수천 년 동안 때때로 대규모 변동성을 가졌다는 것은 천문적 기록과 대기의 방사성 탄소를 측정함으로써 알 수 있다. 특히 흥미로운 것은 17세기의 마운더 최소기(Maunder Minimum)로 불리는 기간으로서 거의 흑점활동이 없었던 시기였다.[21] 태양 활동 정도를 다른 지표와 상관관계를 이용하여 살펴보면 과거 기간을 외삽한 최근의 태양 방출량 측정에 관한 연구들은 17세기에는 태양이 덜 밝았고 지구 표면에 도달하는 평균 태양 에너지 입사량이 약 0.4% 또는 약 1 Wm^{-2} 적었다고 추론한다. 이러한 태양 에너지의 감소는 '소빙하기'로 알려진 한랭한 시기의 원인이 되었다. 심층적인 연구들에 따르면 1850년 이후 지구 표면에 입사하는 태양 에너지의 최대 변동은 0.5Wm^{-2} (그림 6.12) 이하이다. 이것은 현재의 비율대로 10년간 온실기체 증가로 인한 지구 표면에서의 에너지계의 변화와 대략 동일한 정도이다.

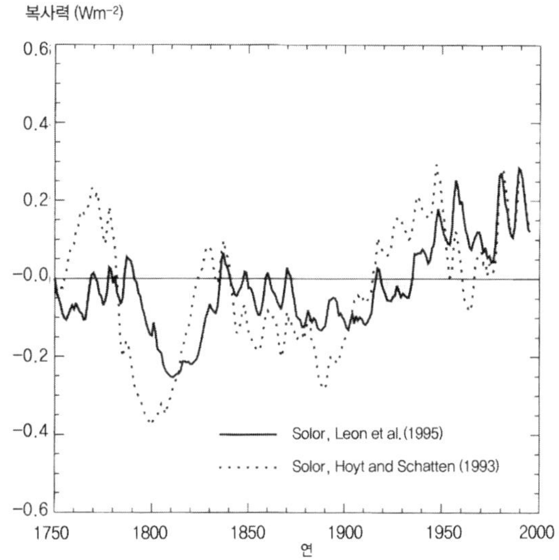

그림 6.12 에너지 유입의 변동으로 인한 복사 강제력. Lean *et al*.(1995)와 Hoyt and Schatten(1993)에 의해 추정된 결과임.

지난 만 년에 걸쳐 이러한 지구궤도의 변화로 인하여 북위 60도에서 7월 입사하는 태양복사 입사량은 약 35Wm^{-2} 정도 감소해왔는데 이는 많은 양이라 할 수 있다. 그러나 지난 백 년에서 보면 이러한 변화는 단지 1Wm^{-2}의 몇 십분의 1에 불과하며 이 정도는 온실기체의 증가에 따른 변화보다 훨씬 적은 양이다(이산화탄소의 배증은 열복사를 변화시키는데, 지구 평균 약 4Wm^{-2} 정도이다. 2장 참조). 지구궤도 변동의 효과와 미래의 상황을 살펴본다면 최소한 미래 5만 년간에 걸쳐 극지방에서 여름에 입사하는 태양복사량은 매우 일정할 것이며, 현재의 간빙기는 상당히 길게 이어질 것으로 예측된다.[22] 따라서 현재의 온실기체의 증가가 다음 빙하기의 도래를 늦출 수도 있다는 주장은 전혀 근거가 없는 것이다.

이러한 궤도 변화는 단지 지구 표면에 대한 태양 에너지 입사의 분포를 변화시킬 뿐이다. 지구에 도달하는 전체 에너지량은 궤도 변화에 의해서는 거의 영향을 받지 않는다. 오히려 보다 시급하게 관심을 가져야 할 것은 태양의 에너지 방출이 시간에 따라 변화한다는 점이다. 3장과(그림 3.8 참조) 바로 앞의 글상자에서도 언급했듯이 이러한 변화들은 일어난다고 해도 온실기체의 증가에 따른 지구 표면의 에너지 체계의 변화보다 훨씬 적을 것으로 추정된다.

또한 태양에 대한 효과가 지구의 기후에 영향을 미칠 수 있는 간접 메커니즘이 있다는 주장도 있다. 태양 자외선 복사의 변화는 대기의 오존층에 영향을 줄 것이며 기후에도 영향을 미칠 것이다. 태양 자기장의 변화에 의해서 변형된 은하계의 우주선 유입은 지구의 구름량에 영향을 미치고 결국 기후를 변화시킬 가능성도 있다. 이러한 가능성 있는 메커니즘에 대한 연구들로부터는 아직은 기후에 대한 영향력이 어느 정도인지 충분한 증거가 제시되지 않고 있다.[23]

---

21) 다른 행성에 대한 연구에서 보다 많은 정보를 얻을 수 있다. E. Nesme-Ribes *et al.*, *Scientific American*(1996, August), pp.31~36 참조.

22) A. Berger and M. F. Loutre, *Science*(2002, August), pp.31~36.

23) 이러한 메커니즘에 대한 검토와 평가는 V. Ramaswamy *et al.*(2001), In Houghton, *Climate Change 2001*, 6장, 6.11.2절 참조.

기후에 대한 또 다른 영향은 화산 폭발에 의한 것이다. 이들의 효과는 전형적으로 몇 년씩 지속되는데 온실기체 증가의 장기적인 효과에 비하면 상대적으로 매우 단기적이다. 최근 1991년 6월에 일어난 필리핀 피나투보 화산에서의 대규모 분출은 이미 언급되었다(그림 5.21). 이러한 분출의 결과로 대기 상한에서의 순복사량(태양복사와 열복사)의 변화는 대략 0.5Wm^{-2} 정도로 추정된다. 이러한 교란 상태는 대기 중에 떠돌던 먼지의 대부분이 가라앉을 때까지 약 2~3년 지속된다. 성층권에 다소 오래 머물게 되는 미립 먼지 입자로 인한 장기간의 복사 강제력 변화는 매우 작다.

지금까지 논의해온 내용을 요약하면 다음과 같다.

- 온실기체의 증가는 21세기 동안의 기후변화를 유도하는 인자들 중에서 가장 클 것이다.
- 온실기체 배출 시나리오의 범위에서 예상되는 기후변화들은 지구 평균기온과 기온, 강수량, 극단 기후 현상의 지역적 변화의 관점에서 다루어진다.
- 현재의 변화율은 지난 만 년 동안 지구 역사상 어느 시점에서보다도 더 클 수 있다.
- 가장 큰 영향을 줄 수 있는 변화들은 극단 기후 현상의 빈도, 강도, 발생 위치 등에서의 변화로 가뭄과 홍수가 특히 그러하다.
- 충분한 화석연료의 매장량은 앞으로 22세기까지도 계속 이산화탄소의 배출의 증가를 가져올 것이다. 그렇다면 기후변화는 더욱 커질 것이며 미래의 양상은 예측할 수 없는 지경에 도달하거나 '경악스러운' 일이 벌어질지도 모른다.

다음 장은 해수면, 수자원, 식량 공급, 인간의 보건에 대한 변화의 충격에 대해 논의할 것이다. 그 다음의 장들에서 어떻게 이러한 변화를 완화시키고 궁극적으로 종지부를 찍기 위해 우리들이 해야 할 행동에 대한 제안들을 다룰 것이다.

■ ■ ■ 과제

1. 그림 6.6에 맞추어, 당신이 알고 있는 어떤 지역의 적절한 기온 범위를 제시하시오. 매우 더운 날의 의미를 정의하고 만일 평균기온이 1, 2, 4℃ 정도 증가할 때 매우 더운 날의 발생 확률의 증가 비율을 예측하시오.

2. 그림 6.9로부터, 정상적인 기후 조건과 이산화탄소가 증가된 조건하에서의 전체 강수량이 1mm, 2mm, 5mm 이하를 가진 여름의 최대 기간을 비교하시오.

3. 상승기류는 더욱 습윤해지고 하강기류는 더 건조해짐에 따라 지구온난화와 함께 대류역에서 극단현상을 본문에서 기술하였다. 그 이유는 무엇인가?

4. IPCC 보고서에 있는 SRES 배출 시나리오의 모든 범위를 포함한 가설을 살펴보자. 당신은 어떤 시나리오들이 더 일어날 가능성이 높다고 보는가? 가장 가능성이 높은 시나리오를 선정해보시오.

5. 미래에 세계의 대부분 지역이 온난해지는데 북서 유럽은 보다 한랭해질 것이라는 주장이 있다. 왜 그런가? 그 가능성은?

6. 미래에 일어날 가능성이 높은 시나리오를 전망할 때 '놀라움'의 가능성을 강조하는 것이 얼마나 중요하다고 생각하는가?

7. 그림 3.5에 설명된 탄소순환에서의 기후 되먹임을 가정하면서, 그림 6.2에 나타난 2100년의 전망된 이산화탄소 농도, 그림 6.4(a)에 나타난 2100년의 전망된 복사 강제력, 그림 6.4(b)에 나타난 2100년의 전망된 기온 등에 미치는 영향을 추정하시오. (힌트: 먼저 그림 3.5의 대기 중 탄소 누적량을 대기 중의 농도로 환산하시오.)

7 기후변화의 영향

앞의 5장과 6장에서는 기온과 강수량의 관점에서 인간활동에 기인한 21세기의 예상 기후변화를 자세하게 다루었다. 실용적인 입장에서 보면 이러한 내용들은 인류의 자원과 활동에 대한 기후변화의 영향으로 설명할 필요가 있다. 해답을 얻기 원하는 질문들은 다음과 같다. 해수면은 얼마나 상승할 것이며 그것은 어떠한 영향을 미칠까? 수자원에는 어떤 영향을 미칠까? 농업과 식량 공급에는 어떤 영향을 미칠까? 자연생태계 및 인류의 건강에는 어떠한 영향을 미칠까? 본 장에서는 이러한 질문들을 다루어보기로 한다.[1]

복잡한 변화 네트워크

세계의 여러 지역에서 일어날 수 있는 기후변화의 특성은 장소에 따라 매우 다양함을 알 수 있었다. 예를 들면, 어떤 지역에서는 강수량이 증가할

---

1) 기후변화의 영향에 대한 종합적이고 구체적인 내용은 J. J. McCarthy, O. Canziani, N. A. Leary, D. J. Dokken, K. S. White(eds.), *Climate Change 2001 : Impacts, Adaption and Vulnerability. Contribution of Working Group II to the Third Assessment Report of the Intergovernmental Panel on Climate Change*(Cambridge: Cambridge University Press, 2001).

것이고 어떤 지역에서는 강수량이 감소할 것이다. 일어날 수 있는 변화의 특성도 많은 변동성이 있을 뿐만 아니라 기후변화에 대한 여러 시스템들의 민감도(자세한 내용은 아래 글상자 참조)에서도 변동성이 있다. 예를 들면, 다양한 생태계들이 기온이나 강수량 변화에 대해 매우 다르게 반응할 것이다.

인류의 입장에서 봤을 때 긍정적으로 보이는 기후변화의 영향도 있을 것이다. 예를 들면, 시베리아나 북부 캐나다의 일부 지역에서는 기온이 상승하여 보다 다양한 작물 재배 지역의 확대 가능성과 함께 작물성장 기간이 길어지는 경향을 보일 것이다. 어떤 지역에서는 이산화탄소의 증가가 특정 작물의 성장을 도와서 수확량을 늘려줄 것이다.

그러나 수세기 동안 인류는 현재 기후에 그들의 삶의 방식이나 행동을 적응시켜왔기 때문에 대부분의 기후변화들은 부정적인 영향을 주게 될 것이다. 변화가 급격하게 일어난다면 인류 집단은 새로운 기후에 대한 즉각적이고도 희생이 따르는 적응이 요구될 것이다. 영향을 받고 있는 집단은 그 대책으로 적응이 덜 요구되는 지역으로 이주해야 할 것이다. 하지만 이와 같은 해결책은 점차 어려워지거나 현대와 같이 인구밀도가 높은 세계에서는 불가능할지도 모른다.

본 장의 시작에서 제시된 질문에 대한 답변은 단순한 것과는 분명히 거리가 멀다. 특정 변화의 영향(예를 들면, 해수면이나 수자원)을 그 외에 것은 변화하지 않는다고 가정하고 고려하는 것이 상대적으로 쉬울 것이다. 물론 다른 요인들도 변화할 것이다. 생태계와 인간사회 모두에 있어 일부 적응은 상대적으로 쉽게 달성될 수 있다. 그 외의 적응은 매우 어려울 수도 있고, 비용이 많이 들거나 거의 불가능할 수도 있다. 지구온난화의 효과와 그것이 얼마나 심각할 수 있는지를 평가할 때 반응과 적응을 위한 허용 가능성은 반드시 있을 것이다. 적응에 드는 예상 비용들도 지구온난화와 연계된 손실 혹은 영향의 비용과 함께 고려되어야 할 것이다.

민감도, 적응력, 취약성(다음 글상자 참조)은 장소와 국가에 따라 매우 다양하다. 특히 개발도상국, 그 중에도 후진국들은 선진국에 비하여 적응력이 낮기

민감도, 적응력, 취약성의 정의[2)]

민감도(sensitivity)는 시스템이 영향을 받는 정도로서 기후와 관련된 자극에서 역방향과 순방향 모두를 포함한다. 여기에는 평균 기후 특성, 기후 변동성, 극단 기후의 주기와 강도 등과 같은 모든 기후변화 요소들이 포함된다. 이것은 직접적(예를 들면, 기온의 평균, 교차 혹은 변동에 반응하는 수확량의 변화)일 수도 있고 간접적(예를 들면, 해수면 상승에 의해 발생하는 해안 침수의 빈도 증가에 따른 피해)일 수도 있다.

적응력(adaptive capacity)은 기후변화(기후 변동과 극단 기후 포함)에 시스템이 조절하여 잠재적인 피해를 완화시키고, 우호적인 기회를 포착하거나, 영향력에 대항하는 능력을 말한다.

취약성(vulnerability)은 기후 변동이나 극단 기후와 같은 기후변화의 부정적인 영향을 받을 가능성이 높거나, 대처하지 못하는 정도를 말한다. 취약도는 기후의 특성, 강도, 변화율, 또한 체계의 노출 정도, 체계의 민감도와 적응도 등의 함수이다. 기후변화의 강도와 비율은 시스템의 민감도, 적응력, 취약성을 결정하는 데 중요하다.

때문에 기후변화의 치명적 피해에 대해 상대적으로 높은 취약성에 노출된다.

물론 지구온난화의 영향 평가는 더욱 복잡하다. 지구온난화가 인류가 만들어낸 유일한 환경 문제가 아니기 때문에 토양유실과 지력 소모(적절하지 않은 농업활동에 의한), 과도한 지하수 사용, 산성비로 인한 피해 등이 국지적 및 지역 규모에서 현재도 상당한 피해를 미치는 환경 악화의 사례들이다.[3)] 이러한 문제들이 시정되지 않으면 지구온난화로부터 야기될 수 있는 부정적인 영향들

2) McCarthy, *Climate Change 2001: Impacts*, p.6 정책입안자를 위한 요약문 참조.

3) *Global Environmental Outlook 3*(UNEP Report, 2002), "London: Earthscan,"; A. Goudie, 2000. *The Human Impact on the Natural Environment,* fifth edition(Massachusetts: MIT Press, 2000).

은 더욱 악화될 것이다. 이러한 이유로 인류와 인간활동에 관련되는 기후변화의 다양한 영향은 그것을 경감시키거나 반대로 악화시킬 수 있는 다른 요인들과 함께 고려되어야 할 것이다.

기후변화 영향, 적응, 취약성에 대한 평가는 다양한 범위의 물리학과 생물학, 사회과학을 필요로 하고 폭넓은 방법론과 도구들을 사용해야 한다. 따라서 이러한 다양한 학문으로부터 정보와 지식을 통합할 필요가 있다. 이러한 과정을 통합 영향 평가(Integrated Assessment. 9장 322쪽 글상자 참조)라고 한다.

지금부터 다양한 영향들을 개별적으로 살펴본 후에 다시 통합하여 전체적인 영향을 평가하고자 한다.

해수면은 얼마나 상승할 것인가?

지구의 역사에 있어 대규모 해수면의 변화에 대한 증거는 많다. 예를 들면, 대략 12만 년 전인 마지막 빙하기가 시작되기 전 온난한 기간 동안, 지구의 평균기온은 오늘날보다 약간 높은 편이었다(그림 4.4). 그때의 평균 해수면은 오늘날보다 약 5~6m 정도 높았다. 빙하기가 끝나가면서 빙상의 면적이 최대에 도달하던 약 18,000년 전에 해수면은 오늘날에 비해 100m 이상 낮았고 이것은 영국이 유럽대륙에 붙어 있을 정도로 충분히 낮았다.

이러한 해수면 변화의 주요 원인은 극지역을 덮고 있던 대규모 빙상의 융해와 성장이라고 여겨져 왔다. 확실히 약 18,000년 전 해수면의 하강은 극지방의 빙상의 확장으로 엄청난 양의 물이 얼음으로 갇혀 있었기 때문이었다. 북반구에서 빙상은, 유럽에서는 영국 남부에 이르는 남쪽까지, 미국에서는 오대호의 남쪽까지 확장했다. 확실히 지난 간빙기 동안 해수면이 5~6m 높았던 주요 이유는 남극과 그린란드의 빙상이 감소했기 때문이었다. 그러나 보다 짧은 기간의 변화는 평균 해수면에 영향을 많이 미치는 다른 요인에 의해 크게 좌우된다.

20세기 동안 관측의 결과를 보면 대략 10~20cm 정도의 평균 해수면 상승이 있었다.[4] 이러한 상승에 가장 크게 기여한 것은(약 1/3 정도) 해수의 열적 팽창이다. 해양이 온난해지면 해수가 팽창하고 해수면이 상승한다(다음 글상자 참조). 또 다른 중요한 요인은 빙하의 융해와 2만 년 전 혹은 그 이전부터 시작된 대규모 빙상의 제거로 인해 현재도 진행 중인 장기간에 걸친 조정의 결과이다. 그린란드와 남극의 빙모로부터의 기여도는 크지 않은 것으로 믿어진다. 불확실하지만 해수면 변화에 대한 또 다른 기여는 물의 육지 저장의 변화에서 오는데, 예를 들면, 저수지와 관개 증가를 들 수 있다.

21세기에 예상되는 해수면 상승에 기여하는 여러 가지 요인들도 파악할 수 있다. 해수면의 열적 팽창이 가장 큰 요인이고 그 다음 요인이 빙하의 융해이다. 만일 남극과 그린란드 외의 모든 빙하들이 녹는다면, 해수면 상승은 거의 50cm(40~60cm 사이)에 육박할 것이다. 20세기 들어서만도 많은 빙하들의 후퇴로 최근 수십 년 사이에 2~4cm 정도의 해수면 상승이 일어났다. 그러나 빙하의 활동에 대한 기후변화의 영향을 모델링하는 것은 매우 복잡하다. 빙하의 성장과 쇠퇴는 특히 겨울철의 강설량과 여름철의 융해량 간의 균형에 달려 있다. 겨울철의 강설량과 여름철의 평균기온 모두가 중요하며 이들은 빙하의 융해율에 대한 미래 전망에 반드시 고려되어야 한다.

배출 시나리오에 대한 특별 보고서(SRES)에서 21세기 동안의 평균 해수면 상승은 다양한 기여 요인들을 포함하여 계산되어왔다. 열팽창에 기인한 요인(전형적으로 전체의 60%)과 육지 빙하의 변화(전형적으로 전체의 25%)는 7개의 대기-해양 결합 대순환 모델(AOGCMs)(그림 6.4에 있는 지구 평균기온의 변화에 대한 계산에서 나와 있듯이)의 각각에 대해 개별적으로 보정된 단순 기후모델을

4) 보다 자세한 내용은 J. A. Church, J. M. Gregory *et al.*, "Changes in sea level," In J. T. Houghton, Y. Ding, D. J. Griggs, M Noguer, P. J. van der Linden, X. Dai, K. Maskell, C. A. Johnson(eds.) *Climate Change 2001: The Scientific Basis. Contribution of Working Group I to the Third Assessment Report of the Intergovernmental Panel on Climate Change*(Cambridge: Cambridge University Press, 2001), 11장 참조.

해수의 열팽창

해수면 상승의 큰 원인은 해양의 열팽창에 기인한다. 팽창에 대한 정확한 양의 계산은 복잡한데 이것은 물의 온도에 대한 민감한 반응 때문이다. 차가운 물일 경우 주어진 온도에서의 팽창은 작다. 해수의 최대 밀도는 대체로 0℃에 가까운 온도에서 일어난다. 0℃에 가까우면 온도의 상승에 의한 팽창은 거의 무시될 정도이다. 5℃에서(고위도의 전형적인 해수 온도), 1℃의 상승은 1만분의 1 정도 팽창이 나타나고, 25℃에서는(전형적인 열대 위도에서의 해수 온도) 1℃ 상승에 1만분의 3까지 부피가 팽창한다. 예를 들면, 해양의 표면 100m 정도(이 깊이는 혼합층을 이루는 표면층)의 온도가 25℃에서 26℃로 상승하게 될 경우 해수면은 약 3cm 정도 높아진다.

보다 복잡한 것은 모든 해수가 동일한 비율로 기온변화를 가져오는 것은 아니라는 점이다. 즉, 혼합층(mixed layer)은 대기의 변화에 의해 야기되는 변화에 비교적 빨리 균형을 이루지만 더 아래 층들은 비교적 천천히 변화한다(표층에서 1km 깊이까지는 데워지는 데 몇십 년이 소요된다). 물론 어떤 부분에서는 전혀 온도가 변하지 않는다. 따라서 열적 팽창으로 인한 해수면 상승의 전구 평균과 지역 변동을 계산하기 위해서는 5장에서 기술된 해양 기후모델의 결과를 이용하는 것이 필요하다.

사용하여 계산되었다. 영구 동토대의 변화, 퇴적물의 효과, 과거 기후변화에 의한 빙하 융해의 장기간 조정에 의한 비교적 영향력이 덜한 요인들도 계산에 포함되었다. 그 결과를 제시한 그림 7.1을 보면 예측의 불확실성도 상당함을 알 수 있다. 배출 시나리오에 존재하는 불확실성과는 별도로 실질적인 기온 상승에서의 불확실성(그리고 열팽창에 따른 요인들의 불확실성)도 있는데, 이것은 기후 민감도를 위해 선택된 값에 따른 것이다(그림 6.4). 또한 모델에 따라서는 빙하와 소규모 빙모의 융해에 따른 해수면 상승 예측치에서 상당한 차이가 나고 있다. 2100년도에서의 불확실성의 전체 범위는 10에서 90cm에 이른다.

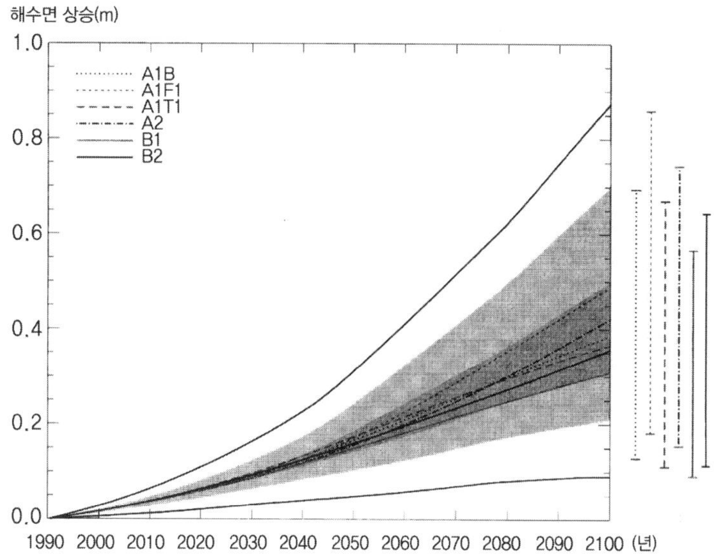

그림 7.1. SRES 시나리오에 따른 1990~2100년 동안 지구 평균 해수면 상승. 중요한 6개 곡선은 6개의 SRES 시나리오에 각각에 대한 AOGCMs의 평균을 말한다. 진한 음영 영역은 총 35개의 SRES 시나리오에 대한 AOGCM의 평균 범위를 보여준다. 흐린 음영 영역은 총 35개의 SRES 시나리오에 대한 모든 AOGCM의 범위를 보여준다. 가장 외곽의 선들에 의해 정해진 영역은 육지 빙하의 변화, 영구 동토대 변화 및 퇴적물 변화에 대한 불확실성을 포함하는 모든 AOGCMs와 시나리오들의 범위를 보여준다. 이러한 범위는 남극 서부의 빙상(본문 참조)에서의 빙하 역학적인(ice-dynamical) 변화와 관계되는 불확실성까지 포함하는 것은 아니다. 오른쪽의 직선 기둥들은 6개의 시나리오에 대한 모든 AOGCMs들의 2100년의 범위를 보여준다.

그림 7.1의 전망은 다음에 올 100년에 대한 것이다. 이 기간은 해양에서 일어나는 해류의 느린 혼합 때문에 단지 일부 해양에서만 상당한 온난화가 일어날 것으로 본다. 따라서 지구온난화로 인한 해수면 상승은 지구 표면에서의 온도 변화 후에 지체시간(lag time)을 가질 것이다(그림 7.2). 다음 세기에는 지표면의 기온이 안정화된다 하더라도 나머지 해양들이 점진적으로 온난화되면서 해수면의 높이는 일정한 비율로 상승할 것이다.

그림 7.2의 평균 해수면 상승의 추정은 21세기 동안 예상될 수 있는 현상들

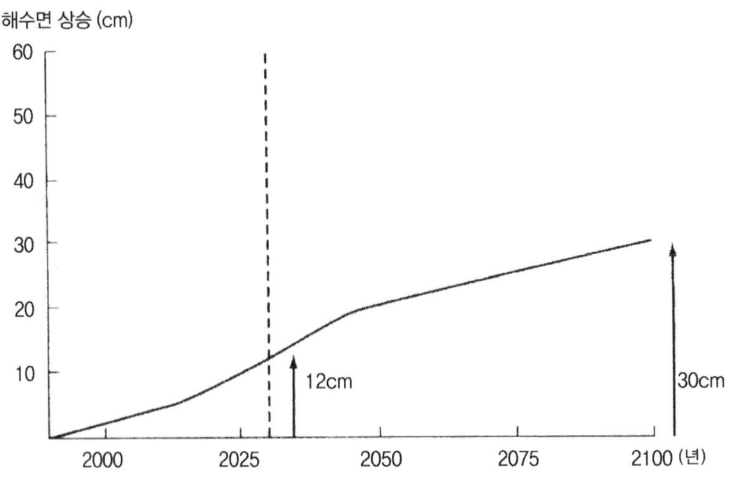

그림 7.2. 2030년까지의 온실기체 증가에 따른 시나리오에서의 해수면 상승 예측. 2030년은 온실기체가 안정화되어서 더 이상의 기후에 대한 복사 강제력을 보이지 않을 것으로 추정되는 때이다. 해수면의 추가적인 증가는 기온의 증가가 해면에 영향을 미치면서 21세기의 후반부에서 계속될 것이다. 이러한 증가는 남은 해양의 온난화가 이루어지면서 21세기 동안에는 거의 같은 비율로 계속될 것이다.

에 대한 일반적인 지침을 제공한다. 그러나 해수면 상승은 지표면 전체를 통해서 일정한 것은 아닐 것이다. 해양에서의 열팽창의 효과는 지역과 장소에 따라 상당한 변이가 있을 것이다. 더욱이 자연적인 원인으로 일어나는, 예를 들면, 판구조 운동 혹은 인간활동에 의한 육지의 변화(지하수의 제거 등)는 지구 온난화에 의한 해수면 상승률에 상당한 영향을 줄 수 있다는 것이다. 어떤 주어진 장소에서 미래 해수면 상승의 예측치를 결정하는 데는 이 모든 요인들이 반드시 고려되어야 할 것이다.

남극과 그린란드 빙상 변화의 해수면 증가의 순기여도가 소규모라는 사실은 흥미롭고 놀랄만한 것이다. 두 지역의 빙하에는 두 가지의 경쟁적 효과가 있다.[5] 보다 온난한 세계에서는 대기 중의 수증기가 더 많이 존재하여 더

5) C. J. van der Veen, "State of balance of the cryosphere," *Reviews of Geophysics*, 29(1991),

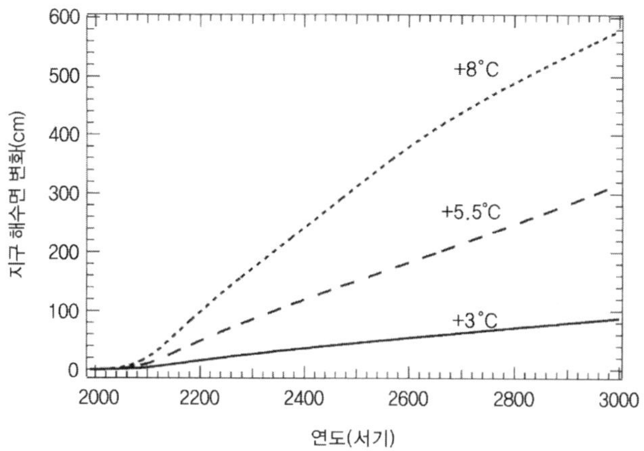

그림 7.3. 서기 3000년에 세 개의 기후온난화 시나리오에 있어 그린란드 빙상의 반응에 기인한 지구 평균 해수면의 변화. 각 곡선에 달린 온도 표시는 2130년까지는 계속 증가하고 그 이후에는 그대로 지속되는 온실기체 농도에 의해 강제되는 2차원의 기후와 해양 모델에 의해서 예측되는 서기 3000년까지의 그린란드 지역에서의 연평균기온 상승을 나타낸다. 그린란드 지역에서 전망된 기온 상승은 일반적으로 지구 평균보다 더 크다(그림 6.4를 만드는 데 이용된 AOGCMs에서의 1.2~3.1배 정도).

많은 강설을 야기할 수 있다. 그러나 또한 여름철 동안에 빙하의 융해와 빙산의 삭탈 경계대에서 보다 많은 삭박(융해에 의한 침식)이 일어난다. 남극에서는 삭박보다 눈의 누적이 많아서 약간의 순증가가 나타난다. 그린란드는 눈의 누적보다 삭박이 많다. 두 지역 모두에서 보면 현재의 조건하에서 추정치의 불확실성은 상당하지만 순효과는 거의 0에 가깝다고 할 수 있다.

그러나 미래를 더 자세히 살펴보면 빙상에서 보다 큰 변화들이 시작되고 있다. 그린란드의 빙상은 보다 취약하며, 완전한 융해가 일어나면 해수면을 약 7m 정도 상승시키는 효과를 가져온다. 이러한 빙상에 대한 모델 연구를 보면 3℃ 이상의 기온이 상승되면서 삭박은 눈의 누적을 능가하게 되고 빙모의 융해가 시작될 것이다. 그림 7.3은 그린란드에서의 다양한 기온변화에 따라

---

pp.433~455 참조.

예상되는 다음 천 년간 나타날 해수면 상승률을 보여준다. 예를 들면, 5.5℃의 온난화가 천 년 동안 지속된다면, 해수면은 약 3m 정도 상승하는 결과를 가져온다.

남극 빙하에서 가장 걱정되는 부분은 서부 쪽이다(경도 90° W 부근). 이들이 붕괴되면 해수면은 약 6m 상승하는 결과를 가져올 것이다. 빙하의 상당한 부분은 해수면 이하에 잠겨 있기 때문에 이들 빙하를 둘러싸고 있는 해안의 빙붕(ice shelves)이 약해지면 급격한 빙하의 유출이 일어날 수 있다는 설이 제기되어왔다. 연구의 결과들이 아직은 확정적이진 않지만 현재의 빙하역학 모델은 급속한 빙하의 붕괴를 전망하고 있지는 않으며 다음의 천 년에 걸쳐 남극 서부 빙상의 융해가 해수면 상승에 미치는 영향은 3m 이하가 될 것이라는 의견이 우세하다.

해수면 상승의 영향

2030년까지 10cm, 그리고 21세기 말경에는 50cm 정도의 해수면 평균 상승(그림 7.1에서의 전형적인 값)은 그리 큰 것으로 보이지 않는다. 많은 사람들은 직접적인 영향을 받지 않기 위해서 만조보다 충분히 높은 고도에 거주한다. 그러나 전 세계 인류의 반은 해안지역에 거주하고 있다. 또한 해안지역의 저지대는 가장 비옥하고 많은 사람들이 밀집되어 거주하는 지역이다. 따라서 이러한 지역에 살고 있는 사람들에게는 아주 작은 해수면 상승도 커다란 문제를 일으킬 수 있다. 해안지역에서도 특히 취약한 곳은 삼각주 지역을 꼽을 수 있는데 방글라데시를 예로 들 수 있다. 둘째, 해안 방조제로 유지되는 거의 해수면 높이에 있는 지대로서 네덜란드 등이 있다. 셋째, 태평양과 그 외 대양에 있는 해발고도가 낮은 섬들이다. 이들 지역에 대해 차례로 살펴본다.

방글라데시는 갠지즈 강, 브라마푸트라 강, 메그나 강의 복합 삼각주 지역에 위치하고 있으며 인구 1억 2천만의 인구 조밀국이다.[6] 해수면이 0.5m 상승하면 거주 가능한 국토면적의 약 10%(거주 인구로는 약 6백만 명)가 유실될 것이며, 1m 상승하게 되면 약 20%의 면적(인구로는 약 1,500백만 명)이 상실될 것이다(그림 7.4).[7] 예측되는 해수면 상승은 2050년에 약 1m이며(육지 침식과 지하수 제거에 의한 침강으로 70cm, 지구온난화에 의해 30cm 상승) 2100년에는 거의 2m(침강으로 1.2m, 지구온난화로 70cm)에 달할 것으로 본다.[8] 물론 이러한 추정에는 불확실성이 크다.

해수면 상승으로부터 방글라데시의 길고 복잡한 해안선을 완전히 보호한다는 것은 현실적으로 거의 불가능하다. 따라서 양질의 농경지의 상당 부분이 유실될 것이다. 국가 경제의 절반과 인구의 85%가 농업에 의존하고 있는 현실에서 이는 심각한 일이다. 이러한 사람들의 대부분이 생존의 기로에 서게 된다.

그러나 육지의 유실은 해수면 상승에 의해서만 나타나는 것은 아니다. 방글라데시는 해일에 의한 피해에도 아주 취약하다. 매년 평균적으로 적어도 1개 이상의 대규모 사이클론이 방글라데시를 강타한다. 지난 25년 동안 두 차례에 걸친 대규모 사이클론의 피해로 엄청난 홍수와 인명피해를 겪었다. 1970년의 폭풍 해일은 아마도 최근의 세계 자연재해 중 가장 대규모였다. 이로 인해

6) 방글라데시의 기후 변화 영향에 대한 종합적인 설명은 R. A. Warrick, Q. K. Ahmad(eds.), *The Implications of Climate and Sea Level Change for Bangladesh*(Dordrecht: Kluwer, 1996) 참조.

7) R. J. Nicholls, N. Mimura, "Regional issues raised by sea level rise and their policy implications," *Climate Research*, 11(1998), pp.5~18.

8) J. M. Broadus, "Possible impacts of, and adjustments to, sea-level rise: the case of Bangladesh and Egypt," In R. A. Warrick, E. M. Barrow, T. M. L. Wigley(eds.), *Climate and Sea-level change: Observations, Projections and Implications*(Cambridge: Cambridge University Press, 1993), pp.263~275. 해양구조물의 다양성으로 해수면 상승의 영향이 모든 지역에서 동일하지 않음을 유의해야 한다. 방글라데시는 대략 평균 이상의 상승이 예상된다. J. M. Gregory, "Sea-level changes under increasing CO_2 in a transient coupled ocean-atmosphere experiment," *Journal of Climate*, 6(1993), pp.2247~2262).

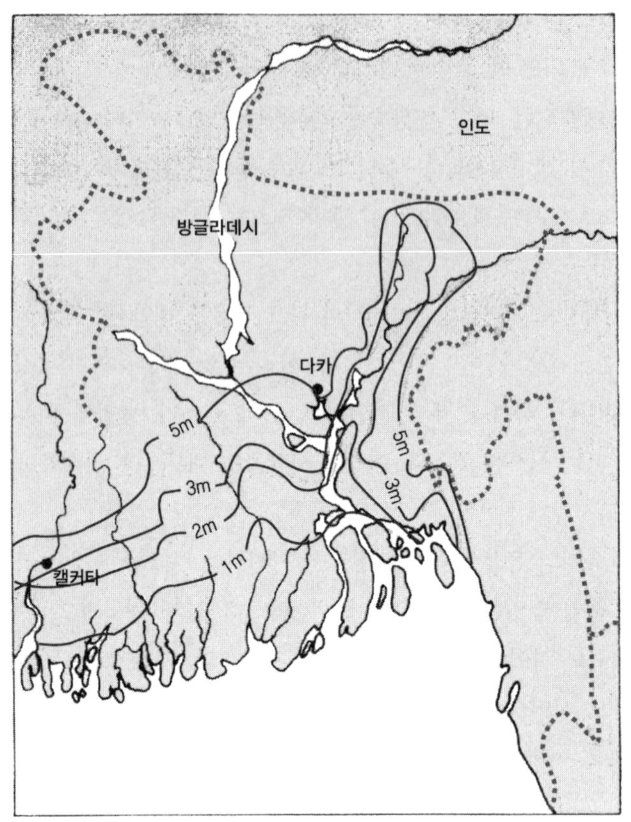

그림 7.4. 해수면 상승 정도에 따른 방글라데시의 육지 유실 효과

25만 명 이상의 사망자가 난 것으로 추산되었다. 1991년 4월에도 유사한 폭풍 해일로 10만 명이 넘는 인명피해가 있었다. 이렇듯 폭풍에 취약한 지역에서는 해수면이 조금만 상승해도 그 피해는 더욱 늘어날 것이다.

농업 지역의 생산성에 관련된 해수면 상승의 또 다른 피해로는 해수가 담수로 이루어진 지하수로 유입되는 문제이다. 현재 방글라데시에서 염수는 계절적으로 거의 150km까지 내륙 침투한다. 해수면이 1m 상승하면 해수 침입의 영향을 받는 지역은 엄청나게 늘어날 것이다.[9] 물론 기후변화로 몬순성 강우가 증가한다면 염수 침투는 어느 정도 완화될 수는 있을 것이다.[10]

미래에 예상되는 이러한 문제에 대해 방글라데시는 어떠한 반응의 가능성이 있을까? 현재 진행 중인 변화에서 어업은 위치조정이 되어 조업지역의 변화와 조업 여건의 변화에 따라 융통성이 있을 것으로 보인다. 반면 농업 지역은 위치조정을 하거나 적응하기가 쉽지 않을 것이다. 현재 방글라데시에서는 바다로 손실된 육지의 농업 지역과 거주 지역을 대체할 만한 여지가 거의 없는 실정이다. 따라서 이러한 문제에 있어 모든 측면을 고려한 매우 정교한 연구와 관리 정책이 필요함이 분명해진다. 하천에서 삼각주 지역으로 유입되는 운반 물질들은 특히 중요하다. 운반 물질들의 양과 해안과 해양에서의 퇴적 양상은 해수면 상승에 의해 영향을 받는 육지의 해발고도에 큰 영향을 미친다. 따라서 삼각주 자체는 물론 하천에 대한 세심한 관리가 요구된다. 지하수와 해안 방조제 관리도 신중하게 이루어져야 하는데 그것은 해수면 상승의 효과를 어느 정도 경감시킬 수 있기 때문이다.

위와 유사한 상황이 이집트의 나일 삼각주에서도 일어난다. 향후 100년 동안에 일어날 가능성 있는 해수면 상승은 방글라데시와 마찬가지로 해안지역의 침강과 지구온난화 때문에 일어난다. 2050년경에는 1m, 2100년경에는 2m 정도 상승할 것으로 보인다. 해수면이 1m 상승할 경우 7백만 인구를 가진, 경작지의 12%가 영향권에 든다.[11] 잘 발달한 해안사구는 바다로부터의 보호가 가능하지만 0.5m 이내의 해수면 상승에서만 가능하다.[12]

이와 같은 해수면 상승의 영향에 취약한 삼각주 지역에 대한 다른 사례들은 특히 동남 아시아와 아프리카에서 보듯이 방글라데시와 이집트에서 발생하고 있는 문제들과 유사할 것이다. 예를 들면, 중국 동부해안을 따라 넓고 저평한

---

9) F. U. Muhtab, *Effect of Climate Change and Sea Level Rise on Bangladesh*(London: Commonwealth Secretariat, 1989) 인용.

10) R. A. Warrick, Q. K. Ahmad(eds.) *The Implications of Climate and Sea Level Change for Bangladesh*(Dordrecht: Kluwer, 1996), 4장 참조.

11) Broadus(1993), In Warrick, *Climate and Sea-level Change*, pp.263～275.

12) J. D. Milliman, “Environmental and economic implications of rising sea level and subsiding deltas: the Nile and Bangladesh examples,” *Ambio,* 18(1989), pp.340～345.

충적평야들이 분포하고 있다. 0.5m의 해수면 상승이 일어나면 현재 3,000만 인구가 거주하는 약 4만 km^2의 면적(네덜란드 면적 정도)[13]이 침수될 것이다. 미시시피 삼각주 지역에 대해서도 많은 연구들이 진행되고 있다. 이러한 연구들에 따르면 인간과 산업활동은 지구온난화에 의해 야기되는 해수면 상승의 잠재적인 문제들을 더욱 가속화시킨다고 지적한다. 하천 관리 때문에 하천에 의해 삼각주로 운반되는 퇴적물들이 거의 없어져서 장기적인 지각판 이동으로 인한 침강을 상쇄하는 역할이 거의 사라진다. 또한 운하와 하구언의 건설은 해양으로부터 해안으로의 퇴적물 이동을 방해하고 있는 것이다.[14] 이와 같은 연구들은 이러한 지역에 미칠 모든 활동들에 대한 조심스러운 관리가 요구되며, 자연적인 해안 지형 형성작용을 최대한 활용하는 것이 생존을 지속시키는데 필수적임을 제시하고 있다.

네덜란드의 경우를 살펴보면, 국토의 절반 이상이 해안 저지로 이루어져 있으며 국토의 대부분이 해수면 이하 고도로 되어 있다. 또한 전 세계적으로 가장 인구밀도가 높은 지역 중의 하나이다. 이 지역에 살고 있는 1,400백만 거주자 중에서 800만 명이 로테르담, 헤이그, 암스테르담과 같은 대도시에 살고 있다. 오랜 세월에 걸쳐 조성된 400km의 해안 제방과 해안 사구 체계가 이 땅을 바다로부터 보호하고 있다. 최근의 보호 방안은 인공적인 방조제 건설보다는 해안사구와 해안 퇴적물들에 대한 다양한 해안작용(조류, 해류, 파도, 바람, 중력)의 효과들을 이용하고자 하는 것으로, 이들을 통해 바다의 영향에 대한 안정된 자연지형적인 보호벽을 만든다는 전략이다. 이와 유사한 정책들이 영국 동부의 노퍽(Norfolk) 해안[15]의 보호를 위한 방안으로 제시되고

---

13) *Climate Change due to the Greenhouse Effect and its Implications for China*(Gland, Switzerland: Worldwide Fund for Nature, 1992)에서 인용.

14) J. W. Day *et al.*, "Impacts of sea-level rise on coastal systems with special emphasis on the Mississippi river deltaic plain. In Warrick," *Climate and Sea-level Change*(1993). pp.276~296.

15) K. M. Clayton, "Adjustment to greenhouse gas induced sea-level rise on the Norfolk coast: a case study," In Warrick, *Climate and Sea-level Change*(1993), pp.310~321.

있다. 향후 100년 동안의 해수면 상승에 대한 보호책으로 새로운 기술이 필요하지 않을 것이다. 다만 제방과 사구가 높아져야 할 것이다. 지하 담수층으로 염해수의 침투를 막기 위하여 배수 시설이 필요할 것이다. 해수면 1m 상승에 대한 해안 시설 보호에 120억 달러의 비용이 필요할 것으로 예측된다.[16]

이렇게 해수면 상승에 특히 취약한 지역의 3번째 유형은 해발고도가 낮은 작은 섬들이다.[17] 1,190개의 섬으로 이루어진 인도양의 몰디브 군도, 섬의 모든 지역이 해발 고도 3m 이하인 태평양의 마셜 군도와 같은 작은 섬들, 산호초 섬으로 이루어진 군도에 약 50만 명의 사람들이 살고 있다. 0.5m의 상승에도 섬의 상당 부분이 바다에 잠기게 되며 경우에 따라서는 섬을 포기해야 한다. 지하수도 절반 정도 줄게 된다. 바다로부터 해안을 지키는 데 드는 비용은 이들 섬의 인구로는 감당하기 힘들다. 산호초 섬의 경우 100년에 0.5m 해수면 상승률은 산호초 성장이 인간의 활동에 방해받지 않고 1~2℃ 정도의 최대 해수 온도 상승에 영향을 받지 않는다는 조건에서 극복될 수 있다.[18](따라서 실질적인 산호초 성장률은 이보다 못하며, 해수면 상승률보다도 낮다 : 역주).

이상에서 해수면 상승에 특히 취약한 지역들의 사례들을 살펴보았다. 다른 해안 지역에서도 이러한 지역만은 못해도 결국 영향을 받게 된다. 세계 도시들의 상당수가 해안에 인접해 있고 지하수의 고갈로 인해 침강되는 일이 많아지고 있다. 지구온난화로 인한 해수면 상승은 이러한 문제를 더욱 심각하게

16) R. J. Nicholls, N. Mimura, "Regional issues raised by sea-level rise and their policy implications," *Climate Research*, 11(1998), 5-18; J. G. de Ronde, 1993. "What will happen to the Netherlands if sea-level rise accelerates?" In Warrick, *Climate and Sea-level Change*(1993), pp.322~335.

17) L. Nurse, G. Sem *et al.*, "Small islands states," In McCarthy, *Climate Change 2001: Impacts*(2001), 17장 참조.

18) L. Bijlsma, "Coastal zones and small islands," In R. T. Watson, M. C. Zinyowera, R. H. Moss(eds.), *Climate Change 1995: Impacts, Adaptations and Mitigation of Climate Change: Scientific-Technical Analyses. Contribution of Working Group II to the Second Assessment Report of the Intergovernmental Panel on Climate Change*(Cambridge: Cambridge University Press, 1996), 9장 참조.

만들 것이다. 이러한 문제들을 해결하는 데 특별한 기술적인 어려움은 없지만 전반적인 지구온난화의 영향까지 고려하는 것이 비용 산정 시에 필요하다.

지금까지는 주로 사람들에게 큰 영향을 줄 수 있는 인구 밀집지역에 대한 해수면 상승의 심각한 영향을 살펴보았다. 그러나 사람들이 거의 살지 않는 지역에서도 그 영향은 중요하다. 세계의 간석지와 맹그로브 습지들은 현재 약 100만 km^2(대략적인 수치임)에 달하는데, 이 면적은 프랑스의 거의 두배에 달한다. 이들 생태계의 생물학적 다양성이나 생산성은 육지 생태계나 농업 생태계와 비슷하거나 크다. 많은 조류나 동물들, 인간에게 필요한 물고기들의 2/3가 생물순환계의 한 부분으로 해안 습지에서 공급된다. 따라서 이들은 지구 전체 생태계에서 매우 중요한 역할을 한다. 이러한 지역들은 해수면의 완만한 상승에는 적응을 할 수 있지만, 매년 2mm 이상, 즉 100년간 20cm 이상의 해수면 상승률에 보조를 맞춘다는 증거는 없다. 그렇다면 예상되는 현상은 습지 지역들이 내륙으로 확장되고 농경지까지 잠식하게 되는 것이다. 많은 지역에서 이러한 습지의 확대는 홍수 방지 제방과 인공 시설물들에 의해서 방해받기 때문에 바다 쪽에서의 침식이 습지 감소를 주도할 것이다. 다양한 인간활동(해안선 보호, 퇴적물 발생원의 봉쇄, 매립, 농업개발, 석유와 가스 개발, 지하수 양수)으로 해안 습지는 매년 0.5~1.5%의 비율로 사라지고 있는 실정이다. 기후변화로 인한 해수면 상승은 이러한 유실을 더욱 강화할 것이다.[19)]

21세기에 일어날 지구온난화로 인한 0.5m 정도의 해수면 상승의 영향을 정리하면 다음과 같다. 지구온난화는 해수면을 상승시킬 뿐만 아니라 다른 환경 문제들의 영향을 악화시킬 수 있다. 따라서 인간활동에 대한 신중한 관리는 일어날 수 있는 영향을 상당히 경감시킬 수 있지만 부정적 영향은 여전히 존재한다. 특히 취약한 삼각주 지역에서 해수면 상승은 상당한 농경지의 유실을 가져오고 담수원으로의 염분의 침입을 유도하게 될 것이다. 예를

---

19) R. F. McLean, A. Tsyban *et al.*, "Coastal zones and marine ecosystems," In McCarthy, *Climate Change 2001: Impacts*(2001), 6장 참조.

들면, 방글라데시에는 1,000만 명이 넘는 사람들이 이러한 손실의 피해를 입고 있다. 방글라데시와 열대 지역의 다른 저지대에서 보다 심각한 문제는 폭풍 해일에 의한 재해의 강도와 빈도의 증가이다. 매년 전 세계적으로 폭풍 해일로 인한 범람을 경험하는 사람들은 4,000만 명에 육박하고 있다. 2080년경 해수면이 40cm 상승하면 범람은 4배로 증가할 것으로 추정되는데 국내총생산(GDP)에 비례하여 해안선 보호가 강화되면 그 수는 절반으로 줄어들 수는 있을 것이다.[20] 저지대로 이루어진 작은 섬들도 토지와 담수 공급의 손실을 경험할 것이다. 네덜란드와 같은 국가들과 해안지역의 많은 도시들은 바다로부터의 보호를 위해 엄청난 비용을 지불해야 할 것이다. 많은 육지가 세계 주요 습지 근처에서 사라질 것이다. 이러한 영향들에 대한 금전이나 인명을 포함한 비용 산정 문제는 다음 장에서 논의될 것이다.

본 절에서는 21세기에 일어날 해수면 상승의 영향을 살펴보았다. 지금까지 보아왔듯이 해양은 지표면 온도의 증가에 해양이 적응하는 데 수세기의 시간이 걸리기 때문에 해수면 상승의 보다 장기적인 영향이 강조될 필요가 있다. 대기 중의 온실기체 농도가 안정되어서 인간의 간섭에 의한 기후변화가 멈추어진다 하더라도 해수면은 해양이 완전히 새로운 기후에 적응할 때까지 수세기 동안 계속 상승할 것이다.

담수 자원의 사용량의 증가

지구 물순환은 기후계의 기본 요소이다. 물은 해양, 대기, 육지 표면 간을 순환한다(그림 7.5). 증발과 응결을 통해서 물순환은 대기로 에너지를 전달하고 대기 내에서 에너지를 전달하는 중요한 방법을 제공한다. 물은 모든 생명의

20) R. Watson *et al.*(eds.), *Climate Change 2001: Synthesis Report. Contribution of Working Group I, II and III to the Third Assessment Report of the Intergovernmental Panel on Climate Change*(Cambridge: Cambridge University Press, 2001), Figure 3.6 인용.

원천이다. 동물과 식물 모두에 있어 생명체들의 생존 공간 범위가 매우 넓은 이유는 지구상에서 물의 유용성의 범위가 넓기 때문이다. 열대우림의 정글은 엄청난 다양성을 지닌 생물체들로 얽혀 있다. 건조한 지역에서는 식생의 분포가 보다 희박하며 최소한의 물로 장기간 견딜 수 있는 생물체들이 생존한다. 동물들도 건조한 조건에 적응하게 된다.

물은 인간의 생존에도 필수적이다. 마시는 물이 필요하며 음식을 만들기 위하여, 건강과 위생을 위하여, 산업과 교통을 위해서도 물이 필요하다. 인류는 극단적으로 건조한 지역을 제외하고는 생명체 유지를 위한 물의 다양한 공급으로 다양한 환경에 적응될 수 있다는 것을 깨달아왔다. 국민 1인당 평균한 가정용, 산업용, 농업용 수자원 가용량은 국가마다 매우 다양하여 연간 1,000m^3(22,000 영갤런, imperial gallon=4.546L) 미만에서부터 100,000m^3(2,200백만 영갤런) 이상[21]에 이르기까지의 범위를 보여준다. 물론 여기 인용한 평균 수치에는 지역에 따라서 몇 갤런의 물을 얻기 위하여 수시간을 걸어야 하는 매우 가난한 지역과 수도꼭지를 틀기만 하면 사실상 무제한의 물을 공급받을 수 있는 지역 간의 불평등을 내포하고 있다.

증가하는 인구와 높아진 생활수준에 따른 수요는 보다 많은 담수 공급을 요구하고 있다. 지난 50년 동안 전 세계 물 소비량은 3배 이상으로 늘었다(그림 7.6). 이것은 육지에서 바다로 흘러드는 총 하천수와 지하수 추정량의 약 10%에 이르는 양이다(그림 7.5). 현재 인류가 사용하는 전체 물의 양의 2/3는 농업용으로 대부분이 관개에 의한 것이다. 약 1/4은 산업용이고 약 10% 정도가 가정용이다. 수백 또는 수천 년 동안 간직되어왔던 지하대수층의 물 사용이 계속 증가하고 있다. 이러한 급속한 물수요의 증가는 물의 공급과 관련되어 취약성을 증가시킨다.

한 국가가 물 스트레스(water stress)를 받고 있는 정도는 사용을 위하여 채취

---

21) I. A. Shiklomanov, J. C. Rodda(eds.), *World Water Resources at the Beginning of the 21st Century*(Cambridge: Cambridge University Press, 2003), 표 11.8 참조.

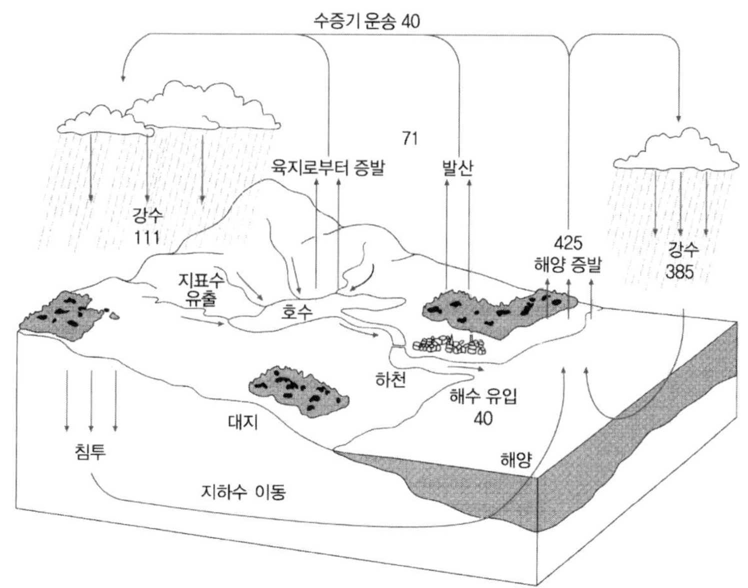

그림 7.5 지구 물 순환(단위: 연간 1,000km³). 증발, 강우, 기류를 통한 수증기 이동, 지표수와 지하수를 통한 육지로부터 해양으로의 이동 등을 보여주고 있다.

한 담수 공급량과 상관관계가 있다. 재생가능한 물 공급량에서 20%를 초과하여 채취될 경우를 물 스트레스의 한계로 본다. 이러한 정의에 의하면 전 세계 인구의 1/3에 해당하는 대략 17억 명의 사람들이 물 스트레스 국가에 살고 있다. 인구성장률에 따르면 이 수는 2025년 약 50억 명으로 늘어날 전망인데 기후변화에 의한 물공급의 변화는 고려되지 않았다. 예를 들면, 인도에서 가용한 수자원의 75%가 현재 관개용으로 사용되고 있다. 인도 북부의 브라마푸트라 강에서의 약간의 여분을 제외하고는 인도 전체에서는 인구 증가에 대한 여분이 거의 없는 실정이다. 현재 가용한 물을 모두 사용하고 있는 중앙아시아와 서아시아의 많은 지역들에서 유사한 사례들이 나타나고 있다.[22] 많은 다른 개발도상국들 특히 아프리카의 국가들도 이와 유사한 상황에 직면해 있다.

22) M. Lal *et al.*, In McCarthy, *Climate Change 2001: Impacts*, 11장 참조.

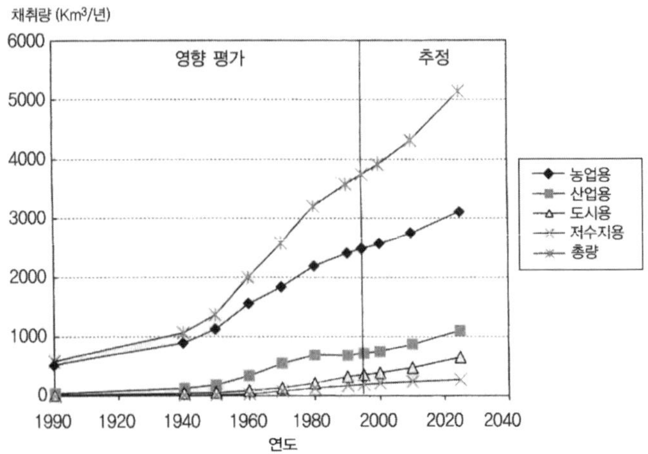

그림 7.6 1900～1995년의 용도별 채취량과 2025년까지의 전망(단위 km^3/년). 저수지에서의 손실량도 포함되어 있다. 일부 양수된 물은 재활용되므로 총 소비량은 총 채취량의 약 60% 정도이다.

보다 심각한 취약성은 세계 수자원의 많은 부분이 국가들 간에 공유되기 때문에 발생한다. 세계 육지 면적의 거의 절반이 2개국 이상의 하천유역에 위치한다. 국토 면적의 최소한 80%가 이와 같은 국제하천 유역에 포함된 국가들만 44개국에 이른다. 예를 들면, 다뉴브 강은 12개국이 수자원으로 이용하고 있으며, 나일 강은 9개국, 갠지즈-브라마푸트라 강은 5개국을 관통하고 있다. 유프라테스 강과 요르단 강의 하천유역을 공유하면서 물을 공급받는 심각한 물부족 국가들이 많다. 수자원 공유에 대한 국가 간의 합의가 잘 이루어진 경우에는 물이용과 물관리에 있어 보다 효율적으로 대응할 수 있다. 물 공유에 대한 합의에 실패하게 되면 긴장과 갈등이 고조될 수밖에 없다. 과거 유엔사무총장을 지낸 부트로스 부트로스-갈리 씨는 '중동에서의 다음 전쟁은 정치가 아니라 물 때문에 일어날 것'이라고 주장했다.[23)]

23) Geoffrey Lean in 'Troubled waters', in the colour supplement to the *Observer newspaper*, 4 July 1993 발췌 인용.

담수 자원에 대한 기후변화의 영향

담수의 가용성은 지구온난화에 의해 지구 전반에 걸쳐 커다란 변화를 겪게 될 것이다. 6장에서(그림 6.5(b)), 강수량의 변화에 대한 모델 예측에 많은 불확실성이 남아 있지만, 상당한 증가와 혹은 감소가 예측되는 지역들을 파악할 수 있다. 예를 들면, 강수량은 겨울철 북반구 고위도 지역과 여름철 동남아시아 몬순 지역에서 증가될 것으로 예상되며, 반면에 다른 지역들(특히 남부 유럽, 중앙 아메리카, 남부 아프리카, 오스트레일리아)은 상당히 건조한 여름철이 예상된다. 더욱이 기온의 증가는 지표면으로 낙하하는 강수의 상당 부분을 증발시킬 수 있다는 것을 의미한다. 강수량이 증가한 지역에서 증발에 따른 부분적인 혹은 전체의 손실이 상쇄될 수 있다. 그러나 강수량 변화가 없거나 다소 감소한 지역에서는 지표상에서 얻을 수 있는 물의 양이 상당히 줄어들지도 모른다. 줄어든 강수량과 늘어난 증발량의 결합 효과는 작물에 필요한 토양수분의 감소와 유출의 감소를 의미한다. 특히 유용 강수량이 한계를 보이는 지역에서는 더욱 심각할 수 있다.

지표상의 하천에 흐르는 유량은 강수량에서 증발량과 식물 발산량을 제외한 양이다. 이것은 인류가 사용할 수 있는 수자원의 주요 부분을 차지한다. 유량은 기후변화에 매우 민감하여 약간의 강수량과 기온변화(증발량에 영향을 미침으로) 에도 큰 영향을 받을 수 있다. 이 점에 대하여 그림 7.7은 미국 캘리포니아주 새크라멘토 유역 분지(이 지역은 인접한 산지에 내린 강설량의 상당한 부분이 저수지에 저장되어서 사용됨)에서 행해진 기후 조건의 변화에 따른 유량 변화의 모의실험을 보여준다. 이 지역의 기온이 4℃ 상승하고 강수량은 20% 감소할 때 여름철의 유량은 평년의 20~50%까지 감소한다. 20% 강수량이 증가하고 4℃ 기온이 상승할 때의 여름철 유량도 정상치를 밑돈다. 건조 혹은 반건조 지역의 유역이 특히 민감한 것은 이 지역의 연간 유량의 변동이 매우 크기 때문이다.

북반구 중위도에서 융설수가 주요한 유량 원천인 유역이 심각한 영향을

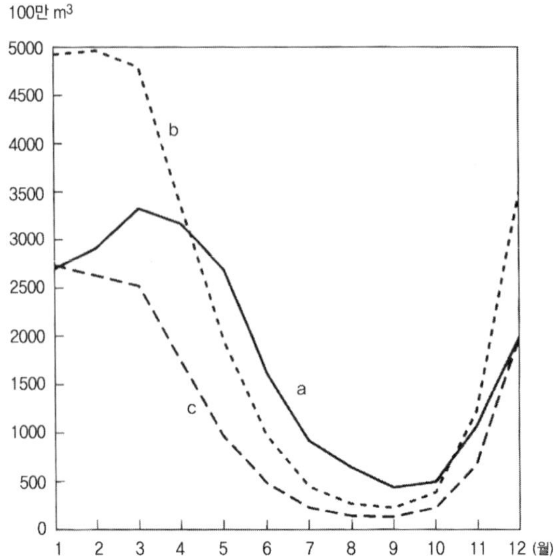

그림 7.7 캘리포니아 새크라멘토 유역 분지에서의 평균 월유량의 모의실험 비교. (a) 현재의 기후 상태, (b) 4℃ 기온 상승과 20% 강수량 증가, (c) 4℃ 기온상승과 20% 강수량 감소.

받을 수 있다. 이러한 지역에서는 기온이 상승하면, 겨울철 유량이 상당히 증가하면서 봄철의 유량은 줄어들 것이다. 더욱이 앞 장에서 살펴보았듯이, 다음 100년 동안에 걸쳐 전체 산악 빙하와 소규모 빙모들의 절반이 녹아내린다면 하천 유량, 수력 발전, 농업용수 공급을 위한 물의 계절적인 분포에 커다란 영향을 미치게 될 전망이다.

기후변화의 영향에 대한 아시아 지역의 수문환경에 관한 심층 연구에 따르면 대륙별로 지역마다 영향이 매우 다양하게 나타나고 있다.[24] A1B와 유사한 시나리오에 따른 기후모델에 의한 2050년 전망에 따라 다양한 하천 유역의 수문학 모델에 적용되어서 하천 유역별 유량의 변화가 추정되었다. 아시아의

24) M. Lal *et al.*(2001), In McCarthy, *Climate Change 2001: Impacts*, 11장; N. W. Arnell, "Climate Change and global water resources," *Global Environmental Change*, 9(1999), S51-S67.

건조 혹은 반건조 지역에서 지표 유량은 급격하게 감소하여 농업 관개용과 다른 용도에 필요한 공급량에 심각한 영향을 미칠 것으로 예상된다. 티그리스, 유프라테스, 인더스, 브라마푸트라 강 유역의 연평균 유량은 각각 22%, 25%, 27%, 14% 정도 감소할 것으로 예상된다. 다른 지역에서는 상당한 증가가 예상되기도 하는데 양쯔강(장강)과 황하강은 대략 37%, 26% 정도 증가할 것으로 본다. 이러한 증가는 시베리아의 여러 하천에서도 전망되고 있다.

기후변화에 특히 취약한 유역들은 이들에 대한 다음과 같은 질문을 통해서 파악할 수 있다.[25)]

- 유역에서 연간 유량에 비해 어느 정도 저류되고 있는가? 예를 들면, 미국 콜로라도 강 유역에서 저류량은 연간 유량의 4배에 달하는 반면에 대서양으로 흐르는 하천 유역에서는 연간 유량의 1/10 정도이다.
- 물 수요량이 공급 가능량에 대한 %로 표시할 때 어느 정도인가? 유역별로 매우 다양하다. 예를 들면, 북아메리카에서 리오 그란데 강과 콜로라도 강의 하류에서는 물 수요량과 공급량이 거의 비슷하여 바다로 이르는 유량은 거의 없다. 따라서 콜로라도의 경우 저류량이 상당히 많고 연간 변동에 대하여 그리 민감하지 않다 하더라도, 하류에서의 이용량이 계속되는 생태에서 유량의 감소는 결국 사용가능량의 감소를 가져온다.
- 지하수는 얼마나 사용되고 있는가? 전 세계에 걸쳐 많은 지역에서 함양보다 더 많은 지하수가 사용되고 있다. 2가지 예를 들면, 미국에서 영토 면적의 절반 이상의 토지에서 지하수의 1/4이 함양 없이 채취되고 있어 매년 지하수가 더 깊은 곳에서 양수되고 있다. 그리고 중국 베이징에서는 지하수 채굴에 따라 지하수면이 매년 2m씩 낮아지고 있다.
- 하천 유량의 변동은 얼마나 심한가? 이 질문은 특히 건조 및 반건조

25) P. H. Gleick, "Vulnerability of water systems," In P. E. Waggoner, *Climate Change and US Water Resources*(New York: Wiley, 1990), pp.223~240.

지역에 해당된다. 이러한 기준을 고려한 심층적인 연구가 여러 지역에서 수행되었다. 그 한 사례가 미국의 MINK(미주리, 아이오와, 네브라스카, 캔사스) 지역이다(글상자 참조).

지금까지 기온과 강수량 변화를 언급할 때 그 변화는 언제나 평균에 대한 변화이다. 예를 들면, 그림 7.7의 모의실험은 평균의 조건에서 이루어진 것이다. 그러나 계속 강조해왔듯이 기후 영향의 심각성은 극단적인 조건에 크게 영향을 받는다. 너무 많을 때는 홍수, 너무 적을 때는 가뭄과 같이 물과 관련된 자연재해를 살펴봄으로써 이를 설명할 수 있다. 최근 몇 년간의 심각한 홍수 피해는 1장에서 언급되었는데(30쪽), 표 7.3(254쪽)도 참고하기 바란다. 가뭄은 자연재해 목록에서 높은 순위로 나타나지 않는데, 그것은 중요하지 않아서가 아니라 다른 재해와 달리 그 효과가 장기간에 걸쳐서 나타나는 경향이 있기 때문이다. 약 150만 명의 인명손실이 추정된 1965~1967년 인도의 가뭄과 기아처럼 1930년대 미국의 '더스트 볼(dust bowl)'도 기억에 생생하게 살아있는 사건이다. 최근 몇 십년간 아프리카의 사헬과 또 다른 지역에서 연속해서 치명적인 가뭄의 피해가 나타나고[26] 이 대륙에서 너무 자주 가뭄이 반복되고 있다.

기온이나 강수량 기록은 커다란 변동성을 보여준다. 높은 평균기온(보다 높아진 증발량을 의미)과 보다 많아진 평균 강수량에 더해진 변동성의 결과는 가뭄과 홍수 양쪽 모두 발생빈도와 강도를 높이게 될 것이다.[27] 예를 들면, 앞에서 언급된 아시아의 여러 지역들에서 2050년경에 예상되는 평균 유량의

---

26) 1980년대와 1990년대에 걸쳐 10차례 심한 한발이 일어나 500만 명에서 1천만 명에 이르는 사람들에게 영향을 미쳤다. the OFDA/CRED International Data Base, www.cred.be/emdat, and *Global Environmental Outlook 3(UNEP Report)* (London: Earthscan, 2002), pp.276~278 참조.

27) J. A. Dracup, D. R. Kendall, "Floods and droughts," In Waggoner, *Climate Change and US Water Resources*(1990), pp.243~267.

미국의 '밍크(MINK)' 지역 연구

미국 에너지부는 미주리(Missouri), 아이오와(Iowa), 네브라스카(Nebraska), 캔사스(Kansas) 주로 이루어진 미국의 중심지역(밍크 지역으로 알려진)에서 기후변화의 영향에 대한 심층 연구[28]를 수행해왔다. 이들 지역에는 미주리 강, 아이오와 강, 미시시피 강 상류와 하류 등 주요한 4개의 유역이 포함되어 있다. 물은 밍크 지역 내에서는 이미 희소한 자원으로 여겨지고 있다. 이 지역의 관개수 공급의 상당량은 재생불가능한 지하수에 의존하고 있다. 시간이 갈수록 지하수가 사라지고 기후변화가 아니라하더라도 유용한 수자원이 점차 줄어들고 있는데, 특히 관개를 위한 물이 부족해지고 있다.

이산화탄소의 증가에 따라 예상되는 기후와 유사한 시기를 산정하면 1930년대가 선택되는데, 이 기간은 밍크 지역의 평균기온이 1950~1980년(비교대상기간)에 비해 1℃ 기온이 높았고, 강수량은 10% 낮았다.

규준기간(1950~1980년)에 비해 유사 시기(1930년대)에는 물이 더욱 귀해졌다.[29] 보다 온도가 높고, 건조한 조건 때문에 증발량은 증가하고 유량은 감소했다. 하천 유량은 미주리강과 미시시피 상류 분지에서 30% 정도 감소했으며 아칸소에서는 10% 정도 감소하였다. 대부분의 하천들은 하천유지수와 현재의 소비량 모두에서 현저한 공급량의 저하를 보여주고 있다.

예상되는 기후하에서는 관개 농업이 현저히 감소할 것으로 보는데 그것은 다른 곳에서 물을 공급받을 가능성이 낮은 데다가 지하수 이용에 있어서 제약도 많이 받을 것이기 때문이다. 이것은 높은 비용을 감수하면서 고효율을 강요하는 결과를 가져올 것이다. 현재의 미주리 강 수운을 위한 하천수위 유지에 높은 우선순위를 둔다면 그 비용은 매우 높아질 것이다.

28) N. J. Rosenberg(ed.), "Towards an integrated impact assessment of climate change: the MINK study," *Climatic Change*, 24, nos.1-2(Dordrecht: Kluwer Academic Publishers, 1993).

커다란 변화와 연관되는 것은 홍수와 가뭄의 빈도와 강도의 증가일 것이다. 6장에서 논의되었던 것처럼 비록 현재에는 가뭄과 홍수가 거의 일어나지 않지만 미래에는 그 영향이 점점 커지는 지역이 있을 것이고 영향을 받게 될 지역은 발생시점에 특히 취약한 지역이다. 온실기체의 증가의 결과로서 홍수나 가뭄이 증가하는가에 대한 정량적 추정은 거의 없는 상황이다. 6장에서 언급된(185쪽) 한 추정치는 이산화탄소의 농도가 2배로 증가한 상황 아래 유럽의 몇몇 지역에서 강력한 호우 발생이 5배 정도 증가할 것으로 전망한다.

동남아시아의 몬순 지역은 홍수와 가뭄 모두에서 특히 취약한 지역의 사례이다. 그림 7.8은 SRES A1B와 유사한 시나리오하에서 2050년경의 지역 기후모델(RCM, regional climate model)에 의해서 모의실험된 인도 대륙 전반에서 여름 강수량의 예상 변화를 보여준다. 전지구 기후모델(GCM, global climate model)과 비교하여 증가된 해상도의 지역 모델을 사용한 결과로서 상세한 강수 패턴을 개선할 수 있었음을 유의할 필요가 있다. 예를 들면, 서고츠 산맥(인도의 서부 해안을 따라 급사면을 형성하고 있는 산맥)에서는 전 지구 모델 모의실험에서는 나타나지 않았던, 큰 증가가 나타나고 있다. 지역모델에서 모의실험된 가용수자원이 가장 심각하게 감소하는 곳은 평균 강수량이 1일 1mm 이하로 떨어진 인도 북서부와 파키스탄의 건조지역들인데 토양 습도를 60%나 떨어뜨린 커다란 기온 상승을 동반하고 있다. 평균 강수량이 상당히 증가한 곳은 동부 인도와 홍수가 빈번한 방글라데시로서 약 20%의 증가가 전망되고 있다. 전 세계 이와 같은 지역들을 위해 시급히 요구되는 것은 극단 현상의 빈도, 강도, 위치에 대한 예측과 평균적 변수의 변화를 연계시킨 보다 향상된 정보이다.

지구온난화와 연관이 없지 않은 용수 공급의 취약성에 대한 또 다른 이유로는 강수량과 토지 이용 간의 연계성이다. 광범위한 삼림벌채는 강수량에 커다란 변화를 가져올 수 있다(239쪽 글상자 참조). 반건조 지역의 많은 영역에서

29) 수자원에 대한 MINK 연구는 K. D. Frederick, *Climatic Change*, 24(1993), pp.83~115에 상세히 나와 있음.

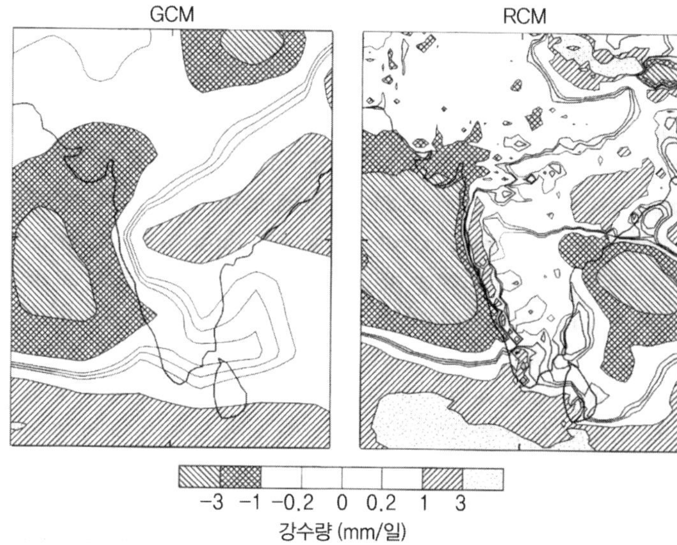

그림 7.8 300km 해상력의 전지구 기후모델(GCM)과 50km 해상력의 지역 기후모델(RCM)을 이용한 현재와 21세기 중반의 예측된 인도 몬순 강수량의 변화(mm/일). RCM 강수변화 패턴은 저해상도 GCM 패턴과는 상당히 다르게 나타난다.

삼림 감소가 일어난다면 이와 유사한 강수량 감소가 예상된다. 이러한 변화들은 심각하고 광범위한 치명적인 영향을 미치며 사막화 현상을 심화시킨다. 세계 육지 면적의 1/4에 해당하는 건조지역에 대한 잠재적인 위협이 되고 있다(227쪽 글상자 참조).

수자원의 유용성 혹은 공급의 변화에 대한 인류 공동체의 취약성을 경감시키기 위해 어떠한 행동이 요구되는가? 전 세계 용수공급의 2/3가 관개에 의해 이루어지며, 이는 세계 농업에 절대적으로 중요하다. 관개는 세계의 농경지 1/6에 달하는 면적에 용수를 공급하고 있는데 여기서 세계 농업생산량의 1/3이 나온다. 지역에 따라서는 더 높은 생산량의 비율이 관개에 의존한다. 예를 들면, 캘리포니아 농업의 80% 이상은 관개에 의존한다. 대부분의 관개는 노천수로로 이루어지는데 이 경우는 물의 낭비가 매우 심하다. 60% 이상의 물이 증발하거나 스며들면서 사라져버린다. 정밀관개(microirrigation) 기법은 관개 수로관의 구멍을 통하여 작물에 직접 물을 공급하는 장치로 용수보존에 매우 유익하며 새로운 댐을 만들지 않고도 더 많은 지역에 관개를 할 수 있는 방법이다.[30] 기존의 관개 장치들을 개선하여 관리하는 방법도 있는데, 예를 들면, 서로 다른 장치에 의한 관개 방법을 통합하여 관리하고 가정용이나 산업용의 용수들을 절약하도록 유도할 수 있다. 이러한 방법은 상당한 비용이 들지만 새로운 대규모의 시설을 개발하는 것보다는 미래의 수자원 확보를 위해서는 비용면에서도 훨씬 효과적이라고 본다.[31]

요약해보면 지구온난화가 수자원 공급에 어떠한 영향을 미치는가이다. 먼저 공동체에 따라 물부족에 대한 취약성이 어느 정도인가가 파악되어야 할 것이다. 이러한 행동은 공동체의 물수요 증가에 따라, 비록 짧은 동안이라도 가뭄이 과거보다 더욱 심한 타격을 주고 있는 건조지역이나 반건조 지역에서 특히 시급하다. 또한 지하수 함양보다 양수가 더 많은 상황이 세계의 여러 지역에서 나타나고 있어 이러한 취약성이 더욱 악화될 것으로 보인다. 인구성장 때문에 취약성은 더욱 증가할 것이고 지구온난화의 부정적 효과를 강화시키는 결과를 가져올 것이다.

둘째, 지구온난화에 따른 기후변화는 세계 여러지역에서 물 공급에 대한 대규모의 변화를 야기시킬 것이다. 현재의 지역적·국지적 기후변화에 대한 지식 수준의 상황에 따르면 과학자들이 가장 취약한 지역을 정확히 파악하기가 쉽지 않지만 가장 영향을 많이 받고 있는 지역의 유형을 파악하는 것은 어느 정도 가능하다. 이러한 지역은 강수량의 감소로 건조도가 더욱 커지거나

---

30) J. W. Maurits la Riviere, "Threats to the world's water," *Scientific American*, 261(1989), pp.48~55; P. Bullock, "Land degradation and desertification," In R. T. Watson, M. C. Zinyowera, R. H. Moss(eds.), *Climate Change 1995: Impacts, Adaptations and Mitigation of Climate Change: Scientific-Technical Analyses. Contribution of Working Group II to the Second Assessment Report of the Intergovernmental Panel on Climate Change*(Cambridge: Cambridge University Press, 1996), 4장 참조.

31) P. E. Waggoner, *Climate Change and US Water Resources*(New York: Wiley, 1990).

사막화

건조지역(강수량이 적으며, 강수가 소규모이고 불규칙하며 짧은 시간이고 강도가 높은 스톰에서 발생하는 지역으로 정의됨)은 세계 육지 지역의 40%를 차지하며, 세계 인구의 1/5이 살고 있다. 그림 7.9는 건조지역의 대륙별 분포를 보여준다.

이러한 건조지역의 사막화(desertification)는 기후변동 혹은 인간활동에 의해 식생이 감소하고 유용한 수자원이 감소하며 농업생산량이 저하되고 토양이 침식되어 토지의 질이 악화(degradation)되는 현상을 말한다. 1996년에 맺어진 유엔 사막화방지협약(United Nations Convention to Combat Desertification, UNCCD)에 따르면 이러한 건조지역의 70%가 넘는 면적이, 말하자면 세계 육지면적의 25% 정도가 토지의 질이 악화되고[32] 이에 따라 사막화의 영향을 받고 있다고 추정하고 있다. 이러한 토질의 악화현상은 과도한 토지이용 혹은 증가하는 인간의 요구(일반적으로 인구증가에 의함) 혹은 정치·경제적 압력(예를 들면, 외화 획득을 위한 환금작물 재배에 대한 요구) 등에 의해 가속화될 수 있다. 때로는 가뭄과 같은 자연현상에 의해 시작되고 더욱 강화되기도 한다.

일부 건조지역에서 사막화는 보다 빈번하고 보다 강력한 가뭄이 더욱 빠르게 진행될 것으로 보는데 이는 21세기 기후변화에 기인하는 것으로 여겨진다.

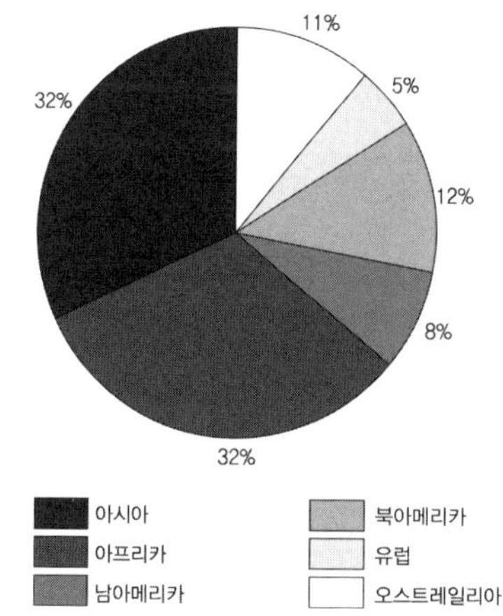

그림 7.9

세계 육지별 건조지역 비율. 건조지역의 전체면적은 약 6,000만 km²(지구 전체 육지 면적의 40%)으로 그중에서 1,000만 km² 는 심하게 건조한 사막이다.

사막화가 더욱 진행되고 있는 건조 및 반건조 지역들이다. 여름철 강수량은 감소하고 기온은 증가하는 대륙 지역들은 토양수분의 감소가 커지면서 가뭄에 대한 취약성이 더욱 증가하고 있다. 이들 지역은 강수량이 증가한다 하더라도 큰 홍수로 이어지는 경향을 보인다. 극단 기후현상의 패턴 변화는 특히 가뭄과 홍수와 같은 대부분 문제들의 원인이 될 것이다. 조절이 되지 않는 하천 체계에 의존하는 동남아시아와 같은 지역들이 러시아 서부나 미국 서부와 같이 대규모의 조절이 가능한 수자원 공급체계를 지닌 지역들에 비해 변화에 더욱 민감한 사례를 보여준다.

수자원 공급에 대한 기후변화의 부정적인 효과는 적절한 완화 행동을 취하고 세심하고 통합된 수자원관리[33]를 도입하고 가장 취약한 지역에 보다 효과적인 재해 대비책을 강구함으로써 감소될 수 있다.

농업과 식량공급에 대한 영향

모든 농민들은 지역 기후에 적합한 작물을 재배하거나 가축을 기를 필요가 있다는 점을 이해하고 있다. 한해 동안의 기온과 강수량의 분포는 작물재배에 관한 결정에 가장 중요한 요소가 된다. 이러한 현상은 지구온난화에 의해서 영향을 받게 된다. 즉, 어디에 어떠한 작물을 재배할 것인가에 대한 패턴도 물론 변화한다. 그러나 이러한 변화는 보다 복잡해질 것이다. 경제적 요인과 다른 요인들이 기후변화와 함께 재배결정에 상당한 영향을 미치게 될 것이기 때문이다.

식량을 위한 작물 재배 적응에 대해서는 많은 융통성이 있다. 예를 들면, 1960년대의 녹색혁명(Green Revolution)에서 보듯, 많은 종의 재배 작물에서

32) UNCCD website, www.unccd.int. 참조.

33) N. Arnell, C. Liu *et al.*, "Hydrology and water resources," In McCarthy, *Climate Change 2001: Impacts*(2001) 4장 4절 참조.

새로운 변종을 개발하여 엄청난 생산성의 증가를 가져왔다. 1960년대와 1980년대 중반 사이에 세계 식량 생산은 연평균 2.4% 증가해왔는데, 이것은 세계 인구 증가 속도보다도 빠르고 지난 30년간의 생산량 증가율의 2배를 상회하는 것이었다. 곡물 재배는 그 성장이 더욱 빨라서 년 증가율이 2.9%에 달했다.[34] 침식으로 인한 세계 토양의 질 저하와 이용 가능한 담수가 적어지면서 관개 확장의 감소와 같은 요인이 미래 농업생산성의 잠재력을 줄어들게 할 것이라는 염려가 있다. 그러나 인구성장률의 감소와 함께 긍적적인 측면은 커다란 기후변화가 없다면 21세기 초반까지는 세계 식량 공급의 증가는 계속되어 인구증가에 따른 수요를 최소한도로 맞출 수 있다는 것이다.[35]

농업과 식량 공급에 대한 기후변화의 영향을 무엇일까? 다양한 재배종에 요구되는 조건들에 대한 자세한 지식과 육종기술과 유전자 조작에 대한 전문가 확보로 세계 거의 모든 지역에서 재배 작물을 기후 조건에 맞추는 문제는 큰 어려움이 없다. 적어도 1~2년 내로 성장하는 작물에 대해서는 별문제가 없다. 삼림은 성장에 있어 수십 년에서 한 세기 혹은 그 이상의 긴 기간이 요구된다. 따라서 성장 시기 동안 기후변화가 일어나 나무들이 적합하지 못한 기후에 놓일 수 있다. 기온이나 강수량 체계의 범위가 크게 변화하게 되면 그 결과로 성장이 둔화되거나 질병과 병충해에 취약해지게 된다. 삼림에 대한 기후의 변화 영향은 다음 절에서 보다 자세히 다룰 것이다.

기후변화에 대한 적응 사례를 보면 페루에서는 농민들이 그 해의 기후 예측에 따라서 재배 작물을 조정한다.[36] 페루는 1장과 5장에서도 언급되었듯이 엘니뇨 발생 주기의 영향을 강하게 받는 국가이다. 페루에서 재배되는

34) P. R. Crosson, N. J. Rosenberg, "Strategies for agriculture," *Scientific American*, 261, September(1989), pp.78~85.

35) H. Gitay *et al.*, "Ecosystems and their goods and services," In McCarthy, *Climate Change 2001: Impacts*(2001), 5장, 3절 참조.

36) 국제 기후 예측 연구소(International Research Institute for Climate Prediction) 제안에 대한 자료는 다음 보고서 참조. A. D. Moura(ed.), *Prepared for the International Board for the TOGA project*(Geneva: World Meteorological Organisation, 1992).

2가지의 주 작물은 쌀과 면화인데, 이들은 강수량과 강수 시기에 매우 민감한 작물들이다. 쌀은 많은 양의 물을 필요로 하고, 면화는 보다 깊은 뿌리를 가지고 있어서 낮은 강수량을 가진 해에도 많은 생산량을 가져다줄 수 있다. 1982~3 엘니뇨 다음해인 1983년에 농업생산량은 14% 감소했다. 1987년에는 엘니뇨 발생에 대한 예보가 농민들이 재배 계획을 세우는 데 충분히 전달되었다. 1986~7 엘니뇨 발생 다음해인 1987년의 생산은 적절한 엘니뇨 예보 덕분으로 실제로 3% 증가하였다.

농업과 식량 생산에 대한 기후변화의 영향을 파악하는 데 특히 중요한 3가지 요인이 있다. 그 중 농업용수 공급은 가장 중요한 요인이다. 기후변화에 대한 용수 공급의 취약성은 작물 성장과 식량 생산에서의 취약성을 동반하게 된다. 따라서 대부분 개발도상국이 위치한 건조 및 반건조 지역은 특히 이러한 위험에 노출되어 있다. 두 번째 요인은 기후변화의 결과로 생산량 증가를 가져오기도 하는데, 대기 중 이산화탄소의 증가에 의한 것으로 특정 작물에 있어서는 성장을 촉진하기 때문이다(다음 글상자 참조). 세 번째 요인은 기온 변화의 영향이다. 특히 일부 작물은 고온에서 생산량이 매우 감소한다.

세계의 곡물 수요의 대부분을 차지하는 주요 작물들의 21세기 기후변화에 대한 민감도에 대한 세밀한 연구들이 수행되어왔다(233쪽 글상자 참조). 이들은 기온과 강수량에서의 변화를 추정하기 위해 기후모델의 결과들을 사용하고 있다. 이들 중 많은 연구들은 CO_2의 시비 효과(fertilization effect)를 다루고 있고 평균 변화는 물론 기후 변동성(climate variability)의 모델링도 수행하고 있다. 일부 연구는 경제적인 요인과 적당한 정도의 적응 수준의 잠재적 효과를 다루고 있다. 일반적으로 이러한 연구들은 CO_2 농도 증가 시 작물재배와 생산량에 대한 이익은 항상 과도한 열과 가뭄의 영향을 극복할 수는 없다는 점을 지적하고 있다. 중위도 지역에서의 곡물 재배에서 생산 잠재력은 기온 상승(2~3℃)에 따라 소규모로 증가하지만 보다 고온에서는 감소하게 된다.[37)]

37) 이 문장과 다음 문장에 대한 설명은 다음 보고서에서의 정책입안자를 위한 요약문을

이산화탄소의 '시비' 효과

이산화탄소(CO_2) 농도 증가에 따른 중요한 긍정적인 효과는 이산화탄소가 식물에 추가로 주어지면서 성장을 촉진시키는 것이다. 이산화탄소의 농도가 높아지면 광합성작용을 자극하여 작물들로 하여금 이산화탄소를 보다 높은 비율로 고정시키게 한다. 이것이 온실에서 인위적으로 추가된 이산화탄소가 어떻게 생산성을 증가시키는가 하는 점이다. 특히 C3 작물(밀, 쌀, 콩 등)에 적용이 되며 C4 작물(옥수수, 수수, 사탕수수, 기장, 많은 사료용 풀 등)은 생산성이 그리 크지 않다. 이상적인 조건에서라면 전체 생산성은 유리하다. C3 작물은 CO_2가 두배가 되면 평균 30% 증가한다.[38] 그러나 실제 상황에서는 대규모의 공간에 물과 유용한 영양분들이 작물 성장에 모두 중요한 요소로 작용하는데, 실험에 따르면 정확한 측정은 어렵지만 증가폭은 이상적인 상황보다는 훨씬 덜하였다.[39] 실험에서는 CO_2가 풍부해지고 기온이 높을수록 곡물과 사료 작물의 질이 감소했다. 특히 열대 작물들과 불리한 조건(낮은 영양공급, 잡초, 병충해, 질병 등)에서의 작물들에 대한 보다 많은 연구가 요구된다.

대부분의 열대 및 아열대 지역에서 생산 잠재력은 기온 증가에 따라 거의 감소하는 것으로 전망된다. 이것은 이러한 작물들은 기온에 있어 거의 최대 허용기준에 접근해 있기 때문이다. 강수량이 대폭 감소하는 지역에서 열대 작물들의 생산량은 더욱 크게 감소할 것이다.

세계 전체를 위한 식량 공급을 고려할 때, 연구의 경향을 보면 적절히 적응할

참조. R. Watson *et al.*(eds.), *Climate Change 2001: Synthesis Report. Contribution of Working Group I, II and III to Change*(Cambridge: Cambridge University Press, 2001). 그러나 연구과정에 포함된 많은 변수들 때문에, 많은 불확실성이 존재함을 인정하면서, 이 설명에 있어서는 IPCC는 중간 정도의 신뢰도를 가지고 논의하고 있다(IPCC의 신뢰도 기술에 대한 설명은 Note 1. in 4장 참조).

38) J. Reilly *et al.*, "Agriculture in a changing climate,"(1996) In Watson, *Climate Change*

때는 세계 식량 공급에 대한 기후변화의 영향이 그리 크지 않을 수도 있다는 것이다. 그러나 극단의 기후(특히 빈번한 가뭄의 가능성)로 용수공급이 제한되고 혹은 경고 수준에 이른 토양 악화와 같은 세계의 토양의 질 등의 요소들이 작물 생산성에 미칠 수 있는 영향에 대한 적절한 연구는 거의 없는 실정이다.[40] 그동안 연구에 의하여 제시된 심각한 문제점은 국가마다 기후변화의 영향이 매우 다르다는 점이다. 비교적 안정된 인구를 가진 선진국에서의 생산성은 증가하는 것으로 보이지만 반면에 많은 개발도상국(높은 인구증가가 문제인 국가들)에서는 기후변화의 결과로 생산성이 감소하는 경향을 보일 수 있다. 선진국과 개발도상국 간의 격차는 갈수록 커질 것이며, 많은 인구가 기아의 위험에 직면하게 될 것이다. 선진국의 잉여 식량은 증가할 것이며 반면 개발도상국은 식량 공급량이 줄어 증가하는 인구들의 식량 수요를 감당하지 못하게 되어 박탈감이 더욱 증폭될 것이다. 이러한 상황이 도래하면 많은 문제들이 야기되는데 그 중의 하나가 고용문제이다. 농업은 개발도상국의 고용의 주요 원천이다. 사람들은 식량을 구입하기 위해서 취업을 원한다. 변화하는 기후로 상당한 농업지대가 이동될 것이며 사람들은 취업할 수 있는 농업 장소로 이주를 시도할 것이다. 증가하는 인구 압력으로 이러한 이동은 점차 어려워질 것이고 많은 환경 난민이 발생할 가능성이 있다.

미래의 요구조건들을 살펴보면 현재 추구하고자 하는 두 가지 활동들이 특히 중요하다. 첫째, 투자와 함께 광범위한 지역적응 훈련이 요구되는 개발도상국에서의 농업기술 발전이 필요하다. 특히 고온과 한발의 조건에서는 품종 개량과 관리를 위한 지속적인 프로그램 개발이 요구된다. 이는 오늘날 한계상

1995: Impacts, 13장.

39) 보다 구체적인 내용은 H. Gitay *et al.*, "Ecosystems and their goods and services", In McCarthy, *Climate Change 2001: Impacts*(2001), 5장, 3절 참조; 생태계에서의 전 지구적 이산화탄소 비료 효과에 대한 문헌은 J. M. Melillo *et al.*, "Global Climate change and terrestrial net primary production," *Nature*, 363(1993), pp.234~240 참조.

40) *Global Environmental Outlook 3 (UNEP Report)*(London: Earthscan, 2002), pp.63~65 참조.

황에서의 생산량 개선에도 바로 이용될 수 있다. 둘째, 이미 앞에서 언급한 담수 공급에 관한 것처럼 관개를 위한 수자원의 개발과 관리에 대한 개선책이 요구된다. 특히 전 세계의 반건조 및 건조대 지역에서 필요하다.

세계 식량 공급에 대한 기후변화 영향의 모델링

세계 식량 공급에 대한 기후변화의 영향을 세밀하게 다룬 연구들의 핵심 요소들을 보여주는 사례가 그림 7.10에 나와 있다.[41]

기후변화 시나리오는 5장에서 기술된 방식의 기후모델로 만들어졌다. 기온과 강수량, CO_2의 효과를 고려한 여러 작물들에 대한 모델들이 기후변화가 없는 경우에 전망되는 생산량과 비교할 수 있는 생산량을 전망하기 위하여 18개 국가들의 124 지점에서 적용되었다. 물론 식재시기의 변경과 같은 농가 수준의 적응, 기후적으로 적용된 변종들, 관개와 비료의 사용 등도 포함된다. 이러한 생산량 예측은 작물 종류, 재배국가 혹은 지역에서의 생산량 변화 예측을 위해서 종합된다.

이와 같은 변화는 인구성장과 경제변화 같은 지구 변수를 포함하고 무역, 세계 시장가격, 자본의 흐름에 대한 국가와 지역경제모델을 연결한 세계 식량 교역모델에 입력 요소로 사용된다. 세계 식량 교역모델(world food trade model)은 농업 투자의 증가, 경제적 급부(작물 대체 급부를 포함)에 따른 농업 자원의 재배치, 그리고 곡물 가격의 상승에 대응한 추가적인 경작지를 위한 매립과 같은 적응과 조정의 효과를 포함할 수 있다. 전체 과정에서의 산출 결과는 식량 생산, 식량 가격, 기아의 위기에 처한 인구수(필요한 식량을 생산하거나 구매하기에는 불충분한 수입을 얻는 인구의 수)에 있어서 2080년까지 전망할 수 있는 정보를 제공한다.

41) M. Parry *et al.*, "Climate change and world food security: a new assessment," *Global Environmental Change*, 9(1999), S51~S67.

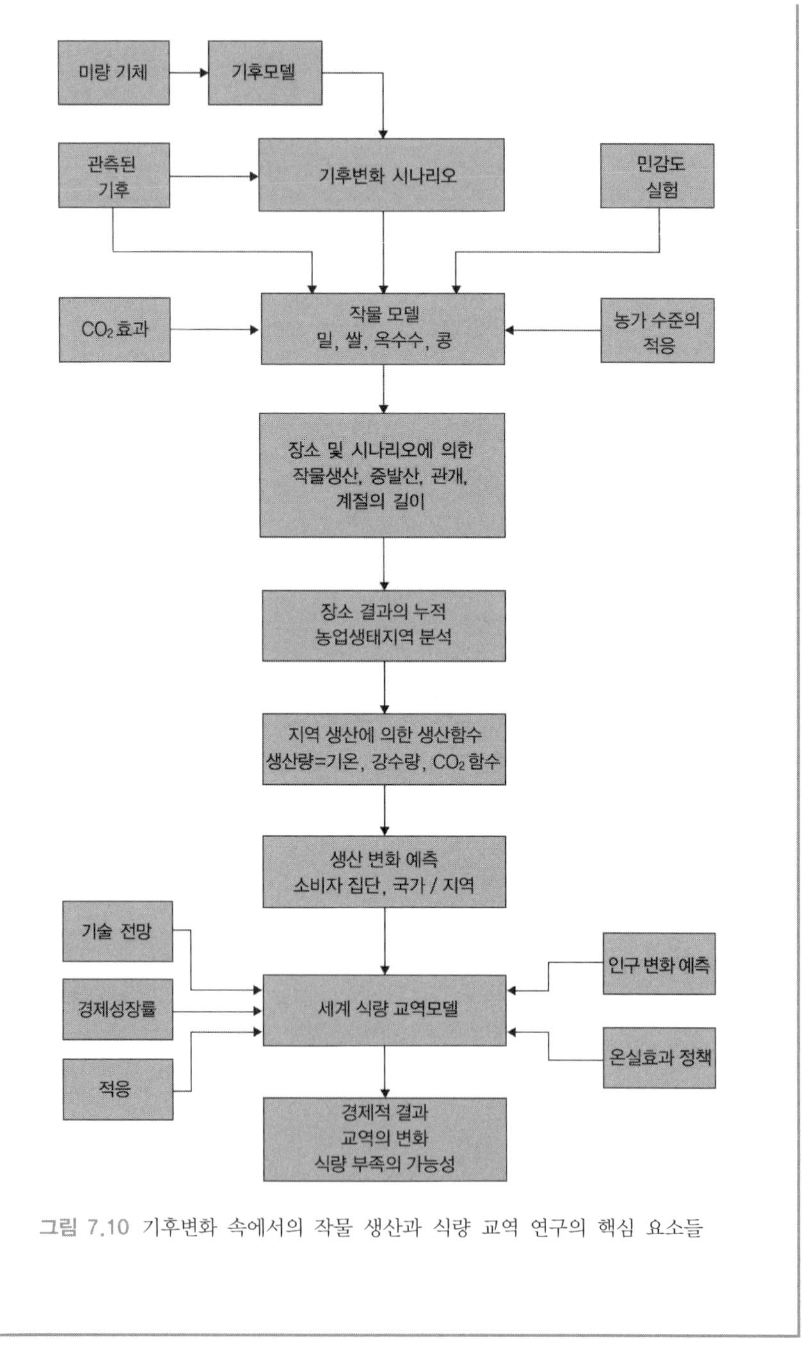

그림 7.10 기후변화 속에서의 작물 생산과 식량 교역 연구의 핵심 요소들

IS 92a 시나리오(그림 6.1)에 따른 기후변화의 영향에 관한 2080년대를 위한 모델을 적용하여 얻은 주요 결과들은 중위도에서 고위도에 이르는 지역에서의 생산량은 증가할 것으로 예상되며, 저위도 지역(특히 건조 및 반습윤 열대 지역)에서는 감소할 것으로 예상된다. 이러한 패턴은 시간이 지날수록 더욱 뚜렷해지고 있다. 기후변화의 결과로 아프리카 대륙은 수확량에서 상당한 감소를 경험하는 것으로 보이며 기아선상의 인구는 600만 혹은 그 이상으로 추정되고 있다.

이들 저자들이 강조하는 바는 그들이 이용한 모델이나 방법론들이 상대적으로 복잡하지만 고려되지 않은 많은 요소들이 남아 있다는 점이다. 예를 들면, 극단 기후 현상에 대한 변화의 영향이라든가, 관개를 위한 용수 공급의 유용성, 혹은 농업 생산성에 대한 미래 기술 변화의 효과 등을 적절히 고려하지 못했다는 것이다. 나아가서(6장을 참조) 과학자들은 기후변화의 국지적인 세밀한 영향을 제대로 파악하지 못하고 있다. 따라서 그 결과로 발생할 가능성 있는 일반적인 변화의 지표는 제시하지만 정밀한 예상치로서 처리되지는 못하고 있다. 그들은 미래 행동을 위한 지침으로 이러한 연구의 중요성을 강조하고 있다.

생태계에 대한 영향

앞 장에서 언급한 대로 세계 육지 면적의 10%를 약간 상회하는 토지가 경작되고 있다. 나머지는 어느 정도 인간의 관리에서 벗어나 있다고 볼 수 있다. 이 중 30%는 자연 삼림이고 1~2% 정도가 플랜테이션 삼림이다. 지역생태계를 구성하는 동식물의 다양성은 기후, 토양 유형, 물의 가용성에 민감하게 반응한다. 생태학자들은 세계를 생물계(바이옴, biome)로 구분한다. 생물계는 뚜렷이 구분되는 식생에 의해 특징 지워진 지역을 말한다. 이것은 과거의 기후에서 세계를 덮었던 식생의 분포에 대한 정보에서도 잘 나타난다(특히,

툰드라
냉대 침엽수림
프레이리
침엽수와 북부의 단단한 교목림 (역주: 참나무류와 같은)의 혼합림
냉랭한 온대 활엽수림
온난한 온대 남부 상록수림
사구성 덤불

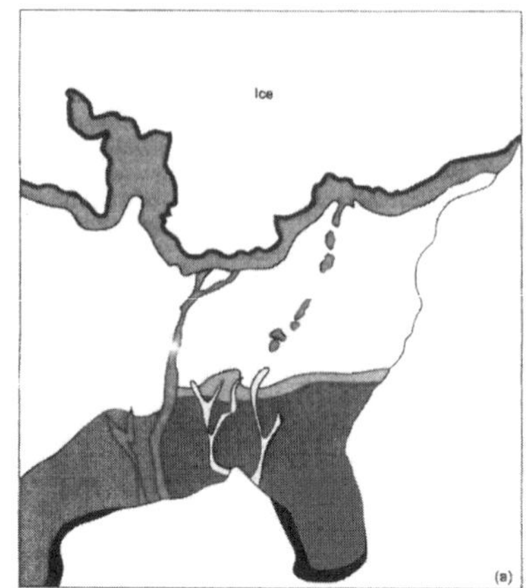

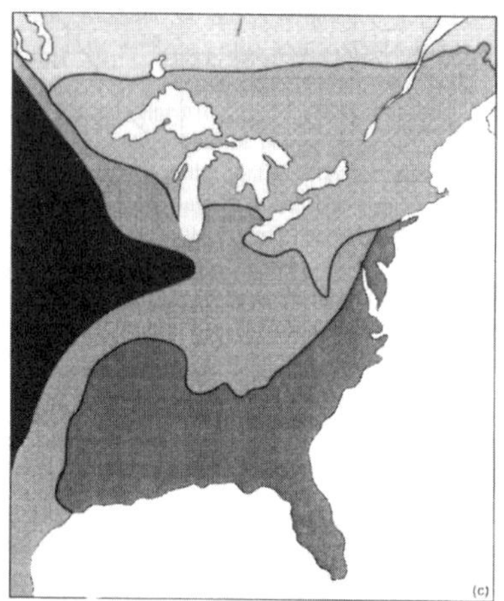

그림 7.11 과거 기후 동안의 미국 남동부의 식생도. (a) 18,000년 전 마지막 빙기의 최대 확산기, (b) 10,000년 전 무렵, (c) 5,000년 전 현재의 조건과 유사한 시기. 과거 200년 전의 식생도는 (c)와 유사함.

그림 7.11의 북아메리카의 사례 참조). 이는 여러 기후권역 아래서 가장 잘 번성한 생물종과 생태계가 무엇인지를 보여준다.

기후변화는 여러 생물종에 적절한 지역들을 변화시키고 생태계내의 생물종의 경쟁력을 변화시키기 때문에 상대적으로 작은 기후변화도 시간이 지나면

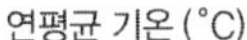

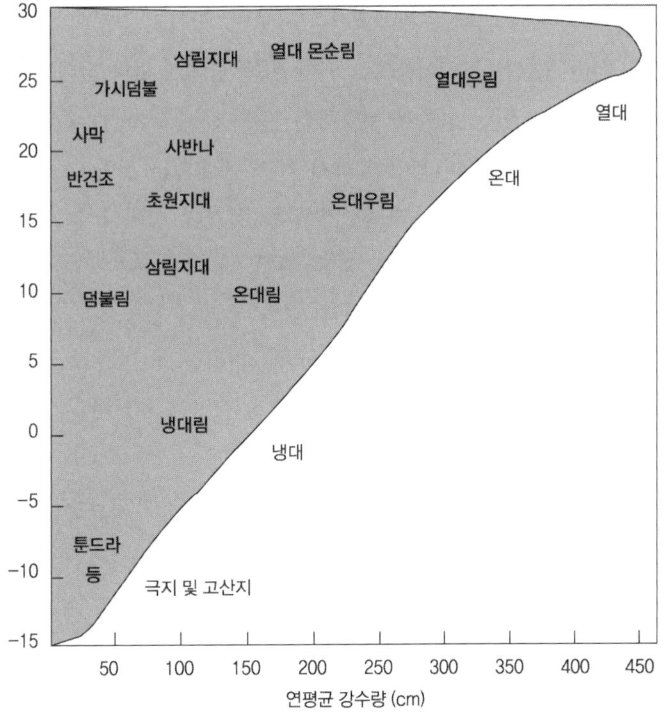

그림 7.12 연평균기온과 강수량에 따른 세계 생물군계 유형의 패턴. 강수량의 계절적 변화 등의 다른 요인들은 보다 미세한 분포 패턴에 영향을 미친다(Gates에 의거).

결국 생태계의 구성에 있어 상당한 변화를 가져오게 될 것이다. 기후는 생물계의 분포를 결정짓는 주요한 요소이므로(그림 7.12), 과거의 자료들에서 조금씩 수집한 정보들이 지구온난화로 변화될 것으로 예상되는 기후 시나리오하에서의 자연 식생의 최적 분포도를 만드는 데 유용하게 이용될 수 있다.

그러나 그림 7.11에서 나타난 유형의 변화는 수천년에 걸쳐 일어난 것이다. 지구온난화와 함께 나타나는 기후변화는 수십년 동안에 일어나는 변화와 비슷하다. 대부분의 생태계는 그 정도로 빠르게 적응하거나 이동할 수가 없다. 화석의 기록을 보면 대부분의 식물들은 최대로 년간 1km 정도 이동했음을 보여준다. 산포과정(특히 발아와 씨앗 생산간의 평균 기간과 개별 씨앗이 이동할 수 있는 평균 거리)에 부과되는 제약조건들을 보면, 인간의 간섭이 없다는 전제 하에, 많은 식물 종들은 토지이용으로 인한 이동 장애가 없다 하더라도 21세기에 들어서 나타나고 있는 그들이 선호하는 기후 지위(climate niche)의 이동률을 따라잡을 수가 없다는 점이다.[42] 따라서 자연 생태계는 점차 그들이 적응한 환경과의 조화를 이루지 못하게 될 것이다. 이것이 얼마나 문제가 될지는 종에 따라 다르다. 평균적인 기후 혹은 극단 기후에 대한 취약성이 더 큰 종이 있을 수 있다. 그러나 전반적으로 모든 종들이 질병과 해충의 공격에 약해질 것이다. 증가하는 이산화탄소로 인해 점차 증가하는 '비옥화'에 의한 긍정적인 효과는, 다른 요인들에 의한 부정적인 효과로 인하여 상쇄되는 것보다 더 많을 수도 있다.

나무들은 오래 살고 재생산에도 긴 시간이 요구되기 때문에 기후변화에 쉽게 반응할 수 없다. 더욱이 많은 나무들은 놀랍게도 그들이 자라난 평균적인 기후에 민감하다. 이러한 종들이 견디고 재생산할 수 있는 환경 조건들(특히 기온과 강수량)을 기후 지위라고 한다. 종에 따른 기후 지위는 그림 7.13에 나타나 있다. 어떤 조건에서는 연평균기온 1℃ 정도의 작은 변화에도 나무의 생산성에 상당한 차이를 나타낼 수 있다. 21세기에 나타날 수 있는 기후변화에서는 기존의 나무들 중 상당한 정도가 적절치 못한 기후 조건으로 내몰릴 것이다. 특히 북반구의 냉대 침엽수림의 경우에 더욱 그러할 것이다. 이 경우 나무들의 건강이 나빠질 것이고 해충의 공격에 약해질 것이고 고사하거나 산불에 희생될 것이다. 한 시나리오의 전망에 따르면 이산화탄소가 배증되면 현재의 냉대 침엽수림 65% 정도가 이러한 영향을 받을 수 있다.[43]

---

42) Watson, *Climate Change 2001: Synthesis Report*, paragraph 5.17 인용.

43) U. F. Miko *et al.*, "Climate change impacts on forests," In Watson, *Climate Change 1995: Impacts*(1996), 1장; H. Gitay *et al.*, "Ecosystems and their goods and services," In McCarthy, *Climate Change 2001: Impacts*(2001), 5장, 5.6.3절 참조.

삼림, 삼림벌채, 기후변화

삼림벌채로 인한 삼림지역의 광역적인 변화는 그 지역의 기후에 심각한 영향을 미칠 수 있다. 물론, 장기적으로 나타나는 기온이나 강수량의 변화도 물론 삼림에 커다란 영향을 미친다. 이러한 변화들을 차례로 살펴보기로 한다.

산림 벌채에 의해서 야기되는 토지이용의 변화는 세 가지 주요 원인으로 강수량에 상당한 영향을 미칠 수 있다. 숲은 초지나 나지의 토양에 비해 증발량(나뭇잎을 통한)이 많다. 따라서 공기는 보다 많은 수증기를 지닌다. 물론 삼림은 태양광의 12~15%를 반사하지만 초지는 거의 20%를 반사하고 사막은 40%를 반사한다. 세 번째 이유는 식생이 존재하는 지표면의 거칠기(roughness)이다.

미국의 기상학자인 쥴리스 차니(Jules Charney) 교수는 1975년에 사헬 지대의 한발과 관련하여 식생의 변화(그리고 이에 따른 반사도의 변화)와 강수량 간에는 중요한 연계가 있음을 주장했다. 식생이 존재할 때 지표면에서 흡수된 에너지와 거칠기의 증가는 대류 작용과 대기 내의 다른 동적인 활동을 자극하여 강수량의 생산을 유도하게 된다.

이러한 물리적인 과정을 포함한 수치 모델에 의한 초기 실험들은 이러한 효과를 보여주고 있으며, 예를 들면, 남아메리카의 30°S 이북의 삼림이 제거되고 초원으로 바뀐다면 강수량은 15% 정도 감소할 것으로 예측한다.[44] 보다 작은 지역을 사례로 보면 자이레에서의 유사한 실험 결과는 평균 30% 정도의 강수량 감소를 보여준다.[45] 아마존 삼림이 제거되고 사막성 지표로 바뀐다는 보다 극적인 실험은 70%의 강수량 감소를 가져와서 아프리카 사헬 지역의 반건조 상태와 유사한 수준으로 강수량이 감소함을 보여준다.[46] 이러한 모델 실험은 실질적인 상황을 보여주는 것은 아니지만 광범위한 삼림제거가 국지적인 기후에 심각한 영향을 미칠 수 있음을 보여준다.

44) J. Lean, P. R. Rowntree, "A simulation of the impact of Amazonian deforestation on climate using an improved canopy representation," *Quarterly Journal of the Royal Meteorological Society*,

최근의 연구들은 상호작용적 모델들을 이용하는 경향이 있는데 토지이용이나 삼림의 변화에 따른 기후에 대한 영향뿐만이 아니라 역동적인 방식으로 기후의 변화가 삼림이나 식생에 주는 영향까지도 포함하고 있다. IS 92a 시나리오에 따른 이산화탄소 배출을 가정하는 모델에 따르면[47] 아마존 지역은 강수량이 상당히 감소할 것으로 전망되는데 이로 인해 아마존의 삼림이 고사하면 대기 중으로 많은 이산화탄소를 내놓을 것이다(73쪽 글상자에 언급된 양의 기후 되먹임의 하나). 삼림이 고사하면 강수량은 더욱 줄어든다. 21세기 말기쯤이면 반건조 지역이 우림 지역을 대체하면서 삼림의 면적이 줄어들기 때문이다. 이러한 예측 결과들은 불확실성이 높긴 하지만(예를 들면, 이 결과들은 변화하는 기후조건 아래서 엘니뇨의 모델 모의실험, 엘니뇨 발생과 아마존 지역의 기후변화와의 연계성과 관련된 불확실성 같은), 이러한 연구 모델들은 변화에 따른 영향의 유형을 설명하고 기후와 식생 간 상호관계의 중요성을 강조한다.

최근 들어서 많은 삼림들의 건강이 쇄락하고 있어 상당한 주목을 받고 있다. 특히 유럽과 북아메리카에서는 산성비와 중공업, 발전소, 그리고 자동차 등에서 배출되는 여러 오염물질들에 기인하는 바가 많다. 그러나 나무에 대한 모든 피해가 여기에서만 기원하는 것은 아니다. 예를 들면, 캐나다의 몇몇

119(1993), pp.509~530. 다음 논문에 의하면 강수량의 대규모 감소에 의해서도 이와 유사한 결과가 나타난다. A. Henderson-Seller *et al.*, "Tropical deforestation: modelling local to regional scale climate change," *Journal of Geophysics Research*, 98(1993), pp.7289~7315.

45) M. F. Mylne, P. R. Rowntree, "Modelling the effects of albedo change associated with tropical deforestation," *Climatic Change*, 21(1992), pp.317~343.

46) J. F. B. Mitchell *et al.*, "Equilibrium climate change and its implications for the future," J. T. Houghton,G. J. Jenkins, J. J. Ephraums(eds.) *Climate Change: the IPCC Scientific Assessments*(Cambridge: Cambridge University Press, 1990), pp.131~172 인용.

47) P. M. Cox, R. A. Betts, M. Collins, P. Harris, C. Huntingford, C. D. Jones, "Amazon dieback under climate-carbon cycle projections for the 21st century," *Theoretical and*

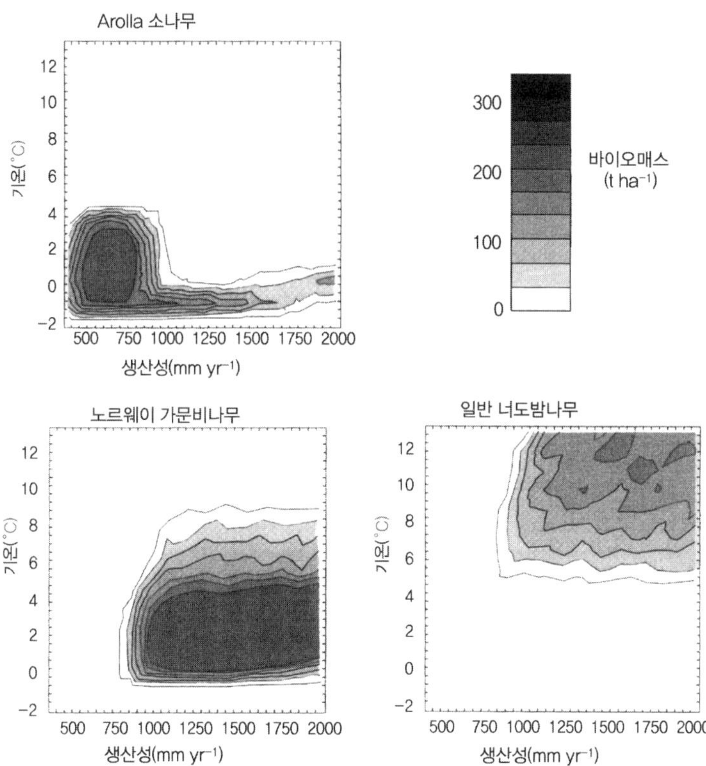

그림 7.13 아롤라(Arolla) 소나무, 노르웨이 가문비나무, 일반 너도밤나무 등 3개 수종에 대해 모의된 환경의 실제 지위(실제 지위는 종들이 실제로 발견되는 조건을 말함). 연평균 기온(T)과 강수량(P)에 대해서 연별로 생성된 바이오매스를 표시했다. 아롤라 소나무의 환경 지위는 매우 좁다. 지위가 좁을수록 기후변화에 대한 잠재적 민감도가 크다.

지역에서의 연구에 따르면 나무잎마름병(die-back)은 기후 조건에서의 변화와 연관을 가지는데, 특히 보다 온난한 겨울과 보다 건조한 여름으로 변해갈 때 그렇다는 것이다.[48] 어떤 경우에는 문제를 야기하는 오염과 기후 스트레스의 배증 효과가 나타나기도 한다. 오염으로 약해진 나무들은 이러한 기후

applied Climatology(2004), in press.

48) D. M. Gates, *Climate Change and its Biological Consequences*(Sunderland, Mass: Sinauer Associates Inc., 1993). p.77.

스트레스를 견뎌내지 못하는 것이다. 미국의 MINK 지역에서 수행된 기후변화의 영향 평가(223쪽 글상자 참조)는, 그들이 연구했던 유사 기후의 온난하고 더 건조해진 조건 아래서 연구 지역의 삼림지대의 쇠퇴와 고사로 지난 20년 동안 10% 정도의 목재량이 감소했을 것으로 결론지었다.[49] 이러한 연구들의 결과는 지구온난화에서 야기되는 급속한 기후변화율과 함께 일어나는 보다 심각한 수준의 삼림고사를 보여준다(239쪽 글상자 참조). 기후변화로 야기되는 전 세계 삼림에서의 이러한 스트레스들은 삼림과 연관되는 다른 문제들과 동반되어 나타난다. 특히 개발도상국에서의 급속한 인구증가로 인해 계속되는 열대림 벌채와 증가하는 목재 수요와 목재품 생산 등의 문제들이다.

어느 정도 시간이 경과하면서(몇 세기 정도) 결국 안정된 기후로 재정립된다면, 여러 수종의 나무들이 그들의 기후 지위에 맞은 입지를 찾아나설 것이다. 그러나 기후가 급속하게 변화할 경우, 짧은 시간 내에서는 기후의 관점에서 볼 때 식물들 스스로가 만족스럽지 못한 입지를 지닐 수밖에 없다.

3장에서 언급되었듯이 삼림은 대규모의 탄소 저장고이다. 지상에 80%, 지하에 40%의 비율로 삼림은 저장 탄소를 지니고 있다. 역시 3장에서 인간의 활동에 의한 열대 우림의 벌채로 매년 1~2Gt의 탄소가 대기 중으로 방출되고 있다. 만일 기후변화의 규모 때문에 침엽수림과 열대림에서 많은 스트레스와 고사가 발생한다면, 이산화탄소 방출이 수반될 것이다. 이러한 양의 되먹임 작용은 3장에서 언급되었다(73쪽 글상자 참조). 불확실성의 정도가 크지만 대기 중의 요소들만 계산하더라도 21세기를 지나면서 약 240Gt 정도가 방출될 것으로 추산된다.[50]

---

49) M. D. Bowes, R. A. Sedjo, "Impacts and responses to cliamte change in forests of the MINK region," *Climatic Change*, 24(1993), pp.63~82.

50) J. M. Melillo *et al.*, "Terrestrial biotic responses to environmental change and feedbacks to climate," J. T. Houghton, L. G. Meira Filho, B. A. Callander, N. Harris, A. Kattenberg, K. Maskell(eds.), *Climate Change 1995: the Science of Climate Change*(Cambridge: Cambridge University Press, 1996), 9장; U. F. Miko *et al.*, "Climate change impacts on forests," In Watson, *Climate Change 1995: Impacts*(1996), 1장.

이상의 논의들은 자연 삼림에 대한 기후변화의 영향과 크게 관련성을 가지게 되는데, 이러한 영향들은 대체로 부정적인 것이다. 관리되고 있는 삼림에 대한 영향에 관한 연구들은 보다 긍정적이다.[51] 이 연구들이 제시한 바에 따르면 삼림의 적절한 적응과 토지 및 생산성 관리를 통해 이산화탄소의 포획과 저장의 증가를 위한 삼림 프로젝트(10장 참조)가 아니더라도, 소규모의 기후변화는 전 지구적으로 목재 공급량을 증가시키고 기존의 목재 시장의 경향을 개발도상국의 시장점유율 쪽으로 강화시켜나갈 수 있을 것으로 본다.

자연 생태계에 대한 더 많은 관심은 기후변화에 따른 이들 생태계에 포함된 종의 다양성과 감소로서 결국 생물적 다양성 등과 관련성을 가진다. 화재, 한발, 전염병 감염, 외래종의 침입, 폭풍, 산호초의 백화현상 등과 같은 환경교란에 의한 생태계의 많은 훼손이 증가할 것으로 예상된다. 생태계에 대한 다른 스트레스들(특히, 토지이용 전환, 토지 악화, 삼림벌채, 수확과 오염 등)에 더하여 기후변화로 인한 스트레스들은 특이한 생태계들에 대한 훼손, 혹은 완전한 파괴나 위기에 처한 종들의 멸종 등으로 생태계를 위협하고 있다. 산호초, 환초, 맹그로브 숲(열대 및 아열대 해안 홍수림), 침엽수림과 열대우림, 극지 및 고산지 생태계, 프레이리 습지, 자연 초원 등이 기후변화에 의해 위협받고 있는 생태계이다. 경우에 따라서 위협받는 생태계들은 기후변화에 의한 영향을 어느 정도 완화시킬 수 있는 것들도 있다(예를 들면, 해안 생태계는 폭풍의 영향을 완화시킨다). 생물적 다양성의 손실을 감소시킬 수 있는 적응 방안은 종들의 이동을 가능하게 하는 통로를 가진 피난처, 공원, 보호지 등의 설정과 인공번식(captive breeding)이나 종의 서식지 이전 등과 같은 방법을 채택하는 것이다.[52]

51) H. Gitay *et al*., "Ecosystems and their goods and services," In McCarthy, *Climate Change 2001: Impacts*(2001), Technical Summary 4.3절.

52) 보다 자세한 내용은 다음 보고서의 정책입안자를 위한 요약 참조. R. Watson *et al*.(eds.), *Climate Change 2001: synthesis Report. Contribution of Working Groups I, II and III to the Third Assessment Report of the Intergovernmental Panel on Climate Change*(Cambridge:

이제까지 육상 생태계를 중심으로 살펴보았다. 해양 생태계는 어떠한가? 기후변화에 의한 영향을 얼마나 받을까? 해양 생태계에 대한 지식이 많지 않다 하더라도 해양에서의 생물의 활동은 빙하기 주기에 따라 그 정도가 다양했다. 3장은(67쪽 글상자 참조) 지난 100만 년 동안 대기 중 이산화탄소 농도에 대한 주요한 조정요인이 해양 생물의 활동의 다양성에 있을 수 있다고 제시하였다(그림 4.4) 해수의 온도 변화와 일부 해류 순환의 패턴 변화는 용승이 일어나고 물고기가 모이는 해역에서의 변화를 초래할 가능성이 많다. 어업의 종류에 따라 망하기도 하고 흥하기도 한다. 어업은 커다란 변화에 즉각적으로 대응할 수 있는 성질의 산업이 아니다.[53)]

가장 중요한 해양 생태계 일부는 열대 및 아열대 지역에 존재하는 산호초에 있다. 특히 생물적 다양성이 뛰어나며 지구온난화에 의해 위협받고 있다. 이곳의 종의 수는 열대 우림보다 많으며 지금까지 알려진 모든 해양 어류의 25% 이상[54)]이 서식하고 있으며 이들은 해안 거주자들을 위한 식량원을 제공하고 있다. 산호는 해수면 온도에 매우 민감하여 해수면 온도가 기존의 온도에서 1℃ 정도 높아져도 백화현상(bleaching, 색깔이 없어지는 현상)이 나타나고 3℃ 이상 상승하면 대량 치사에 이른다. 최근 들어 1998년의 예에서 보듯이 엘니뇨 현상과 관련하여 백화현상이 빈번하게 일어났다.[55)]

Cambridge University Press, 2001), pp.68~69, paragraph 3.18. 다음 논문은 예외적으로 생물 다양성 농도가 잘 된 지역을 선정하여 보존 노력을 집중하자는 제안을 하고 있다. N. Myers *et al.*, *Nature*, 403(2000), pp.853~858.

53) W. J. McG. Tegert, G. W. Sheldon, D. C. Griffiths(eds.), *Climate Change: the IPCC Impacts Assessment*(Canberra: Australian Government Publishing Service, *1990)* pp.6~20. 1990년에 작성됐지만, 2003년에도 여전히 유효하다.

54) P. F. Sale, *Nature*, 397(1999), pp.25~27. 산호초에서의 다양성에 대한 보다 많은 자료들은 World Resources Institute Website www.wri.or/wri/marine 참조.

55) 산호초에 대한 영향에 관한 더 많은 자료들은 R. F. A. McLean *et al.*, "Costal zones and marine ecosystems," In McCarthy, *Climate Change 2001: Impacts*(2001), 6장, 6.4.5절 참조.

인류 보건에 대한 영향

인간의 건강은 좋은 환경에 의존한다. 따라서 환경 악화를 가져오는 많은 요인들은 건강 악화도 함께 유발한다. 대기 오염, 오염되거나 부적절한 수자원 공급, 질이 낮은 토양(생산성이 낮고 영양분이 빈약한) 등 모두가 인간의 건강과 복지(wellbeing)를 위협하고 질병 확산을 부추긴다. 지구온난화와 관련하여 지금까지 살펴보았듯이 이들 요인들의 많은 부분들이 보다 온난해진 세계에서의 기후변화를 통해 증대될 것이다. 한발과 홍수와 같은 극단 기후의 증가는 영양상태의 악화와 다양한 원인을 가진 질병들을 확산시켜서 건강에 위협으로 작용할 것이다.

기후변화 자체가 인간의 건강에 미치는 직접적인 영향은 어느 정도인가?[56] 인간은 스스로 만든 구조물들을 이용하여 매우 다양한 기후조건에 적응하여 만족하게 살아갈 수 있다. 그리고 다양한 범위의 기후 조건들에 적응하는 능력도 매우 뛰어나다. 건강에 미치는 기후변화의 영향을 평가하는 데 주요한 어려움은 건강에 영향을 미치는 많은 다른 요인들(다른 환경적 요인들을 포함하여) 중에서 기후 요인을 뽑아내는 일이다.

인간에 대한 직접적인 영향의 주요 원인은 극단적인 고온에서 받는 열 스트레스(heat stress)이며 이것은 도시 인구에서 특히 빈번하고 만연될 것이다(글상자과 그림 6.6 참조). 열파가 일상적으로 존재하는 대도시에서 비정상적인 고온 상태가 수일 지속되면 사망률은 2, 3배에 달하게 된다.[57] 이러한 사망률은 낮은 사망률 시기에 나타나면 상대적으로 높아 보일 수도 있지만, 대부분의 치사율 증가는 과도한 기온과 직접 연관을 가지며 특히 대응 능력이 떨어지는 노인들의 사망률이 높다. 긍정적인 측면으로는 겨울의 혹독한 추위 기간의

56) 보다 자세한 내용은 A. J. McMichael, A. Githeko *et al*., "Human health," In McCarthy, *Climate Change 2001: Impacts*(2001), 9장; A. J. McMichael, *Planetary Overload* (Cambridge: Cambridge University Press, 1993) 참조.

57) I. S. Kalkstein, "Direct impact in cities." *Lancet*, 342(1993), pp.1397~1399.

사망률은 줄어들 것이다. 연구의 결과들을 보면 겨울철 사망률의 감소의 정도가 여름철 사망률 증가의 정도보다 다소 클 것인가 혹은 다소 적을 것인가에 대해서는 모호하다. 이들 연구는 대체로 선진국 인구를 대상으로 한 것이며 여름철과 겨울철의 치사율 간의 보다 일반적인 비교는 제외되어 있다.

2003년 유럽의 열파

기록적인 극단 기온은 2003년 6월, 7월, 8월 동안에 유럽에서 일어났다. 많은 지역에서 기온이 40℃를 넘었다. 프랑스, 이탈리아, 네덜란드, 포르투갈, 스페인에서는 엄청난 폭염으로 평상시보다 21,000명이 추가 사망했다. 스페인, 포르투갈, 프랑스 등 중부 및 동부 유럽에서는 강한 산불로 고통받았다.[58] 그림 7.14는 이 현상이 극한적으로 드문 사례임을 보여준다.

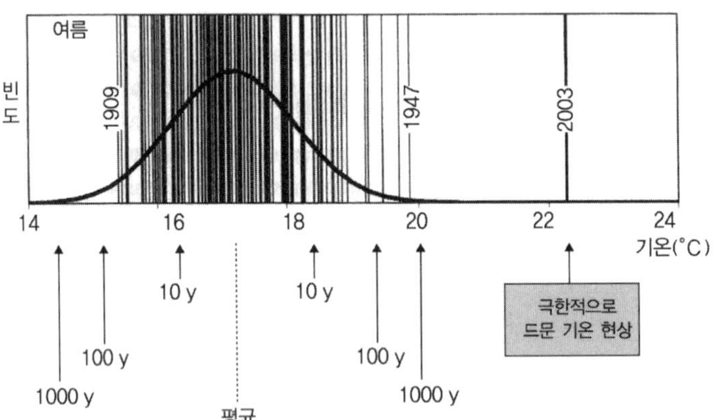

그림 7.14 1864~2003년의 스위스 여름(6, 7, 8월) 평균기온 분포도. 평균편차 0.94로 가우스 확률 분포에 대응시킨 분포이다. 재현 주기 10, 100, 1000년의 평균기온도 표시되어 있다. 2003년 값은 평균으로부터 평균편차 5.4로 떨어져 있으며 매우 극한적으로 드문 현상임을 보여준다(Scher *et al.*, *Nature*, 427(2004), pp.332~336).

58) 인도에 대한 자료는 타타 에너지 연구소(Tata Energy Research Institute)의 Rajendra K. Pachauri 박사로부터, 유럽에 대한 자료는 제네바의 세계기상기구로부터 나왔음.

인류의 건강에 보다 더 많은 영향을 미치는 것으로 온난화 지역에서의 질병 확산일 것이다. 질병을 매개하는 많은 곤충들이 온난하고 습윤한 조건에서 잘 생존하게 된다. 예를 들면, 모기에 의해서 옮겨지는 바이러스성 뇌염과 같은 전염병은 오스트레일리아, 아메리카, 아프리카 대륙 등에서 각각 엘니뇨 순환의 양상에 따라 비정상적으로 습윤해지는 조건과 연관이 있는 것으로 알려지고 있다.[59] 어떤 질병들은 현재는 열대 지역에 한정되어 있지만 보다 습윤해지면 중위도 지역까지도 확산될 수 있을 것으로 본다. 말라리아가 대표적인 사례로서 습도 50~65%, 기온 15~32℃ 범위가 적절한 확산 조건으로서 모기에 의해 옮겨진다. 말라리아는 현재 세계적인 공공보건에 위협이 되고 있으며, 매년 3억 명 이상이 새로 감염되고 100만 명 이상이 목숨을 잃고 있다. 기후변화 시나리오 아래서는 대부분의 예측 모델 연구들이 말라리아와 뎅기열(dengue) 감염의 잠재적 전이의 지리적 범위(그리고 감염 가능 인구)가 확대될 것으로 보고 있으며, 이 범위는 각각의 전염병에 있어서 현재 세계 인구의 40~45%가 포함된다. 이와 유사한 이유로 확산될 가능성이 있는 다른 질병들은 황열과 몇 종류의 바이러스성 뇌염이다. 그러나 모든 경우에서 실질적인 질병의 발병은 지역에 따른 환경조건, 사회경제적 상황, 공중 보건체계 구축의 정도에 의해 많은 영향을 받게 된다.

인간의 건강에 대한 기후변화의 잠재적 영향은 클 수 있다. 그러나 그 요인들은 매우 복잡하다. 어느 정도의 정량적인 결론에 도달하려면 인간에 대한 기후의 직접적인 영향과 우려되는 질병의 역학에 대한 신중한 연구들이 요구된다. 어떻게 하면 극단적 기후와 자연재해의 건강에 대한 영향을 줄일 수 있을까에 대한 몇 가지 제안들을 다음 절에서 논의한다.

---

59) N. Nicholls, "El Niño-Southern Oscillation and vector-borne disease," *Lancet*, 342(1993), pp.1284~1285. 엘니뇨 주기는 5장을 참조.

기후변화에 대한 적응

지금까지 논의한 대로 기후변화의 영향은 이미 분명해지고 있다. 따라서 어느 정도의 적응은 필수 사항이 되고 있다. 기후변화에 대응하기 위한 많은 가능성 있는 적응 방안들이 이미 파악되어왔다. 이러한 적응을 통해서 기후변화의 부정적인 영향은 줄이고 유익한 영향은 강화할 수 있으며 당장의 부수적인 혜택도 얻을 수도 있을 것이다. 그러나 모든 피해를 다 막을 수는 없다. 적응 방안의 사례들이 표 7.1에 나열되어 있다. 목록에 오른 많은 방안들이 현재의 기후 변동과 기후 극단에 대응하기 위해 채택되고 있다. 이를 더욱 확대하면 현재와 미래의 대응 가능성이 더욱 높아질 것이다. 그러나 이러한 방안들이 미래에 기후변화의 양과 비율이 증가한다면 그리 효율적이지 못할 것이다. 가능한 적응 방안의 목록을 만드는 일은 비교적 쉬운 일이다. 이들이 효과적으로 적용되기 위해서는 이들 방안들이 요구되는 광범위한 상황에서의 적용의 상세한 내역과 비용에 대한 보다 많은 정보들이 절실히 필요하다.

특히 중요한 것은 홍수, 한발, 심한 폭풍우와 같은 극단적인 기후와 재해 상황에 대한 적응을 위한 요구조건들이다.[60] 이러한 현상에 대한 취약성은 보다 적절한 준비에 의해서 상당히 줄일 수 있다.[61] 예를 들면, 범미보건기구(Pan American Health Organization, PAHO)는 허리케인 조지와 미치를 추적하면서 이러한 극단 상황의 영향을 줄일 수 있는 다양한 정책을 제시했다.[62]

---

60) *Global Environmental Outlook 3 (UNEP Report)*(London: Earthscan, 2002), pp.274~275 참조.

61) 재난 대비에 관한 진보의 사례로 국제적십자사는 최근 네덜란드에 본부를 둔 기후변화 대비반을 만들었다.

62) PAHO Report 1999 Conclusions and Recommendations: Meeting on Revaluation of Preparedness and Response to Hurricanes George and Mitch. A. McMichael *et al.*, "Human Health," In McCarthy, *Climate Change 2001: Impacts*(2001), 9장에서 재인용

표 7.1 선정 분야별 적응 방안 사례

분야/체계	적응 방안
물	'수요자 측면'의 관리에 따른 수자원 효율성 증가 (특히 가격 유인, 규제, 기술 표준) '공급자 측면'의 관리에 따른 물 공급, 혹은 물 공급의 신뢰도 증가 (특히 새로운 물 저장시설과 공급 전환 하부 구조) 사용자 간의 물 이동을 돕기 위한 제도적·법적 체계의 변화 (특히 수자원 시장 정비) 하천의 부유 영양물질을 감소시키고 수온이 상승할 때 부영양화 현상을 차단하기 위하여 수변 식생을 보호하거나 증대 홍수 시에 최고 유량을 감소시키기 위한 홍수 관리 계획을 재정비, 강우 시에 표면류를 줄이고 지하 침투수를 증가시키기 위해 지표면 포장을 줄이고 식생 피복을 이용 홍수 방제를 위하여 댐, 제방, 기타 다른 하부 구조물들의 설계 기준을 재정비
식량과 의복	파종, 수확, 그리고 다른 관리 활동의 시기를 조정 토양 속의 영양분과 수분 유지율을 높이고 토양 침식을 방지하기 위하여 이랑을 최소화하고 다른 방안 강구 초지의 가축 방목률 줄임 물 수요가 덜하고 열, 가뭄, 병충해에 강한 경작법 혹은 재배종으로 전환 새로운 품종을 개발하기 위한 연구 수행 농촌 마을숲, 사료용 관목 및 교목림 개발을 포함한 건조지역에서의 농업용 삼림의 강화 다양성과 융통성을 증대시킬 수 있는 수종들을 교배하여 식재. 재식생화와 조림을 위한 초기 종들 개발 연속된 보존지역을 늘리고 식재 작업을 병행하면서 수종의 자연적인 이동을 도움 농촌 노동력의 훈련과 교육 강화 지역 공급 붕괴에 대비한 보험과 같이 식량 공급의 안정화를 제공하기 위한 프로그램의 확립 및 증대 불충분하고, 지속가능하지 못하고, 위험한 농경, 방목, 그리고 임업 등의 개선 정책 수행(특히 경작, 경작 보험, 수자원에 대한 보조)
해안지역과 어업	침식, 범람, 폭풍, 해일 등에 취약한 해안지역의 개발을 방지하거나 철거 해안보호를 위한 '강성' 방식(돌제, 제방, 옹벽) 혹은 '연성' 방식(백사장 모래 공급, 사구와 습지 복원, 재조림)의 구조물 사용 폭풍우 경보 체계와 대피 계획의 적용

	어족의 기본적인 서식지 보호를 위하여 습지, 하구, 범람원 등의 보호와 복원 어업의 보존을 강화하기 위한 어업 관리기구와 정책의 개선과 강화 어업의 통합적인 관리를 보다 효과적으로 지원하기 위한 연구와 모니터링 작업 수행
보건	공공보건 기반시설의 재건과 개선 전염병 예방 대책을 강화하고 전염병 예측과 조기 경보 능력 개선 환경, 생물, 건강 상태에 대한 감시 주거지, 위생, 수질 개선 열섬 효과를 감소시키기 위한 도시 설계의 통합화(특히 식생 및 밝은 색채의 지표면 이용) 보건 위험을 감소시키기 위한 행동을 강화하기 위한 공공 교육 실시
금융 지원	개인 및 공공 보험과 재보험을 통한 위험 분산 법령 및 다른 기준 체계의 설정 혹은 보험 혹은 신용에 대한 요구조건으로서 금융 부문의 지원을 통한 위험 감소

자료: Waston, R. *et al.*, *Climate Change 2001: Synthesis Report*(2001), p76, 표 3.6 참조

- 기존의 물 공급과 위생 처리에 대한 취약성 연구를 수행하고 취약성을 감소시킬 수 있는 새로운 체계를 구축한다.
- 비상대책을 위한 국가 계획과 국제적 협력을 위한 훈련 프로그램과 정보체계를 개발하고 계속 개선해나간다.
- 단일 국가기관에 의해서 관리하고 취약성이 높은 공동체들을 포함하는 초기 경보 체계를 개발하고 시험한다. 정신과 치료를 제공하고 평가하기 위한 예비 조치도 요구된다. 특히 재해의 심리사회적 악영향에 취약한 사람들(예를 들면, 어린이, 노인, 가족을 잃은 사람들)에게 중요하다.

손실 비용 산정 : 극단 기후 현상

앞에서 기후변화의 영향을 피해자들의 수(특히, 사망, 질명, 불구자), 농업과 임업 생산의 가감, 생물 다양성의 감소, 사막화의 증가 등의 다양한 척도를

이용해서 설명했다. 그러나 많은 정책입안자들이 중시하는 것으로 가장 널리 사용되는 척도는 비용과 이익을 금전적으로 나타내는 것이다. 기후변화의 영향에 대한 총비용을 추정하기 위하여 행해진 내용을 기술하기 전에 극단적인 상황(홍수, 가뭄, 폭풍우 등) 때문에 나타나는 피해 비용에 대하여 얼마나 알고 있는가를 먼저 인식할 필요가 있다. 본 장에서 일관되게 강조하고 있듯이 이것은 아마도 기후변화에의 영향에서 가장 중요한 요소일 것이다.

최근 이러한 극단적인 상황의 발생 빈도가 매우 높아졌기 때문에 이에 따른 피해 비용에 대한 정보들이 보험회사에 의해 추적되어왔다. 보험금이 지급되는 손실과 추정할 수 있는 모든 전체적인 경제 손실을 카달로그로 만들고 있다. 후자의 경우 1950년대에서 1990년대에 이르기까지 약 10배 증가했다(그림 1.2와 다음 글상자 참조). 기후변화가 아닌 다른 요인들도 이러한 증가에 공헌했지만 아마도 기후변화가 가장 큰 요인으로 보인다. 기상 관련 재해에 따른 연간 경제 손실에 대한 1990년대의 추정치는 전 세계 총생산(GWP, global world product)의 0.2%에 해당하며 북중미와 아시아 지역에서는 국민총생산(GDP)의 대략 0.3%, 아프리카는 0.1% 정도로 다양하다(표 7.2). 이 평균치에는 지역적·시간적 변동성이 숨겨져 있다. 예를 들면, 1989년에서 1996년에 이르는 기간에 자연재해로 인한 중국의 연간 손실은 GDP의 3~6%에 달하고 있으며, 이는 평균 4%[63])로서 세계 평균의 10배가 넘는다. 아프리카의 수치가 낮은 것은 재해가 없기 때문이 아니라 아프리카 전체로 보면 일반적인 빈도보다 높지만 아프리카의 재해 자체가 경제적인 관점에서 인식되지 못할 뿐 아니라 경제 통계에 잡히지도 않기 때문이다. 더욱이 이러한 평균 수치들은 개별 국가 혹은 지역에 대한 재해의 심각한 영향을 숨기고 있다. 아래 언급될 허리케인 미치(Mitch)에서 보듯이 실제로는 매우 심각한 것으로 판명될 수 있다.

여기서 인용된 비율들은 연관된 모든 비용들을 다 나타내지는 못한다. 여기에는 재해의 직접적인 비용만을 포함하고 있으며 연쇄적으로 파급된 관련

63) *Global Environmental Outlook 3 (UNEP Report)*(London: Earthscan, 2002), p.272 참조.

영향들은 포함되지 않고 있다. 이것은 한발 등에 의한 피해가 심하게 과소평가되고 있음을 말한다. 한발은 천천히 일어나는 경향이 있으므로 손실의 많은 부분이 직접적인 영향이 없으면 기록되지 않거나 처음부터 없는 것으로 간주된다. 아직 정리가 안된 정보들을 조심스럽게 다루어야 하는 또 다른 이유는 세계의 여러 지역들과 국가들에 있어서 개인소득, 생활수준, 보험 적용 수준 등에 있어서 격차가 크기 때문이다. 최근 가장 큰 피해를 가져다준 허리케인 미치의 사례를 보자. 미치는 1998년 중미를 강타한 허리케인으로 손실에 대한 전체 보험금이 10억 달러에 미달하여 표 7.3의 목록에도 오르지 못했다. 미치의 내습으로 48시간 동안에 600mm의 폭우가 쏟아졌으며, 9천 명이 사망하였고, 60억 달러 이상의 경제적인 피해를 입었다. 온두라스와 니카라과에서의 손실은 일년 국민총생산(GNP)의 70%와 45%에 해당하는 손실액이었다. 동일한 이유로 표 7.3에 표시가 안 된 또다른 사례는 1997년에 일어난 중부 유럽의 홍수로서 16만 2천 명의 이재민이 발생하였고 경제적인 손실만도 50억 달러가 넘었다.

미래에는 이러한 극단적인 재해의 피해액은 어느 정도일까? 이를 추정하기 위해서는 미래의 재해 발생 빈도와 강도에 대한 보다 정량적인 정보가 필요하다. 이와 같은 예측치는 거의 없다. 6장에 언급된(그림 6.8) 산업혁명 이전의 이산화탄소 농도의 두 배가 되면 유럽에서의 극단적인 호우는 약 5배 증가할 것이라는 예측 정도가 있다. 예측이기는 하지만 어느 정도 어림잡아 미래의 전 지구적인 평균적인 상태를 계산해보면 다음과 같은 수치가 얻어진다. 기상 상태에 관련된 극단 현상으로 인한 현재의 평균 비용에 대한 보험회사들의 추정에서는 GDP의 0.2% 혹은 0.3%로 시작하며 만일 위에 언급된 요인(연쇄효과)이 두 번 더 허용하게 되면 산정액은 2배를 하고 극단 상황의 증가 가능성을 3배 하게 되는데, 그러면 21세기의 중반에는 GDP의 1~2%에 이르게 된다는 결론이 나온다. 더욱이 이것은 '돈'으로 환산된 추정치이다. 모든 피해를 모두 고려한 극단 상황의 실질적인 총비용은(돈으로 환산할 수 없는 요소들까지 포함하면), 특히 개발도상국에서 더욱 클 것으로 본다.

표 7.2 1985~1999년 동안 보험회사에 의해서 추정된 세계 여러 지역에서의 사망자, 경제손실, 보험 피해액(1999년 기준 USD). 기상관련 재해(폭풍우, 홍수, 한발, 산불, 산사태, 지반 침하, 눈사태, 극단 기온 현상, 번개, 서리/얼음/눈 피해)의 비율은 사례별로 표시되어 있다. 그림 1.2에서는 대규모 파괴적인 현상에 의한 손실에만 제한하고 있어 전체 피해액은 표 1.2에 요약된 것보다 많다.

	아프리카	남아메리카	북, 중 아메리카 및 카리브 지역	아시아	오스트레일리아	유럽	세계
재해의 수	810	610	2260	2730	600	1810	8820
기상 관련	91%	79%	87%	78%	87%	90%	85%
사망자 수	22,990	56,080	429,920	8,200	37,910	4,400	559,510
기상 관련	88%	50%	72%	70%	95%	96%	70%
경제적 손실 (10억 달러)	7	16	345	433	16	130	947
기상 관련	81%	73%	84%	63%	84%	89%	75%
보험금 보상액 (10억 달러)	0.8	0.8	119	22	5	40	187
기상 관련	100%	69%	86%	78%	74%	98%	87%

자료: P. Vellinga, E. Mills *et al.*, McCarthy, *Climate Change 2001: Impacts*(2001) 제8장 표 8.6에 제시된 Munuch Re 보험회사.

보험회사와 기후변화

보험회사에 대한 기후의 영향은 극단적인 기상 재해를 통하여 주로 발생한다. 개발도상국에서는 극단적인 기상재해에 의한 사망자 수가 매우 많지만 보험 가입률이 낮기 때문에 보험회사의 손실액은 매우 적다. 선진국의 인명 피해는 훨씬 적지만 보험금 지급은 매우 크다. 그림 1.2는 1950년대 이후 기상관련 재해, 관련된 경제적 손실과 보험 보상액의 증가를 보여주고 있으며 표 7.2는 1985년에서 1999년까지의 재해 발생수, 사망자수, 경제적 피해액의 분포를 보여주고 있다. 엄청난 피해를 가져온 재해 유형들의 사례가 표 7.3에 제시되어 있다.

역사적인 재해 피해가 증가하는 경향은 부분적으로는 취약 지역에서의 인구성장, 경제성장, 도시화 같은 사회·경제적인 요인과 연관되어 있다. 또 다른 일부는 강수, 홍수, 한발 재해의 변화와 같은 기후적인 요인과 연관된다. 지역과 재해의 유형에 의한 원인 간의 균형에 차이가 있다. 사회·경제적인 요인과 기후적인 요인을 동시에 고려하면 매우 복잡해지므로 인간 간섭에 의한 기후변화의 기여도는 명확히 규정될 수가 없다. 그러나 유의해야 할 것은 기상 관련 재해의 피해액의 증가율은 1960~1999년 동안 비기상 관련 재해의 3배에 달한다는 점이다.

최근의 역사는 기상 관련 재해가 보험업자들을 파산에 이르게 할 수 있다는 것을 보여주었다. 1992년 허리케인 앤드류는 보험 지급액에서 20억 달러 선을 넘었으며 보험업계에 커다란 경종을 울렸다. 따라서 보험회사는 기후변화 증가율에 대한 미래의 경향에 대하여 가능하면 정확하게 예측하는 데 엄청난 신경을 쓰고 있다.

표 7.3 50억 달러 이상의 경제 손실과 10억 달러 이상의 보험지급을 초래했던 표 7.2 총계에 포함된 개별 재해 사례들

연도	재해명	지역	경제 손실 (미화 10억 달러)	보험금/경제 손실 비율
1995	지진	일본	112.1	0.03
1994	노스리지 지진	미국	50.6	0.35
1992	허리케인 앤드류	미국	36.6	0.57
1998	홍수	중국	30.9	0.03
1993	홍수	미국	18.6	0.06
1991	태풍 미레일	일본	12.7	0.54
1989	허리케인 유고	미국 캐리비안	12.7	0.50
1999	폭풍우 로타르	유럽	11.1	0.53
1998	허리케인 죠지	미국 캐리비안	10.3	0.34
1990	폭풍우 다리아	유럽	9.1	0.75
1993	블리자드	미국	5.8	0.34
1996	허리케인 프란	미국	5.7	0.32
1987	폭풍우	서유럽	5.6	0.84
1999	태풍 바트	일본	5.0	0.60

자료: P. Vellinga, E. Mills *et al.*, McCarthy, *Climate Change 2001: Impacts*(2001), 제8장 표 8.3.

재해의 총 피해액 산정

지금부터는 인간에 의한 기후변화의 모든 영향들, 금전적인 측면에서의 비용을 산정하기 위한 모든 시도들, 그리고 여기에 사용된 방법론들의 타당성에 대해 살펴보기로 한다. IPCC 1995년 보고서는 산업혁명 이전보다 대기 중 이산화탄소의 농도가 배증된 세계에서 기후변화의 영향에 대한 4가지 비용 연구[64]를 하고 있다. 구체적인 연구 대부분은 미국에 대한 것이다. 재해의 영향에 대한 비용 추정치는 1990년 한 해 동안 550~750억 달러, 혹은 미국 국내총생산(GDP)의 1.0~1.5% 정도이다. 다른 선진국의 경우에도 GDP의 비율로 환산하면 연간 비용 추정치는 미국과 비슷하다. 개발도상국의 경우에는 연간 비용 추정치는 전형적으로 GDP의 5% 정도에 이른다(GDP의 2~9%의 범위). 전 세계 총계를 보면 그 추정치는 국내총생산의 세계 총계의 1.5~2% 범위이다〔때때로 세계총생산(global world product) 혹은 GWP로 부른다〕. 이러한 연구들은 문제의 범위를 처음으로 경제적인 관점에서 나타낸 것이다. 그러나 이들 경제적 연구자들의 설명에 따르면 이러한 추정치는 매우 개략적이며 광범위한 가정에 바탕을 두고 있고 미래보다는 주로 현재 경제에 대한 영향의 관점에서 계산되었으므로 정확한 값으로 보아서는 곤란하다는 것이다.

보다 최근의 연구들에 따르면 기후변화의 피해 비용을 감소시키기 위한 잠재적인 적응(적응 비용도 고려한) 가능성에 보다 역점을 두고 있다. 이러한 연구는 특히 농업 부문에서 좋은 사례가 된다.[65] 농업 부문에서는 대기 중 이산화탄소의 농도가 배증되더라도 세계의 경제적 총액은 상정된 가정에 따라

---

64) Studies by Fankhauser Cline, Nordhaus and Tol이 연구한 내용들은 다음 문헌에서 발표됨. D. W. Pearce *et al.*, "The social costs of climate change," J. Bruce, Hoesung Lee, E. Haites(eds.), *Climate Change 1995: Economic and Social Dimensions of Climate Change*(Cambridge: Cambridge University Press, 1996), 6장.

65) J. B. Smith *et al.*, "Vulnerability to climate change and reasons for concern: a synthesis," In McCarthy, *Climate Change 2001: Impacts*(2001), 19장, Box 19.

서 약간 줄어들거나 상당히 늘어나기도 한다(228쪽의 농업과 식량 공급에 대한 영향 참조). 그러나 총액은 많은 지역차를 숨기고 있다. 선진국에서는 월등한 이익 효과가 예상된다. 지역 및 세계 무역체계와 연계가 잘 되지 않는 인구들에 대해서는 상당한 부정적인 효과가 예상된다. 농사 짓기에 곤란할 정도로 건조해지거나 기온이 너무 오른 지역들도 고통을 받을 것이며, 적응할 준비가 되지 않는 국가들도 마찬가지일 것이다(특히 기반시설, 자본 혹은 교육의 부족 등으로 말미암아). 전반적으로 기후변화는 농업이 잘 되고 부유한 지역에서는 농업생산성에 유리하게 작용하고, 농업이 불리하고 부유하지 못한 국가에서는 불리하게 작용할 것이다. 그러나 이러한 연구들은 극단적인 기후 현상의 증가를 간과하고 있으며 수자원 가용량과 같은 중요한 요인들을 적절히 고려하지 못하고 있는 듯하다. 그것은 대체로 구체적인 정보가 부족하기 때문으로 보인다.

최근에 나타난 고려해야 할 또 다른 요인은 '특이 현상(singular events)'으로 대규모이거나 혹은 알려지지 않은 영향력을 가진 돌이킬 수 없는 현상의 가능성이다. 이들 중 몇 가지는 본 장의 초반과 앞장에서 언급되었다. 몇몇 사례는 표 7.4에 실려 있다. 이러한 현상의 가능성을 정량적으로 추정하는 것은 매우 어렵다. 그럼에도 불구하고 이들은 무시할 수 없을 정도로 중요하다. 최근의 한 연구에 따르면[66] 이 현상의 발생에 대한 잠재 피해 비용은 2.5℃ 온난화에 대하여 GWP의 1%, 6℃ 온난화에 대해서는 GWP의 7%로 보고 있다. 이러한 산출은 상당히 포괄적인 가정에 근거를 두고 있지만 특정 연구에서 보면 이러한 특이 현상들은 총비용에 대해서 최대의 단일 요인으로 나타난다.

더 많은 적응과 특이 현상과 같은 이러한 추가적인 요인들은 비용 산정의 두 방향, 감소와 증가 모두에 간여한다. 따라서 전체적인 결과에서는 매우 크게 확대되는 경향이 있으며, 따라서 계산 속에는 상당한 불확실성이 숨어

66) W. D. Nordhaus, J. Boyer, *Warming the World: Economic Models of Global Warming*(Massachusetts: MIT Press, 2000), pp.87～91.

표 7.4 특이한 비선형 현상과 그들의 영향의 예[a]

특이한 현상	원인	영향
열염분 순환의 비선형 반응(THC)	열과 담수 강제력의 변화는 북대서양 열염분 순환의 완전한 정지와 래브라도와 그린란드 해의 국지적인 정지를 초래할 수 있다. 남대양에서 남극 심층수의 형성이 멈출 수도 있다. 이와 같은 현상은 모델에 의해서 모의되고 고기후자료에서도 발견된다.	해양생태계와 어업에 대한 영향의 결과는 치명적일 수 있다. 순환의 완전한 정지는 심해의 산소 농도와 탄소 흡수를 감소시켜서 해양생태계에 영향을 미친다. 심해 대순환의 변화는 북서 유럽의 열수지와 기후에 커다한 변화를 초래할 수 있다.
서남극 빙상(West Antarctic Ice Sheet, WAIS)의 붕괴	WAIS는 해수면 밑에 존재하기 때문에 기후변화에 매우 취약할 수 있다. WAIS의 붕괴는 전구 해수면을 4~6m까지 증가시킬 수 있다. 이로 인한 대규모 해수면의 변화가 21세기 동안에 발생할 확률은 작지만 다음 천년에 대해서는 약 3m까지 증가할 가능성이 큰 것으로 생각된다.	광역적이고 급격한 해수면의 상승은 대부분의 해양구조물과 생태계에 대한 적응 능력을 넘어서게 될 것이다.
탄소순환의 양의 되먹임	기후변화는 현재의 해양과 생물권의 탄소 흡수의 효율성을 감소시킬 수 있다. 어떤 조건 하에서는 생물권이 탄소 배출원이 될 수도 있다. 가스 하이드레이트 저장소가 불안정화 되어 상당한 양의 메탄을 대기로 방출할 수 있다.	대기 중 이산화탄소 농도의 급격하고 통제할 수 없는 증가와 그로 인한 기후변화는 영향의 규모를 증가시키고 적응 가능성을 제한할 것이다.
복합적 기후변화로 나타나는 영향의 결과인 갈등의 출현과 환경 난민에 의한 세계 질서의 교란	단독 또는 다른 환경압력과 결합된 기후변화는 개발도상국의 자원부족을 심화시킬 수 있다. 이와 같은 효과는 매우 비선형적이어서 임계치를 벗어날 잠재성이 있다.	이것은 치명적인 사회효과를 초래할 수 있다. 다시 말해서 국가 간의 자원불균형, 인종 간의 갈등, 내란, 폭동과 같은 갈등을 일으키고 각각은 선진국의 안정성에 대한 심각한 영향을 줄 수 있다.

[a] In McCharthy, *Climate Change 2001: Impacts*, 19장의 J. B. Smith *et al*., "Vulnerability to climate change and reasons for concern: a synthesis"(2001)의 표 19.6 참조.

[b] 3장 73쪽의 기후탄소 순환 되먹임에 대한 글상자 참조.

있음을 강조하게 된다.[67] 더욱이 극단 현상의 영향력의 중요성에 대해서는 최근의 연구가 거의 없다.

일부 연구에서 극단적 현상의 영향력을 다루는 경우를 보면(마지막 절에서 언급되듯이), 이들 연구는 개략적으로 매우 일반적인 관점에서 이산화탄소의 농도가 산업화 이전 수준에 비해 배증되어 나타나는 기후변화로 인한 피해 비용을 금전적으로 표현한다면, 전형적으로 선진국에서는 GDP의 1~2%, 개발도상국에서는 5% 혹은 그 이상이 될 것으로 보고 있다. 그러나 분명한 것은 특정 시점에서의 추정치들은 시작 점에 대한 것이며 불확실한 것이라는 점이다. 그것은 계산에서 주어진 가정들과 계산에 필요한 자료들 모두가 불충분하기 때문이다.

바로 앞에서 살펴보았던 비용 특성을 일차적으로 검토해보면 지구온난화 비용은 GWP의 몇 %로서, 적은 것은 아니지만 극단적으로 큰 것도 아니며 온난화 문제를 해결하기 위해 지불할 만한 수준이라는 점을 보여준다. 그러나 위에서 언급된 연구들에서는 2가지 요인이 빠져 있다. 첫째는 이들 연구들은 대략 다음 세기 중반까지의 지구온난화 영향에 관심을 가진다는 것이다. 이 기간에 규준 시나리오(business-as-usual, BAU)처럼 산업혁명 이전과 비교하여 유효 이산화탄소 농도가 배증할 것으로 보는 것이다. BAU 시나리오하에서 온실기체의 성장이 계속된다고 본다면 보다 장기적인 영향은 아마도 훨씬 클 것으로 보인다.[68] 두 번째 요인은 영향력이 금전적인 비용만으로는 정량화

---

67) R. Mendelsohn, J. E. Neumann(eds.), *The Impact of Climate Change on the United States Economy*(Cambridge: Cambrige University Press, 1999). 하나의 사례로서, 미국에 대한 최근 일련의 연구들은, 1990년 경제보다는 2060년 경제 피해액 추정에 대한 보다 현실적인 적응과 추정의 적용을 가정하고 있다. 이러한 가정은 1990년 초기의 연구들에서 영향력 추정액을 줄이는 경향이 있으며 경우에 따라서는 미국 경제에 순이익을 가져다 주는 것으로 보고 있음을 밝히고 있다. 그러나 이러한 연구들에서 극단적인 사건의 발생에 대한 계산은 전혀 고려되고 있지 않다.

68) W. R. Cline, *The Economics of Global Warming*(Washington DC: Institute for International Economics, 1992), 2장.

될 수가 없다는 점이다. 예를 들면, 생명 손실(질문 7 참조), 생활의 쾌적성과 자연적 쾌적성 혹은 생물 다양성에 대한 손실은 금전적으로 쉽게 표시될 수가 없는 것들이다. 이런 것들은 지구온난화에 의하여 불이익을 받을 만한 사람들에게 초점을 맞추어야 표시될 수 있을 것이다. 이들 중 대부분은 겨우 생존해가는 수준의 개발도상국들 사람들이 될 것이다. 그들은 그들의 땅이 그들을 더 이상 지탱해 줄 수 없음을 알게 될 것이다. 그것은 해수면 상승으로 그들의 땅이 사라지거나 한발이 더욱 확대되었기 때문이다. 따라서 그들은 이주를 원할 것이며 결국 환경 난민이 될 것이다.

지금까지의 추론으로는 BAU 시나리오하에서 지구온난화의 영향으로 이주하는 사람들의 수는 2050년 경에는 약 1억 5천만 명이 될 것이며(혹은 평균하여 매년 3백만명), 해수면 상승과 해안 침수에 의한 경우가 약 1억 명, 가뭄의 발생이나 확대에 의하여 농업생산성이 감소됨에 따라 약 5천만 명에 이를 것이다.[69] 매년 3백만 명의 난민을 정착시키는 데 드는 비용은(가능성 있는 가정을 상정하여) 일인당 미화 1천~5천 달러가 되는데 총계로 보면 매년 미화 100억 달러 이상의 비용이 든다는 계산이 나온다.[70] 그러나 이주에 따른 인간적 비용(human cost) 등 재정착을 위한 비용(연구자 자신들이 강조하고 있듯이)은 포함되지 않은 액수이다. 여기에는 난민들의 생계수단이 사라져 정상적인 생활이 붕괴될 때 필연적으로 겪게 될 사회·정치적인 불안정도 포함하고 있지 않다. 그 파생 효과는 매우 클 것이다.

---

69) N. Myers, J. Kent, *Environmental Exodus: an Emergent Crisis in the Global Arena*(Washington DC: Climate Institute, 1995); N. Adger, S. Fankhauser, "Economic analysis of the greenhouse effect: optimal abatement level and strategies for mitigation," *International Journal of Environment and Pollution*, 3(1993), pp.104~119.

70) N. Adger, S. Fankhauser, "Economic analysis of the greenhouse effect: optimal abatement level and strategies for mitigation," *International Journal of Environment and Pollution*, 3(1993), pp.104~119.

종합적인 지구온난화의 영향

지구온난화의 다양한 영향의 발생은 복잡하여 지구 전체적으로 일률적일 수가 없다. 다음은 본 장에서 숙지해야 할 내용에 대해 간단히 정리한 것이다.

- 인간활동에 따라 현재 환경이 악화되고 있는 방식은 매우 다양하다. 지구온난화는 이러한 환경 악화를 더욱 부채질할 것으로 본다. 해수면 상승은 지하수 고갈과 육지면을 유지하기 위해 필요한 퇴적물이 줄어들기 때문에 침강하는 저지대에 위험한 상황을 초래한다. 토지의 과도한 이용과 삼림벌채로 인하여 토양 손실이 더욱 심화될 것이며 지역에 따라서는 가뭄과 홍수가 빈번해질 것이다. 또 다른 지역에서는 광역적인 벌채가 행해지면서 지역의 기후를 보다 건조하게 만들고 지속가능한 농업을 방해할 것이다.
- 지구온난화로 야기되는 기후변화의 영향에 대응하기 위해서는 적응 방안을 강구해야 할 것이다. 여기에는 많은 경우에 여러 가지의 기반시설을 변화시키는 작업이 포함될 것이다. 예를 들면, 새로운 해안 옹벽을 만들고 새로운 수자원을 개발하는 일 등이다. 기후변화의 영향이 대다수 부정적이지만 때로는 장기적으로는 이익을 가져다줄 수도 있다. 그러나 단기적인 관점에서의 적응 과정은 부정적인 결과를 가져오고 많은 비용이 필요할지도 모른다.
- 기후변화의 중요한 영향 중에서 많은 것들은 극단적인 현상의 발생 빈도와 강도의 변화로 야기되는 것으로 본다(표 7.5에서 요약). 예를 들면, 지역에 따라서는 특히 여름철에 보다 기온이 높아지고 건조해지면서 가뭄과 열파가 더욱 빈번해질 것으로 예상되며, 또 다른 지역에서는 홍수의 발생 빈도가 높아질 것으로 예상된다.
- 비록 연구가 극단 기후현상의 발생 가능성을 고려하지는 않았지만 다양한 작물과 경작 방법의 적응을 통하여 세계 식량 총생산은 기후변화에 의하

표 7.5 기후 변동성, 극단 기후 현상 및 그 영향의 예*

21세기에 전망된 극단 기후 현상의 변화와 발생 가능성	전망된 영향의 대표적인 예[a] (일부 지역에서 발생 가능성이 매우 신뢰할 만함)
거의 모든 육지에서 최고기온의 상승, 더운 날과 열파의 증가 (가능성 매우 있음)	노인층과 도시 빈민의 사망률과 심각한 질병 발생률 증가 가축과 야생생물의 열스트레스 증가 다양한 작물의 피해 위험성 증가 냉방을 위한 전력수요의 증가와 에너지공급의 안정성 감소
거의 모든 육지에서 최저기온의 상승, 추운날, 서리일, 한파의 감소 (가능성 매우 있음)	추위 관련 질병발생과 사망률 감소 다양한 작물의 피해 위험성 감소와 일부 작물의 위험성 증가 일부 병균과 전염병 매개체의 서식지와 활동 증가 난방을 위한 에너지 수요 감소
호우 빈도의 증가 (많은 지역에서 가능성 매우 있음)	홍수, 산사태, 이류의 위험 증가 토양침식 증가 홍수유출의 증가는 범람원 대수층의 함양을 증가시킬 수 있다. 정부와 개인 홍수보험시스템과 재해 감축에 대한 압력증가
대부분의 중위도 내륙에서 여름철 건조 현상의 증가로 가뭄의 위험 (가능성 있음)	작물 생산량의 감소 지반침하로 건물 기초의 위험 증가 수질의 악화와 수량의 감소 산불 위험의 증가
열대 저기압의 최대풍속, 평균과 최대강수의 증가(일부 지역에서 가능성 있음)[b]	인명피해의 위험 증가, 전염병과 그 외 위험의 증가 해안 침식, 해안빌딩과 기반시설에 대한 위험 증가 산호초와 맹그로브와 같은 해양 생태계에 대한 위험 증가
많은 지역에서 엘니뇨 발생과 관련된 가뭄과 홍수 증가(가능성 있음, 가뭄과 호우현상 참조)	홍수와 가뭄에 민감한 지역에서 농업과 방목 생산성의 감소 가뭄에 민감한 지역에서 수력 발전의 잠재력 감소
아시아 여름몬순 강수 변동성 증가(가능성 있음)	열대와 온대 아시아에서 가뭄과 홍수 규모와 위험이 증가
중위도 스톰 강도의 증가 (모델 간에 일치하지 않음)	인명피해와 보건에 대한 위험 증가 재산과 기반시설 손실의 증가 해안생태계의 위험 증가

a 영향은 적절한 반응 대책에 의해서 감소될 수 있다.

b 열대성 저기압의 지역적 변화도 일어날 수 있지만 아직 정확한 특성을 파악하지 못하고 있다.

* T. Watson *et al.*(eds.), *Climate Change 2001: Synthesis Report. Contributions of Working Group I, II, II to the Third Assessment Report of the Intergovernmental Panel on Climate Change.* (Cambridge: Cambridge University Press, 2001)의 표 SPM-2 참조. 가능성 있음(likely), 매우 가능성 있음(very likely)은 4장 주석 1을 참조.

여 큰 타격을 받지 않을 것임을 시사하고 있다. 그러나 선진국과 개발도상국 간의 일인당 식량 공급량의 격차는 더 커질 것으로 보인다.

- 예상되는 기후변화율 때문에 자연 생태계에는 특히 중위도와 고위도 지역에서 심각한 영향이 있을 것이다. 특히 삼림은 대기 중 증가한 이산화탄소 배출로 인한 양의 되먹임과 관련하여 기후 스트레스의 증가로 많은 나무들이 고사하거나 생산력을 상실할 것이다. 보다 온난한 지역에서는 열 스트레스의 기간이 길어지면서 인체 건강에도 악영향을 미칠 것이다. 기온이 상승하면서 경우에 따라서는 새로운 지역으로의 말라리아와 같은 열대성 질병의 확산을 가져올 수도 있을 것이다.
- 경제학자들은 산업혁명 이전의 대기 중 이산화탄소 농도의 배증으로 인한 기후변화의 영향에 대한 연간 평균 비용을 추정해오고 있다. 극단적인 현상의 영향도 어느 정도 추가한다면 선진국에서는 GDP의 1~2%가 될 것이며 개발도상국에서는 5% 혹은 그 이상이 될 수도 있을 것이다. 다음 장들에서는 이러한 비용과 지구온난화의 공격을 늦추거나 전반적인 강도를 감소시키는 데 드는 비용을 비교해볼 것이다. 그러나 중요한 것은 이렇게 금전적인 비용 산출을 시도하는 것은 전체적인 영향의 일부분을 보여줄 뿐이라는 것이다. 제대로 된 평가라면 인간적인 관점에서의 비용과 함께 재해의 영향이 가져올 보다 큰 사회적·정치적 붕괴까지도 비용으로 고려해야 할 것이다. 특히 매년 3백만 명 이상 혹은 21세기 중반까지 전체 1억 5천만 명 이상의 새로운 환경 난민이 발생할 수도 있다는 것을 추정해야 한다.

염두에 두어야 할 중요한 관점은 재해에 대한 이러한 전반적인 추정은 이산화탄소 배출이 배증된 경우(다른 말로 하면 다음 50년 혹은 60년 후)에 대한 것이라는 점이다. 21세기가 끝나자마자 보다 많은 이산화탄소 배출 시나리오 하에서(즉, 배출을 줄이기 위하여 보다 강력한 행동을 취하지 않을 경우), 이산화탄소의 배출이 다시 배증할 것이며 이러한 상황은 계속될 것이다. 두 번째의 이산화탄소 배증에 의한 추가적인 기후변화의 영향력은 첫 번째의 배증 때보다 더욱 심각할 것이다.

물론 시간적으로 아직 먼 미래의 이야기이기 때문에 많은 관심을 끌지 못하고 있는 것도 사실이다. 그러나 이러한 몇 가지 온실기체들은 장기적인 생존 기간을 가지고 기후계는 느리게 반응하기 때문에 일단 상당한 영향이 나타나면 돌이킬 수 없게 된다. 또한 인간활동과 생태계가 이러한 변화에 대응하고 방향을 바꾸는 데는 상당한 시간이 걸리기 때문에 장기적인 시각으로 바라보는 것이 중요하다. 장기적인 관점(표 7.4)에서 살펴본 예상되는 영향력이 보다 심각해지면서 필요한 행동을 당장 취해야 할 당위성을 높이고 있다.

그러나 많은 사람들이 왜 우리들이 먼 미래에 닥칠 지구의 상황에 대하여 관심을 가져야 하는지 의문을 품을 수도 있다. 그러나 미래 세대들이 돌보도록 떠넘길 수는 없는 일이 아닌가? 다음 장에서는 현재와 마찬가지로 미래에 지구에서 일어날 수 있는 일들에 대해 어떻게 대처할 것인가하는 점에 대한 저자의 개인적인 동기 몇 가지를 피력하고자 한다.

■ ■ ■ 과제

1. 당신이 살고 있는 지방에서 수자원 공급원을 파악하고 물이 어떻게(특히 가정용, 농업용, 산업용, 기타 등으로) 사용되는지 조사해보자. 인구변화 혹은 농업과 산업에서의 변화에 따라서 다가올 50년 동안에 어떤 일들이 일어날 수 있을까? 공급량을 증가시킬 수 있는 가능성은 무엇이며, 이들이 기후변화에 의하여 어떤 영향을 받을까?

2. 당신이 살고 있는 지역에서 지반침하로 인한 해수면 상승, 지하수의 과도한 사용, 삼림에 영향을 미치는 대기 오염 등으로 야기되는 현재의 환경 문제들을 조사해보자. 이 중에서 어떤 문제들이 기후변화에 의해 더욱 증폭될까? 그것은 어느 정도인지 추정해보자.

3. 당신이 살고 있는 지역에서 다가올 백 년 동안에 일어날 수 있는 기후변화의 영향을 구체화해보자. 이러한 영향으로 입을 피해 비용을 추정해보자. 이러한 유형의 피해를 줄이기 위하여 얼마나 적응해야 할까?

4. 6장에서 언급된 정보로부터, 전형적인 냉대림 지역에서 다음 세기 중반까지 일어날 기후변화의 가능성을 추정해보자. 세 가지 수종의 각각에 대하여 생산성 상실이 어느 정도인지 그림 7.13을 보고 추정해보자.

5. 그린란드와 남극 빙하의 총량을 추정해보자. 어느 정도 녹게 되면 해수면이 6m 상승할 것인가? 혹은 지난 간빙기 동안에 어느 정도 녹았는지를 추정해보자.

6. 과거에 인류 공동체는 몇 가지 기후변화들을 포함하여 많은 종류의 변화에 적응해왔다. 인간의 적응이 완전히 이루어지지 않았음을 감안한다면 미래의 기후변화의 영향의 경향성이 과대평가되지 않았을까 하는 반론이 있다. 이에 동의하는가?

7. 경제적인 비용-이익 분석에서 '통계적 생명(statistical life)'[71] 가치에 주의를 기울일 필요가 있다. 가치가 매겨지고 있는 것은 인간 생명이 아니라 전체 인구의 평균적인 사망에 노출된 위험 정도의 변화인 것이다. 이러한 가치매김 시도의 방법은 개개인의 사람을 경제적인 결과물을 만들어낼 수 있는 경제적인 매개체로 여기는 것이다. 그러나 보다 나은 접근법은 개인들이 기꺼이 사망의 위험을 줄이기 위해 값을 치르거나 받아들인다는 전제하에서 통계적 생명을 평가하는 것이다. 이러한 접근법은 선진국과 개발도상국 간의 매우 다른 금전적 가치를 만들어내는 경향이 있다. 당신은 이러한 방법이 설득력이 있다고 생각하는가? 통계적으로 인간 생명에 대한 평가를 포함하는 것이 유익하다고 생각하는 특정 환경 문제의 분석에 대한 5가지의 사례를 꼼꼼히 살펴보자. 서로 다른 다양한 환경에 기여해온 가치들을 찾아보자. 공평성의 의문은 당신이 살펴본 사례들과 어떤 연관성이 있는가?

71) D. W. Pearce *et al.*, "The social costs of climate change," In J. Bruce, Hoesung Lee, E. Haites(eds.), *Climate Change 1995: Economic and Social Dimensions of Climate Change* (Cambrige: Cambridge University Press, 1996), 6장. pp.196~197 참조.

왜 염려가 되는가? 8

지금까지 인간활동의 결과로 야기되는 기후변화의 가능성과 이러한 변화 때문에 세계의 여러 곳에서 일어나고 있는 영향에 대하여 논의해왔다. 그러나 규모가 크고 파괴적인 잠재력을 가진 변화는 한 세대 혹은 그 이상이 지난 후에야 발생할 수도 있다. 그렇다면 왜 염려해야 하는가? 지구 전체와 이곳에 살고 있는 무수한 생명체들을 위하여 혹은 인류의 미래 세대를 위하여 우리들은 어떤 의무를 가져야 하는가? 현재의 과학지식은 환경과 인간의 관계를 고려할 때 윤리나 종교적 신념과 같은 다양한 시각들에 어떠한 방식으로 접목되어야 하는가? 8장에서는 이와 같은 근본적인 질문을 논의하고 이에 대한 저자의 개인적인 견해를 보여주기 위해 지구온난화 자체에 대한 세세한 분석에서 잠시 벗어나고자 한다. 물론 다음 장에서 온난화의 주제로 다시 돌아갈 것이다.

균형 잡힌 지구

클린턴 행정부에서 미국의 부통령을 지낸 앨 고어가 출간한 책의 제목인 『위기의 지구(Earth in the Balance)』[1]가 의미하는 것은 환경에서의 균형은 계속 유지될 필요가 있음을 말한다. 열대우림의 작은 지역도 수천 종의 생물을 지닌 생태계이며 개별 종마다 고유의 생태적 지위(ecological niche) 속에서 다른 종들과의 균형 관계를 유지하면서 살아남는다. 균형은 보다 큰 지역이나 지구 전체에서도 물론 중요하다. 그러나 균형은 매우 불안정한 것으로 인간의 간섭이 끼어들 때는 위태로워진다.

일찍이 이러한 관점을 지적한 학자 중 한 사람은 『침묵의 봄(Silent Spring)』[2]을 저술한 레이철 카슨이었다. 그녀의 책은 1962년에 처음 발간되었는데 환경에 미치는 살충제의 폐해를 기술하였다. 인류는 물론 지구 생태계의 중요한 한 부분을 이루고 있다. 인간활동의 규모와 범위는 계속 확대되어서 자연의 전체적인 균형에 심각한 혼란을 가져올 수 있다. 이에 대한 몇몇 사례들은 마지막 12장에서 보여주고 있다.

이러한 균형들, 특히 인간과 환경의 미묘한 관계를 인식하는 일이 중요하다. 즉, 균형과 조화를 이루는 관계가 요구되는데 이를 위해서 각 세대는 다음 세대에게 보다 개선된(better) 상태, 아니면 최소한 그런대로 괜찮은(good) 상태의 지구를 물려주어야 할 것이다. 이러한 관점에서 자주 사용되는 용어가 '지속가능성(sustainability)'으로서 정치가들은 흔히 지속가능한 발전으로 부르고 있다(9장의 307쪽 글상자 참조). 이러한 원칙과 인간과 자연 간의 조화로운 관계에 대한 연계성이 1992년 6월 브라질의 리우데자네이루에서 개최된 환경과 개발에 관한 유엔회의에서 상정된 명제이다. 회의에서 채택된 리우선언 27개 항의 제1 원칙은 "인간은 지속가능한 개발 관점의 가장 중심에 있다. 인간은 자연과의 조화 속에서 건강하고 생산적인 삶을 누려야 한다"이다.[3]

그러나 유엔과 같은 국제기구에서 천명한 이러한 선언에도 불구하고 우리의 지구에 대한 보편적인 태도의 상당한 부분은 균형과 조화는커녕 지속가능하지도 못하다. 다음 절에서 이들에 대한 관점들을 정리하기로 한다.

---

1) A. Gore, *Earth in the Balance*(New York: Houghton Mifflin Company, 1992).

2) R. Carson, *Silent Spring*(New York: Houghton Mifflin Company, 1962).

3) 9장 313쪽의 글상자 참조.

개발

인류는 여러 세기에 걸쳐 지구와 그 자원을 개발해왔다. 매장된 광물자원이 개발되기 시작한 것은 산업혁명의 초기였다. 부식된 유기물이 수백 년간 쌓여 만들어진 석탄은 새로운 산업시대의 발전에 중요한 에너지원이었다. 철강 제조를 위한 철광산의 채굴도 엄청나게 증가하였다. 아연, 구리, 납과 같은 금속 광산은 오늘날 한 해에 수백만 톤씩 채굴될 정도로 증가했다. 1960년대에는 석유의 사용이 석탄을 앞지르면서 세계 에너지의 주된 원천이 되었다. 석유와 천연가스는 세계 에너지 공급에서 석탄의 두 배를 넘고 있다.

우리들은 지구의 광물자원만 개발한 것이 아니다. 지구상의 생물자원도 공격을 받아왔다. 삼림은 농경지와 주거지 확보를 위해 대규모로 벌채되었다. 열대림들은 특히 가치 있는 자원으로서 열대지역의 기후 유지에 매우 중요한 역할을 한다. 열대림은 지구 전체의 생물종의 절반 이상을 지니고 있는 것으로 추정된다. 그러나 수백 년 전부터 생존해온 열대의 성숙림들이 절반으로 줄었다.[4] 현재 상태의 산림 파괴가 계속된다면 21세기 말에는 거의 모든 성숙한 열대림들이 사라질 것이다.

화석연료, 광물, 그리고 다른 다양한 자원을 사용하여 인류는 많은 혜택을 얻었다. 그러나 이런 자원 개발은 자원의 사용 후에 따르는 책임감 없이 이루어지는 경우가 많았다. 산업혁명 초기에만 해도 이러한 자원들은 근본적으로 무한한 것으로 여겨졌다. 한 자원이 고갈되면 다른 자원이 더 많은 양으로 그 자리를 채워갔다. 지금도 현재 사용되고 있는 양보다 더 빠르게 새로운 자원들이 발견되고 있다. 그러나 사용의 증가 추세를 보면 이러한 상황은 계속될 수 없다. 많은 자원들의 알려진 매장량 혹은 추정 매장량 모두 100년 이내 혹은 몇십 년 후에 고갈될 것이다. 이러한 자원들은 수십억 년은 아니더라

4) G. Lean, D. Hinrichsen, A. Markham, *Atlas of the Environment*(London: Arrow Books, 1990) 참조.

도 적어도 수백만 년에 걸쳐서 만들어진 것들이다. 자연이 매년 인류가 태워버리는 화석연료를 만들기 위해서는 백만 년이 소요된다. 그리고 이러한 행위는 인류가 지구 기후를 빠르게 변화시키는 원인이 되고 있다. 분명히 말하건대 이러한 자원 개발 수준은 균형도 조화도 아니며 지속가능한 것도 아니다.

'백투네이쳐'(자연으로 돌아가기)

이러한 태도를 완전히 바꾸려면 우리들 모두가 보다 원시적인 생활양식을 취하고 현재의 산업과 집약적 농업을 포기해야 한다. 그러면 시계를 200년 혹은 300년 전의 산업혁명 이전으로 효과적으로 되돌릴 수 있을 것이다. 이러한 삶은 매우 매혹적으로 보이며 많은 사람들이 분명히 이러한 방식의 삶으로 돌아갈 수 있다. 그러나 2가지의 중요한 문제가 있다.

첫째는 무엇보다 실용적이지 않다는 것이다. 세계 인구는 이제 200년 전보다도 거의 6배 증가했고 50년 전보다는 3배 증가했다. 세계는 합리적이고 광역적인 농업과 현대적인 식품 분배 방식을 취하지 않고는 많은 인구들을 먹여 살릴 수가 없다. 더욱이 대부분의 사람들은 전기, 중앙난방, 냉장고, 세탁기, 텔레비전 등 기술의 도움 없이는 살 수 없게 되었다. 이러한 기술들은 사람들에게 자유, 여가와 오락 등을 가져다주었고 개발도상국에서도 점차 이러한 기술의 도움으로 고된 일에서 벗어나 보다 많은 자유를 누리게 하였다.

두 번째 문제는 옛날로 돌아가는 것은 인간의 창의성을 고려하지 않는다는 점이다. 더 이상 아이디어를 발전시킬 수 없다고 주장하면서 인류 과학기술의 발전을 역사의 어느 한 시점에 멈추게 할 수는 없다. 인간과 환경의 적절한 균형은 인간으로 하여금 창의적 능력을 구사할 수 있도록 어느 정도 여지를 남겨두어야 함을 의미한다.

그러므로 다시 말하건대 '자연으로 돌아가기'의 관점도 역시 균형을 이루거나 지속가능한 발전은 아닌 것이다.

기술에 의한 해결

지구에 대한 세 번째 일반적인 태도는 '기술적인 해결(technical fix)'에 의지하는 것이다. 미국의 고위 환경 담당 공무원이 몇 년 전 저자에게 말한바에 의하면, "우리들은 기후변화의 가능성 때문에 우리들의 생활양식을 변화시킬 수가 없으니 우리들이 생물권(biosphere) 자체를 수정해야 할 것이다"는 것이다. 그가 말하는 기술적 해결이라는 것이 정확하게 어떤 의미인지는 분명하지는 않다. 그가 말하고 있는 요지는 이전부터 인류는 그들에게 닥치는 문제들을 해결하기 위해서 새로운 기술을 개발하는 데 매우 효율적이었다는 것인데, 그러나 이러한 일들이 계속될 수 있을까? 이제 미래에 대한 염려는 미래에 요구되는 '해결책(fixes)'을 찾아내는 일이다.

표면적으로는 '기술적 해결'의 통로가 발전을 위한 좋은 방안으로 보일지도 모른다. 이는 선견지명도 필요치 않고 노력도 적게 든다. 즉, 폐해가 발생할 때마다 그것을 피하기보다는 고쳐나갈 수 있다는 것이다. 그러나 인간의 활동에 의해 이미 환경에 가해진 폐해 자체가 현재의 문제를 야기시키고 있다. 가정에서의 예를 들어보면, 통상적인 관리 보수작업을 수행하는 대신 문제가 발생할 때마다 '고쳐나가는' 방식과 유사하다. 이 경우에는 보다 높은 위험 발생의 가능성이 있다. 예를 들어, 적절한 시기에 배선을 갈지 못하면 대형 화재가 발생할 위험이 있다. 지구에 대해서도 이와 유사한 태도를 취하는 것은 오만함과 동시에 무책임하기까지 한 것으로 보인다. 이러한 태도는 인간의 활동이 발생시킬 수 있는 커다란 변화에 대한 자연의 취약성을 인식하지 못하게 만든다.

과학과 기술은 지구를 보살피기 위한 도움을 줄 수 있는 엄청난 잠재력을 지니고 있지만 이 경우에도 조심스럽게 균형 있고 책임감 있는 방법으로 행해져야 한다. '기술적 해결'에 의한 접근은 균형적이지도 못하고 지속가능하지도 않다.

미래의 세대들

위에서 지구에 대한 태도들이 균형과 조화에 벗어나고 지속가능성의 기여에 실패하고 있는 것으로 기술하고 있지만, 이제 좀 더 수용할 수 있을 만한 기준에서 환경에 대한 태도를 설명하는 쪽으로 방향을 바꾸어보자.

먼저 미래의 세대들에 대한 우리 세대의 책임감에 대해 살펴보자. 우리들의 자손과 손자들에게 보다 나은 세상을 보게 하고 가장 소중한 것들을 물려주고자 하는 것은 가장 원초적인 본능이다. 우리들이 지구를 잘 보존하고, 현재 우리가 직면한 문제들보다 더 어려운 문제들로 후손들이 어려움에 처하지 않는 상태로 지구를 후손에게 물려주어야 하는 것이다. 그러나 이러한 태도가 전 세계적으로 공유되고 있는 것은 아니다. 런던의 다우닝가 10번지(영국총리관저)에서 영국 내각들을 상대로 지구온난화에 대한 강연을 할 기회가 있었는데 강연이 끝난 후 고참 각료가 던진 말이 아직도 기억에 생생하다. 그는 내 생애에는 이러한 심각한 일은 닥치지 않을 것이며 따라서 문제가 있다면 그 해결책도 다음 세대에 넘겨지게 될 것이라고 했다. 그 정치가는 우리들이 행동을 취하는 데 오래 머뭇거릴수록 문제는 더욱 커지고 해결책도 보다 복잡해질 것이라는 점을 파악하지 못하는 것 같았다. 다음 세대와 또 그 뒤를 이을 세대들을 위하여 현재 일어나고 있는 문제들을 직시할 필요가 있는 것이다. 우리들은 내일이 없는 것처럼 행동할 권리가 없다. 지속가능한 개발의 원칙에 입각하여 우리를 따르는 세대들을 위하여 미래를 대비하는 행동양식을 물려줄 의무 또한 우리들에게 있다.

지구의 단일성

두 번째 견해는 우리들이 인류뿐 아니라 지구에 살고 있는 모든 생명체를 포함한 보다 큰 세상에 대해 어떤 의무를 가지고 있는 것으로 보아야 한다는 것이다. 결국 우리들은 큰 세상의 한 부분인 것이다. 이러한 관점에서 과학적 정당성이 우호적으로 자리 잡게 된다. 인류가 자연에 종속되어 있다는 사실과 지구상에 우리를 둘러싼 다른 생물체와 이들을 유지시켜주는 물리적·화학적 환경 간의 상호의존성, 즉 우리 자신과 우주 전체와의 상호의존성에 대한 인식이 점차 높아지고 있다.

그리스에서 지구의 여신을 이르는 가이아(Gaia)에서 이름을 따고 제임스 러브록(James Lovelock)에 의하여 알려지게 된 과학적 이론은 이러한 상호의존성을 강조한다. 러브록[5]은 지구 대기의 화학 조성이 인접한 행성인 화성과 금성과는 매우 다르다는 것을 지적한다. 이들 행성의 대기는 수증기와는 분리되어 있으며 거의 이산화탄소로 이루어져 있다. 이와 대조적으로 지구의 대기는 질소가 78%, 산소가 21%이며 이산화탄소는 불과 0.03%이다. 이들 주요 기체들은 수십억 년 동안 거의 변화없이 유지되고 있으며, 이러한 구성비가 화학적 평형상태와 거리가 멀다는 점은 매우 놀라운 사실이다.

이렇게 판이하게 다른 지구의 대기는 생명체의 출현을 가져왔다. 초기 생명의 역사에서 식물들이 광합성을 하게 되면서 이산화탄소를 흡수하고 산소를 방출했다. 그 다음에 다른 생명체들이 '호흡'하면서 산소를 흡입하고 이산화탄소를 방출한다. 따라서 생명체의 존재는 그 생명체가 적응해야 하는 환경에 영향을 미치면서 효율적으로 조절하게 된다. 생명의 요구와 그 발전에 환경이 매우 밀접하게 관련되어 있다는 것은 놀라운 일이며 러브록도 이를 강조했다. 그는 많은 사례를 제시했다. 여기서는 대기 중의 산소에 관한 부분을 인용해본다. 산소의 농도와 산불의 빈도 간에는 미묘한 관계가 있다.[6] 산소의 농도가 15% 이하면 마른 나뭇가지에도 불이 붙지 않는다. 산소의 농도가 25% 이상이 되면 열대우림의 축축한 나무조차 격렬하게 불에 탄다. 종에 따라서는 생존을 위하여 불에 의존하기도 한다. 예를 들면, 몇몇 침엽수종은 씨앗주머니에서

5) J. E. Lovelock, *Gaia*(Oxford: Oxford University Press, 1979); J. E. Lovelock, *The Ages of Gaia*(Oxford: Oxford University Press, 1988).

6) J. E. Lovelock, *The Ages of Gaia*, pp.131~133.

씨앗을 방출시키기 위해 불의 열을 필요로 한다. 산소의 농도가 25%를 넘어서면 삼림이 존재할 수 없고 15% 이하에서는 불이 제공하는 세계 산림의 재생은 일어날 수 없다. 21%의 산소 농도가 가장 이상적인 상태다.

러브록이 강조하여 제시한 이러한 종류의 관련성은 생명체의 세계와 환경 간에는 매우 단단한 동반(coupling) 관계로 존재한다는 점이다. 그는 데이지월드(Daisyworld)라는 가상 세계를 간단한 모델로 제시하고 있는데(글상자 참조), 여기서는 단단한 동반 관계를 유도하고 이를 유지하기 위해 노력하는 되먹임 메커니즘의 유형을 보여주고 있다. 이 모델은 35억 년 전 지구에 최초의 원시 생명체가 탄생한 이래 초기 10억 년 동안 지구의 생물적 그리고 화학적 역사에서 제시한 것과 유사하다.

물론 현실 세계는 데이지월드보다는 훨씬 더 복잡하고 이것이 가이아의 가설[7]이 많은 논란을 불러오고 있는 이유이다. 1972년에 처음 발표된 러브록의 이 가설은 "생명 혹은 생물권은 자신을 위한 최적의 조건을 위해서 기후와 대기의 조성을 조절하거나 유지시켜나간다"는 것이다. 후에 그는 저서를 통해서 지구와 생물체 간의 유사성의 개념을 도입하고 지리생리학(geophysiology)[8]이라는 새로운 과학을 제안했다. 보다 최근의 저서 제목은 『가이아, 행성 의학 입문(Gaia, the Practical Science of Planetary Medicine)』이다.

인간과 같은 고등 생물은 조직의 여러 기관 간의 상호관계 조절과 함께 자체조절을 위해 내장된 많은 메커니즘들을 가지고 있다. 유사한 방법으로 러브록의 주장에 의하면 지구상의 생태계는 자신을 둘러싼 물리적·화학적 환경과 단단한 동반 관계를 맺고 있으면서 생태계와 그 환경은 하나의 기관으로 작용하며 통합된 '생리학(physiology)' 구조를 지닌다는 것이다. 이러한 입장에서 그는 지구는 '살아 있다(alive)'고 믿고 있다.

이렇게 정교한 되먹임 메커니즘이 환경을 조절하고 환경에 적응하면서 자연

---

7) J. E. Lovelock and L. Margulis, *Tellus*, 26(1974), pp.1~10.

8) J. E. Lovelock, "Hands up for the Gaia hypothesis," *Nature*, 344(1990), pp.100~112, *Gaia: the Practical Science of Planetary Medicine*(London: Gaia Books, 1991).

계에 존재한다는 사실은 논란의 대상이 아니다. 그러나 많은 과학자들은 생태계와 그를 둘러싼 환경이 단일한 유기체로 간주될 수 있다는 주장에 대해서는 러브록이 너무 앞서간다고 느낀다. 비록 가이아 이론이 과학적인 주장과 연구에 많은 자극을 주고 있지만 여전히 가설로 남아 있다.[9] 정작 논쟁거리가 되고 있는 것은 모든 생명체 조직이 그들의 환경과 연결되어 있다는 상호의존성을 강조한 것으로, 즉 생물권은 대규모의 자기조절 수단을 지닌 하나의 체계라는 점이다.

가이아 가설에서 제시되는 내용에서 하나의 힌트를 얻을 수 있는 것은 지구의 되먹임 장치와 자기조절 능력은 매우 뛰어나므로 인류가 우리들이 만들어내는 오염물질들에 대하여 그리 염려할 필요가 없다는 것이다. 즉, 가이아는 우리들의 하고자 하는 모든 것에 대하여 충분히 조절해줄 수 있다는 것이다. 그러나 이 견해는 지구의 실존하는 혼란 체계를 인식하지 못하고 있는 것으로 특히 인간의 생존에 대한 적합성 관점에서 환경의 취약성을 간과하고 있다. 러브록의 글을 인용하면[10] "내가 보는 관점에서 가이아는 자녀의 비행을 받아주는 어머니가 아니며 잔인한 인간에 의해 위험에 처한 부서질 듯 연약한 처녀도 아니다. 가이아는 단호하고 강하여 규칙을 지키는 이에게는 따뜻하고 편안한 세상을 마련해주지만, 범위를 벗어날 때는 사정없이 부수어 버린다. 가이아의 무의식적인 목표는 생물이 살기에 적합한 행성이다. 만일 인류가 이러한 것을 방해한다면 우리들은 모두 인정사정없이 사라질 수도 있을 것이다. 마치 대륙간탄도미사일의 핵탄두가 목표물을 향하여 전력으로 날아가고 있는 것과 같은 이치이다."

가이아의 과학적 가설은 우리들에게 두 가지 관점을 다시 한 번 생각하게 만든다. 첫째는 자연계의 모든 부분들의 그 고유의 가치이고 둘째는 인류의 지구에 대한, 그리고 환경에 대한 의존성이 그것이다. 가이아는 과학이론으로

---

9) Colin Russell은 가이아를 과학적 가설로 설명하고 또한 종교적인 연계성의 가능성도 제시하고 있다. *The Earth, Humanity and God*(London: UCL Press, 1994).

10) J. E. Lovelock, *The Ages of Gaia*, p.212.

데이지월드(Daisyworld)와 초기 지구의 생명체

데이지월드는 우리의 지구와 비슷한 자전축과 공전궤도를 가진 상상의 행성이다. 오직 데이지만이 데이지월드에 살고, 데이지의 색은 검은색과 흰색 두 종류이다. 데이지는 온도에 매우 민감하여 20℃에서 가장 잘 자라며 5℃ 이하에서는 잘 자라지 못하고 40℃ 이상에서는 시들어 죽는다. 데이지는 복사를 흡수하거나 방출하여 자신의 온도를 결정한다. 검은색의 데이지는 태양빛을 더 많이 흡수하여 흰 데이지보다 더 따뜻해진다.

데이지월드의 역사(Daisyworld's history, 그림 8.1)의 초기단계에서 태양은 상대적으로 한랭하고 검은색 데이지들이 많다. 이는 검은색 데이지들이 태양광선을 흡수하여 온도를 20℃에 가깝게 유지할 수 있기 때문이다. 하지만 대부분의 흰색 종은 태양빛을 반사하여 생장 한계점인 5℃ 이상의 온도를 유지하지 못하기 때문에 죽는다. 그러나 시간이 지남에 따라 태양은 더 뜨거워진다. 지금부터는 흰색 데이지도 번성할 수 있고, 두 데이지 모두 많이 존재한다. 태양이 더 뜨거워지면 상황은 검은색 데이지에게 너무 더워지고 흰색 데이지들이 우세해진다. 결국 태양의 온도가 계속적으로 증가하여 흰색의 데이지조차 살수 없는 40℃가 넘으면 모든 데이지들은 죽는다.

데이지월드는 지구 생태계 내의 매우 복잡한 형태로 일어나는 되먹임과 자기조절을 설명하기 위해서 러브록(Lovelock)에 의해 제안된 간단한 모델이다.[11)]

러브록은 지구 생명체의 초기단계를 기술할 수 있는 유사 모형을 제안했다(그림 8.2). 점선은 10% 정도의 이산화탄소와 함께 현재 대기와 같이 대부분 질소로 구성되어진 대기를 가지고 있지만 생명체가 존재하지 않는 행성에서 예상되는 온도를 보여준다. 기온의 상승은 이 기간 동안 태양이 점점 뜨거워지면서 발생한다. 약 35억 년 전에 원시 생명체가 나타났다. 이 모델에서 러브록은 2개 형태의 생명체, 박테리아를 가정했는데 혐기성을 가지는 광합성자로 이산화탄소를 이용하여 자신들의 몸을 성장시키지만 산소를 내보내지 않는 박테리아와 유기물을 이산화탄소와 메탄으로 전환시키는 분해자 박테리아이다. 생명체가 나타나자 온실기체인 이산화탄소의 농도가 감소하면서 기온은 내려간다. 약 23억 년 전에 좀 더 복잡한 생명체가 나타났다. 자유 산소가 넘쳐나고 풍부하던 메탄의 감소는 기온의 하강을 가져왔다. 메탄 또한 온실기체이다. 생물적 과정의 전반적인 영향은 지구 위에 생명체가 살기에 안정되고 선호되는 온도를 유지해왔다.

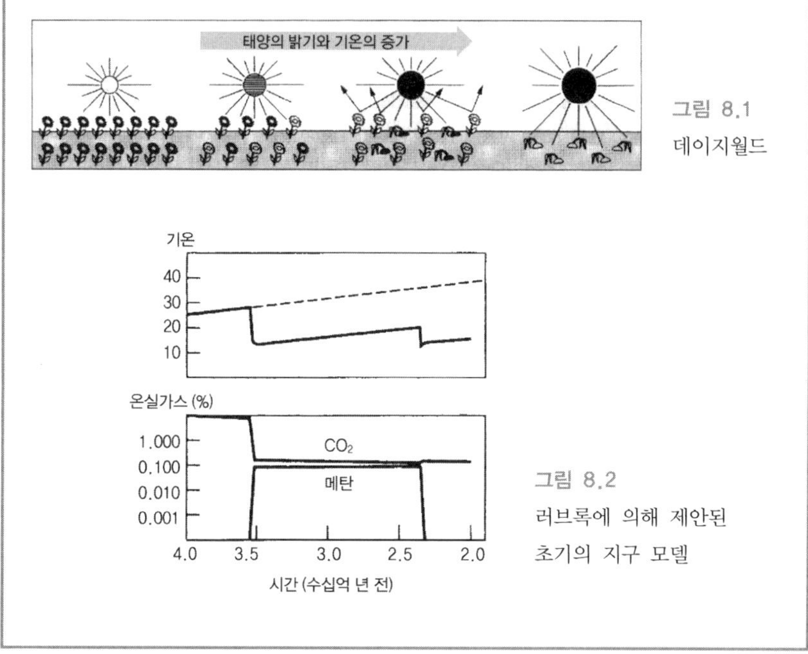

그림 8.1 데이지월드

그림 8.2 러브록에 의해 제안된 초기의 지구 모델

남아 있다. 그러나 어떤 이들은 성급하게도 이것을 오래된 종교적 신념을 뒷받침해주는 종교적인 아이디어로 보기도 한다. 세계의 많은 종교들이 인간과 지구 간의 밀접한 관계에 대한 관심을 가져왔었던 것이다.

북아메리카의 원주민들은 지구와 밀접한 관계를 맺으면서 살아왔다. 한 원주민 부족의 추장은 그들이 살고 있던 토지를 팔라는 제안을 받고서 이러한

11) 보다 자세한 내용은 Lovelock, *The Ages of Gaia* 참조.

사고방식에 대해 경악을 금치 못하면서 다음과 같은 말을 남겼다.[12] "지구(땅)가 사람에게 속한 것이 아니라 사람이 지구에 속한 것이다. 지구상의 모든 것들은 우리들 몸속의 혈관이 모든 기관들을 연결하듯이 그렇게 서로 연결되어 있는 것이다." 고대 힌두 경전에서도 다음과 같이 말하고 있다.[13] "지구는 우리들의 어머니이며 우리들은 모두 어머니의 자녀이다." 물론 이러한 말은 지구와의 밀접성에 대한 감정을 강조하는 것이다. 토착민과 밀착하여 그들을 연구하는 학자들은 그들이 생태계의 나무, 식물, 동물을 대할 때 균형된 방법으로 돌보는 많은 사례들을 제시하고 있다.[14]

이슬람교는 지구 환경의 가치를 가르치는데, 예를 들면, 선지자 모하메드는 "죽은 땅을 살린 이는 그에 따른 보답을 받을 것이며 그 땅에서 태어난 새들, 벌레들 그리고 동물들에게 먹이가 되어준 것들은 모두 신의 자비를 얻을 것이다"라고 말한다. 여기서 강조하는 것은 자연환경을 돌보아야 한다는 의무와 함께 환경 속에서 모든 살아 있는 피조물들이 정당한 자리를 차지할 수 있도록 하는 것이 우리의 책임이라는 것이다.[15]

유대교와 기독교는 지구를 돌보아야 한다는 인간의 의무를 강조하는 구약성경의 초기 부분에서의 창조에 대한 이야기를 공유하고 있다. 본 장의 뒤에서 다시 이러한 이야기를 논의할 것이다. 구약성서를 보다 깊이 들여다보면 땅과 환경에 대한 배려를 인도하는 자세한 안내들을 찾을 수 있다.[16] 60년 전 캔터베리 대주교였던 윌리엄 템플은 기독교를 '세계의 위대한 종교들 중에서 가장

12) Al Gore, *Earth in the Balance*, p.259에서 인용.

13) Al Gore, *Earth in the Balance*, p.261에서 인용.

14) 영국 Kew Gardens 소장인 Ghillean Prance는 남아메리카 국가들에 대한 연구에서 그 사례들을 제시하고 있다. *The Earth Under Threat*(Glasgow: Wild Goose Publications, 1996).

15) M. H. Khalil, "Islam and the Ethic of Conservation," *Impact*(Newsletter of the Climate Network Africa, December, 1993), p.8.

16) 구약성서에서 식물과 동물, 땅의 보호에 대한 명령들이 유대인들에게 내려지고 있다. 레위기 19:23-25, 레위기 25:1-7, 신명기 25:4.

물질주의적'인 것으로 묘사하고 있다. 하나님이 예수의 이름으로 인간화했다는(기독교들이 神者成肉, incarnation이라고 부름) 중심 사상 때문에 템플은 "그 중심론적 교의의 특성에 의하여 기독교는 운명적 틀 속에서 물질과 장소를 …… 믿게 되었다"고 말을 잇고 있다.[17] 기독교인들에게는 창조와 부활(incarnation)이라는 쌍둥이 교의는 하나님의 지구 및 여기에 살고 있는 생명에 대한 관심과 염려를 잘 나타내고 있다.

인간과 그 환경과의 합일성을 강조하는 주제들을 찾는 데 있어 지구에 한정시킬 필요는 없다. 이러한 합일성에 대한 관점이 뚜렷해 보이는 보다 큰 공간들이 있다. 우주의 크기, 규모, 복잡성, 정밀성 등에 압도당한 천문학자와 우주학자들은 150억 년 전 '빅뱅'으로부터 우주가 진화해왔다는 점을 이해하기 위한 노력들은 과학적 탐구만이 아니라 어떤 의미를 찾는 작업이라는 점을 인식하게 되었다.[18] 왜 스티븐 호킹의 『시간의 역사(A Brief History of Time)』[19]가 600만 부나 팔리는 우리 시대의 베스트셀러가 됐겠는가.

의미를 찾기 위한 새로운 작업에서, 우주는 정신을 가진 인간과 함께 형성되어왔다는 관점이 제시되어왔다. 이것은 '인간화 원칙(anthropic principle)'[20]으로 어느 정도 정형화된 아이디어이다. 두 가지의 특별한 지침이 이를 강조한다. 먼저, 지구 자체가 고등 생명체를 위한 특별한 방식으로 최적화되어왔다는 점을 우리는 이미 알고 있다. 우주론(cosmology)은 지구상에 생명체의 삶이 가능하기 위해서는 빅뱅 때부터 초기의 우주 자체가 믿기 어려울 정도로 '잘 조절되어야(fine-fitted)'함을 말해주고 있다.[21] 둘째는 인간 정신(human minds)

---

17) W. Temple, *Nature, Man and God*(London: Macmillan, 1964)(first edition 1934).

18) 예를 들면, Davies, *The Mind of God*(London: Simon and Schuster) 참조. 필자도 이러한 주제를 다음에서 강조하였다. J. T. Houghton, *The Search for God: Can Science Help?*(London: Lion Publishing, 1995).

19) S. Hawking, *A Brief History of Time*(London: Bantam Press, 1989).

20) Davies, *The Mind of God*; J. Barrow, F. J. Tipler, *The Anthropic Cosmological Principle*(Oxford: Oxford University Press, 1986) 참조.

21) Barrow and Tipler, *The Anthropic Cosmological Principle*; J. Gribbin, M. Rees, *Cosmic*

은 스스로 생존을 위하여 우주 전체에 의존하면서 우주 설계의 기본적인 수학적 구조를 어느 정도 인식하고 이해할 수 있다는 놀라운 사실이다.[22] 알버트 아인슈타인이 언급한 것처럼, "우주에 대해 가장 이해하기 힘든 것은 그것을 이해할 수 있다는 사실이다." 가이아 이론에서는 지구 자체가 중심이고 인간은 지구 생명체의 일부분일 뿐이다. 우주론적 통찰력에서 보면 인간은 사물의 전체 구조상에서 어떤 특정한 위치를 지니고 있다는 것이다.

이 절에서는 우리들의 지구에서뿐만이 아니라 전체 우주 내에서까지도 존재하는 본질적인 통합성과 상호의존성을 인식하고 우리 인간은 우주 내에서 특정한 위치를 차지하고 있음을 파악했다. 이러한 사실을 인식한다는 것은 우리들이 환경에 대한 태도에 대하여 커다란 암시가 있음을 의미한다.

환경적 가치

우리들은 환경에 대하여 어떠한 가치를 두고 있는가, 그리고 우리들이 보존해야 할, 또는 육성하거나 개선해야 할 필요가 있는 것은 무엇인지 어떻게 결정할 것인가? 지금까지 이러한 토의의 기저에는 다양한 기본적인 태도와 행동의 가치나 중요성에 관한 몇 가지 가정이 제기되어 있었다. 필자는 이들 중 몇몇에 대해서 환경과학의 기초에서 나온 아이디어와 연관이 있다고 생각해왔다. 그러나 과학과 가치 사이의 이러한 연계를 만드는 것이 과연 타당한 것일까? 종종 과학은 가치중립적이라고 주장된다. 그러나 과학은 고립된 채로 이루어지는 활동이 아니다. 마이클 폴라니(Michael Polanyi)[23]가 지적했듯이, 과학적 사실은 이를 발견하거나 보다 폭 넓은 지식체계를 결합시킨 사람들의 참여와 희생 없이는 뜻있는 것으로 인식될 수 없다.

Coincidences(London: Black Swan, 1991).

22) Davies, *The Mind of God*.

23) M. Polanyi, *Personal Knowledge*(London: Routledge and Kegan Paul, 1962).

과학의 방법론과 적용에는 가치에 관한 많은 가정이 요구된다. 예를 들면, 과학의 발견 너머에 객관적인 가치관의 세계가 있고, 과학 이론에는 품위와 경제성과 같은 질적인 가치도 있으며, 과학자들 간의 완벽한 성실성과 협력이 필수적이라는 점 등이 있다.

본 장의 앞에서 언급했듯이 기초과학(underlying science)의 관점에서 가치를 볼 수도 있다.24) 지구를 균형, 상호의존성, 통합성의 관점에서 설명해왔다. 이러한 관점들은 모두 중요하기 때문에 기본적인 가치를 지니고 있으며 파악해볼 근거를 가지고 있다. 인간들은 자연 세계의 전체 체계 속에서 특정한 지위를 지니고 있음과 특별한 지식을 지니고 있다는 많은 과학적 증거들을 제시했고, 이는 인류가 특별한 책임감을 가진다는 것을 의미한다.

과학에서 동떨어져서 인류로서 기본적인 경험에서 나오는 환경과 관련한 가치는 이미 언급하였다. 이들은 '공유 가치(shared value)'라고도 불리는데, 그것은 인류 공동체의 모든 구성원들에게 공통적인 것이기 때문이다. 여기서 공동체는 작은 마을 공동체, 국가, 혹은 궁극적으로 전 인류 공동체 모두에 해당된다. 대표적인 사례로는 지구와 지구 자원의 보전을 들 수가 있는데, 이는 현 세대뿐 아니라 미래의 세대를 위한 것이기 때문이다. 다른 사례들로는 이러한 자원들이 현재의 인류 세대의 유익을 위하여 어떻게 이용되고 있는가, 그리고 이들은 서로 다른 공동체 혹은 국가 간에 자원은 어떻게 공유되는가 하는 것들이다. 홈즈 롤스톤(Holmes Rolston)은 자연 가치(natural value, 자연 세계를 가치화한 것)와 문화 가치(cultural value, 개인 간, 사회적, 공동체적 가치)는 공유 가치 영역에 모두 귀속된다고 보고 있다. 그는 '혼성적 가치(hybrid value)의 영역은 …… 자연과 문화의 통합된 영향의 결과'로 기술하고 있다.25)

그러나 공유 가치는 실제 상황에 적용될 때 갈등이 일어나게 마련이다.

---

24) 과학과 가치의 관계는 다음에서 연구되고 있다. H. III. Rolston, *Genes, Genesis and God*(Cambridge: Cambridge University Press, 1999), 4장.

25) H. III. Rolston, *Environmental Ethics*(Philadelphia: Temple University Press, 1988), p.331.

예를 들면, 미래 세대들을 위한 대비책으로 현재 우리들이 어느 정도 절약을 해야 하는가? 혹은 여러 나라들 간에, 예를 들면, 상대적으로 부유한 '북'의 국가들과 상대적으로 가난한 '남'의 국가들 간에 어느 정도로 자원을 공유해야 하는가? 인간으로서 창조의 또 다른 부분들과 지구를 공유해야 하는 의무를 어떻게 실천하는가? 특정의 생태계를 유지하기 위하여 혹은 생물종의 멸종을 막기 위해서는 어느 정도 선에서 자원 개발이 이루어져야 할까? 현실 세계에서 정의와 공평의 원칙을 어떻게 적용시킬 것인가? 인간 공동체 내부에서 그리고 공동체 간의 토론은 이러한 공유 가치의 정의(definition)와 적용을 뒷받침해 줄 수 있다.

이러한 공유 가치의 많은 부분들은 인간 공동체의 문화와 종교적 배경에 그 기원을 두고 있다. 따라서 가치에 대한 토론은 윤리적 관점에 대한 우리들의 태도와 이성적 판단의 기반을 이루는 문화와 종교의 전통, 신념과 가정들에 대한 완전한 인식을 필요로 한다.

환경적 가치를 정립하기 위한 종교적 가정의 인식에 장애가 되는 것은 종교적 신념은 과학적 접근과는 일치하지 않는다는 견해 혹은 관점이다. 일부 과학자들은 과학만이 증명할 수 있는 증거에 기초한 실질적인 해결책을 제시할 수 있으며, 반면에 종교에서의 주장은 객관적인 방식으로 검정될 수 없다는 관점을 견지한다.[26] 그러나 또 다른 과학자들은 과학과 종교 간에 있어 불일치하게 보이는 것은 양쪽에 의해서 제기되는 질문에 대한 오해 때문이며, 과학과 종교의 방법론 간에는 일반적으로 생각되는 것보다는 더 많은 공통점이 있다고 주장한다.[27]

과학자들은 전체적으로 과학적인 그림에 맞는 세계를 설명하려 노력한다. 그들은 이러한 그림들을 보다 완벽하게 완성시키는 방향으로 일을 한다. 예를

---

26) R. Dawkins, *The Blind Watchmaker*(London: Longmans, 1986).

27) J. Polkinghorne, *One World*(London: SPCK, 1986); J. Polkinghorne, *Beyond Science*(Cambridge: Cambridge University Press, 1986); Houghton, *The Search for God* 참조.

들면, 앞에서도 언급한 '잘 조절된(fine-tuning)' 우주['만물의 이론(Theories of Everything)'으로 불린다]를 기술할 수 있는 메커니즘을 추구한다. 이들은 물론 생명체의 체계와 환경 간의 상호의존성을 기술하는 메커니즘도 찾고 있다.

그러나 과학적인 그림은 인간의 관점에서 우리들과 관련되는 부분만을 그려낼 수 있을 뿐이다. 과학은 '어떻게'에 대한 질문을 다루는 것이지, '왜'의 질문을 다루지 않는다. 가치에 대한 대부분의 질문들은 '왜'에 속한다. 그럼에도 불구하고, 과학자들은 항상 이들을 확실하게 구분짓지 못한다. 그들의 동기부여는 '왜' 질문과 관련된 경우가 많았다. 그것은 16세기와 17세기의 초기 과학자들에게는 확실한 진실이었다. 그들 중 상당수는 신앙심이 깊었고, 새로운 과학 추구의 원동력은 그들이 '신의 작품들을 개척한다는' 것이었다.[28]

과학과 종교가 진실을 바라보는 상호 보완적인 방법들로 비치는 것은 『위기의 지구(Earth in the Balance)』[29]에서 앨 고어에 의해 강하게 제기된 관점이다. 이 책은 지구온난화와 같은 우리가 처한 환경 문제들을 명료하게 논의하고 있다. 그는 현대적인 접근법으로는 환경에 대한 이해가 부족할 수밖에 없음을 비판했다. 이는 현대의 접근법이 종교적 및 윤리적인 현안들과 과학적인 연구를 분리하는 경향이 있기 때문이다. 과학과 기술은 냉정하게 분리해서 다루면 윤리적인 결과에 대한 사고가 결여될 때가 많다. 앨 고어는 "과학적 지식으로부터 도출된 새로운 힘은 도덕적 불순함을 가지고 자연을 지배하는 데 사용되었다"고 적고 있다.[30] 그는 현대의 기술관료들을 '메마른 정신을 가진, 영혼과 유리된 지식인 집단으로 일이 어느 방향으로 나아가고 있는지는 알지만 그것이 길이 아니라는 것은 모르는 인간들'로 치부하기에 이르렀다.[31] 그러나 그는 '과학과 종교 간의 불화를 치유하기 위하여 현재 과학 공동체의 일각에서

28) C. Russell, *Cross-currents: Interactions between Science and Faith*(Leicester, UK: Intervarsity Press, 1985) 참조.

29) Gore, *Earth in the Balance*.

30) Gore, *Earth in the Balance*, p.252.

31) Gore, *Earth in the Balance*, p.265.

강력한 요동이 일어나고 있음'도 지적하고 있다.[32] 특히 우리들이 지구환경에 대한 이해를 추구해왔듯이 과학 연구와 기술 발명이 윤리와 종교적 맥락과 동떨어진 것이 아니라는 점이 핵심이다.

청지기

필자가 지금까지 주장한 인간과 지구 간의 관계는 청지기 정신(stewardship)의 하나로 표현될 수 있다. 지구에 살고 있는 인간은 지구의 청지기라는 것이다. 이 말은 다른 그 누구를 위한 대신하여 청지기로서 의무를 수행하고 있음을 의미한다. 그러나 누구를 대신하는 것인가? 환경론자에 따라서는 이 말에 특별히 답할 필요가 있는가 하는 사람도 있고, 어떤 이들은 미래 세대를 대신하여 혹은 일반적인 전체 인류를 대신한 청지기 역할이라고 말하기도 한다. 종교적인 사람들은 조금 더 구체적으로 인간은 하나님을 위한 청지기가 되어야 한다고 말한다. 신앙심이 깊은 이들은 인간의 신에 대한 관계와 인간의 환경에 대한 관계를 연관짓는 것은 후자의 관계를 보다 폭넓게, 보다 종합적인 맥락으로 보는 것이라고 말한다. 따라서 환경을 위한 청지기 정신을 위해서는 좀 더 특별한 통찰력과 완전한 기반이 요구된다는 것이다.[33]

성경의 앞 장들에서 나오는 창조의 이야기에 대한 유대-기독교적 전통에서 보면 바람직한 청지기 '모델'이 나오는데, 그것은 인간을 지구의 '정원사(gardener)'로서 바라본다는 것이다. 이것은 일부 특정 전통에서만 통하는 것이 아니라 보다 광범위하게 적용될 수 있는 모델이다. 이 이야기에서 인간은 인간을 제외한 다른 창조물들을 돌보길 위해서 창조되었다고 말한다. 이렇듯 창조물에 대한 인간의 청지기 임무는 매우 오래된 것이다. 즉, 인간은 창조되어

32) Gore, *Earth in the Balance*, p.254.

33) 환경에 대한 기독교의 견해 표현은 R. Elsdon, *Greenhouse Theology*(Tunbridge Wells: Monarch, 1992); Russell, *The Earth, Humanity and God* 참조.

서 에덴의 동산이라는 정원에 놓여졌고, '정원에서 일하고 정원을 돌보도록' 명령을 받았다는 것이다.[34] 동물, 새 등의 살아 있는 창조물들이 정원에 있는 아담에게 보내졌으며 아담은 그들에게 이름을 지어주었다.[35] 우리들은 지구의 첫 '정원사'의 모습으로 남아 있는 것이다. '정원사'로서의 우리들이 할 일이란 무엇을 말하는가? 필자는 다음 4가지의 할 일을 제시하고자 한다.

- 정원은 생명과 인간활동을 유지시켜주기 위하여 식량, 물 그리고 다른 물질들을 제공한다. 창세기에 나오는 정원의 한 부분도 광물 자원을 가지고 있었다. "그 땅의 금은 좋은 것이다. 향기로운 송진과 마노도 그곳에 있다."[36] 지구는 그들이 요구하는 만큼 사용할 수 있도록 인류를 위한 자원을 제공한다.
- 정원은 아름다움의 장소로서 유지되어야 한다. 에덴 동산에 있는 나무들은 '눈을 즐겁게 하는' 것들이었다.[37] 인간은 다른 창조물들과 조화롭게 살도록 되어 있고 다른 창조물들의 가치를 인정해야 한다. 사실 정원은 생물종의 다양성이 유지될 수 있도록 돌보아야 하는 장소이다. 특히 취약한 생물종들은 더욱 그러하다. 매년 수백만 명의 사람들이 믿을 수 없을 정도로 다양하고 아름다운 자연을 보여주는 정원들을 방문한다. 정원은 즐거움을 주는 존재의 의미를 가진다.
- 정원은 성경 창세기에 하나님의 형상으로 창조된[38] 인간들이 스스로 창조적일 수 있는 장소이다. 정원의 자원들은 엄청난 잠재력을 제공한다. 생물종과 경관의 다양성은 정원의 아름다움과 생산성을 증가시키는 데 사용될 수 있다. 인간은 새로운 식물 종들을 풍부하게 만들고 다양한

34) 창세기 2:15.
35) 창세기 2:19.
36) 창세기 2:12.
37) 창세기 2:9.
38) 창세기 1:27.

지구 자원과 함께 과학과 기술을 이용하여 생명체와 그들의 즐거움을 위한 새로운 가능성을 창조하도록 배워왔다. 그러나 이러한 창조성의 잠재력이 커지기 위해서는 그것이 우리들을 어디로 이끌 수 있는지를 더 많이 인식할 필요가 있다. 창조물은 선 뿐만 아니라 악을 위한 잠재력을 가지고 있다. 선량한 정원사는 수많은 제재 수단으로 자연의 여러 과정들을 중재한다.

• 정원은 미래 세대들에게 유익하도록 잘 지켜져야 한다. 이러한 맥락에서 필자는 탁월한 과학자였던 고든 돕슨(Gordon Dobson)을 떠올린다. 그는 1920년대에 대기 중의 오존 측정을 할 수 있는 새로운 방법을 창안했다. 영국 옥스퍼드 외곽에 있는 그의 집에는 많은 과실수가 심어진 커다란 정원이 있었다. 그가 서거하기 전 약 1여 년 전, 85세가 되던 해에 그가 많은 사과나무들을 옮겨 심기 위해 열심히 일하던 모습을 기억한다. 그는 분명히 미래 세대를 위하여 그러한 일을 한다는 것을 마음에 담고 있었다.

우리 인간들은 스스로가 지구를 돌보는 정원사로 묘사되는 것과 실제로 어느 정도 어울릴까? 썩 어울려 보이진 않는다. 우리들은 돌보는 자이기보다는 착취하고 못쓰게 만드는 자로서 더 많은 일들을 하고 있다. 어떤 이들은 그 허물이 도구보다는 장인에게 있음에도 불구하고 과학과 기술이 더 문제라고 비난하기도 한다! 어떤 이들은 창세기 앞 장에서 유래되는 인간이 다른 창조물을 지배하고 복종하도록 한다는 믿음에 대한 태도[39]에도 상당한 책임이 있다고 주장한다.[40] 그러나 이러한 말들이 무한정한 착취에 대한 위임장은 아니다. 창세기 내용들도 창조물에 대한 인간의 창조물에 대한 인간의 지배는 궁극적인 지배자인 하나님의 지배 아래에서 이루어져야 하며, 결국 '정원사'로서의

39) 이러한 입장을 가장 잘 드러낸 사례를 들면, L. White Jr., "The historical roots of our ecological crisis," *Science*, 155(1987), pp.1203~1207; Russell, *The Earth, Humanity and God*, for a commentary on this thesis.

40) 창세기 1:26-28.

인간의 모습으로 창조물을 돌보도록 주장하고 있다. 그렇다면 왜, 인간은 다같이 행동하는 일에 그렇게 자주 실패하는 것일까?

행위의 의지

필자가 그 동안 제시해왔던 많은 법칙들은 적어도 1992년 6월 리우데자네이루에서 개최된 유엔 환경개발회의에서 나왔던 선언, 협약, 그리고 해결책들이 가지는 의미를 포함하고 있다. 이들은 유엔 혹은 공식적인 국가 자료에서 나오는 많은 선언들의 배경 역할을 한다. 우리들은 이상적인 내용의 선언들을 충분히 가지고 있다. 부족하다고 느끼는 것은 이러한 이상적인 내용들을 수행할 능력과 해결책이다. 기후변화에 대한 정책적 적용을 널리 알리는 강연을 많이 해온 영국의 외교관 크리스핀 티켈 경(Sir Crispin Tickell)은 "우리가 무엇을 해야 할 것인가는 대부분 알지만 그것을 행할 의지가 부족한 것이 문제다"라고 지적하고 있다.[41]

많은 사람들이 '정신적인(spiritual)' 문제(일반적인 의미에서 정신적이라는 용어를 사용)로서 행동 의지의 결핍을 꼽고 있다. 이 문제가 뜻하는 것은 우리들은 지나치게 '물질'과 '당장'이라는 사고에 사로잡혀서 일반적으로 받아들여질 수 있는 가치와 이상에 따른 행동을 하지 못한다는 것이다. 특히 우리들 스스로가 상당한 비용을 감수해야 하는 경우나 현재보다는 미래에 관련된 문제일 경우 더욱 그러하다. 우리들은 단지 개인적으로나 국가적인 수준에서 우리들이 경험하는 강한 유혹을 너무 잘 알고 있기 때문에 우리들의 이기심과 탐욕을 채우기 위하여 세계의 자원을 이용할 수 없을 뿐이다. 이 때문에 청지기 정신의 바탕 위에서, 환경에 대한 무한정한 오염 행위와 환경을 돌보지 못하는 정신 등 전통적으로 잘못된 것으로 인식된 것—종교적인 어투로는 죄악—으로까지

41) *The Doomsday Letters*, broadcast on BBC Radio 4(UK, 1996).

도 원칙이 확대되어야 할 것임을 제안해왔던 것이다.[42)]

종교적인 신념을 가진 사람들은 인간의 환경에 대한 관계를 인간의 하나님에 대한 관계와 병립됨의 중요성을 강조하는 경향이 있다.[43)] 종교적 신념자들은 바로 여기에서 '의지의 부족'에 대한 해결책이 발견될 수 있다고 주장한다. 종교적인 신념이 행동에 대한 중요한 동인을 제공할 수 있다는 것은 해결책을

---

42) 이것은 1995년에 그리스정교회의 총대주교인 바돌로메 I 세와 세계야생생물기금의 의장인 필립왕자가 지원한 한 심포지엄(요한계시록 저술 1900주년 기념으로 개최된 심포지엄의 절정이 밧모섬에 있었기 때문에 밧모섬 원칙이라고 불리는)에서 제기된 첫 번째 원칙이었다. 과학자, 정치가, 환경론자 그리고 신학자와 같이 대단히 폭넓은 그룹이 넓은 범위의 종교적인 배경과 신념을 가지고 이 심포지엄에 참여했다. 페르가몬(Pergamon)의 대주교이자 심포지엄의 과학위원회의장인 John은 환경오염 혹은 환경에 대한 관심부족은 자연에 범하는 죄일 뿐만 아니라 신께 짓는 죄로 간주됨을 심각하게 인식해야 한다고 강조했다. 심포지엄을 통한 그의 메시지는 사람들의 마음에 강한 충격을 주었다. 이 원칙은 죄의 새로운 범주에 '유전적 차이에서 오는 종의 멸종과 감소, 물과 땅 그리고 공기의 오염, 서식지 파괴와 친환경적인 생활방식의 거부'를 주도하는 행동을 포함해야 한다고 설명하고 있다. 심포지엄의 보고서는 Sarah Hobson과 Jane Lubchenco에 의해 편집되어 『요한계시록과 환경(*Revelation and the Environment-AD95-1995)*』이라는 제목으로 발표되었다(싱가포르: World Scientific Publishing, 1997).

43) 유대기독교에서 이 두 관계의 조화는 창세기의 창조론으로 시작된다. 우선 창세기는 어떻게 인간이 하나님(3장)에게 불복종하여 동맹이 깨어졌는지를 기술한다. 그러나 성경은 하나님과 인간이 동맹관계를 회복할 수 있는 방법도 알려주고 있다. 창세기의 몇몇 절(9:8-17)에서 하나님과 노아의 관계는 '땅위에 있는 모든 만물'은 인간뿐만 아니라 모든 것이 포함된다는 성약의 맺음이다. 관계의 기초가 된 성약은 또한 구약시대에는 하나님과 유대국가 간의 관계에 기초하고 있었다. 하지만 신뢰가 깨지고 많은 시간이 지난 후에 구약의 예언자들은 율법이 아니고 마음의 참 변화(예레미야 31:31-34)를 통한 새 언약을 주었다. 신약의 기자들은 이것을 하나님의 아들인 예수의 일생, 특히 예수의 죽음과 부활을 통해 이 언약을 해결했다고 보았다. 예수는 그를 따르는 자들에게 그들과 하나님 사이에 동맹을 가능하게 하는 성령(요한복음 15, 6장)을 보내준다고 약속했다. 사도 바울은 그의 서신에서 하나님과 인간의 동맹을 형성하는 의존적인 관계에 대해서 이야기하고 있고(갈라디아서 2:20, 빌립보서 4:13) 이는 수세기 동안 수백만의 기독교인의 경험이었다. 사도 바울이 말하고 있는 것은 창조원리에 대한 것이다(로마서 8:19-22).

종교 밖에서 찾고자 하는 사람들에 의해서도 인정되기도 한다.

본 장의 주요 메시지는 환경 문제를 강조하는 행동은 이 문제에 대한 지식에 달려 있을 뿐만이 아니라 환경에 얼마만한 가치를 두고 있으며 이에 대한 우리들의 태도가 어떠한가에도 달려 있다. 이 장에서 필자는 환경의 가치에 대한 평가와 환경에 대한 적절한 태도는 다음과 같이 발전할 수 있음을 제시하고자 한다.

- 기초가 되는 과학에 의해서 생성되는 자연계에서의 균형, 상호의존성, 통합의 관점들
- 과학에 의해서 제시된 주장들로서 인간은 우주에서도 특수한 장소에 존재하고 있으며, 바꾸어 말하면 자연계에 관해서는 인간은 특별한 의무를 지니고 있다는 인식
- 환경에 피해를 입히거나 환경을 돌보는 일에 실패한다는 것은 잘못된 일이라는 인식
- 지구의 청지기라는 관점에서 인간의 의무를 해석함. 이러한 해석은 다양한 인간 집단들에 의해서 인정되는 일반적으로 '공유되는' 가치들과 서로 다른 집단들과 세대 간의 평등과 정의를 위한 투쟁에 근거를 두고 있음.
- 청지기 원칙을 위한 문화적, 종교적 기초의 중요성을 인식함. 지구의 '정원사'로서의 인간은 이러한 청지기의 가능성 있는 '모델'이 됨.
- 환경에 대한 피해량은 수많은 개인들에 의해 저질러지는 가해의 합인 것과 같이 환경 문제를 해결하려는 노력의 총량은 우리 모두가 기여할 수 있는 수많은 개인들의 행동의 합임을 인식[44)]

다시 다음 장들, 특히 12장에서 이러한 문제들의 실질적인 행동의 성취로

44) 19세기 영국 정치가인 Edmund Burke가 말하길 "아무것도 할 수 없었기 때문에 아예 손을 놓은 사람보다 더 큰 실수를 범한 사람은 없다." 12장의 맨 끝에서 인용.

돌아가보자. 금세기의 탁월한 생물학자인 토마스 헉슬리(Thomas Huxley)가 한 몇 마디 말들을 상기해보면, 그는 '진실 앞에서의 겸손'의 과학 활동의 중요성을 강조했다. 겸손의 태도는 물론 책임감 있는 지구 청지기의 마음에 깔려 있는 태도이기도 하다.

다음 9장에서는 지구온난화의 과학과 관련된 불확실성들을 반추해볼 것이다. 그리고 이러한 불확실성들이 행동을 위한 지상 명령들을 실현하는 데 고려될 수 있을지를 살펴본다. 예를 들면, 당장 행동으로 옮길 것인가? 혹은 정당한 행동을 개시하기 전에 불확실성들이 완화될 때까지 기다릴 것인가?

■ ■ ■ 과제

1. 인간과 환경에 대한 관계에는 논란이 있다. 모든 사물과 모든 생물을 포함하는 환경의 중심에 인간이 존재하고 있는가? 바꾸어 말하자면 인간중심 환경관인가? 혹은 인간은 자신의 물질 구조를 가지고 자신의 가치 판단을 가지는, 인간중심이 아닌 자연계에 주어진 보다 고등한 존재 정도인가? 말하자면 보다 생태중심적 환경관인가? 그렇다면 이러한 고등한 존재는 어떠한 행동 양식을 취해야 하는가?

2. 환경적 가치의 창출과 적용에 과학은 어느 정도까지 관련되어 있는가?

3. 인간 공동체의 문화적 혹은 종교적 배경을 고려하지 않은 상태에서 공동체 내의 논쟁과 토론을 통해 환경적 가치가 어느 정도 창출될 수 있다고 생각하는가?

4. 종교적 신념(특히 강한 신념으로 무장된)은 환경적 가치에 대한 토론에서 방해물로 여겨져 왔다는 견해가 있어왔다. 이 점에 동의하는가?

5. 우리들은 환경에 대한 관점에서 보편적으로 받아들여지는 가치를 추구해왔다고 보는가? 혹은 다양한 가치관을 가진 다양한 공동체의 존재를 받아들일 수가 있는가?

6. 자연적(natural) 혹은 문화적(cultural)(281쪽) 범주에 속하는 가치들을 가능한 한 많이 제시하고 목록화해보자. 양쪽에 '동시에 속하는' 명제들을 어떻게 설정할 수 있을까?

7. 때때로 앞서 나가 있는 종교적 신념에 대한 논쟁은 이러한 신념이 어떠한 배경을 가지는지에 대한 고려 없이 다른 동인들보다 더욱 강하게 사람들을 유도해간다고 본다. 이러한 주장에 동의하는가?

8. 당신이 배워온 문화적 혹은 종교적 전통은 환경에 대한 당신의 관점과 행동에 어떠한 영향을 미쳤는지 설명해보자. 이러한 영향들이 당신이 확고한 종교적 신념을 가지면서(혹은 가지지 못하면서) 어떻게 변화했는가?

9. 인간과 환경의 관계에 대한 기술로서 자주 사용되는 '청지기'라는 용어를 토론해보자. 이것은 지나치게 인간중심적인 관계 설정은 아닌지?

10. 인간의 모델을 지구의 '정원사'로서 보는 관점에 대해 토론해보자. 인간과 환경의 관계를 어떻게 설정해야 적절할까?

11. 과학적인 사실 이전에 인간성의 중요성을 설파하였던 토마스 헉슬리에게 동의하는가? 이러한 맥락과 환경 문제에 과학적 지식을 적용할 때의 보다 넓은 관점에서 인간성은 얼마나 중요하다고 생각하는가?

12. 지구의 청지기 임무가 만만치 않기 때문에 이것을 적절하게 맞서는 것은 인류의 능력을 넘어서고 있다고 주장하는 사람들도 있다. 동의하는가?

13. 9장에서(322쪽의 글상자) 통합 사정과 평가의 개념은 모든 자연 및 사회과학 영역들을 포함하기 위해 도입되었다. 어떠한 방식으로 윤리적 혹은 종교적 가치를 이러한 평가의 대상으로 삼을 수 있을까? 이들이 포함되는 것이 과연 적절하고 필요한 것인가?

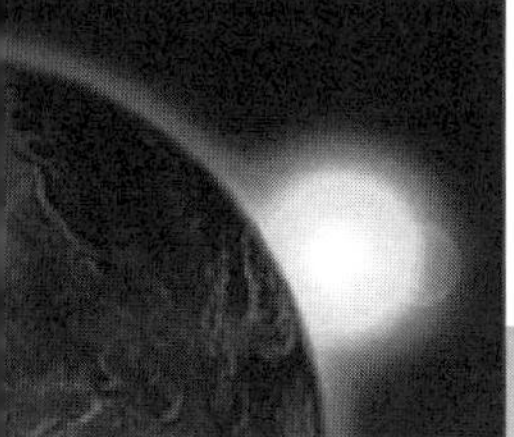

9 불확실성의 측정

이 책은 지구온난화에 대한 현재의 과학적 상황을 분명히 제시하고자 하는 의도를 가지고 있다. 이러한 의도의 주된 부분은 모든 종류의 과학적 설명에 관련된 불확실성에 관한 것이다. 그 중에서도 특히 미래의 기후변화 예측에 관한 것으로, 이는 온난화 대응 행동을 결정할 때 가장 핵심적인 영역이기 때문이다. 그러나 불확실성은 상대적인 용어이다. 완전한 확실성은 어떤 행위를 위한 필수조건으로서 모든 일상생활에서 요구되는 것은 아니다. 이 문제는 매우 복잡하여 우리들은 가능한 행동의 비용을 증가시키는 불확실성을 어떻게 측정할 것인가를 심사숙고할 필요가 있다. 우선 과학적 불확실성에 대해서 알아보고자 한다.

과학적 불확실성

과정에 대한 '측정(무게달기: weighing)'과 행동 비용을 파악하기 전에, 우리들은 과학적 불확실성의 특성을 설명하고 이것이 과학계에서는 어떻게 표현되는가를 먼저 살펴본다.

앞 장에서 지구온난화의 문제에 깔려 있는 과학과 온실기체의 증가로 인한 기후변화의 예측을 위해 사용된 과학적 방법론에 대해 상세히 설명하였다. 온실기체에 대한 기초 물리특성은 잘 이해되고 있다. 대기 중의 이산화탄소 농도가 두 배로 증가하고 대기의 온도 외에 다른 변화들이 없다면 지구 지표 부근의 평균기온은 대략 1.2℃ 정도 상승할 것이다. 이에 대해서는 과학자들 사이에서도 별다른 논란이 없다.

그러나 되먹임과 지역적인 변화를 고려하면 상황은 복잡해진다. 고성능 컴퓨터를 필요로 하는 수치모델은 이런 문제를 해결할 수 있는 최적의 도구이다. 비록 이것들이 매우 복잡하긴 하지만 기후모델은 예측과 관련된 유용한 정보를 줄 수 있다. 5장에서 언급되었듯이, 모델의 신뢰성은 현재의 기후와 그 변동 정도(피나투보 화산 폭발과 같은 교란현상을 포함)를 모의실험하는 높은 숙련도와 과거의 기후를 얼마나 성공적으로 모의실험하느냐에 의해서 결정된다. 후자의 경우 정확하지 않은 모델과 함께 자료의 부족에 의해서 신뢰성은 상당한 제한을 받게 된다.

그러나 모델의 한계는 여전히 남아 있으며 그 결과로 불확실성을 야기시킨다(글상자 참조). 6장에서 언급된 예측은 이러한 불확실성들을 반영하고 있으며 이들 중에서 가장 큰 부분은 구름과 해양 순환의 효과를 적절하게 처리하는 데 모델들이 실패하고 있다는 점이다. 이러한 불확실성은 강우의 지역적 패턴 등 지역 규모에서의 변화를 고려할 때 가장 커진다.

기후변화의 과학 및 미래 기후의 예측 — 특히 지역 규모에서 — 에 있어서의 불확실성과 함께 기후변화의 영향 평가에 있어서도 상당한 불확실성이 존재한다. 그러나 7장에서 보았듯이 합리적인 신뢰도를 가진 몇 가지 중요한 일반적인 진술을 얻을 수 있다. 이산화탄소 배출량의 증가 시나리오의 대부분은 다음 세기에 기후변화율이 증가할 것으로 보고 있는데 이는 아마도 지구가 지난 수천 년 동안 경험해왔던 것보다 더 클 것으로 보인다. 인간을 포함한 많은 부분의 생태계가 이러한 변화율에 쉽게 적응하지 못할 것이다. 가장 눈에 띄는 영향은 수자원의 유용성에 관한 것(특히 가뭄과 홍수의 빈도와 강도에 관한 것), 세계 식량 생산의 분포(전체적인 규모에 관한 것은 아니지만), 그리고

과학적 불확실성의 원인

기후변화에 대한 정부간 패널[1]은 과학적 불확실성을 다음과 같이 기술하고 있다.

> 현재의 기후 예측에는 많은 불확실성이 존재한다. 특히 아래 제시된 것에 대한 불완전한 이해 때문에 기후변화의 시기(timing), 강도, 지역적 패턴에 불확실성이 존재한다.
>
> - 미래의 온실기체의 농도에 영향을 미치는 온실기체 발생원과 저장소
> - 기후변화의 강도에 강력한 영향을 미치는 구름
> - 기후변화의 시기와 패턴에 영향을 미치는 해양
> - 해수면 상승의 예측에 영향을 미치게 되는 극지의 빙상

이러한 과정들은 이미 부분적으로 이해되고 있으며 다음 단계의 연구를 통해 불확실성이 감소될 수도 있을 것이다. 그러나 각 체계의 복잡성은 우리들이 영향에서 벗어날 수 없음을 의미한다.

세계의 저지대에서의 해수면 변동 등을 들 수 있다. 더욱이 오늘날의 예측의 대부분은 21세기 말까지의 시간적인 범위에 한정되어 있지만, 22세기부터는 기후변화 강도 및 변화로 인한 영향력은 더욱 커질 것으로 보인다.

과학적 불확실성에 관한 글상자의 진술은 IPCC 1990년 보고서를 위해 작성된 것이다. 10년이 지났지만 이것은 여전히 과학적인 불확실성을 내포하고 있는 많은 요인들에 대한 좋은 진술로 남아 있다. 그러나 10년 동안 전혀 진보하지 못했다는 의미는 아니다. 그와 반대로 그 후에 발간된 IPCC

1) J. T. Houghton, G. J. Jenkins, J. J. Ephraums(eds.), *Climate Change: the IPCC Scientific Assessments*(Cambridge: Cambridge University Press, 1990), 365; Executive Summary, p. xii. 비슷하지만 더 상세한 설명은 1995년과 2001년 IPCC 보고서 참조.

보고서들이 보여주고 있듯이, 과학적인 이해와 모델의 발전에 많은 진보가 있어왔다. 인간에 의한 기후변화의 신호는 관측된 기후 기록에 분명하게 나타난다는 신뢰를 얻고 있다. 현재의 모델들은 과학적인 공식들에 있어서 보다 정교해지고 있으며 중요한 기후 매개의 모의에서도 발전된 기술을 지니고 있다. 지역적인 규모에서의 모의실험과 예측에서는 고해상도의 지역기후모델(Regional Climate Models, RCHs)이 전 지구 모델을 쪼개어 개발되었다(5장과 6장을 참조). 이러한 지역모델들은 기후변화의 지역적인 전망에 대한 신뢰도를 높여준다.

더욱이 지난 10년 동안 물과 식량과 같은 지역적 자원들에 대한 지역들의 다양한 기후에 대한 민감성 연구에 많은 진전이 있었다. 기후모델에 의해서 만들어지는 기후변화의 지역 시나리오와 이들 연구들을 병행함으로써 수행되고 있는 영향 평가들[2)]이 좀 더 의미를 가질 수 있게 되고 또한 평가를 위한 보다 적절한 척도 개발도 가능하게 되었다. 특히 몇몇 지역에는 많은 불확실성들이 남아 있긴 하지만 그림 6.5를 사례로 보면 현재의 모델들은 지역에 따라서 보다 정확하게 적용될 수 있을 것으로 보인다.

기후변화 혹은 그 영향에 대한 전망 기술의 발전에 포함되어 있는 많은 요소들이 그림 9.1에 요약되어 있다. 이들 모두는 기후변화의 다양한 영향들이 가지는 불확실성의 추정에 도달하기 위해서 적절히 통합될 필요가 있는 불확실성들을 가지고 있다.

---

2) 기후 모델의 결과가 기후 연구의 다른 정보들과 어떻게 결합될 수 있는가에 대한 보다 자세한 설명은 L. O. Mearns, M. Hulme *et al.*, "Climate scenario development," In J. T. Houghton, Y. Ding, D. J. Griggs, M. Noguer, P. J. van der Linden, X. Dai, K. Maskell, C. A. Johnson(eds.) *Climate Change 2001: The Scientific Basis. Contribution of Working Group I to the Third Assessment Report of the Intergovernmental Panel on Climate Change*(Cambridge: Cambridge University Press, 2001), 13장 참조.

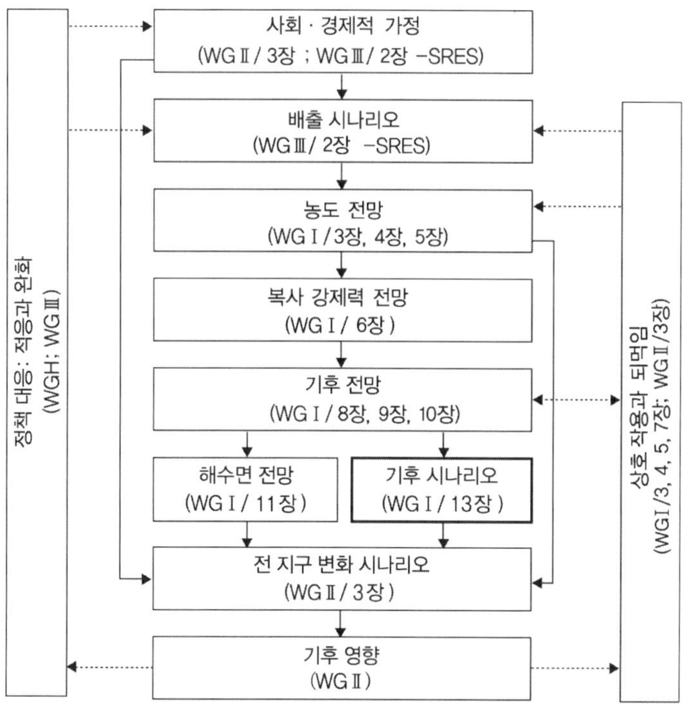

그림 9.1 기후변화 영향, 적응과 완화 평가를 위한 기후 및 관련 시나리오 개발에서 고려되어야 할 전망의 불확실성에 대한 단계도. 다양한 요소들을 다루고 있는 IPCC 2001 보고서에 있는 내용들이 담겨 있다.

IPCC의 평가

과학적 불확실성 때문에, 현재의 지식에 대한 최선의 평가를 얻고 이것을 가능한 한 분명히 표현하기 위해 많은 노력들이 요구되었다. 이러한 이유들로 IPCC는 유엔 기구인 세계기상기구(WMO)와 유엔환경계획(UNEP)이 연합하여 설립되었다. IPCC의 첫 회의가 1988년 11월에 이루어진 것은 시기적으로도 적절하였다. 지구의 기후변화에 대한 정치적 관심이 매우 높아지기 시작했던 때에 개회된 것이다. 패널은 문제의 급박함을 현실적으로 알렸고 스웨덴의 베르트 볼린(Bert Bolin) 교수가 의장을 맡으면서 3개의 실무 그룹이 설치되었다. 즉, 기후변화의 과학을 다루는 그룹, 그 영향을 다루는 그룹, 그리고 정책적 대응을 다루는 실무 그룹이다. IPCC는 1990년, 1995년, 2001년에 3번의 종합 보고서[3]를 작성하였으며 이와 함께 특정 주제를 다루기 위해 다수의 특별 보고서를 발간하였다. 앞에서 이미 이러한 보고서 내용들을 광범위하게 인용하였다.

필자는 특히 과학평가 실무 그룹(Science Assessment Working Group, 필자는 1988~1992년까지 의장을, 1992~2002년까지는 공동 의장을 맡았다)에 대해 언급하고 싶다.[4] 이 그룹의 임무는 가능한 한 분명하게 기후변화의 과학과 인간활

---

3) Houghton, *Climate Change: the IPCC Scientific Assessment*(1990); W. J. McG. Tegert, G. W. Sheldon, D. C. Griffiths(eds.), *Climate Change: the IPCC Impacts Assessment*. (Canberra: Australian Government Publishing Service, 1990); J. T. Houghton, L. G. Meira Filho, B. A. Callander, N. Harris, A. Kattenberg, K. Maskell(eds.), *Climate Change 1995: the Science of Climate Change*. Cambridge: Cambridge University Press, 1996); R. T. Watson, M. C. Zinyowera, R. H. Moss(eds.), *Climate Change 1995: Impacts, Adaptations and Mitigation of Climate Change: Scientific Technical Analyses. Contribution of Working Group II to the Second Assessment Report of the Intergovernmental Panel on Climate Change*(Cambridge: Cambridge University Press, 1996); J. Bruce, Hoesung Lee, E. Haites(eds.), *Climate Change 1995: Economic and Social Dimensions of Climate Change*(Cambridge: Cambridge University Press, 1996); J. T. Houghton, Y. Ding, D. J. Griggs, M. Noguer, P. J. van der Linden, X. Dai, K. Maskell, C. A. Johnson(eds.), *Climate Change 2001: The Scientific Basis. Contribution of Working Group II to the Third Assessment Report of the Intergovernmental Panel on Climate Change* (Cambridge: Cambridge University Press, 2001); J. J. McCarthy, O. Canziani, N. A. Leary, D. J. Dokken, K. S. White(eds.), *Climate Change 2001: Impacts, Adaptation and Vulnerability. Contribution of Working Group III to the Third Assessment Report of the Intergovernmental Panel on Climate Change*(Cambridge: Cambridge University Press, 2001); B. Metz, O. Davidson, R. Swart, J. Pan(eds.), *Climate Change 2001: Mitigation. Contribution of Working Group III to the Third Assessment Report of the Intergovernmental Panel on Climate Change*(Cambridge: Cambridge University Press, 2001).

4) J. T. Houghton, "An overview of the IPCC and its process of science assessment," In R. E. Hester, R. M. Harrison(eds.), *Global Environmental Change. Issues in Environmental Science and Technology*, No.17(London:Royal Society of Chemistry, 2002) 참조.

동의 결과로 나타나게 될 21세기의 기후변화에 대한 최선의 추정에 대한 우리의 현재 지식 정도를 설명하는 것이었다. 보고서를 준비하기 시작하면서부터 실무 그룹은 실질적 권위를 가지고 신중한 연구를 수행하기 위해서는 연구 수행에 가능한 한 많은 세계의 과학 공동체들이 참여해야 할 필요가 있다는 것을 깨달았다. 소규모의 국제 조직팀이 브랙넬(Bracknell)에 위치한 영국기상청(UKMO) 해들리 센터(Hadley Centre)에서 출범하였다. 이 팀은 회의, 워크샵, 수많은 서신 교환을 통해 기후변화의 과학 연구를 전문적으로 수행하고 있는 전 세계의 과학자들(대학, 정부 지원의 연구소 소속 모두 포함)이 기후변화 과학 연구에 대한 보고서 준비와 집필 등에 참여할 수 있도록 하였다. 첫 보고서에는 25개국의 170명의 과학자가 참가하였으며 전공분야별 검토에서는 추가로 200명의 과학자가 관여했다. 2001년의 3차 평가 보고서에서는 참가자 수가 더욱 늘어서 123명의 책임 저자와 516명의 기고 저자가 관여하였으며 검토 과정에서는 21명의 편집자와 420명의 전문가가 참가했다.

각 보고서는 평가 항목에 대한 기본적인 내용을 구성하는 종합적이고, 구체적이며 집중적으로 검토된 장 외에도 정책입안자를 위한 요약본(Summary for Policymakers: SPM)을 포함한다. 이 요약본은 실무 그룹의 총회에서 실제 승인된 용어와 문장으로 이루어졌으며 그 목표는 정확성과 선명성을 가지고 정책 결정자들에게 과학적인 내용을 가장 잘 전달할 수 있는 방법에 대한 합의에 도달하고자 하는 것이다. 2001년 1월 상하이에서 총회가 개최되었는데 99개국의 대표들과 과학계를 대표하는 주 저자들 중 45명의 과학자, 그리고 비정부 조직의 대표들이 다수 참석하였다. 여러 차례의 총회에서는 매우 생생한 토론이 오고갔으며 그 토론 내용의 대부분은 과학적인 연구에 대한 기초적인 논쟁보다는 오히려 가장 유익하고 정확한 문장표현을 추구하는 데 관심을 기울였다.

보고서를 준비하는 동안 과학자들 간 중요한 논쟁 거리는 21세기의 기후변화 가능성에 대해서 어느 정도 말할 수 있을까 하는 점이었다. 특히 초반에는 상당히 많은 과학자들이 불확실성이 커서 미래에 대한 어떠한 예측이나 추정도 삼가야 한다는 입장이었다. 그러나 추정의 불확실성을 인식하면서 우리들의 가정에 대한 분명한 서술을 통해 타당성이 높은 변화를 예측함으로써 가장 가능성 있는 정보를 전달하는 것이 과학자의 책임이라는 점이 점차 분명해졌다. 보다 짧은 기간에 대한 내용이지만 기상예보자들의 책임도 이와 유사하다. 그들은 내일의 날씨에 대해 불확실성을 알지만 예보 작성을 거부할 수는 없다. 거부하게 되면 그들이 가지고 있는 대부분의 유익한 정보들을 대중에게 제공하지 못한다. 일기예보가 가지는 불확실성에도 불구하고 이것은 다양한 범위의 사람들을 유익한 방향으로 인도하는 역할을 한다. 비슷한 맥락으로 기후모델들은 불확실성을 벗어날 수 없지만, 역시 정책을 위한 유용한 지침을 제공하게 된다.

필자는 전 지구 기후변화의 규명과 세계의 정치가들과 정책입안자들에게 가장 과학적인 정보를 제공하려는 과학계의 헌신적인 노력을 알리기 위하여 과학평가 그룹의 성과들에 대해 비교적 상세히 설명했다. 전 지구 환경 변화 문제는 세계의 과학계가 직면한 가장 큰 문제 중 하나이다. 다른 어떠한 주제들에 관해서나 과거의 어떠한 과학적 평가에 있어서도 이렇게 많은 과학자들이 국적이나 세부적인 전공을 망라하여 참가한 적이 없었다. 따라서 IPCC 보고서는 국제 과학계의 현재 관점에서 매우 권위있는 결과로 받아들여질 수 있다.

IPCC 보고서의 중요한 강점은 정부 간 협력체이기 때문에 각국 정부들이 이 작업에 참여하고 있다는 점이다. 특히 각 정부 대표들은 과학적 표현이 정책입안자들의 관점으로 볼 때 분명하고도 당면한 문제와 관련이 있도록 하는 데 조력한다. 이러한 과정을 거쳐 평가의 결과는 과학자뿐만 아니라 정부에게도 실질적인 것으로 받아들여진다. 이것은 정책 협상의 단계에서 매우 중요한 요인으로 작용하게 된다.

정치가들과 정책입안자들에 대한 IPCC 평가의 발표를 보면 도출된 과학적 합의의 수준은 지구온난화 문제와 그 영향을 심각하게 고려할 수 있도록 설득시키는 데 매우 중요하게 작용한다. 1992년 6월 리우데자네이루에서 개최된 유엔환경개발회의(UNCED) 준비기간 동안 그들이 문제의 현실성을 받아들임으로써 기후협약의 법제화가 이루어질 수 있었다. IPCC에 의해서 조율된 세계의 과학자들로부터 나온 분명한 메시지가 없었다면 세계의 지도자들은 절대로 기후협약의 서명에 동의하지 않았을 것이다.

보고서 출간 이후 과학적 연구결과에 관한 논쟁은 세계의 언론을 통해서 계속되어왔다. 많은 언론들이 보고서의 명료성과 정확성에 대해 우호적으로 언급했고 소수의 과학자들은 이 보고서들이 불확실성을 충분히 강조하지 못했다고 비판했다. 다른 이들은 세계에 대한 잠재적 위험성을 보다 강력하게 표현하지 못하고 있다며 실망감을 드러냈다. 사실 과학의 논쟁이 계속되는 것은 당연하다. 비판과 논쟁은 본질적인 과학활동의 과정인 것이다.

필자는 과학적 평가 실무 그룹의 활동을 보다 상세하게 기술하면서 IPCC의 활동을 설명하고자 했다. IPCC의 또 다른 두 개의 실무 그룹은 유사한 절차를 따라서 기후변화의 영향, 적응과 완화 전략, 그리고 기후변화의 경제적 및 사회적 차원을 다루고 있다. 이러한 활동에 참가한 인력은 자연과학자뿐만이 아니라 점차 사회과학자들, 특히 경제학자들의 참여가 늘고 있다. 사회과학적인 영역에서도 전 지구적인 현상인 기후변화에 대한 적절한 정치적·경제적 반응의 기초를 결정하는 것이 무엇인지에 대한 질문이 주어지면서 새로운 학문 영역이 형성되고 있는 것이다. 본 장의 뒷부분과 다음 10장에서는 이들의 활동을 좀 더 비중 있게 다룰 것이다.

불확실성 줄이기

정책입안자들에 의해서 지속적으로 제기되는 주요 질문은 "과학자들이 기후변화에 대한 전망, 특히 지역적·국지적인 규모까지 정확하게 예측하기까지는 시간이 얼마나 걸릴까?" 하는 것이다. 그들은 10년 넘게 이 질문을 해왔으며 보통 좀 더 많은 정보를 알게 되는 데는 10~15년 정도가 걸릴 것이라고 대답해왔다. 본 장의 첫 절에서 보았듯이, 과거 10년 동안 상당한 지식의 진전이 있었다. 기후변화에 대한 인위적인 요인의 탐지에 대한 신뢰도가 보다 높아졌고 기후변화의 전망도 10년 전에 비해 신뢰도가 높아졌다. 그러나 상당 부분의 주요 불확실성은 그대로 남아 있으며 이를 줄이기 위한 노력이 더욱 필요한 실정이다. 정책입안자들이 이러한 불확실성에 대해 계속 질문을 해대는 것도 당연한 일이다. 이를 해결하기 위해 어떤 일들이 가능할까?

변화에 대한 과학의 진전을 위한 주요 도구들은 관측과 모델(observation and model)로 이들에 대한 더 많은 발전과 확대가 요구되고 있다. 관측은 일어나고 있는 기후변화의 모든 측면에서의 탐지와 모델 검증을 위해 필요하다. 이것은 가장 중요한 기후 매개변수에 대한 정기적이고 정확하며 지속적인 모니터링이 시공간을 모두 포괄하면서 이루어져야 함을 뜻한다. 엄밀한 질 관리를 수반하는 모니터링 작업은 매우 재미없는 일로 보이지만 이 작업은 기후변화가 관측되고 이해되기 위해서 절대적으로 필요하다. 이 때문에 전 지구를 대상으로 관측 업무를 조율하고 감독하기 위하여 중요한 국제 프로그램의 하나인 전 지구 기후관측시스템(Global Climate Observing System, GCOS)이 출범하였다. 기후변화에 내포된 모든 과학적 과정(이들 중 대부분은 비선형적으로 어떠한 단순한 방법으로도 통합될 수가 없다)들을 통합하기 위해서는 모델이 필요하고 이들은 관측의 분석에 도움을 주고 또한 미래의 기후변화를 전망하는 방법을 제공할 수 있기 때문이다.

예를 들면, 기후 민감성(climate sensitivity)과 연관된 최대의 단일 불확실성의 원천인 구름 복사 되먹임의 사례를 들어보자.[5)] 이러한 되먹임을 이해하는 과정은 모델의 통합을 위해서 구름과정을 더 잘 기술하고 특히, 복사량에 대해서 인공위성의 관측과 모델 결과를 비교함으로써 이루어질 수 있다는 것을 5장에서 살펴보았다. 이러한 측정 결과들을 실질적으로 유용한 자료로 만들기 위해서는 극히 높은 정밀도가 요구되는데, 예를 들면, 평균 복사량에서는 0.1%의 오차 범위 정도가 되어야 하지만 그와 같은 수준에 도달하기는

---

5) 6장 120쪽에 정의되어 있음.

매우 어렵다. 구름을 보다 잘 측정하기 위해서는 모든 측면의 수문(물) 순환이 좀 더 정확하게 관측되어야 할 필요가 있다.

또한 지구 표면의 많은 부분을 차지하는 주요 해양에 대한 현재 상태를 모니터링하는 방법도 아직은 적절치 못한 실정이다. 그러나 위성으로부터의 해수면 관측(글상자 참조)과 해양 내부의 측정을 위한 새로운 방법을 도입하여 많은 개선 효과를 보는 단계에 있다. 단순히 좀 더 나은 물리적인 측정만 요구되는 것은 아니다. 대기 중 온실기체의 증가를 보다 상세히 예측하려면 탄소순환 문제도 해결되어야 한다. 이를 위해서 육지는 물론 해양의 생물권에 대한 보다 종합적인 측정이 필요하다.

GCOS와 같은 국제적으로 조직된 관측 프로그램에 자극을 받아 전 세계의 많은 우주관련 기관들이 새로운 장비 개발과 우주플랫폼 배치의 향상을 위해서 매우 활발하게 움직여왔으며 이를 바탕으로 기후변화 문제와 관련된 많은 새로운 관측이 제공되기 시작하였다(아래 글상자 참조).

기후계에 대한 위성 관측

항공기, 선박, 다양한 분야, 대중을 위한 예보 등을 포함한 전 세계에 걸친 기상예보를 위하여 기상학자들은 위성관측에 광범위하게 의존하고 있다. 국제 협정에 따라 5개의 정지(geostationary) 위성이 기상 관측을 위해 적도 궤도를 돌고 있다. 이들로부터 전송된 영상들은 텔레비전 화면을 통하여 우리들에게도 친숙해져 있다. 극 궤도 위성에서 보내진 정보들은 기상 수치모델에 입력 요소를 제공하고 예보를 보완해주는 등 세계의 기상청에서 유용하게 사용되고 있다(그림 5.4에서 사례 참조).

이러한 기상 관측은 기후모델에 기초적인 입력 자료를 제공한다. 그러나 기후 예측과 연구를 위해서는 해양, 빙설, 육지표면과 같은 다른 기후계 요소들과 결합된 종합적인 관측이 요구된다. 2002년 유럽우주국에서 발사한 위성 엔비셋(ENVISAT)은 최신의 기술이 지구를 관측하는 데 직접 적용되는 가장 최근의 대형 위성 중 하나다. 관측 장비들은 대기 온도와 구성 물질(MIPAS, SCIAMACHY, GOMOS), 해수면 온도, 해수면 기복, 이를 위한 해류 정보(AATSR, RA-2), 해양 생물과 육지 식생에 대한 정보(MERIS), 그리고 해빙과 빙하지형(ASAR, RA-2) 등에 초점을 맞추고 있다.

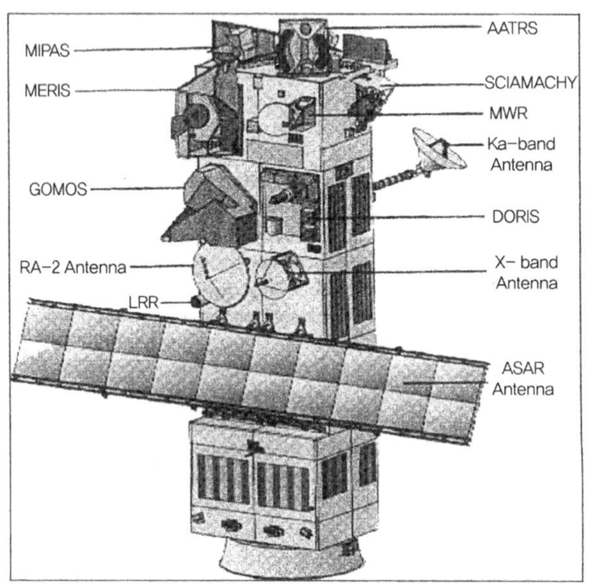

그림 9.2 탑재된 장비들을 보여 주는 엔비셋(ENVISAT)의 구조. 첨단 트랙 스캐닝 복사계(AATSR: Advanced Along-Track Scanning Radiometer), 미켈슨 수동 대기 음파 간섭계(MIPAS: Michelson Interferometer for Passive Atmospheric Sounding), 중간 해상력 영상 분광계(MERIS: MEdium Resolution Imaging Spectrometer), 대기 지도화용 스캐닝 영상 흡수 분광계(SCIAMACHY: SCanning Image Absorption spectroMeter for Atmospheric Cartography), 단파 복사계(MWR: MicroWave Radiometer), 스타스 관측 지구 오존 추적계(GOMOS: the Global Ozone Monitoring by Oberservation of Stars), 2세대 레이더 고도계(RA-2: the Radar Altimeter-second generation), 첨단 종합 구경 레이더(ASAR: the Advanced Synthetic Aperture Radar), 그리고 통신 및 정확한 궤도 유지를 위한 장비들을 싣고 있다. DRIS는 위성에서 종합된 도플러 궤도추적 및 복사위치추적 장치(Doppler Orbitography and Radiopositioning Intergated by Satellite)를 말한다. 태양과 동시간으로 800km 궤도 길이를 가지고 있으며 태양열 집열판을 창착했으며 26m × 10m × 5m 제원으로 무게는 8.1톤이다.

자연과학계에서 연구된 기후변화에 대한 이해의 증가와 좀 더 정교해진 예측을 기반으로 인간의 행위와 활동에 대한 연구에 보다 많은 노력이 집중되고 있다. 온실기체 배출의 변화를 통하여 기후에 어떠한 영향을 미칠 것인가? 그리고 다양한 기후변화의 강도에 따라 다시 인간에게 어떠한 영향을 미칠 것인가 하는 점이다. 더 개선된 기후변화의 영향에 대한 정량화는 바로 이러한 연구 결과에서 나올 것이다. 경제학자들과 사회과학자들은 가능성 있는 대응 전략과 이를 획득하기 위해 필요한 경제 및 정치적인 장치들에 대해 좀 더 구체적인 작업들을 추구하고 있다. 자연과학에서의 연구와 사회과학에서의 연구를 긴밀하게 연계하기 위해서 당장 필요한 일들이 존재한다는 사실에 대한 인식의 폭이 넓어지고 있다. 1장(그림 1.5)에서 제시된 종합적인 연구체계는 관련된 모든 학문분야 간의 연계와 통합성의 요구 범위를 보여주고 있다.

지속가능한 개발

지구온난화 과학에서의 불확실성은 상당히 크다. 그러나 정치적 정책 결정 영역에서 이러한 불확실성을 어떻게 해결할 것인가? 열쇠가 되는 아이디어는 지속가능한 개발이다.

지난 수년간 괄목할 만한 움직임 중 하나는 지구환경의 문제들을 정치적인 의제로 부각시키는 방안에 관한 것이다. 1990년 영국 기상청의 해들리 센터 개소식 연설에서 전임 총리 마가렛 대처는 환경에 대한 우리들의 분명한 책임에 대하여 설명했다. “우리들은 지구에 대한 완전한 복원 계약을 맺고 있다. 이제 우리는 IPCC 활동을 통해 연구자들의 보고서를 가지게 되었다. 이 보고서는 우리에게 문제가 있고 그 문제는 지체없이 수정해야 할 필요가 있다고 말하고 있다. 문제는 미래에 있는 것이 아니라, 바로 지금 여기에 있다. 이 문제로 인해 피해를 볼 수 있는 이들은 현재 자라나고 있는 우리들의 자녀들과 손자들이다.” 많은 정치가들도 지구환경에 대한 책임에 대해 이와 비슷한 감정들을 피력해왔다. 이러한 깊이 있는 반성과 폭넓은 관심이 없었다면, 회의의 최고 의제로서 환경을 꼽은 리우에서의 UNCED 회의가 실현되지도 않았을 것이다.

그러나 이러한 중요성에도 불구하고 환경에 대한 장기적인 관점에서 집중하고 있을 때에도 환경은 정치가들이 고려해야 할 많은 사항 중에서 단지 하나일 뿐이다. 선진국에서는 삶의 질의 유지, 완전 고용(혹은 완전에 가까운 고용), 그리고 경제성장 등이 주요 쟁점으로 다루어져왔다. 많은 개발도상국들은 단기적으로 첨예한 문제들에 직면하고 있다. 기본적인 생존, 대규모 부채의 상환, 인구증가의 압력에 시달리고 있는 개발도상국들은 급속한 산업 발전을 갈망하고 있다. 그러나 정치가들이 직면한 많은 문제들과 비교해보더라도, 환경 문제의 중요한 특징은 장기적이며 잠재적으로 돌이킬 수 없다는 점이다. 이는 클린튼 행정부에서 지구 문제 차관을 지낸 팀 워스(Tim Wirth)가 “경제는 환경에 완전히 종속된 부분적인 문제일 뿐이다”라고 말한 것에서도 알 수 있다.

그러므로 개발을 위해 필요한 자원의 제공과 환경을 보존하기 위한 장기적인 필요성 간에 조화를 이루어야 한다. 이것이 리우회의가 환경과 개발에 초점을 맞추는 이유이다. 이 둘을 연결시키는 공식이 바로 지속가능한 개발(sustainable development)인 것이다(글상자 참조). 재생 불가능한 자원과 악화되면 돌이킬 수 없는 환경을 남용하지 않으면서 개발을 수행하는 것이 지속가능한 개발이다.

지속가능한 개발의 아이디어는 8장에서 살펴본 바와 같이 인간과 환경과의 관계를 보다 광범위하게 말하는 것으로 특히 균형과 조화에 대한 요구를 강조한다. 리우회의에서 서명한 기후협약도 물론 이러한 균형에 대한 요구를 인식하고 있다. 그 목표의 기술에서(10장 331쪽 글상자 참조), 대기 중에 온실기체 농도의 안정화에 대한 요구를 언급하고 있다. 기후협약은 생태계가 자연적으로 기후변화에 적응하고, 식량 생산이 위협받지 않고, 경제 개발이 지속가능한 방식으로 진행될 정도의 충분한 수준과 시간을 확보할 수 있도록 온실기체

지속가능한 개발: 어떻게 정의할 것인가?

지속가능한 개발에 대해서는 수많은 정의들이 제시되어왔다. 그 중 다음 두 가지가 이 개념을 잘 반영해주고 있다.

1987년에 출간된 브룬트랜드 위원회 보고서인 『우리 공동의 미래(Our Common Future)』에 따르면 지속가능한 개발은 '미래 세대들이 그들의 요구를 충족시킬 수 있는 능력을 상쇄하지 않고 현재의 요구를 충족시키는 것'이다.

보다 상세한 정의는 1990년 영국 환경부에 의해 발간된 백서 『환경은 공동 문제(This Common Inheritance)』에 담겨 있다. 지속가능한 개발은 '자본을 잠식하기보다는 지구의 수익 속에서 살아가는 것', 그리고 '재생가능한 자원을 재생의 한계 내에서 소비를 지속하는 것'을 의미한다. 이것은 지속가능한 개발은 '인공적인 부(건물, 도로, 철도와 같은)뿐만 아니라 깨끗하고 적절한 수자원, 질 좋은 토지, 풍부한 야생과 울창한 삼림과 같은 자연적인 부까지도 다음 세대들에게 물려주는 것'을 의미한다고 설명하여 자연 세계의 내재적 가치까지도 인정한다.

1994년 1월에 제출된 영국 정부의 지속가능한 개발에 대한 첫 전략 보고서[6]는 필요한 공동 행동을 취할 수 있는 4가지 원칙을 정의하고 있다.

- 정책 결정은 가능한 한 최고의 과학적 지식과 위험 분석에 근거해야 한다.
- 불확실성과 잠재적으로 심각한 위험이 존재하는 곳에서는 예방적인 행동이 필수적이다.
- 생태적인 영향이 고려되어야 하는데 특히 재생 불가능한 자원이거나 그 효과가 복원 불가능할 때 특히 그러하다.
- 비용 산정은 책임져야 할 사람들에게 직접 이루어져야 한다. 즉, '오염자 비용 부담'의 원칙을 말한다.

6) *Sustainable Development: the UK Strategy*. 1994. London: HMSO, Cm2426, p.7.

안정화가 이루어져야 한다고 설명한다.

지속가능성의 아이디어는 비단 환경에만 적용되는 것이 아니고 인간 공동체에도 적용될 수 있다는 인식이 점차 확산되어가고 있다. 따라서 지속가능한 개발은 환경 및 경제적 요인뿐 아니라 보다 폭넓은 사회적 요인들도 포함하는 것으로 여겨진다. 사회정의와 평등의 보장도 지속가능한 공동체를 유지하는 데 중요한 요소들이 되고 있다. 평등을 고려함은 국가 간 평등뿐 아니라 세대 간 평등까지도 포함하고 있다. 우리들은 다음 세대에게 보다 열악한 상태의 세계를 물려주어서는 안 된다는 것이다.

왜 기다려보면 안 되는가?

지속가능한 개발의 요구조건을 충족시키기 위해서 행동을 취할 때는 여러 가지 요인들 간의 균형을 잡을 필요가 있다. 다음 절에서 이와 같은 논의에 포함되는 주장, 쟁점, 원칙 등에 관한 사항을 살펴보도록 한다.

먼저, 과학적인 불확실성에 비춰볼 때, 이 경우는 현재 어떤 행동을 취해야 할 정도로 충분히 강력하지 못하다고 주장되기도 한다. 우리들이 해야 할 일은 적절한 연구 프로그램을 통하여 가능하면 빨리 미래의 기후변화와 그 영향에 대해 보다 정확한 정보를 취득하는 것이다. 그리하여 논쟁이 계속되었을 때 우리들은 적절할 행동을 결정할 수 있는 보다 좋은 위치를 잡아야 한다.

보다 나은 정보에 근거한 결정이 내려지기 위해선 좀 더 정확한 정보가 긴급하게 필요한 것도 사실이다. 그러나 어떠한 상식적인 미래 계획을 세우는 데 있어서, 미래에 필요하리라고 여겨지는 모든 정보들을 적절하게 고려해야 한다. 현재의 결정은 비록 불완전하더라도 현재 존재하는 최선의 정보들에 근거하여 이루어져야 한다.

먼저, 상당히 많은 사실들이 전체적으로 문제를 파악할 수 있을 정도로 이미 알려져 있다. 전반적으로 예상되는 기후변화의 강도에 대해서는 과학자들 사이에 일반적인 합의가 이루어져 있으며 발생할 수 있는 영향에 대한 좋은 지표들도 있다. 상세한 예측에 관한 신뢰도는 아직 높지 않지만, 온실기체 증가로 인한 기후변화가 유해한 영향을 가져올 것이고 전 세계가 이 문제에 직면하고 있다는 사실은 충분히 알려져 있다. 국가에 따라서는 더 많은 영향을 받기도 할 것이다. 최악의 타격을 입는 것은 이에 대응할 만한 여력이 없는 개발도상국이 될 것이다. 실제로 기후의 혜택을 보는 나라들도 있다. 그러나 국가 간의 상호의존성이 점점 커지는 세상에서 어느 나라도 기후변화의 영향으로부터 벗어날 수 없을 것이다.

둘째로 대기와 인간의 반응은 모두 시간 척도에서 보면 길다. 오늘 대기 중으로 배출된 이산화탄소는 이 기체의 대기 농도를 높일 것이며 이와 관련하여 100년 이상에 걸쳐 기후변화에 영향을 미칠 것이다. 현재보다 많이 배출되면 될수록, 대기 중의 이산화탄소 농도를 궁극적으로 요구되는 수준까지 감소시키기가 더욱 힘들어질 것이다. 인간의 반응에 있어서도, 대규모 기반시설과 같이 주요한 사항을 변화시켜야 할 경우에는 수십 년의 시간이 필요하다. 지금도 30년이나 40년 동안 전기를 생산할 대형 발전소들이 계획되고 건설되고 있는 것이 현실이다. 지구온난화에 대한 우려 때문에 우리 앞에 놓일 수 있는 모든 요구 사항들을 현재의 계획 과정에 넣어야 할 필요가 있는 것이다.

셋째로 요구되는 많은 행동들은 온실기체 배출의 실질적인 감소로 연결될 뿐만 아니라 다른 직접적인 이익을 가져다준다. 이러한 행동 제안들은 자주 '후회 없는 정책' 제안으로 여겨지기도 한다. 효율성의 증가를 강조하는 행동들은 순비용절감으로 유도된다(가끔 '윈-윈' 방식으로 불린다). 또 다른 행동들은 실적을 개선시키거나 안락함을 증가시키기도 한다.

넷째로 일부 제안된 행동들은 보다 전체적인 이익을 줄 만한 이유들이 있다. 8장에서 인간은 세계의 자원을 이용함에 있어 너무 낭비하고 있다는 점을 이미 지적한 바 있다. 미래 세대의 요구에 대한 심각한 의식 없이 화석연료들이 연소되고, 광물들이 사용되며, 삼림들은 벌채되고, 토양은 유실되고 있다. 지구온난화 문제의 절박함은 우리들이 보다 지속가능한 방식으로 세계의 자원들을 이용하도록 할 것이다. 더욱이 에너지 효율과 보존, 그리고 재생가능한 에너지 개발 등 에너지 산업에 요구될 기술 혁신은 세계 산업계에 중요하고도 새로운 기술들을 개발할 수 있는 도전과 기회를 제공할 것이다. 보다 상세한 것은 11장에서 논의될 것이다.

예방의 원칙

행동에 대한 논쟁의 상당 부분은 1992년 지구정상회담의 리우선언에 포함된 예방의 원칙(Precautionary Principle) 적용에 관한 것이다(10장 331쪽 글상자 참조). 유사한 내용이 기후변화 협약의 3조에도 들어 있다.

우리들은 일상 생활에 이러한 예방의 원칙을 적용한다. 우리들은 사고나 손실의 가능성에 대비하여 보험 정책을 실행하고 있다. 주택이나 자동차를 미리미리 점검하고 정비하며, 의료에서 치료보다는 예방이 낫다는 사실을 이미 알고 있다. 이러한 행동 속에서 우리는 일어날 가능성 있는 피해에 대한 보험 혹은 다른 예방책들에 무게를 두고 있으며 투자할 가치가 있다고 생각한다. 이러한 주장은 지구온난화의 문제에 예방의 원칙을 적용할 때도 마찬가지이다.

보험 정책을 살펴보면 우리들은 예기치 못한 일의 발생 가능성을 늘 염두에 두고 있음을 알 수 있다. 사실 보험 상품을 팔 때 보험사들은 일어날것 같지 않거나 또는 알 수 없는, 특히 보다 치명적인 가능성에 대한 두려움을 이용한다고 볼 수 있다. 비록 우리 자신이 정말 있음직하지 않은 사건들에 대처하는 것이 보험에 가입하는 주요 이유는 아니더라도 있을 법하지 않는 이러한 사건들을 보험이 대응해주므로 인해서 마음의 평화를 누릴 수 있다. 이와 같은 맥락으로 지구온난화에 대응하는 행동을 주장하면서 재난의 가능성에 대비할 필요가 있음을 강조해왔다(표 7.4의 사례들을 참조). 아직까지 잘 이해되지 않는 순방향 되먹임 때문에,[7] 일부 온실기체들의 증가는 현재의 예상보다 더 클 것으로 지적되고 있다. 그들은 해류 순환의 극적인 변화로 인해 과거에 일어났던 급속한 기후변화의 증거들(그림 4.6과 4.7)도 지적하고 있다. 이러한 일들이 다시 발생할 수도 있다.

이러한 가능성들로 인한 위험은 평가가 불가능하다. 그러나 1985년 남극 상공의 '오존홀'을 발견한 것은 주의를 환기시키기에 유익한 것이었다. 오존층의 화학적 특성에 대한 과학 전문가들은 이 발견에 경악을 금치 못하였다. 이러한 발견 이후 몇년 동안, '오존홀'은 상당히 깊어졌다. 이러한 지식을 바탕으로 오존을 파괴하는 화학물질들의 사용을 금지하는 국제적 행동도 매우 신속하게 진행되었다. 오존의 농도는 회복 단계에 들어섰지만 완전한 회복은 아마도 1세기는 더 걸릴 것이다. 여기서 우리가 얻은 교훈은 기후계는 우리가 생각하는 것보다 훨씬 더 교란에 대해 취약하다는 점이다. 미래의 기후변화를 거론할 때 극단 상황의 가능성을 제외시키는 것은 신중하지 못한 일이다.

그러나 미래의 기후변화에 대처하는 데 필요한 행동의 중요성 정도 측정에 있어 경악의 가능성도 마음에 새겨야 하겠지만, 이러한 가능성이 행동을 위한 주된 주장으로 반드시 구체화될 필요는 없다는 것이다. 예방 행동을 위한 보다 강한 주장으로서, 주요한 인위적인 기후변화는 일어날 것 같지 않을 가능성이 아니라 거의 일어날 확실성이라는 점을 인식하는 일이다. 일어날 것 같지 않은 기후변화란 없다. 매우 중요하게 고려해야 할 불확실성들은 변화의 강도와 그 지역적인 분포의 구체성이다.

지금은 아무것도 하지 않는 쪽으로 나아가고 있다는 주장을 보면 실질적으로 행동이 필요할 때가 되면 보다 많은 기술적 옵션이 가능하게 될 것이며 현재 행동을 하게 되면 그 이용권을 상실하게 될 수도 있다는 주장이다. 물론 현재 취해지고 있는 어떤 행동은 유용한 기술 개발의 가능성을 고려해야만 한다. 그러나 그 주장은 또한 거꾸로 생각해볼 수도 있다. 미래의 더 많은

7) 3장을 참조.

행동 계획을 고려한 현재의 적절한 생각과 활동은 그 자체로서 필요한 어떤 종류의 기술 혁신을 자극할 수도 있을 것이다.

기술적 옵션을 말하면서 나는 환경의 인위적인 변화에 의한 지구온난화에 대응하는 가능성 있는 옵션들을 간단히 언급하고자 한다〔때로는 지오엔지니어링(geoengineering)으로 말해지기도 한다〕.[8] 이런 종류의 '기술적인 수단(technical fixes)'에 대한 많은 제안들이 나왔다.

예를 들면, 우주에 거울을 설치하여 태양광을 지구에서 멀리 떨어진 곳으로 반사시켜서 지구를 냉각시키는 방안이 있다. 상층 대기에 입자를 첨가하여 비슷한 냉각 효과를 거두고자 하며 대기 중에 구름 응결핵을 투입하여 운량과 운형을 바꾸는 방안도 있다. 이러한 방안들 중 그 어느 것도 가시적으로 실행되거나 효과적임이 증명되지 못하고 있다. 더욱이 그 어느 방안도 온실기체의 증가 효과를 정확히 상쇄시킬 수 없다는 매우 심각한 문제에 봉착해 있다.

이미 보아왔듯이 기후계는 결코 단순하지 않다. 대규모 기후 조절 시도의 어떠한 결과도 완벽하게 예측될 수가 없고 또한 원하는 바대로 되리라는 보장도 없다. 현재의 지식 수준에서 어떠한 방식의 인공적인 기후 조절도 고려될 필요가 있는 옵션은 아니다.

이 절과 마지막 절의 결론은 '기다려보는 것(wait and see)'은 우리들이 알고 있는 것에 대해 부적절하고 무책임한 대응이 될 수 있다는 것이다. 리우에서 서명된 기후변화협약(FCCC, 10장 331쪽 글상자 참조)은 일부 행동들이 당장 취해져야 함을 인정했다. 바로 어떠한 행동이 취해져야 하고 그 결과로 일어나는 정책 결정의 합리적인 체계에 어떻게 맞출 것인가 하는 것은 다음 장에서 다루어질 것이다.

---

8) 다음에서 정리되어 있음. *Policy Implications of Greenhouse Warming*(Washington DC: National Academy Press, 1992), pp.433~464.

국가 간 행동의 원칙

앞의 절에서 국가 간 행동의 근거를 형성하는 네 가지의 분명한 원칙들을 알 수 있다. 이 원칙들은 모두 유엔환경개발회의(UNCED, 일명 '지구정상회의')에서 160개국 이상이 동의한 바 있는 환경 및 개발에 관한 리우선언(RDED, 아래 글상자 참조)에 모두 포함되었다. 이들은 FCCC의 한 형태 혹은 다른 형태로서도 나타난다. 이 원칙들은 다음과 같다(리우선언의 원칙과 FCCC의 조약을 참조함).

- 예방의 원칙(원칙 15)
- 지속가능한 개발의 원칙(원칙 1과 7)
- 오염자 비용 부담의 원칙(원칙 16)
- 국가 간 그리고 세대 간 평등의 원칙(원칙 3과 5)

다음 장에서는 이러한 원칙들이 어떻게 적용될 수 있는가를 다룰 것이다.

1992년 리우선언

환경 및 개발에 관한 리우선언은 1992년 리우데자네이루에서 개최된 유엔환경개발회의(일명 '지구정상회의')에서 160개 이상의 국가가 합의하여 이루어졌다. 선언에 담긴 27개의 원칙들 중에서 일부를 소개한다.

원칙 1 인간은 지속가능한 개발에 관련하여 그 중심에 위치하고 있다. 인간은 자연과의 조화 속에서 건강하고 생산적인 삶을 영위할 권리를 지니고 있다.

원칙 3 개발의 권리는 현재와 미래 세대의 개발 요구와 환경적 요구를 균등하게 충족시킬 수 있도록 행사되어야 한다.

원칙 5 모든 회원국들과 국민들은 생활수준의 격차를 줄이고 세계 대다수 사람들의 요구에 부응하기 위하여, 지속가능한 개발에 필수적인 요구조건인 빈곤을 퇴치할 중요한 의무에 협력해야 한다.

원칙 7 회원국들은 지구 생태계의 건강성과 통합성을 보존하고 지키며 복원하기 위한 지구의 파트너십에 입각하여 협력해야 할 것이다. 지구 환경의 악화에 대한 기여도가 서로 다르다는 관점에서 회원국은 공동적이면서도 차별화된 의무를 지닌다. 선진국들은 그들이 지구 환경에 가한 압박과 선진국이 가진 기술적·재정적 자원을 고려했을 때 국제적으로 추구하는 지속가능한 발전에 대해 그들이 감당해야 할 의무감이 있음을 인식해야 한다.

원칙 15 환경을 보호하기 위하여 예방적 접근은, 회원국의 능력에 따라서 다양하게 적용될 것이다. 심각하고도 돌이킬 수 없는 피해의 위협이 존재하는 상황에서 과학적 불확실성을 이유로 환경의 악화를 막을 수 있는 비용 면에서 효율적인 수단들의 사용을 연기할 수 없다.

원칙 16 각국의 당국자들은 국제 교역과 투자를 왜곡시키는 일 없이 공익의 관점에서 원칙적으로 오염자들이 오염의 비용을 부담해야 함을 명심함으로써 환경비용의 국제화와 경제적 수단 이용을 증진시키려는 노력을 기울여야 할 것이다.

몇몇 세계 경제

본 장에서 지금까지 불확실성과 행동의 필요성을 비교하여 검토하려는 우리들의 시도는 쟁점 측면에서 고찰되었다. 비용 측면에서 그 비중을 따지는 일이 가능할까? 경제적 논리가 지배하는 세상에서 무행동의 결과로 초래될 비용에 대한 행동의 비용의 정량화가 최소한 시도는 되어야 한다. 이는 이러한 비용을 다른 지구적 지출의 항목과 비교하는 관점에서 산정하는 데 도움이 될 것이다.

인위적인 기후변화의 비용은 세 가지 부문으로 나누어진다. 첫째로 이러한 변화에 기인한 피해에 대한 비용이다. 예를 들어, 해수면 상승에 의한 홍수 비용 혹은 홍수, 가뭄, 폭풍 등과 같은 재해의 횟수 혹은 강도의 증가 비용 등이 있다. 둘째는 기후변화의 피해 혹은 영향을 감소시키는 적응 방안에 대한 비용이다. 셋째는 기후변화의 강도를 감축시키는 완화 행동의 비용이 있다. 적응(adaptation)과 완화(mitigation)의 역할은 그림 1.5에 제시되어 있다. 이미 현저한 기후변화가 일어나고 있기 때문에 상당한 적응 비용이 요구된다는 것은 분명하다. 이러한 요구는 21세기 동안 계속 증가할 것이며 완화의 효과가 나타나야 궁극적으로 줄어들 것이다. 완화 노력은 이제 시작되고 있지만 궁극적으로 수행되어야 할 완화의 정도는 적응의 비용과 효과에 대한 평가에 따라 달라질 것이다. 따라서 적응과 완화에 대한 손실과 이익 등의 비용은 평가되어야 하고 서로에 대한 경중도 따져보아야 한다.

7장 마지막에 지구온난화로 인해 발생하는 피해 비용의 산정이 제시되었다. 대부분 이러한 피해 비용의 산정에는 적응 비용이 포함되어 있다. 일반적으로 적응 비용은 분리되어 파악되지 않는다. 비용 산정은 인간활동의 결과로서 나타나는 대기 중 온실기체의 증가가 이산화탄소의 농도의 배증과 상응한다고 가정하고 있으며 이와 같은 상황은 지금과 같은 산업 형태가 유지된다면 21세기 중반경에 일어날 것이다. 비용 추정치는 선진국에서는 전형적으로 국가총생산(GDP)의 1~2% 정도이다. 개발도상국에서는 기후변화에 대한 취약성과 그 비용의 많은 부분이 농업, 수자원 확보와 같은 활동에 집중되기 때문에 피해 비용의 추정치는 보통 GDP의 5% 혹은 그 이상이다. 현재의 지식 단계에서 이러한 추정치들은 오차가 많고 여러 가지 불확실성에 따라 달라질 수 있지만 예상 범위의 비용으로 간주되고 있다. 7장에서 비용 산정이 금전적인 면에서만 나타나는 항목에 국한되었다는 점도 언급되었다. 금전적으로 적절한 계산이 되지 않는 피해나 혼란(특히 대규모의 환경 난민의 발생)에 대한 항목들도 밝혀져서 전체적인 평가에 포함되어야 할 것이다.

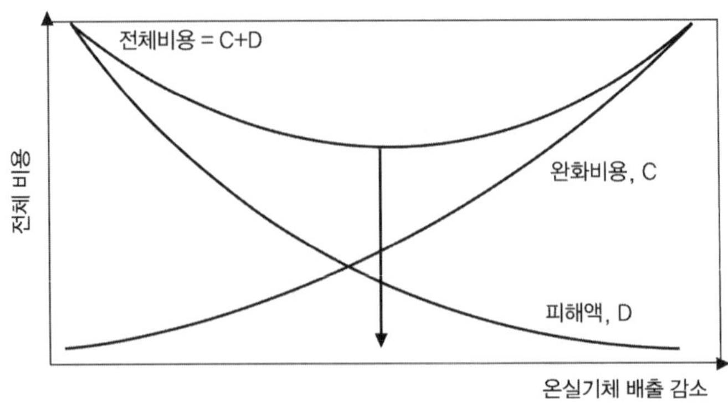

그림 9.3 기후변화에 대한 전통적인 비용-편익 분석의 적용. 대기 중 이산화탄소의 배출의 함수로서 피해액과 완화비용 곡선의 모양을 보여준다. 경제적 비용만 고려된다는 가정하에서 화살표는 '적정한' 감소 수준을 보여주고 있다.

장기적인 피해는 온실기체의 농도가 배증을 넘어서 진행된다면 이산화탄소의 농도와 관련하여 비용은 보다 가파르게 증가될 것이다(그림 9.3). 예를 들어, 이산화탄소의 농도가 4배증된다면 피해액은 이산화탄소 농도가 배증되었을 때에 비해 2배 내지 4배 정도로 늘어난다는 것이며 이것은 예상되는 기온 상승에 비하여 제곱 정도로 피해가 늘어날 것임을 의미한다.[9] 더욱이 기후변화의 정도가 보다 심해진다면 개별적인 재해 사건들(표 7.4 참조), 돌이킬 수 없는 변화와 경악스러운 일들의 발생 가능성이 훨씬 높아질 것이다.

지구온난화를 주로 야기하는 것은 이산화탄소 배출이므로 인간활동으로 인해 배출되는 이산화탄소 1톤당 비용으로 비용 산정을 하려는 노력들이 시도되어왔다. 즉, 단순하지만 매우 개략적인 계산이 다음과 같이 이루어질 수 있다. 대기 중 이산화탄소 농도가 산업화 이전의 수준에서 배증될 때의 상황을 가정해보면, 인간활동에 기인하여 800Gt 분량의 이산화탄소가 추가로 배출된

9) D. W. Pearce *et al.*, In Bruce, *Climate Change 1995: Economic and Social Dimensions*(1996), 6장.

것으로 추정될 수 있다(그림 3.1을 참조하여 대기 중에 배출되어 누적된 이산화탄소의 절반의 양을 상기하자). 이러한 이산화탄소는 평균적으로 약 100년 동안 대기 중에 머물 것이다. 이러한 상황에서 지구온난화로 인한 피해액으로 세계총생산(GWP)의 2% 혹은 연간 6천억 달러라고 가정하고 그 피해가 대기 중의 이산화탄소의 생존기간인 100년을 넘게 지속된다면 탄소 1톤당 피해액은 70달러에 달한다.

탄소 1톤당 피해 비용의 계산은 실제로 요구되는 증분(incremental) 피해 비용(다시 말해서 1톤의 탄소가 추가될 때 피해 비용)을 고려하고 미래에 발생할 일을 현재에 기준으로 비용 산출한다는 것에 대한 할인율을 고려하더라도 매우 복잡하게 된다. 여러 경제학자들의 계산에 따르면 탄소 1톤당 5~125달러의 범위를 보이는데[10] 여러가지 다른 가정에서 계산이 이루어지므로 그 범위가 매우 크다. 추정 계산은 할인율의 가정에 특히 민감하다. 대략 50달러 이상 범위의 최고점에서의 값은 2% 이하의 할인율을 가정한 것이다. 최하점에서의 값은 할인율을 5% 정도로 가정하고 있다.[11] 50년 이상에 대해서 2%의 할인율이 약 3배 정도, 5%의 할인율은 13배 정도 비용을 줄이게 되므로 할인율의 지배적인 효과는 확실하다. 100년간이면 그 차이는 더 커져서 2%의 할인율에 대해서는 7배, 5%에 대해서는 170배 정도 비용이 준다. 경제학자들 사이에 이러한 장기적인 문제에 대한 할인율을 어떻게 적용할 것인지 그리고 어떠한 비율이 가장 적절한지에 대한 무수한 논쟁이 있었지만 합의가 이루어지지 못하고 있다. 그러나 파사 다스굽타(Partha Dasgupta)가 지적하듯이,[12] "합의가

10) Bruce, *Climate Change 1995: Economic and Social Dimensions*의 정책 결정자를 위한 요약문에서 인용.

11) Cline은 5~10% 범위의 낮은 비율을 주장하고 있다. W. R. Cline, *The Economics of Global Warming*(Washington DC: Institute for International Economics, 1992), 6장; W. R. Nordhaus, *Managing the Global Commons: the Economics of Climate Change*(Masssachusetts: MIT Press, 1994); 다음 문헌도 참조. R. S. J. Tol, "The Marginal costs of greenhouse gas emissions," *The Energy Journal*, 20(1994), pp.61~81.

12) P. Dasgupta, *Human Well-Being and the Natural Environment*(Oxford: Oxford University

되지 않은 것은 경제학의 문제도 아니고 그렇다고 사회적 비용-편익 분석도 아니고 더구나 수많은 관련 과학자들의 문제도 아닌 것이다." 그의 설명에 따르면, 예를 들어, 이산화탄소의 효과는 미래 경제학에 대해 상당히 부정적인 혼란을 가져다줄 것이며 따라서 미래 투자에 대한 할인율의 기준 설정에 위협이 될 것이다. 더욱이 해수면 상승으로 인한 대규모의 토지 손실, 대규모의 서식지나 종의 손실 등과 같은 금전으로 쉽게 가치를 매길 수 없는 피해의 가능성이 있다. 이를 위한 비용 산정을 시도한다 하더라도 적절한 할인 적용은 불가능해 보인다. 만일 할인율을 기후변화 예측 비용에 적용한다면 높은 할인율보다 소폭의 할인율을 사용하는 것이 수긍이 가는 주장이 될 것 같다. 그리고 경우에 따라서는 비용 추정에 있어서 어떠한 할인율이 사용되었는가도 공개되어야 할 것이다. 따라서 보다 광범위한 경제적 논의를 위하여 다음 장에서는 이산화탄소로서 배출되는 탄소 톤당 50~100달러까지의 범위에서의 피해액 추정을 시도해본다.

기후변화의 시작을 늦추고 장기적인 피해를 감소시키기 위하여 완화 노력은 온실기체, 특히 이산화탄소의 배출을 감소시키는 일로 이루어질 수 있다. 완화 비용은 거의 요구되는 온실기체 배출의 감소량에 달려 있다. 대폭의 감소는 소량의 감소보다 비용이 많이 들 것이다. 감소의 시간도 중요하다. 매우 가까운 기간에 대폭적인 배출량의 감소는 산업에 피할 수 없는 심각한 타격을 가하게 되는 에너지의 대폭 감소와 많은 비용의 소요를 의미한다. 그러나 보다 완만한 감소는 두 가지 종류의 행동을 통하여 비교적 저렴한 비용이 들 수 있다. 첫째로 에너지 사용에 있어서 상당한 효율 개선을 용이하게 달성할 수 있고, 이로 인해 비용 절감을 이룰 수 있다. 이것은 현재 당장 시행할 수 있다. 둘째로 에너지 생산에 있어서 상당한 효율 개선에 이바지할 수 있는 기존의 증명된 기술이 있고 화석연료에 의존하지 않는 에너지 생산 원천으로서 재생

Press, 2001), p.184, pp.183~91; A. Markhndya, K. Halsnaes *et al.*, "Costing methodologies," In Metz, *Climate Change 2001: Mitigation*, 7장.

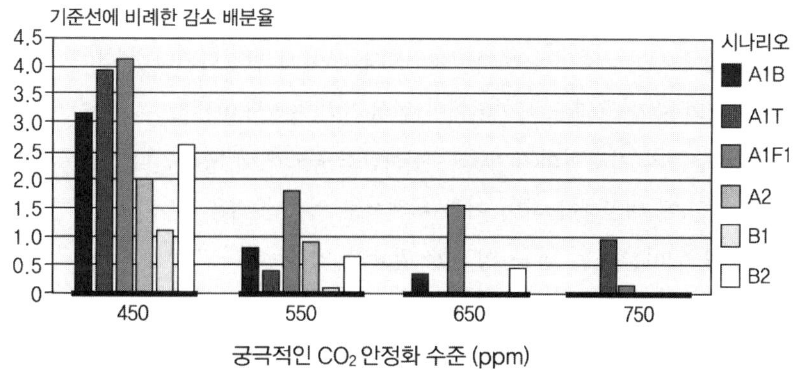

그림 9.4 선택적인 안정화 목표와 기준선으로서의 6개의 SRES 시나리오들을 위한 2050년의 전 지구 평균 GDP 감소(기준 시나리오에 비례함, 10장 참조)

가능한 에너지 개발 기술도 진전을 보이고 있다. 이러한 것들은 현재 계획될 수 있어서 30년 정도의 생명력을 가진 에너지 기반 구조로서 변화를 주도할 수도 있으며 더 나은 기술로 대체될 준비도 되어 있다. 다음의 두 개의 장에서는 이러한 가능성 있는 행동과 목표에 도달하는 방법에 대해 좀 더 구체적으로 알아볼 것이다.

여기서 우리들의 목적은 전반적으로 예상되는 완화 비용에 대해 간단히 살펴보는 것이다. 이러한 완화 비용은 현재의 값싼 화석연료를 단기간으로 보면 더 비싼 다른 에너지원으로 대체할 때 상당한 부분이 에너지나 교통 영역에서 야기될 것이다. 다가올 100년 혹은 200년 기간에 걸쳐 다양한 수준에서 대기 중의 이산화탄소 농도를 안정시키기 위해 요구되는 배출량의 감소에 대한 자세한 내용은 다음 장에서 논의될 것이다. 그림 9.4는 2050년까지의 감소에 필요한 세계 경제의 비용을 6개의 경제모델을 이용해서 산출하여 제시하고 있다. 예상대로 비용은 이산화탄소 농도의 안정화에 대한 목표치에 따라 상당히 달라진다. 가정으로 삼는 기준 시나리오에 따라서도 달라진다. 매년 2~4% 사이의 전형적인 경제성장률 수준으로 보면 그림에서의 특정 안정화 수준에 도달하기 위한 감소 목표 달성의 비용은 450ppm 수준에서도 50년 동안에 걸쳐서 1년 동안의 경제성장량보다도 적을 것이다.

그러나 이산화탄소의 농도가 450~500ppm에서 안정화된다 하더라도 다른 온실기체의 증가 효과도 포함되어야 함을 기억하면서(10장 350쪽 참조), 세계는 심각한 수준의 기후변화(대기 중 이산화탄소 농도가 배증될 때 나타나는 현상과 유사한 변화)에 대처해야 하며 이를 위해서는 엄청난 비용과 적응을 위한 요구사항들이 뒤따른다는 점을 명심할 필요가 있다. 완화되어야 할 것은 더욱 심해지는 치명적인 기후변화이다.

필자가 언급한 경제 연구들은 많은 관련된 요인들을 고려했지만 이들도 역시 많은 불확실성으로 둘러싸여 있다. 예를 들면, 이런 경제 연구의 대부분은 비용을 감축시킬 수 있는 새로운 저배출 기술, 새로운 소득 증대 장치들 혹은 적절한 지역 간 재정 및 기술 이전에 의한 경제적인 효과들을 정확하게 고려하지 못하고 있다.[13] 더욱이 고려해야 할 요소 중 가장 어려운 부분은 미래에 가능할 수도 있는 기술 혁신이다. 기술 개발을 예측한다는 것은 쉬운 일이 아니다. 이를 위한 거의 모든 시도들의 잠재성도 저평가되고 있는 듯하다. 이러한 이유 때문에 완화 비용의 예측치가 너무 높게 책정되어 있는 것이 사실이다.

비용 산출에 사용된 모델들은 모두 전반적인 문제들 중 일부 한정된 부분을 강조하고 있다. 기후변화를 야기시키고 이로 인한 인간과 생태계에 영향을 미치는 요소들 간의 상호 작용, 그 요소에 영향을 미치는 인류활동, 인간과 생태계의 기후변화에 대한 반응을 모두 고려하는 보다 완전한 평가가 필요하다. 그림 1.5에 이러한 모든 요소들이 제시되고 있다. 이 평가는 흔히 통합평가(Integrated Assessment, 글상자 참조)로 불리며 보다 완전한 방식으로 관련된 모든 요소들을 고려하여 만들어지고 있는 통합 평가 모델(Integrated Assessment Models: IAMs)에 의하여 지원되고 있다.

---

13) 보다 자세한 내용은 J.-C. Hourcade, P. Shukla *et al.*, "Global regional and national costs and ancillary benefits of mitigation," In Metz, *Climate Change 2001: Mitigation*(2001), 8장 참조.

지구온난화와 그에 대한 적응과 완화 모두의 영향이 가져올 비용들을 고려하면서 GDP에 대한 작은 비율의 예산이 언급되었다. 이 예산들을 국가수지와 개인수지에서의 다른 지출 항목과 비교하는 것도 흥미 있는 일이다. 예를 들면, 영국과 같은 전형적인 선진국에서는 대략 국가 수입의 5% 정도가 1차 에너지(석탄, 석유, 천연가스와 같은 기본적인 유류, 전기 생산용 유류, 운송용 유류) 공급에 사용되고, 보건에 9%, 국방에 4% 정도가 사용되고 있다. 물론 지구온난화는 에너지가 공급되는 방식에 문제가 있기 때문에 에너지 생산과 깊은 연관이 있다는 것은 분명하다. 이 주제는 다음의 2개 장에서 더 논의될 것이다. 그러나 지구온난화의 영향은 질병의 확산 가능성과 같은 보건과도 관계가 있고, 물 전쟁의 가능성 혹은 대규모 환경 난민의 발생과 같은 국가안보와도 관계가 있다. 지구온난화의 경제를 보다 완전하게 파악하기 위해서는 이들의 적용의 장점을 평가하고 이를 전체적인 경제수지에 포함시켜야 할 것이다.

지금까지 지구온난화 대차대조표상에서 우리들은 비용과 이익, 공제 등에 대한 추정을 해왔다. 아직 추정하지 않은 것은 자본 부분이다. 인공 자본(man-made capital)을 평가하는 것은 상식이지만 우리들이 시도하고 있는 전체적인 계정에서는 '자연' 자본(natural capital)도 분명히 평가되어야 한다. 예를 들면, '자연' 자본은 재생가능한 자원(삼림과 같은) 혹은 비재생가능한 자원(석탄, 석유 혹은 광물자원)으로 나누어지는 자연 자원이다.[14] 자연 자원의 가치는 채취와 추출 비용보다 분명히 많다.

7장 말미에 언급된 것들 중에 자연적인 쾌적성과 생물종의 가치와 같은 다른 요소들도 '자연적인' 자본으로 고려될 수 있다. 자연 세계에서 내적인 가치가 있다는 것과 실제로 이러한 '자연적인' 자본의 가치와 중요성에 대한 인식도가 점차 증가하고 있다는 점을 8장에서 살펴봤다. 이러한 가치는 금전적

14) 이러한 이슈에 대한 논의는 다음을 참조. H. E. Daly, "From empty-world economics to full-world economics: a historical turning point in economic development," In K. Ramakrishna, G. M. Woodwell(eds.) *World Forests for the Future*(Princeton: Yale University Press, 1993), pp.79~91.

통합 영향 평가(Integrated Assessment)와 가치 평가(Evaluation)[15)]

많은 복잡성을 가지고 있는 지구 기후변화의 다양한 측면에서의 영향 평가(assessment)와 가치 평가(evaluation)에서 모든 요소들을 적절히 고려하는 것이 중요하다. 주요 요소들은 그림 1.5에 나와 있다. 여기에는 자연과학, 기술, 경제학, 사회과학(윤리학 포함) 등 다양한 범위의 학문들이 포함되어 있다. 지구 기후변화의 영향 중에서 아마도 가장 정량화하기 쉬운 해수면 상승의 예를 들어보자. 자연과학에서는 상승량과 상승률 및 그 특성이 추정될 것이다. 여러 가지 기술로부터는 적응을 위한 옵션이 제안될 수 있다. 경제학과 사회과학에서는 위험의 영향과 가치를 평가할 수 있다. 예를 들면, 해수면 상승의 경제적 비용은 해안보호를 위한 자본 비용, 상실될 수 있는 토지 혹은 구조물의 경제적 가치, 터전을 상실한 사람들의 재활 마련 비용을 더해서 표현될 수 있다. 그러나 실제 상황은 훨씬 더 복잡하다. 특히 수십 년 내에 적용될 현실적으로 일어날 수 있는 실질적인 비용을 산정할 때, 직접 피해와 보호 비용뿐만이 아니라 직접적인 보호보다는 적응을 위한 옵션과 가능성의 범위까지도 고려해야 한다. 증가하는 폭풍의 발생 가능성과 결과적으로 수반되는 피해와 심각한 인명 피해의 가능성 등도 포함되어야 한다. 또한 다른 간적접인 피해도 있다. 염수화로 인한 담수의 손실, 야생동물이나 어업과 같은, 습지와 관련 생태계 손실, 인명과 직업 등 다양한 방법으로 영향이 나타난다. 선진국에서는 이러한 요소들 중 일부 비용에 대해서는 개략적인 추정이 금전적인 면에서 이루어질 수 있다. 그러나 개발도상국에서는 가능성 있는 옵션들의 인식이나 그에 대한 추정이 쉽게 파악될 수 없는 상황이며, 하물며 개략적이나마 금전적인 파악은 더욱 힘들다.

통합 영향 평가 모델(IAM)은 통합적인 영향 평가와 가치 평가를 위한 중요한 수단이다. 이들은 하나의 통합된 수치모델 내에서 대기 중 온실기체의 농도를 조절하는 물리적·화학적·생물학적 과정과, 변화하는 온실기체의 농도 변화가 기후와 해수면, 생태계의 생물과 생태(자연적인 것과 인위적인 것)에 미치는 영향을 결정하는 물리적인 과정, 기후변화의 물리적 그리고 인문적인 영향과 기후변화에의 적응과 완화의 사회·경제적 영향 등이 표현된다. 이러한 모델들은 비록 그 구성 요소들이 매우 단순하게 연결되지만 고도로 얽힌 매우 복잡한 것들이다. 그들은 기후변화 문제들의 다양한 요소간의 연결과 상호작용을 연구하기 위한 중요한 수단을 제공한다. 모델들의 복잡성 때문에 그리고 상호작용들의 많은 부분들의 비선형적 특성 때문에 이러한 모델들에서 도출된 결과들을 해석하기 위해서는 수많은 노력과 기술이 요구되고 있다.

기후변화 영향의 수많은 요소들은 해수면 상승과 같은 비교적 단순한 상황에 대한 것조차도 금전적인 측면으로 비용 산정되기가 쉽지 않다. 예를 들면, 생태계 혹은 야생 생물의 상실 등이 관광업에 대한 영향은 금전적으로 표현이 가능하지만, 장기적인 상실 혹은 독특한 체계의 내적 가치에 대한 금전적인 산정에 있어 합의된 방법은 없다. 혹은 더 심각한 예를 보면, 재난당한 사람들의 재활 터전 비용도 산정될 수 있지만 생활공간의 변화에 따른 사회적·정치적 결과들(예를 들면, 섬이나 국가 전체가 사라지는 극단적인 상황에서)은 금전적인 비용 산정이 불가능하다. 따라서 인위적인 기후변화의 영향에 대한 어떠한 평가도 다양한 방법으로 표현되거나 여러 가지 수단을 이용하는 요소들을 동시에 고려해야 한다. 정치가나 정책입안자들은 적절한 판단을 내리기 위하여 통합할 필요가 있는 모든 요소들을 상호 고려하는 방안을 강구할 필요가 있다.[16]

으로 표현하는 것이 가능하지도 않고 적절하지도 않다는 데 그 어려움이 있다. 이러한 어려움에도 불구하고 현재 지속가능한 개발의 국가적·세계적 지표들

15) J. Weyant *et al.*, "Integrated assessment of climate change," In Bruce, *Climate Change 1995: Economic and Social Dimensions*, 10장.

16) 이러한 통합된 평가에 대한 상세한 논의는 다음 보고서에 나와 있다. *21st Report of the UK Royal Commission on Environmental Pollution*. London: Stationary Office.

이 '자연' 자본의 항목을 포함해 그와 같은 항목들을 국가대차대조표에 적극적으로 포함하는 방안을 추구해야 한다.

결론적으로, 총체적인 지구온난화 대차대조표상에서 파악된 항목들은 다음과 같다.

- 인위적인 기후변화의 가능성 있는 영향에 대한 비용 추정(금전으로 정량화할 수 있는 항목들에 대하여). 현재까지 대부분의 추정치는 대기 중 이산화탄소의 농도가 배증된(이것은 21세기 후반에 일어날 것으로 추정) 것과 같은 상황을 가정하고 여러 영향들의 비용을 산정해왔다. 경우에 따라서 극단적인 사건에 대한 비용까지도 포함하는 것까지 허용하면(7장 250쪽 참조), 선진국은 전형적으로 GDP의 1~2% 정도가 되고 개발도상국은 5% 혹은 그 이상이 된다.
- 인위적인 기후변화에 대한 적응 비용의 산정. 세계가 이미 대처하고 있는 기후변화의 심각한 수준에 대한 높은 적응 수준이 요구될 것이다. 최대한의 완화 노력이 경주된다 하더라도 장기간에 걸쳐 일어나는 변화의 특성 때문에 적응에 대한 요구는 장래 수세기에 걸쳐 계속될 것이다. 예를 들면, 해수면 상승에 대한 반응도 수세기에 걸쳐서 진행될 것이다. 물론 일부 비용들은 기후변화 영향에 대한 연구들에 포함되고 있긴 하지만 아직까지는 적응 비용 산정에는 추정치들이 매우 드문 편이다.
- 금전적인 항목에 의한 비용이 불가능한 것은 아니지만 상당히 어려운 인위적인 기후변화의 영향에 대한 추정. 사회적으로 간접 결과, 인위적인 쾌적성과 '자연' 자원과 관련된 것들, 혹은 국가 안보와 관련된 것들이 이에 속한다.
- 인위적인 기후변화의 완화 비용의 산정. 대기 중 이산화탄소 농도의 안정화를 위한 배출량의 감소 비용은(450ppm이 매우 낮은 수치라고는 하지만 산업화 이전보다 이산화탄소가 배증된 결과도 560ppm이다) 전형적으로 2050년경의 일년 경제성장량보다도 적은 비용이 소요된다.

지구온난화를 완화시키기 위한 행동이 필요하다는 것은 이미 국제적으로 받아들여지고 있다. 이에 대한 경제적인 '측정'은 두 가지 메시지를 전달하고 있다. 배출량을 줄이고 변화율을 낮추는 노력을 당장 시작해야 한다. 현재 수준까지 올라온 온실기체의 배출은 이미 다가올 수십 년에 걸쳐서 상당한 기후변화를 일으킬 것이며 이에 대한 상당한 적응 노력이 요구되고 있다. 현재의 계획들이 가동되기 위해서는 궁극적으로 배출 감소에 대한 보다 더 많은 노력이 경주되어야 할 것이다.

다음 10장에서는 본 장에서 선언했던 원칙들에 대한 보다 구체적인 몇 가지 행동들을 기후변화협약(FCCC)의 맥락에서 살펴볼 것이다.

■ ■ ■ 과제

1. 과학 탐구에서 흔히 '일치(consensus)'란 논쟁과 반박이 과학적 진실을 규명하는 기본이기 때문에 얻기 힘들다는 주장들이 있다. 여기서 '일치'의 의미가 무엇인지 토론하고 이러한 주장에 대해 독자는 동의 여부를 살펴보자. 당신은 IPCC 보고서들이 '일치'에 도달했다고 생각하는가?

2. IPCC 보고서들의 가치는 (1) 대상이 되는 주제들에 대한 전문가 리뷰 과정과 (2) 과학적 결과의 발표에 대한 정부들의 참여 여부에 달려 있다는 점에 대해 어떻게 생각하는가?

3. 당신이 파악할 수 있는 만큼 '지속가능한 개발'의 여러 정의들을 살펴보자. 가장 좋은 정의는 무엇인지 토론해보자.

4. 한 국가가 달성하고 있는 지속가능한 발전의 정도를 평가하는 데 사용될 수 있는 적절한 지표의 목록을 작성해보자. 가장 의미있는 지표는 무엇이라고 생각하는가?

5. 20년, 50년, 혹은 100년 후의 시기에 대해 할인율 1, 2, 5%를 상정하여 현재의 '비용'의 가치를 계산해보자. IPCC 1995와 IPCC 2001 보고서들의 여러 장에 걸쳐서 제시된 사례로서의 미래의 비용을 할인해야 한다는 주장을 요약해보자.[17] 사용하기에 가장 적절한 할인율은 무엇이라고 생각하는가?

6. 당신이 할 수 있는 '자연' 자본 항목을 포함하여 당신 국가에 대한 환경 계정을 작성해보시오. 당신의 계정을 모두 금전으로 환산할 필요는 없다.

---

17) Bruce, *Climate Change 1995: Economic and Social Dimensions*; Metz, *Climate Change 2001: Mitigation*.

7. 지속적인 경제 성장 때문에 세계는 21세기 중엽에는 보다 부유할 것이며, 따라서 기후변화의 영향에 대응하거나 완화하기에 보다 나은 위치에 있을 것이라는 기대가 있다. 이러한 논의에 동의하는가?

10 기후변화를 완화하고 안정시키는 행동 전략

IPCC 과학 평가에 의해 제기된 기후변화 문제에 대한 인식에 따라 국제적인 행동의 필요성이 요구되어왔다. 본 장에서는 어떠한 행동들이 필요한지 구체적으로 살펴본다.

기후협약

1992년 6월 리우데자네이루에서 개최된 유엔환경개발회의에서 160개국이 서명한 유엔기후변화협약(UN Framework Convention)은 1994년 3월 21일부터 효력이 발생하였다. 행동을 위한 의제는 기후변화를 완화하고 안정화시키자는 것이다. 협약(자세한 내용은 아래 글상자 참조) 서명국들은 지구온난화의 실체를 인정하고 그로 인한 기후변화에 대한 현재 예측과 관련한 불확실성도 인정하였으며 기후변화의 효과를 완화시킬 필요가 있음에 동의하고, 이러한 행동에 선진국들이 선도적인 역할을 해야 함을 지적했다.

협약은 비교적 단기간에 도달할 수 있는 특정한 하나의 목표와 장기적인 목표들을 언급하고 있다. 특정 목표는 선진국(기후협약 용어로 Annex I 국가)들은 온실기체, 특히 이산화탄소의 배출 수준을 2000년까지 1990년의 수준으로 낮추는 행동을 취해야 한다는 것이다. 협약의 장기적인 목표는 2조에서 말하고 있듯이 대기 중 온실기체의 농도를 '기후계에 대한 위험할 정도의 인위적 간섭을 막는 수준으로' 안정화시켜야 한다는 것이다. 안정화는 생태계가 자연스럽게 기후변화에 적응할 수 있도록 허용된 시간 내에 이루어져야 하며, 식량 생산이 위협받지 않도록, 그리고 지속가능한 방법으로 경제개발이 가능하도록 보장하는 것이다. 이러한 목표 설정에서 협약은 지구온난화가 동반할 것으로 예상되는 급격한 기후변화가 정지되기 위해서는 대기 중의 온실기체(특히 이산화탄소)의 농도를 안정화시키는 길밖에 없다는 점을 인정하고 있다.

2003년 말까지 9개 부문의 기후협약 당사자 회의가 개최되었다. 이들은 1997년 11월 이후 대체로 교토 의정서에 관심을 보였다. 이 의정서는 기후협약에 의해 공포된 첫 공식 법령집이다. 이 장의 내용들은 처음으로 지금까지 행해진 행동을 요약한 것으로, 교토 의정서를 기술하고 온실기체의 농도를 안정화하려는 협약의 목표를 만족시키는 데 필요한 행동들을 강조하게 된다. 배출 감소를 위해 요구되는 옵션들에 대한 과학적이고 기술적인 세부 사항은 11장에서 설명될 것이다.

온실기체 배출의 안정화

기후협약에 의해서 선진국들에게 제시된 단기적인 행동의 목표는 2000년까지 온실기체의 배출량을 1990년 수준으로 돌려야 한다는 것이었다. 기후협약이 공식화되기 전 리우회의까지도 많은 선진국들이 이산화탄소에 대해 최소한의 목표에 달성하기 위한 각국의 의지를 이미 천명했다. 그들은 에너지 절약 방안, 천연가스와 같은 연료로의 대체 등으로 이러한 목표를 달성하고자 했다. 천연가스로 대체되면 석탄에 비해 이산화탄소 배출의 40%, 석유에 비해서는 25% 정도 감소시킬 수 있다. 여기에 더하여 전통적인 중공업(특히 철강산업)을 가진 이들 선진국들은 화석연료 사용을 획기적으로 줄이는 커다란

1992년 6월 리우데자네이루에서 160개국 이상이 서명한 유엔 기후변화협약의 부분 발췌 내용

먼저, 다음은 협약 당사국들이 서명한 내용으로 서문의 일부 내용이다.

인간의 행위가 온실기체의 대기 중 농도를 심각하게 증가시켜왔으며, 그 결과 자연상태의 온실기체 효과를 강화시켜 지표면과 대기의 평균온도를 상승시키고 자연 생태계와 인류에게 악영향을 미치게 할 수 있음에 당사국들은 주목한다.

대부분 온실기체의 과거와 현재의 배출량은 선진국에서 나온 것이며, 개발도상국의 1인당 배출량은 여전히 상대적으로 낮으며 개발도상국의 배출량은 사회적인 개발 수요에 맞추어 증가할 것이라는 점에 유의한다.

기후변화를 강조하는 다양한 행동들은 자신의 입장에서 경제적으로 판단될 수 있으며 다른 사람들의 환경 문제를 해결하는 데 도움을 줄 수 있을 것임을 인정한다.

해발고도가 낮은 소규모 도서 국가들, 저지대 해안을 가진 국가들, 건조 및 반건조 지역을 가진 국가들, 홍수, 한발, 삼림벌채에 노출된 지역을 가진 국가들, 취약한 고산 생태계를 가진 국가들은 특히 기후변화의 악영향을 받을 가능성이 많음을 인정한다.

기후변화에 대한 대응은 지속적인 경제 발전과 빈곤의 근절을 위한 개발도상국들의 합법적인 최우선 요구들을 고려하면서, 경제 발전에 대한 악영향을 피할 수 있는 안목을 가진 통합된 방식으로 사회적·경제적 발전과 조화를 이룰 수 있어야 한다.

현재와 미래 세대를 위한 기후계의 보호를 결정하면서 다음과 같은 사항에 합의한다.

협약의 목적은 2조에 포함되어 있으며 다음과 같다.

협의회 당사국들이 채택한 이 협약의 궁극적인 목적과 이에 관련된 법적 방식들은 협약의 연관성 있는 조항들과 일치하도록 기후계를 위협하는 인위적인 간섭을 방지하는 수준에서의 대기 중 온실기체의 농도를 안정화하는 것이다. 이 수준은 생태계가 기후변화에 자연스럽게 적응할 수 있고, 식량 생산이 위협받지 않고, 경제 개발도 지속가능한 방법으로 유지될 수 있는 충분한 시간 내에서 이루어져야 한다.

3조는 당사자들이 취해야 하는 원칙과 동의 내용을 포함하고 있다.

당사국들은 기후변화의 원인을 예측하고 방지 혹은 최소화할 수 있는 방안들을 주의 깊게 다루며 그 역효과 완화에도 대처한다. 심각하고 돌이킬 수 없는 위협이 존재하는 곳에는 최소의 가능한 비용으로 전 지구적인 이익을 확보할 수 있도록 기후변화를 다루는 정책과 방안들이 비용효과적이 되어야 함을 고려하면서, 과학적 불확실성 때문에 이러한 방안들의 적용이 연기되어서는 안 될 것이다.

4조는 실행에 관한 것이다.

이 조항에서는 협약 서명국들이 동의한 내용이다. 당사국들은 온실기체의 인위적 방출을 제한하고 온실기체의 흡수와 저장을 강화함으로써 기후변화에 대처하는 국가 정책을 채택하고 이에 상응하는 방안을 강구한다. 이러한 정책과 방안들은 조약의 목적에 부합되도록 인위적인 배출에 대한 보다 장기적인 방향을 수정하고 2010년까지는 몬트리올 의정서에서 다루지 못한 이산화탄소와 다른 온실기체의 인위적인 배출량을 좀 더 과거의 수준으로 되돌릴 것을 인식하고 이는 선진국들이 선도해야 할 것이다.

각 서명국은 다음 사항들에도 동의했다.

이러한 목표 달성을 촉진시키고 …… 앞에서 언급된 사항과 관련하여 정책들과 방안들에 대한 자세한 정보를 서로 협의하여 몬트리올 의정서가 다루지 못했던 온실기체들의 원천이 인위적으로 배출되고 그 저장소들이 제거될 수 있는 예측에 대해서도 이러한 …… 배출들은 1990년 수준으로 되돌린다는 목표을 위하여 개별 국가별로 혹은 연합하여 …… 협의해야 할 것이다.

변화를 경험하고 있었다. 이러한 에너지 절약 방안에 대한 보다 상세한 것은 다음 장에서 설명될 것인데, 미래 에너지 수요와 생산에 대한 논의도 함께 이루어질 것이다.

2000년에는 1990년에 비하여 화석연료 연소에 의한 전 지구적 배출이 10% 정도 상승했다. 국가마다 배출량은 엄청난 차이가 있었다. 미국은 17%, 나머지 OECD국가들도 평균 5% 정도 상승했다. 구소련(Former Soviet Union, FSU, 전환기에는 구소련 경제권으로 불리기도 했다) 국가들의 배출량은 그들 경제권의 붕괴로 인해 40%나 감소했다. 반면 개발도상국의 전체 배출량은 37%나 증가했다(중국과 인도는 증가율이 각각 19%와 68%에 달했다).

뒤에서 다루겠지만 이산화탄소 배출의 안정화가 곧 예측 가능한 미래에서의 대기권 농도의 안정화로 연결되는 것은 아니다. 배출 안정화는 단지 단기간의 목표일 뿐이다. 장기적으로는 보다 많은 지속적인 배출 감소가 요구된다.

몬트리올 의정서

염화불화탄소(CFCs)는 이미 오존 파괴 물질에 대한 몬트리올 의정서의 규제를 받는 대기 중으로 방출되는 온실기체이다. 이러한 규제는 온실기체로서의 그들의 특성 때문이 아니라 대기 중의 오존을 파괴하기 때문이다(3장 참조). 염화불화탄소의 배출은 지난 수년간 상당히 줄어들었으며 대기 중 농도의 증가도 둔화되고 있다. 일부 염화불화탄소의 경우에는 농도의 감소가 매우 미약하다. 몬트리올 의정서 1992년 수정안에 따르면 대기권에서의 염화불화탄소 농도의 지속적인 둔화를 확실히 하기 위하여 산업화된 국가에서는 1996년까지, 개발도상국에서는 2006년까지 염화불화탄소의 생산을 중단하도록 요구하고 있다. 그러나 이들의 긴 생존기간 때문에 감소의 속도는 느리다. 지구온난화에 대한 이들의 기여가거의 무시할 수 있을 정도까지 감소되려면 1세기 혹은 그 이상의 시간이 걸릴 것이다.

표 10.1 교토 의정서에서 결의된 온실기체 배출 목표(1990*~2008/2012)

국가	목표(%)
EU-15국**, 불가리아, 체코, 에스토니아, 라트비아, 리투아니아, 루마니아, 슬로바키아, 슬로베니아, 스위스	-8
미국***	-7
캐나다, 헝가리, 일본, 폴란드	-6
크로아치아	-5
뉴질랜드, 러시아, 우크라이나	0
노르웨이	+1
오스트레일리아	+8
아이슬란드	+10

* 일부 전환기 경제(economies in transition: EIT) 국가들은 1990년 외의 다른 기준이 적용된다.
** 유럽 연합 15개국들은 연합의 평균치 감소에 합의했다. 개별 국가로 보면 룩셈부르크의 -28%에서 덴마크와 독일의 -21%, 그리스의 +25%와 포르투갈의 +27%에 이르기까지 다양하다.
*** 미국은 비준 거부를 선언했다.

염화불화탄소보다는 덜하지만 역시 온실기체인 수소염소불화물(HCFCCs)도 2030년까지는 생산이 금지된다. 대기 중 농도의 증가가 멈추고 감소가 시작될 무렵이 아마도 이 시기가 될 것이다.

온실 효과에 기여하는 염화불화탄소와 이와 유사한 물질들에 대한 생산 규제를 위한 국제협약 덕분으로 이러한 기체들의 이 협약에 의하여 요구되는 대기 중 농도의 안정화는 머지 않아 달성될 전망이다.

염화불화탄소에 대한 또 다른 대체물로 수소염화탄소(HFCs)가 있는데 온실기체이지만 오존 파괴물질은 아니다. 3장에서도 언급했지만 수소염화탄소가 상당한 증가하고 있음에도 몬트리올 의정서의 규제가 이들에 대해서는 적용되지 않는다. 교토 의정서에 와서야 온실기체 속에 포함하기로 결정됐다.

교토 의정서

1995년 베를린에서 개최된, 가입 독촉 후의 회의에서 기후협약 당사국들(비준한 모든 국가들)은 협약 자체가 제시한 것보다는 해당 국가들이 좀 더 구체적 인수치로 된 합의를 이루어내기 위해 협상하기로 결정했다. 선진국이 모범을 보여야한다는 협약의 원칙 때문에 의정서는 1990년 수준에서 평균하여 2008~ 2012년 동안의 평균치까지 국가별로(Annex I 국가로 명명) 특정 배출량 감축(표 10.1 목록) 실행 요구를 명시했다. 또한 의정서는 2005년 이전 협상을 반드시 실시하도록 2차 실행기간을 결정할 것을 요구하고 있다. 의정서는 보다 강한 행동을 유도하고 개발도상국을 포함할 수 있도록 기간을 좀 더 확대할 수 있는 체계 구축을 시도하고 있다.

국가별 요구조건이 다른 의정서와 그 실행의 기본 구조는 1997년 11월 교토에서 당사국 협의회 모임에서 결정되었다. 그러나 의정서는 매우 복합적인 합의로서 이후 3년간 구체적인 내용에 의한 강화된 협상을 따랐다. 그 내용을 보면 대상이 되는 기체의 범위, 이들에 대한 비교 기준, 기체 감시 원칙, 보고와 승인 등이다. 나아가 의정서는 국제조약에서 전례 없는, 조림 등을 통한 '흡수'나 보다 저렴하게 배출량을 제한할 수 있는 국가들에 대한 투자 또는 무역을 통해 배출 흡수량과 국내 배출 의무량을 상쇄할 수 있는 유형의 체계 범위를 구체화시켰다.

의정서에 의해서 배출이 규제되는 기체로서는 3장(89쪽)에서 도입된 온난화 지수(global warming potentials, GWPs) 방식을 이용하여 이산화탄소량으로 환산할 수 있는 6가지 온실기체(표 10.2)부터 시작한다.

의정서의 구체적인 내용은 2001년 10월~11월 마라케시에서의 당사국 협의회 모임에서 최종 합의되었다. 구체적인 토의의 상당 부분은 탄소 저장, 특히 삼림과 토지이용 변화 등이 포함된다. 이러한 저장 용량에 관한 불확실성이 높기 때문에 의정서 합의에 이들을 포함시키는 것에 대한 많은 의구심이 표출되었다. 그러나 제한된 범위에서 포함시키기로 하고 조림, 재조림, 벌채

표 10.2 교토 의정서에 의해 규제되는 온실기체와 이산화탄소 기준으로 100년 동안의 온난화지수(GWPs)

온실기체	온난화 지수(GWPs)
이산화탄소(CO_2)	1
메탄(CH_4)	23
이질화산소(N_2O)	296
수소염화탄소(HFCs)	12~12,000[a]
과염화탄소(PFCs)	5,000~12,000[a]
황화육염소(SF_6)	22,200

자료: V. Ramaswamy *et al*., in J. T. Houghton, Y. Ding, D. J. Griggs, M. Noguer, P. J. van der Linden, X. Dai, K. Maskell, C. A. Johnson(eds.), *Climate Change 2001: The Scientific Basis. Contribution of Working Group II to the Third Assessment Report of the Intergovernmental Panel on Climate Change*(Cambridge: Cambridge University Press, 2001), 표 6.7.

a HFCs 혹은 PFCs들의 값의 범위. HFCs에 대한 보다 상세한 정보는 Moomaw and Morira *et al*., "Technological and economic potential of greenhouse gas emissions reduction," in Metz *et al*., *Climate Change 2001: Mitigation. Contribution of Working Group III to the Third Assessment Report of the Intergovernmental Panel on Climate Change*(Cambridge: Cambridge University Press, 2001), 3장과 부록 참조.

행위와 토지이용 변화의 종류들에 관해서는 구체적인 규제를 하기로 합의하였다. 이러한 활동으로 이산화탄소를 제거한 것을 다른 지역에서의 배출과 상쇄되도록 허용하는 범위의 제한을 강화하는 합의도 도출하였다.[1)]

2001년 마라케시 모임 전에 미국은 의정서로부터 탈퇴를 선언했다. 2003년 말 미국의 이러한 발표에도 불구하고 다른 120개 국가들은 의정서에 비준했다. 비준한 Annex I 국가들은 Annex I 국가 배출량의 44%를 차지하고 있다. 의정서가 효력을 발생하기 위해서는 Annex 1 국가들이 Annex I 국가 배출량의

1) 교토 의정서와 탄소 저장소의 포함에 대한 구체적인 규정들에 대한 보다 상세한 내용은 R. T. Watsom, I. R. Noble, B. Bolin, N. H. Ravindranath, D. J. Verando, D. J. Dokken(eds.), *Land use, Land-use Change, and Forestry*(Cambridge: Cambridge University Press)와 FCCC 웹사이트(www.unfccc.int/resource/convkp.html) 참조.

교토 의정서

교토 의정서는 배출 규제를 지원하기 위해 3가지 특별 체계를 가지고 있다.

공동 이행(Joint Implementation, JI)에 따르면 Annex I에 속하는 선진국들이 다른 선진국들의 영역 내에서 인위적 배출량의 감소나 흡수원을 이용한 제거량의 증대를 위한 이행 사업을 허용한다. 이러한 계획에 의해 감축한 온실기체 감축량의 일부분을 투자국의 감축 실적으로 사용할 수 있다. JI 사업의 사례로는 석탄 화력 발전소를 보다 효율적인 열 병합 발전소로 대체하거나 일정 면적을 조림하는 것이다. JI 사업은 저렴한 비용으로 배출을 중단시킬 수 있는 여지가 많은 전환기 경제(EIT) 국가들에서 주로 행해질 것으로 기대되고 있다.

청정 개발 체제(Clean Development Mechanism, CDM)는 선진국들이 개발도상국에서의 배출을 감소시키는 사업을 이행하도록 한다. 이를 통해 인증받은 배출 감축량은 선진국의 공약 준수를 지원하기 위해 사용할 수 있다. 동시에 이 사업들은 개발도상국으로 하여금 지속가능한 개발을 이루고 기후협약의 목적에 기여할 수 있도록 돕는다. CDM의 사례들은 태양전지판을 이용한 농촌의 전력화 사업이나 악화된 토지에서의 조림사업 등을 들 수 있다.

배출권 거래(Emission Trading)는 선진국으로 하여금 배출 목표량을 지키는 데 있어 상대적으로 여유가 있는 다른 선진국으로부터 배출량의 '허용단위'를 구매하는 것을 허용한다. 이 제도는 이들 국가로 하여금 보다 저렴한 비용으로 배출을 억제하거나 제거를 증대시키도록 하여 해당 국가와 관계없이 기후변화에 대처하는 데 필요한 전체적인 비용을 감소하기 위함이다.

이들 체계 이행에 관한 구체적인 규제는 기후변화를 완화시키는 데 있어 실질적이고, 측정가능하며, 장기적인 이익으로 유도하고, 나아가 이러한 사업들 없이도 가능한 이익을 추가할 수 있는 경우에만 허용될 것이다.

55%를 충분히 감당할 수 있도록 55개 국가들이 공동으로 비준해야 한다. 러시아는 조약 발효를 위한 비준이 필요한 Annex I 국가 중 하나이다.

교토 의정서의 이행 비용에 대한 관심도 높다. 많은 국제 에너지 경제 모델을 이용하여 이행 비용에 대한 연구가 수행되어왔다. 그 중 9개의 연구에서 참여 국가들의 국내총생산(GDP)에 미친 영향력의 가치를 환산한 내용은 다음과 같다.[2] 배출권 거래가 없는 경우, 2010년의 추정 GDP의 감소는 의정서의 이행이 전혀 없는 경우를 기준으로 볼 때 0.2~2% 사이에 있다. Annex I 국가 간의 배출권 거래로 보면, GDP 감소 추정은 0.1~1.1% 사이가 된다. 의정서의 CDM(앞의 글상자 참조)이 이상적으로 작동되어 모든 국가 간에 배출권 거래가 이뤄진다면 GDP의 추정 감소는 대폭 줄어서 대략 0.01~0.7% 사이가 된다. 비록 국가 간 차이는 있지만 결과에서 보듯이 폭이 큰 이유는 모델 적용의 차이와, 현재의 개발 상태를 대상으로 이루어진 연구의 결과에 기인하는 큰 폭의 불확실성에 의한 것이다.

교토 의정서는 온실기체 배출의 감소를 통해 기후변화에 대처하려는 중요한 출발점이다. 이행 체계가 다양하고 복잡하지만 국제 협상과 합의에서 상당한 성과를 얻고 있다. 선진국들의 지속적인 배출량 증대를 저지할 것이며 1990년 수준을 목표로 의정서에 참여한 Annex I 국가들의 전체적인 배출량이 감소할 것이다. 첫 이행 시기에 뒤이은 향후 수십 년간 요구되는 보다 중요하고 장기적인 감축은 다음 장에서 논의될 것이다.

---

2) 보다 상세한 내용은 R. Watson *et al.*(eds.), *Climate Change 2001: Synthesis Report. Contribution of Working Group I, II and III to the Third Assessment Report of the Intergovernmental Panel on Climate Change*(Cambridge: Cambridge University Press, 2001), question 7; J.-C. Hourcade, P. Shukla *et al.*, "Global, regional and national costs and ancillary benefits of mitigation," In Metz, *Climate Change 2001: Mitigation*(Cambridge: Cambridge University Press, 2001), 8장 참조.

삼림

이제 세계의 삼림 상황과 지구온난화의 완화에 대한 삼림의 기여에 관심을 돌려보자. 이와 관련된 행동은 쉽게 이루어질 수 있고 여러 가지 이유로 추천할 만하다.

지난 오랜 세월에 걸쳐 몇몇 국가들, 특히 중위도 국가들에서 삼림의 상당 부분이 농업 용지로 개간되어왔다. 현재 가장 중요하고 규모가 큰 삼림들은 열대에 위치하고 있다. 그러나 과거 수십 년 동안 개발도상국의 증가 인구를 위한 식량과 땔감 등의 수요와 선진국의 열대 목재림 수요로 열대 지방의 삼림 손실은 심각한 수준으로 진행되어왔다(글상자 참조). 많은 열대 지역 국가들에서 삼림 개발은 국민들의 지속적인 생존의 유일한 희망이었다. 불행하게도 토양과 다른 조건들의 부적절함 때문에 이러한 삼림 제거 지역의 상당 부분은 지속가능한 농업이 불가능해졌을 뿐만 아니라 토지와 토양의 심각한 악화로 이어졌다.[3]

열대림 감소 면적의 산정은 지상에서의 측정과 궤도 위성에서의 관측을 통하여 이루어져왔다. 1980년대[4]와 1990년대 열대림의 감소 면적은 지역에 따라서는 더욱 심각하지만 평균적으로 년간 1% 정도였다(글상자 참조). 이러한 감소 비율로 보면 향후 50년 혹은 100년 후에 더 많은 열대림이 사라질 것이다. 열대림 손실이 치명적인 것은 토지 악화를 초래할 뿐만 아니라 이산화탄소 배출을 늘리면서 지구온난화에 기여하기 때문이다. 물론 생물다양성에도 엄청난 손실을 가져오며(세계의 생물종의 절반 이상이 열대림에서 살고 있는 것으로 추정된다) 지역 기후에도 잠재적인 피해 가능성이 있다(삼림의 감소는 지역의 강수량 감소에 많은 영향을 미친다, 239쪽 글상자 참조).

---

3) 보다 상세한 내용은 *Global Environmental Outlook 2000, UNEP*(London: Earthscan); M. K. Tolba, O. A. El-Kholy(eds.), *The World Environment 1972-1992*(London: Champman and Hall, 1992), p.157~182 참조.

4) Tolba, *The World Environment 1972-1992*, p.169 참조

세계의 삼림과 벌채[5)]

세계 육지 면적에서 삼림으로 덮인 부분은 거의 1/3에 달하며, 이 중 95%는 자연 삼림이며 5%는 조림된 삼림이다. 전 세계 삼림의 47%는 열대림이며, 아열대림 9%, 온대림 11%, 냉대림 33%이다.

전 지구적 수준에서 1990년대의 삼림의 순손실은 940,000km^2(전체 삼림 면적의 2.4%)로 추정된다. 이는 대략 매년 150,000km^{2}의 삼림 파괴와 매년 50,000km^2 삼림 증가의 상쇄 결과이다. 열대림 파괴는 매년 평균 1%에 달한다.

1990년대 동안 매년 3,000km^{2}의 조림 면적에서 삼림이 성장하고 있다. 이러한 증가의 절반은 비삼림 토지 이용에 조림된 반면에 나머지 절반은 자연림이 비삼림으로 전환되었다가 다시 조림된 것이다.

1990년대 삼림의 거의 70%가 농경지로 전환되었으며 대부분이 이동식 경작보다 영구적인 경작지로 바뀐 것이다.

전형적인 열대림에는 km^{2}당 25,000톤의 지표 바이오매스(전체 바이오물질량)가 존재하는데 이들은 12,000 톤의 탄소를 저장하고 있다.[6)] 삼림을 불태우거나 벌채 등의 파괴는 이 탄소의 2/3를 이산화탄소로 전환시키게 된다. 대략 이 정도의 이산화탄소는 토양 아래에도 있다. 이러한 사실을 토대로 보면, 1980년대와 1990년대의 20년 동안 매년 150,000km^{2}의 열대림이 파괴되면서 1.2Gt의

5) *Global Environmental Outlook 3(UNEP Report)*(London: Earthscan, 2002), pp.91~92.

6) Bolin *et al.*, "Global perpective," in Watsom, *Land use*(2000), 1장; Salati *et al.*(1991), in J. Jager, H. L. Ferguson(eds.), *Climate Change: Science, Impacts and Policy; Proceedings of the Second World Climate Conference*(Cambridge: Cambridge University Press, 2001), pp.391~395; J. Legett, "Emission scenarios for the IPCC: an update," In Houghton, Callander, Varney(eds.), *Climate Change 1992: The Supplementary Report to the IPCC Scientific Assessment*(Cambridge: Cambridge University Press, 1992), p.82; R. A. Houghton, *Climate Change*, 19(1991), pp.99~118.

탄소가 이산화탄소로 대기 중으로 배출되었음을 알 수 있다. 수치 자체로는 상당한 불확실성이 있지만 3장에서 인용된 것처럼 대체로 IPCC의 추정과 일치한다. IPCC에 따르면 토지이용의 변화(대부분 삼림 파괴)에 따라 탄소가 이산화탄소로 전환되어 대기 중으로 유입되는 양은 1.7±0.8Gt에 이른다. 현재 대기 중으로 유입되는 전체 이산화탄소 배출량의 상당 부분은 인간활동에 의한 것이다.

따라서 벌채의 감소는 대기 중 온실기체의 증가를 완화시키는 데 상당히 기여할 뿐만 아니라 생물 다양성을 지키고 토양 악화를 방지하는 이점을 가져다준다. 이러한 이점들에 대한 인식이 증대되면서 자연림을 많이 가진 열대지방의 개발도상국들도 벌채의 범위를 제한하거나 조림을 강화하는 계획을 세우는 등 자국의 열대림 관리에 신중을 기하게 되었다. 또 다른 대규모의 삼림은 고위도에 위치하고 있는데, 이 지역은 선진국들이 지구온난화의 완화에 기여하고자 삼림 면적을 증대시키는 등의 실질적인 노력을 하고 있다.

조림의 가능성을 살펴보자. km^2당 성장하는 삼림은 열대지방에서는 매년 100~600톤의 탄소를 고정시키며 냉대림에서는 100~250톤 정도를 고정시킨다.[7)] 대기 중 이산화탄소에 대한 조림의 효과를 살펴보기 위하여 아일랜드의 면적보다 조금 큰 10만km^2의 면적에 40년 동안 지속하여 조림이 이루어진다고 가정하고 그 결과를 추정해보자. 2045년경에는 400만km^2 정도가 조림될 것이다. 오스트레일리아의 약 절반에 해당하는 면적이다. 40년 동안 삼림은 계속 성장하여 조림 후 20~50년 혹은 그 이상의 기간 동안(실질적인 기간은 삼림의 수종과 지역의 조건에 따라 달라진다) 탄소를 고정시킬 것이다. 열대림, 온대림, 냉대림을 종합하여 가정하면 대기로부터 20~50Gt의 탄소를 격리시킬 수가 있을 것이다. 삼림의 이러한 탄소의 저장은 2045년까지 화석연료의 연소로 인한 이산화탄소의 배출과 거의 맞먹는 양이다.

---

7) B. Bolin, R. Sukumar *et al.*, “Global perpective,” in Watsom, *Land use*(2000), 1장, p.26.

과연 이러한 나무를 심는 계획이 가능한 것이며 이 정도 면적의 땅이 가용할까? 그 해답은 거의 확실하게 그렇다는 것이다. 그동안 수행된 연구 결과에 따르면 현재 농경지 혹은 주거지로 이용되고 있지 않는 것으로 확인된 면적을 보면 총 350만 km^2에 이르며, 이 면적은 대부분이 과거 삼림이었던 것으로 밝혀졌다.[8)] 이 면적 중 220만 km^2는 중위도와 고위도에서 기술적으로 조림에 적합한 면적이며 대부분 가용한 면적이다. 열대 지역에서는 2,200만 km^2의 면적이 적절하다고 보이며, 그 중 6% 혹은 130만 km^2만이 현실적으로 가능할 것인데, 그것은 추가로 요구되는 문화적·사회적·경제적 조건들 때문이다. 이들 연구는 이러한 면적에 대한 조림 계획으로 1995~2050년 사이에 얼마나 많은 탄소를 격리시킬 수 있을까 하는 구체적인 결과에 관심을 가지고 있다. 추정치를 보면 50~70Gt의 탄소를 격리시킨다는 것이다. 열대림의 벌채의 속도가 완화된다면 10~20Gt의 탄소가 추가로 격리될 수 있다. 계획 수행에 드는 비용 산정도 연구에 포함되어 있다. 1990년도 초기에 추정되었던 비용보다는 상당히 적을 것으로 보고 있다. 격리되는 탄소 톤당 단위로 비용을 산정하면 대략 미화 1~10달러 사이의 비용으로(개발도상국은 이보다 더 낮음) 여기에는 토지구입 및 거래 비용은 포함되지 않으며, 지역에 따라 다르겠지만 지역사회에서 얻게 될 부수적인 이익(수자원 보호, 생물다양성 유지, 교육, 관광, 여가 산업 등)도 포함되지 않는다. 이러한 이익은 계획에 드는 비용을 상쇄할 수 있을

8) S. Brown *et al.*, "Management of forests for mitigation of greenhouse gase emission," In R. T. Watson, M. C. Zinyowera, R. H. Moss(eds.), *Climate Change 1995: Impacts, Adaptations and Mitigation of Climate Change: Scientific-Technical Analyses. Contribution of Working Group II to the Second Assessment Report of the Intergovernmental Panel on Climate Change*(Cambridge: Cambridge University Press, 1996), 24장; Watsom, *Land use*, 정책입안자를 위한 요약분 인용; P. Kauppi, R. Sedjo *et al.*, "Technical and economic potential of options to enhance, maintain and manage biological carbon reservoirs and geo-engineering," In B. Metz, O. Davidson, R. Swart, J. Pan(eds.), *Climate Change 2001: Mitigation. Contribution of Working Group III to the Third Assessment Report of the Intergovernmental Panel on Climate Change*(Cambridge: Cambridge University Press, 2001). 4장.

것으로 보고 있다. 이 수치를 지구온난화로 인하여 입게 될 피해를 탄소 톤당 미화 50~100달러로 보고 있는 것(9장 참조)과 비교해보면 이 프로그램은 현실적으로 상당히 매력적인 것으로서 비교적 짧은 기간 내에 온실기체 증가로 인한 기후변화율을 완화시킬 수 있는 것이다.

여기에서 유의할 점들을 살펴보자. 많은 환경 관련 사업들이 그렇듯이 처음 생각하는 것보다는 상황이 그리 단순하지 않다. 상황을 복잡하게 만드는 요인의 하나는 새롭게 조성된 삼림들이 가져올 수 있는 지구 알베도[9]의 변화이다. 짙푸른 삼림은 경작지나 초지보다 입사하는 태양복사를 많이 흡수하여 지표면을 더 많이 덥힌다. 이러한 현상은 겨울에 특히 두드러지는데 상대적으로 숲이 아닌 면적은 눈으로 덮혀서 반사율이 매우 높기 때문이다. 계산에 따르면 특히 고위도 지역에서 '알베도 효과(albedo effect)'로 인한 온난화는 삼림에 의한 추가적인 탄소 저장소에 의한 지구냉각화(cooling)의 상당한 부분을 상쇄시킬 것이다.[10]

탄소 격리에 대한 잠재력을 보여주기 위하여 가능성 있는 조림 계획이 제시되었다. 물론 나무가 완전히 성장해버리면 격리는 중단된다. 그 다음 어떤 상황이 벌어질지는 조성된 나무들을 어떻게 이용할 것인가에 달려 있다. 예를 들면, 이들은 침식 방지나 생물다양성 보존을 위한 '보호용' 삼림이 된다. 바이오매스 연료나 산업용 목재로 사용되면 임업 삼림이 된다. 만약 에너지 생산을 위한 연료로 사용되면(11장 참조), 이들은 또 다시 대기 중 이산화탄소로 돌아갈 것이다. 그러나 이들은 화석연료와는 달리 재생가능한 자원이다. 다양한 시간 규모에서 자연 상태의 순환이 일어나는 생물계의 다른 부분에서도 그러하듯, 목재 연료로부터의 탄소도 생물권과 대기권을 통하여 지속적으로 순환되고 있다.

그러나 기후변화의 완화에 대한 조림의 유용하고도 가능성 높은 기여가

---

9) 정의는 용어해설을 참조.

10) R. A. Betts, "Offset of the potential carbon sink form boreal forestation by decreases in surface albedo," *Nature*, 408, pp.187~190.

예상된다 하더라도 조림은 요구되는 곳에 비해 소규모 지역에만 제공될 수 있다. 21세기에 토지이용 변화로 탄소 격리를 강화시켜서 얻을 수 있는 이산화탄소 감소의 대략적인 상한선은 40~70ppm 정도이다(85~150Gt의 저장량에 해당).[11] 이를 여러 가지 SRES 배출 시나리오(그림 6.1)의 결과인 400ppm정도의 이산화탄소 농도의 범위와 비교하고 기후-탄소순환 되먹임 효과의 가능성(그림 3.5)으로 인한 2100년의 300ppm까지의 증가와 비교해보자.

메탄 발생원의 감소

메탄은 이산화탄소보다는 온난화에 기여도가 덜한 온실기체로 현재의 지구온난화에 약 15% 정도 기여하고 있다. 메탄의 대기 중 농도의 안정화는 소규모이지만 전체적인 문제로 보면 그 중요성은 만만치 않다. 메탄의 인위적인 배출은 전체 메탄의 약 8%로서 대기 중에서 상당히 짧은 생존기간(이산화탄소의 100~200년에 비하여 12년 정도에 불과) 때문에 현재 수준에서 농도의 안정화를 위해서는 비교적 소량의 감소만이 요구될 뿐이다.

그림 6.1과 6.2는 다양한 SRES 시나리오에 대한 대기 중 메탄 농도와 배출량을 보여주고 있는데 이를 감소시키기 위한 특별한 행동을 가정하진 않았다. 표 3.3에서는 다양한 메탄 발생원을 보여주고 있는데, 인간의 활동에 의해서 야기되는 3가지 발생원은 비교적 적은 비용으로 쉽게 감소시킬 수 있다고 본다.[12] 먼저, 바이오매스 연료의 연소에 의한 메탄 배출은 삼림벌채가 방지되

---

11) J. T. Houghton, Y. Ding, D. J. Griggs, M. Noguer, P. J. van der Linden, X. Dai, K. Maskell, C. A. Johnson(eds.), *Climate Change 2001: The Scientific Basis. Contribution of Working Group I to the Third Assessment Report of the Intergovernmental Panel on Climate Change*(Cambridge: Cambridge University Press, 2001), 정책입안자를 위한 요약본.

12) J. C. Hourcade *et al.*, "A review of mitigation cost studies," In Bruce, Hoesung Lee, E. Haites(eds.), *Climate Change 1995: Economic and Social Dimensions of Climate*

면 1/3 정도가 줄어들 수 있다.

둘째, 인공 매립지에서의 메탄 생성은 보다 많은 재활용과 소각에 의한 에너지 생산으로 사용되거나 메탄가스 채집(메탄은 에너지 생산에 유용하며, 연소를 할 정도의 양이 안 되면 이를 이산화탄소로 전환하면 된다. 분자 단위에서 이산화탄소는 온실기체로서 메탄보다 그 효과가 떨어지기 때문이다)을 위하여 매립장이 잘 정비되면 1/3 정도 줄일 수 있다. 이미 많은 국가에서 폐기물 처리 관련 정책들이 강화되고 있다.

셋째, 광산이나 석유화학 공장의 공정상 천연가스 수송관에서의 메탄 누출은 거의 추가 비용 없이(오히려 비용을 절약할지도 모른다) 약 1/3 정도 줄일 수 있다. 러시아의 대규모 경기 침체로 인한 시베리아 가스관 폐쇄는 1992년에서 1993년 사이 대기 중 메탄 농도 증가의 하락 원인이 되었다. 이러한 장비들의 관리가 개선된다면 대기 중의 메탄의 누출을 획기적으로, 약 1/4 정도는 줄일 수 있을 것으로 본다.

넷째, 보다 개선된 관리와 함께 농업과 관련된 발생원으로부터의 메탄 배출을 감소시키기 위한 옵션들이 있다.[13]

이러한 네 가지 발생원에 대한 감소가 이루어지면 현재의 수준 혹은 보다 낮은 수준에서 대기 중 메탄 농도의 적정한 안정화 규모를 넘어 연간 6천만 톤 이상을 줄일 수가 있을 것으로 본다. 달리 생각해보면, 이들 발생원에 대한 메탄의 감소는 1/3기가톤의 탄소,[14] 혹은 전체 온실기체의 배출량의 5%에 조금 못 미치는 양을 만들어내는 연간 이산화탄소 배출의 감소와 같은 양으로 지구온난화 문제 해결을 위한 유용한 방안이 될 것이다.

대기 중 메탄의 생존기간이 상대적으로 짧기 때문에 소규모의 메탄 배출량

Change(Cambridge: Cambridge University Press, 1996), 9장.

13) V. Cole *et al.*, "Agriculture in a changing climate,"(1996) In Watson, *Climate Change 1995: Impacts*.

14) 이 값은 메탄에 대한 온난화지수 의한 6천만 톤을 곱해 나온 것이다. 메탄 온난화지수는 100년간 약 23으로(표 10.2) 탄소 톤으로 환산하기 위해서는 12/44를 곱한다.

의 감소라 할지라도 즉시 기후변화협약 기준에서 요구하는 안정화에 이르게 될 것이다. 그러나 보다 긴, 혹은 보다 복잡한 생존기간을 가진 이산화탄소의 농도의 안정은 그렇지 못하다. 이제 이산화탄소의 경우를 살펴보기로 한다.

이산화탄소 농도의 안정화

이미 알고 있듯이 이산화탄소는 인간활동에 의한 온실기체 중 가장 중요한 역할을 하고 있다. 모든 SRES 시나리오에서 21세기 동안 이산화탄소의 농도는 계속적으로 증가하고 있으며 시나리오 B1만 제외하고 2100년까지 농도의 안정화에 거의 근접할 수가 없다고 보고 있다.

어떤 유형의 시나리오가 이산화탄소의 농도를 안정화시킬 수 있을까? 예를 들면, 21세기 전 기간에 2000년도와 동일한 수준으로 전 지구 배출량을 지속시킨다고 가정해보자. 이것으로 충분할까? 농도의 안정화는 배출의 안정화와 다르다. 2000년 이후 일정한 배출을 한다면 대기 중 농도는 계속 증가하여 2100년경에는 500ppm에 이르게 된다. 이후는 탄소순환 모델의 예측에 따르면 장기간 일정한 수준의 유지로 인하여 이산화탄소의 농도는 비록 완만하지만 수세기 동안 계속 증가하게 된다.

다양한 수준에서 대기 중 이산화탄소 농도의 안정화에 도달할 수 있는 시나리오가 그림 10.1에 제시되고 있다. 그림에서 나와 있듯이 각 수준의 안정화는, 가장 높은 수준일 경우라도, 인위적인 이산화탄소 배출이 극히 소규모가 되도록 대폭 줄일 것을 요구한다. 여기서 명심해야 할 것은 미래에 일정 수준으로 이산화탄소 농도를 유지하기 위해서는 배출이 지속적인 자연 저장보다 커서는 안 된다는 것이다. 탄소 저장소에 대하여 알려진 주요 사실은 해수에 포함된 탄산칼슘이 용해하여 해양퇴적물로 전환되기 때문에, 이산화탄소 농도가 높은 수준을 유지하면, 대략 연간 0.1Gt보다 낮은 수준으로 저장이 이루어지게 된다.[15)]

그림 10.1에 제시된 작업을 통해 나온 여러 가지 안정화를 위한 방안들이 선택될 수 있다. 그림 10.1에 제시된 특정 배출 과정들은 현재의 평균적인 배출 증가율로 시작하며 완만한 전환기를 거치면서 안정화 시기에 이른다. 대체로 안정화된 농도 수준은 안정화에 이르는 동안의 정확한 농도 안정화 루트보다 이산화탄소 배출의 누적량에 의해 좌우된다. 이는 초기 연도에 많은 배출을 가정한 대안은 후기 연도에서 더 많은 감축을 요구받음을 의미한다. 표 10.3은 다양한 안정화 과정에서 2001~2100년의 누적 배출량과 함께 SRES 시나리오 과정의 누적 배출량도 보여준다. 이것은 이산화탄소의 대기 중 농도가 500ppm 이하로 머문다면 21세기의 평균적인 전 지구적 자연 배출량이 현재의 전 지구적 연간 배출량을 넘지 않을 것임을 시사한다. 그림 10.1(c)는 그림 10.1(a)에서의 이산화탄소 농도의 시기별 상황에 대응하여 예상되는 전 지구의 연평균 지표면 온도를 보여준다.

표 10.3에서 나타나는 주요 결과들은 탄소순환에 대한 기후 되먹임의 영향이 포함되어 있지 않다(3장 73쪽의 글상자 참조). 되먹임 과정 중 2가지가 안정화 시나리오를 고려함에 있어서 중요하다. 즉, 기온 상승에 따라 토양의 호흡이 증가하고 기후변화의 결과로서 삼림의 고사현상이 일어난다는 것이다. 3장에서 언급되었듯이 이러한 되먹임 효과들은 생물권이 21세기 동안 이산화탄소의 중요한 원천으로 유도되는 양상이다. 이러한 원천의 규모는 기후변화의 정도에 비례할 것이다. 이러한 점들을 고려한다면 이러한 원천의 누적량에 따른 여러 가지 안정화 수준에 이르는 화석연료의 연소에 의한 배출 정도를 산출한 표 10.3의 수치에서 감해져야 한다. 감해져야 할 필요가 있는 수치의 일부를 살펴보면, 450ppm과 550ppm의 안정화 시나리오에 있어서 21세기 동안 대략

15) I. C. Prentice *et al.*, “The carbon cycle and atmospheric cabon dioxide,” In J. T. Houghton, Y. Ding, D. J. Griggs, M. Noguer, P. J. van der Linden, X. Dai, K. Maskell, C. A. Johnson(eds.), *Climate Change 2001: The Scientific Basis. Contribution of Working Group I to the Third Assessment Report of the Intergovernmental Panel on Climate Change*(Cambridge: Cambridge University Press, 2001).

다양한 수준에서의 이산화탄소 집적의 안정화 시나리오에
대응하는 배출량, 농도, 기온 변화

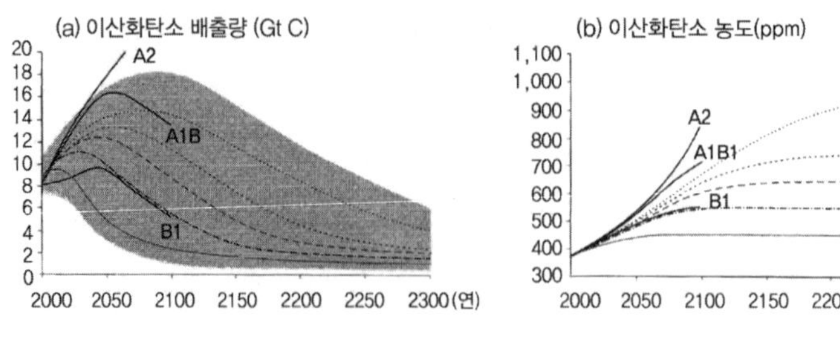

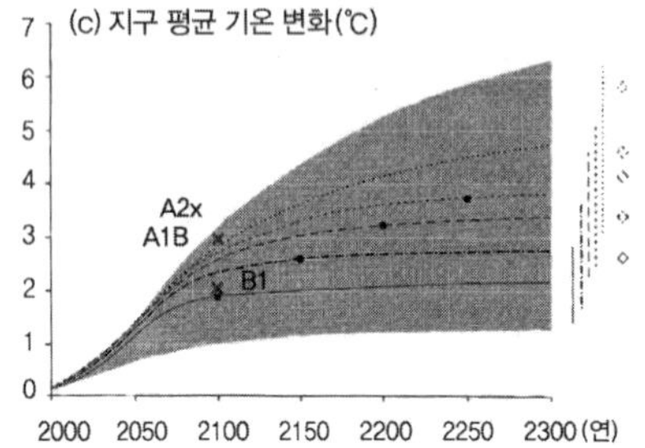

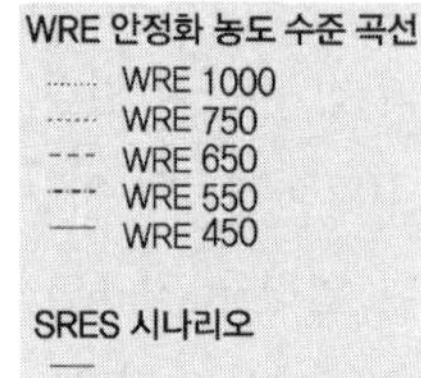

그림 10.1 (a) 농도 곡선(b)에 따른 450, 550, 650, 750, 1000ppm 수준의 대기 중 이산화탄소 농도의 안정화에 도달하는 이산화탄소의 배출 곡선이며, (b)는 위 곡선의 바탕을 이루는 농도 곡선이며 탄소순환 모델에서 예측된 것으로 이산화탄소순환의 되먹임 과정이 포함되는 기후 효과가 반영되지 않은 것이다. 그림자 부분은 기후 탄소순환 되먹임 과정을 포함하는 예측치에서의 불확실성의 범위를 보여준다(특히 그림자 부분의 아래쪽은 450ppm 안정화 곡선으로서 되먹임 과정을 포함). 물론 SRES 배출 시나리오 중 3가지(A1B, A2, B1)와 그 결과에서 나온 농도 정도도 나타나고 있다. (c) 안정화 곡선(그림 6.4에서와 같은 방법으로 예측된 그림(a))에 따른 지구 평균기온 변화. 검은 점은 이산화탄소 농도의 안정화가 달성된 해를 표시한다. 이산화탄소 외의 기체들의 배출은 2100년까지는 SRES A1B 시나리오를 따르며 그 후로는 일정한 것으로 가정한다. 그림자 부분은 5가지 안정화 사례(그림 6.4 설명 참조)에 대한 기후 민감도 범위의 효과를 보여주며 그림의 오른쪽의 수직 막대선들은 여러 곡선들에 대한 2300년에서의 범위를 보여준다. 다이아몬드 표시는 평균적인 기후모델 결과들을 이용하여 각각의 안정화 수준에 대한 균형적(매우 장기적인) 온난화(equilibrium warming)를 나타낸다. 물론 3가지 SRES 시나리오에서 예측된 2100년에서의 기온 상승도 비교되고 있다.

표 10.3 SRES 시나리오와 안정화 시나리오에 대한 2001~2100년 동안의 탄소 누적량(Gt)으로 산출한 인위적인 이산화탄소 배출량(베른 이산화탄소 모델a을 이용하였으며 탄소순환 되먹임은 포함하지 않고 계산된 것임)

사례	누적 이산화탄소배출량(GtC): 2110~2100년
SRES 시나리오	
A1B	1415
A1T	985
A1F1	2105
A2	1780
B1	900
B2	1080
안정화 시나리오	
450 ppm	600
550 ppm	900
650 ppm	1100
750 ppm	1200
1000 ppm	1300

[a] Table 5 of Technical summary. In J. T. Houghton, L. G. Meira Filho, B. A. Callander, N. Harris, A. Kattenberg, K. Maskell(eds.), *Climate Change 1995: The Science of Climate Change*(Cambridge: Cambridge University Press, 1996).

200Gt 및 300Gt 정도의 규모가 된다.[16] 이러한 예상치가 확정된다면 450ppm을 목표로 하는 배출 시나리오(그러나 되먹임을 허용하는 것은 아님)는 되먹임 과정이 포함될 경우 사실상 550ppm 정도의 양에 도달하게 되고, 550ppm 목표치는 사실상 750ppm까지 도달할 것이다.

일인당으로 표현되는 연간 이산화탄소 배출량을 살펴보는 것도 유익할 것이다. 2000년 세계 평균으로 보면 일인당(탄소량으로) 1톤(t)을 약간 상회하지만 국가에 따라 매우 다양하다(그림 10.2). 선진국의 경우와 산업화 과정의 국가들의 2000년 사례를 보면 평균 2.8t(미국의 경우에는 5.5톤을 정점으로 하향하면서

16) P. M. Cox *et al.*, "Acceleration of global warming due to carbon cycle feedbacks in a coupled climate model," *Nature*, 408, pp.184~187; C. D. Johns *et al.*(2003), *TELLUS*, 55b, pp.642~658.

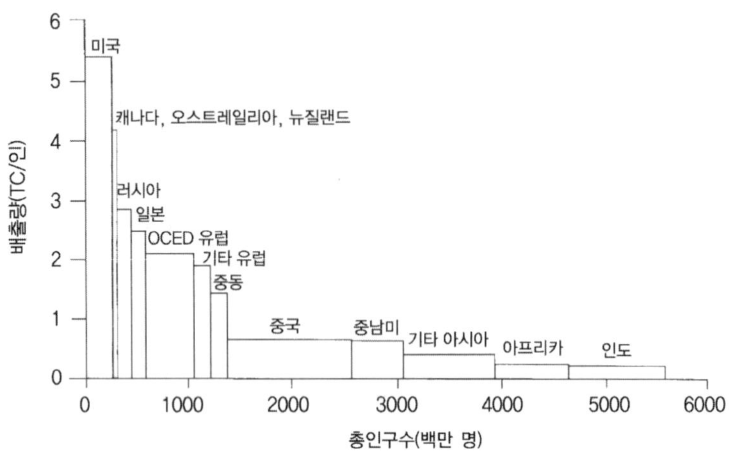

그림 10.2 다양한 국가와 국가군이 2000년에 배출한 국민 1인당 이산화탄소량

분포)이며 개발도상국을 보면 0.5톤 정도에 불과하다. 2050년과 2100년을 추정해보면[17] 세계 인구가 70억 정도에서 증가가 멈춘다고 가정하더라도(SRES 시나리오 A1과 B1에 해당), 450ppm과 550ppm 농도의 안정화를 예상한 상태에서 이산화탄소 배출 변화는 전 세계 평균 일인당 배출량이 2050년에 대략 0.6톤과 1.1톤이 될 것이고, 2100년에는 0.3톤과 0.7톤이 될 것이다. 이러한 수치는 현재의 1톤보다 상당히 낮아진 예상치이다.

안정화 수준의 선택

앞에서는 주요 온실기체에 초점을 맞춰 그들의 농도가 어떻게 안정화되는가를 살펴보았다. 미래의 목표량으로 적절한 안정화 수준을 어떻게 선택할 것인가를 결정하기 위하여 기후협약 목표(Climate Convention Objective)(331쪽 참고)에 의해 제공된 안내지침을 살펴보자. 이는 목표 달성의 수준과 시간 규모가

17) 추가적인 기후-탄소 순환 되먹임을 이 계산에서 고려되지 않았다.

기후계에 대한 위험한 간섭이 되지 않아야 하고, 생태계가 자연스럽게 적응되고, 식량 생산도 위협받지 않으며, 경제발전도 지속가능한 방법으로 이루어져야함을 담고 있다. 우리들은 기후협약이 처방하고 있는 기준에 의한 수준과 시간 규모를 정확히 규명하지 못하고 있지만, 어느 정도의 한계선은 설정할 수 있는 단계에 와 있다.

먼저 가장 중요한 온실기체인 이산화탄소를 보면, 이미 언급한 대로 대기 중 이산화탄소의 장기적인 생존은 안정화에 도달하고자 하는 미래의 배출량 계획에 심각한 제한을 가하고 있다. 그림 10.1에서 보면 400ppm 이하의 안정화는 거의 즉각적으로 대폭적인 배출 감축량을 분명히 요구하고 있다. 이러한 감축은 많은 비용이 들고 에너지 이용량을 상당히 줄일 때 가능하며 따라서 '경제개발은 지속가능한 방식으로 이루어질 수 있음'을 요구하는 기준은 의미가 없어진다.

수준 선택의 상한은 어느 정도인가? 산업혁명 이전 단계 수준인 280ppm에서 560ppm에 이르기까지, 이산화탄소의 대기 중 농도가 배증해온 상황에서 기후변화의 충격 가능성을 살펴보자. 7장에서 언급된 영향들은 이러한 상황에 의해 나타나는 관련 비용을 보여준다. 물론 이러한 비용 추정에서 금전적인 수치로 표현할 수 없는 피해 요소들도 있음을 파악하였다. 그러나 금전적 수치로 추정 가능한 비용만을 고려한다 하더라도 9장에서 보듯이 500ppm 이상의 수준에서 이산화탄소 농도 안정화를 위한 비용보다 기후변화에 따른 비용이 더 크다는 것이 밝혀지고 있다(그림 9.4). 이미 언급했듯이 배증된 이산화탄소 상황을 넘어서게 되면 온실기체에 의한 기후변화의 피해는 대기 중 이산화탄소 양의 증가에 따라 급속하게 늘어날 것이다. 또 다른 요인으로서 기후변화율(그림 10.1 c)이 있는데 이것은 가장 낮은 두 가지 경우를 제외한 모든 추정안에서 많은 주요 생태계들이 거의 적응하지 못하는 것으로 나타났다(7장 참조). 이들 연구[18]에 따르면 550ppm 이하에서의 안정화는 일부 최악의

18) N. W. Arnell *et al.*, "The consequences of CO_2 stabilisation for the impacts of

영향만을 피할 수 있다. 대규모의 삼림들이 고사한다든가 안정화되지 않으면 21세기 중반에는 불가능하게 될 생태계의 이산화탄소에 대한 발생원에서 저장고로의 생태계 전이(3장의 73쪽 글상자 참조) 등을 예로 들 수 있다. 이산화탄소만을 고려한다면 400ppm과 550ppm 간의 범위는 안정화 목표의 선택이 이루어져야만 하는 좀 더 신중할 필요가 있는 부분이다.

이산화탄소가 가장 중요한 온실기체이지만 다른 기체들도 기후변화에 영향을 미친다. 메탄, 산화질소, 염화불화탄소(CFCs)[19]와 같은 기체들이 1990년까지의 증가로 나타난 효과는 이산화탄소로 환산할 때 대략 60ppm의 추가 배출에 해당한다(6장 177쪽). 이들의 효과도 안정화를 위한 기후협약 목표의 논의 전반에 걸쳐서 고려되어야 한다. 이러한 미량 기체들의 추가적인 증가가 없더라도 1990년의 배출 강제력은 미래의 변화 추정에서 증가될 상황이다.[20] 이들 기체들의 효과를 이산화탄소의 양으로 환산한다면, 이산화탄소만 배출되는 수준이 450ppm이라면 이들을 포함하면 520ppm이 될 것이며 550ppm은 640ppm이 될 것이다. 이것은 산업혁명 이전의 이산화탄소 농도의 배증에 의한 기후 효과를 상한선으로 보면 이산화탄소에 대한 안정화 한계는 단지 490ppm에 불과할 것임을 의미한다.

다른 기체들의 농도는 변하지 않을 것이라는 가정은 현실적인가? 앞에서의 몬트리올 의정서는 염화불화탄소가 차후 10~20년 동안에 농도에 있어 안정화

---

climate change," *Climate Change*, 53(2002), pp.413~446.

19) CFCs에 대해서는, 성층권의 오존층 파괴 때문에 온실기체로서의 그들의 영향력 감소를 감안한다. 나아가서 잘 혼합되는 온실기체만이 고려되고 있다. 대류권 오존과 황산염 에어로솔은 잘 혼합되지 못하는 것들이지만 중요한 복사력 효과를 가진다(그림 3.8 참조). 이들은 정반대의 효과에 대한 표시이며 전 지구적인 평균이 어느 정도 수준에 유사하게 되면 서로 상쇄되는 것으로 판단된다.

20) 미량의 기체들로부터의 영향력 총량이 동일하다고 하더라도 이산화탄소로 전환하면, 추가되는 양만큼 이산화탄소 농도는 증가하게 될 것이다. 이것은 복사 영향력(Wm^{-2} 단위의 R)과 농도(ppm 단위의 C) 간의 관계가 비선형이기 때문이다. 관계식은 $R=5.3 \ln(C/C_0)$이며 여기서 C_0는 산업혁명 이전의 이산화탄소 농도이다.

될 것이라는 확신을 줄 수 있을 것이라고 보았다. 예를 들면, 메탄에 대해서는 비용이 많이 들지 않는 안정화 수단이 있으며 이러한 수단이 사용된다면 적어도 현재의 수준으로 메탄 농도를 안정화시킬 수 있다고 본다. 아산화질소는 발생원과 저장소가 잘 알려져 있지 않기 때문에 보다 불확실하다. 그러나 현재까지는 농도에 대한 기여도가 미미한 실정이다(이산화탄소 환산으로 보면 10ppm 정도). 미래에 있어 증가가 있더라도 그리 큰 영향은 없을 것으로 본다.

기후협약 목표에서 받아들여질 수 있는 이산화탄소 안정화를 위한 농도 수준의 선택에 있어서, 이산화탄소 집적량은 다른 기체들의 영향에 관한 간단한 논의 방법으로도 환산이 유용하다. 그러나 이러한 방법이 맹목적으로 이용되어서는 안 된다. 어떤 수준을 선택할 것인가에 대해 보다 치밀한 고려를 위하여 다른 과학적인 요소들도 포함되어야 한다. 첫째, 복사강제력과 기후변화에 대한 다른 기여자들도 있다는 점이다. 예를 들면, 기여도에 있어 매우 균질하지 못하지만 대류권의 오존과 에어로솔이 있다. 이들의 예상되는 효과는 이산화탄소에 비해서는 적은 편이지만 무시할 수는 없다. 둘째, 온실기체 혹은 에어로솔의 다양성에 기인하는 지역적인 기후 반응의 차이와 반응 시간 규모의 차이가 있다는 점이다. 셋째, 특정 되먹임 작용(특히 이산화탄소의 시비화 작용) 혹은 특정 영향(에어로솔에서 유래하는 산성비 유발)의 효과가 나타난다는 점이다.

기후협약에 제시된 기준에 따른 온실기체의 안정화 수준 목표의 선택은 과학적·경제적·사회적·정치적 요소들을 포함한다. 9장에서(322쪽 글상자 참조) 통합 영향 평가(Integrated Assessment and Evaluation)가 제시됐는데 이에는 자연과학과 사회과학의 여러 학문 분야들이 참여하고 있다. 많은 요소들을 고려한다는 것은 비용-편익 분석(9장에서 간단히 언급), 다기준 분석(금전적으로 표현될 수 없는 요소들을 고려), 지속가능성 분석(스트레스 혹은 피해에 대한 특정한 문턱 수준을 피한다는 점을 고려) 등을 포함할 것이다. 나아가 포함되어야 할 많은 요소들과 분석 방법들 모두와 연관된, 상당한 불확실성이 존재하므로 선택 과정은 지속적인 리뷰를 통하여 상황에 따라 변화되어야 할 것이다. 이러한 과정은 연속적 의사 결정으로 불리기도 한다.

위와 같은 점들을 고려하면서 현재 시점에서의 안정화 수준 혹은 이루고자 하는 수준에 대한 관점과 관련해 서로 다른 두 단체에서 나온 선언문들을 검토해보자. 유럽연합은 전 지구 기온 2℃ 상승[21]을 상한선으로 설정하고 안정화 기준을 제안해왔다. 산업혁명 이전의 배증된 이산화탄소(560ppm)에 의한 전 지구 평균기온 상승 예측이 2.5℃이므로, 2℃ 상승은 1990년 수준에서 여러 기체들의 효과를 허용하는 약 430ppm의 이산화탄소 농도와 관련하여 발생하는 것이다. 두 번째 선언문은 세계에서 가장 큰 석유회사의 하나인 영국 석유(BP) 그룹 최고경영자인 존 브라운 경에 의해 작성된 것이다. 그는 지구온난화의 위험과 이에 대처해야 함을 인식하고 이산화탄소에 대해서는 '500~550ppm 범위에서의 안정화는 가능하며 보다 신중을 기한다면 경제성장을 붕괴시키지 않고 이 목표에 달성'할 것이라고 선언했다.[22]

기후협약 목표의 실현

안정화 목표의 선택을 결정할 때 커다란 의문이 남는다. 세계의 국가들은 어떻게 실질적으로 이를 실현할 수 있을까?

기후협약의 목표(the Objective of the Climate Convention)는 지속가능한 개발의 요구와 연관된 요인들과 관계가 깊다. 9장에서는 기후변화에 대처하기 위한 미래의 배출 감소와 관련된 협상의 기초가 되는 4원칙이 명시되어 있다. 그 중 하나가 지속가능한 개발의 원칙이다. 다른 3원칙은 예방의 원칙, 오염자 부담의 원칙, 평등의 원칙 등이다. 마지막 평등의 원칙은 세대 간 평등

21) 기후변화에 대한 유럽공동체 전략업무 연락위원회(European Commission Communication on a Community Strategy on Climate Change); 각료 위원회 협약 체결(Council ministers Conclusion), 1996년 6월 25~26일.

22) 기간 투자자 그룹(Institutional Investors Group)에서의 연설(2003년 11월 26일 런던).

(intergenerational equity)을 포함하거나 산업화된 선진국과 개발도상국의 요구 간의 균형, 그리고 국가 간 평등(international equity) 등에 비중을 둔다. 특히 국가 간 균형을 맞추는 문제는 세계의 가장 부유한 국가들과 가장 가난한 국가 간의 현재의 이산화탄소 배출에 있어 엄청난 차이(그림 10.2), 선진국에서의 화석연료 사용에 대한 지속적인 요구의 증가, 개발과 산업화를 통하여 가난을 벗어나고자 하는 빈곤국가들의 타당성 있는 요구 등으로 인하여 점차 어려워지고 있다. 특히 후자의 문제는 기후변화에 대한 체계협약(본 장의 처음 글상자 참조)에서 인정되고 있는바, 여기서는 개발도상국의 증가하는 에너지 요구는 그들의 산업개발에 따라 나타난다는 점을 분명히 하고 있다.

어떻게 이산화탄소의 안정화에 접근할 것인가의 사례가 그림 10.3에 나타나 있다. 이것은 세계공동체연구소(Global Commons Institute: GCI)[23]라고 하는 영국에 있는 비정부 조직이 시작한 '축소와 수렴(Contraction and Convergence)'이란 제안에 기초하고 있다. 이산화탄소 배출의 봉쇄는 450ppm에서의 안정화로(기후 되먹임 포함 없이) 이르는 한 방법이다. 하지만 제안의 나머지 부분은 실질적인 수준 선택에 달려 있지 않다. 이러한 봉쇄 아래서도 전 지구의 화석연료에 의한 배출은 2025년에 이르면 약 15% 정도가 상승한다는 점을 유의해야 한다. 그 후 다시 2100년까지는 현재의 절반 수준으로 떨어진다. 이 그림은 현재까지 그러했듯이 주요 국가들 혹은 국가연합 간의 배출의 구분을 보여준다. 따라서 가장 단순한 가능성 있는 해법은 국가들 간의 배출을 공유하는 것이며, 어느 적절한 시기부터(그림에서는 2030년이 선택되어 있다) 배출은 인구 일인당으로 평등한 분배를 기초로 하여 배분된다. 현재부터 2030년까지 이러한 구분은 현재의 상황에서 출발해 1인당 동일한 배분으로 수렴될 때까지 허용된다. 그리하여 '축소와 수렴'이 달성된다. 보다 발전된 제안은 이산화탄소 배분의 교역을 위한 조정이 이루어지는 것이다.

'축소와 수렴' 제안은 앞에서 언급한 4원칙 모두를 담고 있다. 특히, 1인당

23) 보다 자세한 것은 GCI 웹사이트 www.gci.org.uk 참조.

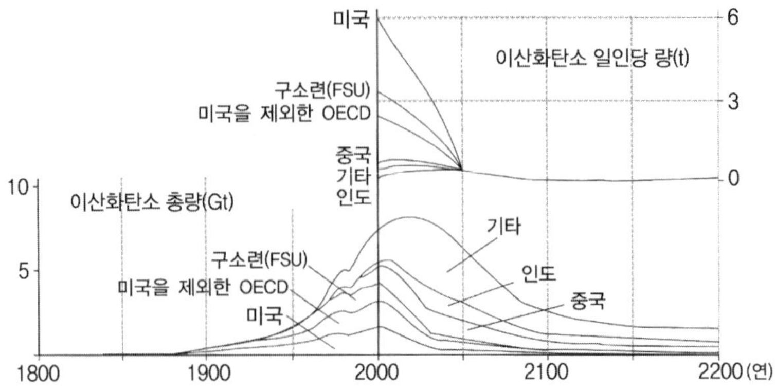

그림 10.3 이산화탄소 농도의 안정화 달성을 위해 세계 공동체 연구소가 제시한 '축소와 수렴'의 제안. 여기에 나타난 이산화탄소 배출의 봉쇄는 450ppm에서의 안정화 달성을 말한다(그러나 기후 탄소순환의 되먹임의 효과가 포함된 것은 아니다). 주요 국가들과 연합에서 2000년에 이르기까지의 배출 역사를 보여준다. 2030년 이후 배출의 배분은 이 시기까지의 인구 전망에 근거한 일인당 균등 분배에 기초하여 이루어진 것이다. 현재부터 2030년까지 평등한 배분이 이루어질 때까지 완만한 '수렴'이 나타날 것으로 예상된다. 다이아그램의 윗부분의 다양한 국가들 혹은 연합에 적용된 일인당 기여도가 나타나 있다. OECD와 FSU(구소련연방국가군)는 용어집 참조.

동일한 분배 조정을 통하여 국가 간 평등 문제를 정면으로 제기하고 있다. 그리고 제안된 배출량 교역 조정은 '오염자' 부담의 원칙을 최대로 강조하고 있다. 이러한 단순하고 호소력 있는 원칙은 이것이 장기적인 해법을 제공하기 위한 강력한 대응책의 하나임을 의미한다. 아직도 연구되어야 할 점은 제안에서의 '수렴' 영역의 현실적 실천 가능성이다. 따라서 해결책의 제시에서도 '수렴'의 문제에 중점을 두어야 할 것이다.

21세기 이산화탄소 농도의 안정화 방안의 또 다른 예는 세계에너지위원회(World Energy Council)의 지원하에 이루어진 연구에서 제시된 것으로 1993년에 보고서로 출간되었다.[24] 세계 이산화탄소 배출에 대한 '친환경적인 시나리오'(시나리오 C)는 450ppm 정도에서 안정화를 유도하는 것으로 되어 있다(그림

11.4 참조). 이러한 시나리오하에서는 2050년경에는 (1990년 수준에서) 10%, 2100년에는 60%까지 떨어진다(표 11.2). 세계에너지위원회는 21세기의 첫 20년 동안 국제적인 평등의 요구를 인정하는 시나리오 C에 대한 구체적인 계획을 제시하고 있다. 2020년까지 개발도상국에서의 화석연료에 의한 배출은 대략 2배 정도 허용하고 있으며, 반면에 선진국은 30% 정도 감소하는 것으로 되어 있다(그림 11.5). 개발도상국의 배출량은 전 세계 배출량에서 볼 때 1990년대의 1/3 정도에서, 2020년에는 60%까지 상승할 것이다. 2020년 이후에는 모든 국가들의 배출량 감소가 요구될 것이다.

세계에너지위원회가 보고서에서 지적한 대로 이러한 시나리오의 달성은 그리 쉬운 것은 아니다. 이를 위해서는 3가지 근본적인 요구가 있다. 먼저 에너지 절약과 보존에 대한 적극적인 강조이다. 순비용 제로에서 혹은 비용 절약 상태에서 많은 것들이 이루어질 수 있다. 다수의 에너지 보존 방안들이 경제적인 혜택으로 연결될 수 있지만, 상당한 인센티브 없이는 잘 실행되지 못할 것이다. 그러나 이것은 그 자체만으로도 분명히 좋은 것이며, 당장 진지하게 시작될 수 있으며 배출 감소 및 온난화 완화에 상당한 기여를 할 수 있을 것이다. 두 번째 요구는 적절한 비화석연료를 개발하고 빨리 적용에 옮길 수 있도록 해야 한다는 점을 강조하는 것이다. 세 번째 요구는 개발도상국으로의 기술 이전이다. 그리하여 개발도상국에 가장 적절하고 효율적인 기술을 경제 개발, 특히 에너지 부문에서 적용할 수 있도록 해야 할 것이다.

요구되는 행동들에 대한 요약

이 장은 국제적으로 합의된 기후변화 협약에서 요구한 대로 기후변화를

24) 세계에너지위원회 업무 보고서 *Energy for Tomorrow's World*(London: World Energy Council, 1993). 세계에너지위원회는 세계 에너지 산업체들을 묶어주는 국제기구이다.

완화하고 궁극적으로 이를 안정화시키는 데 필요한 행동들을 제시하고 있다.

이러한 행동들은 이미 실행되어왔으며 온실기체의 전 지구적 배출 감소에 영향을 미쳐왔다.

- 2000년에 일부 국가들은 이산화탄소 배출을 1990년 수준으로 감축
- 염화불화탄소와 염화불화탄소 대체물에 대한 몬트리올 의정서 조항

기후변화를 늦추기 위해 현재 이루어지고 있는 또 다른 행동들은 비용이 매우 적거나 순비용이 거의 들지 않으며 다른 이유로도 유익한 것들로 다음과 같다.

- 삼림벌채의 감축
- 조림의 상당한 증가
- 상대적으로 별 어려움 없이 이루어지는 메탄 배출의 상당한 감축
- 에너지 절약과 보존 수단들의 적극적인 강구
- 재생가능한 에너지원 공급의 이행 증가

장기적으로는 이러한 행동들을 더욱 강조하면서 대기 중 이산화탄소 농도의 안정화를 유도하기 위하여 세계는 에너지 시나리오 적용을 시작할 필요가 있다. 기후협약의 지침에 따른 안정화 목표 수준은 많은 요소들을 고려하여 선택되어야 한다. 물론 불확실성 때문에 지속적인 재검토도 함께 이루어져야 한다. 우리는 현재의 지식수준에서 400~450ppm 범위의 이산화탄소 농도 안정화를 위한 비용과 영향에 대한 보다 구체적인 숙고가 있어야 한다는 주장들을 검토해왔다. '축소와 수렴'으로 불리는 제안서는 배출량 배분의 교역에 대한 합의와 함께 궁극적으로 1인당 동일한 배출량 배분을 통하여 국제적인 균등에 대한 요구에 맞추고 있다. 세계에너지위원회의 연구는 에너지 시나리오를 보다 구체화시키고 있는데 이것은 2100년경에 이산화탄소의 안정화에

이를 수 있도록 하는 계획을 담고 있다. 이를 실현하기 위해서는 적절한 비화석 에너지원의 적용에 대해 매우 빠른 성장이 요구될 것이다. 또한 이 보고서는 개발도상국이 그들의 산업 개발을 위해 적절하면서 효율성 있는 기술을 적용할 수 있도록, 특히 에너지 부문에서의 기술 이전을 요구하고 있다. 구체적인 내용들은 다음 장에서 다시 논의될 것이다.

■ ■ ■ 과제

1. 그림 10.1에서 다양한 수준에서 이산화탄소의 농도의 안정화를 유도하는 여러 곡선들에 대한 세계 평균기온의 변화율은 얼마인가? 7장 또는 다른 정보로부터 기후협약의 목표에 의해 요구되는 것과 같은 이산화탄소의 안정화 수준의 선택을 도울 수 있는 변화율을 포함하는 기준을 제시할 수 있는가?

2. 주석 20번의 공식과 그림 3.8과 표 6.1의 내용으로부터 1990년의 이산화탄소 농도와 동일한 값에 해당하는 복사강제력(에어로솔 포함)의 여러 성분들의 기여도를 계산해보자. 에어로솔과 대류권 오존과 같은 성분들과 등가라고 말하는 것은 어느 정도 정확한 것일까를 생각해보시오.

3. 표 6.1과 주석 20의 공식을 바탕으로 2050년과 2100년의 SRES 시나리오 A1B와 A2에 대한 혼합된 온실기체들을 충분히 포함할 경우, 이를 이산화탄소 농도와 등가로 계산해보시오.

4. 기후협약 목표의 기준에 의거한 안정화 수준의 선택과 관련하여 다양한 종류의 분석들이 제시되었다. 비용-편익 분석, 다기준 분석, 지속가능성 분석 등. 이 중 목표에 따른 각 기준에 가장 적응가능성이 높은 분석 방법들이 무엇인가를 논의하시오. 총체적인 선택을 지지할 수 있도록 이러한 분석들이 어떻게 결합되어야 할 것인가에 대한 방안을 제시해 보시오.

5. 앞 장의 유용한 정보와 기후협약 목표에 열거된 기준들을 이용하여 온실기체 농도에 있어서 어떤 안정화 수준이 선정되어야 한다고 생각하는가?

6. 안정화 수준의 선정과 이를 위해 취해야 하는 행동에 관한 주장들은 2100년 이전의 기후변화에 따른 예상 비용과 영향에 집중되어 있다. 2100년 이후 계속되는 기후변화와 해수면 상승(7장 참조)에 대한 정보를 정책입안자들이 고려해야 할 것인가, 혹은 그 중요성을 지나치게 평가하는 것인가에 대한 당신의 견해는 어떤가?

7. 지구온난화에 대한 국제적인 대응은 과학, 예상되는 영향, 가능한 대응책들이 보다 확실해짐에 따라 몇 년 동안에 연차적으로 이루어질 수 있는 결정을 이끌어내는 것이다. 지난 20년 동안 진전을 보이는 국제적인 대응책에 대한 견해를 기술해보자. 어떤 시기에 어떠한 결정들이 채택되었는가?

8. '축소와 수렴' 제안은 9장에 목록으로 제시되고 10장에서 서술된 4원칙과 어떻게 연계되고 있는지 설명하시오. 제안서에 대한 비판으로 사용될 만한 정치적·경제적 비판안을 제시하시오. 쉽게 동의를 얻을 수 있을 만한 국가 간 배출량 공유에 대한 또 다른 방안들을 제시할 수 있는가?

9. 당신의 국가에서 조림을 위해 어떠한 방안들이 있는지 구체적으로 설명해보시오. 어떠한 행동 혹은 인센티브들이 이러한 조림 사업을 보다 효과적으로 만들 수 있을까?

10. 위도 60°에 위치한 눈으로 덮여 50%의 알베도를 가진 지역들이 알베도가 20%의 부분적으로 눈 덮인 삼림 지역으로 대체된 상황을 가정해보자. 수년 동안 평균하여 삼림에 의해 제공되는 탄소 저장소의 '냉각' 효과와 추가로 흡수된 태양복사에 의한 '온난화' 효과를 적절하게 비교하시오.

11 미래의 에너지와 운송

우리가 스위치를 켜면 에너지가 흐른다. 선진국에서는 에너지가 너무 쉽게 공급되기 때문에 이것이 어디에서 오는지 혹시 모두 써버리는 것은 아닌지, 환경에 어떤 해가 미치지는 않는지 거의 생각하지 않는다. 값도 싸기 때문에 에너지를 보존하기 위해서 많은 관심을 기울여야 한다는 데 별로 신경을 쓰지 않는다. 그러나 세계 에너지의 대부분은 화석연료의 연소에서 나오는 것으로 대기 중에 다량의 온실가스를 배출시킨다. 대기 중으로의 온실가스 배출 감소의 상당히 많은 기여는 에너지 부문에서 올 것이다. 따라서 정책입안자들의 관심과 사용자의 행동이 에너지 수요와 사용에 집중하도록 해야 할 필요가 있다. 본 장에서는 어떻게 미래의 에너지가 지속가능한 방식으로 제공될 것인가를 살펴보기로 한다.[1] 물론 전 세계에서 아직도 기초 에너지

---

1) IPCC 1995년과 2001년 보고서의 관련 부분을 참조할 것; Watson, M. C. Zinyowera, R. H. Moss(eds.), *Climate Change 1995: Impacts, Adaptations and Mitigation of Climate Change: Scientific-Technical Analyses. Contribution of Working Group II to the Second Assessment Report of the Intergovernmental Panel on Climate Change*(Cambridge: Cambridge University Press, 1996), 19~22장 참조; B. Metz, O. Davidson, R. Swart, J. Pan(eds.), *Climate Change 2001: Mitigation. Contribution of Working Group III to the Third Assessment Report of the Intergovernmental Panel on Climate Change* (Cambridge: Cambridge University Press, 2001), 요약본과 3장 참조; IPCC Technical Paper number 1 Technologies, *Policies and Measures for Mitigating*

서비스를 받지 못하는 20억이 넘는 사람들에게도 이 혜택을 받을 수 있는 방안도 논의해본다.

세계의 에너지 수요와 공급

우리들이 사용할 수 있는 에너지의 대부분은 거슬러 올라가면 태양 에너지로 귀속된다. 화석연료(석탄, 석유, 천연가스)의 경우에도 과거 수백만 년 전부터 저장되어온 것이다. 나무(혹은 동물 및 식물성 기름을 포함한 다른 바이오매스), 수력, 풍력, 그리고 태양 에너지 자체가 이용되는 경우에도 에너지는 태양광으로부터 전환된 것이거나 적어도 수년간 저장된 것이다. 후자의 경우가 재생가능한 것들이다. 이 부분은 다음 장에서 상세하게 논의될 것이다. 태양에서 유래하지 않은 유일한 에너지는 원자력 에너지이다. 이것은 지구가 형성될 때 존재하는 방사능 원자로부터 유래하는 것이다.

산업혁명 이후에야 인간사회를 위한 에너지는 '전통적인' 방식—땔감, 다른 바이오매스, 동물—에서 벗어났다. 1860년 이후 산업이 발달하면서 에너지 사용률은 30배 정도 증가하였고(그림 11.1) 처음에는 석탄이 주종을 이루었고 1950년대 이후에는 석유의 사용이 급격히 증가하였으며 그 뒤를 이어서 최근에는 천연가스의 사용이 증가하였다. 2000년 세계 에너지 소비는 석유환산톤(tonnes of oil equivalent, toe)으로 보면 100억 톤(toe)에 이른다. 이것을 물리 에너지 단위로 전환하면 평균 에너지 사용률이 13조 와트(혹은 13 테트라와트 $=13\times10^{12}$)이다.[2)]

전 세계의 1인당 에너지 사용량에는 매우 큰 불균형이 존재한다. 20억에 달하는 전 세계 최빈곤층(연간 1인당 소득이 미화 1,000달러 이하) 사람들이 연간

Climate Change(Geneva: IPCC, 1997).

2) 1 toe = 11.7MWh; 1 toe per day = 487kW; 1 toe per year = 1.33kW.

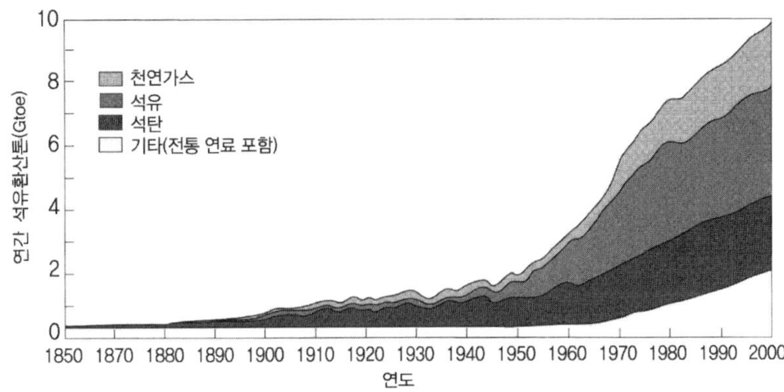

그림 11.1 1860년 이후 연간 에너지 사용율과 에너지원의 증가율(단위: 1억 석유환산톤, Gtoe). 1차 에너지 단위로 보면, 1 Gtoe=41 exajoules(1exajoule=10^{18} J). 2000년도에 나온 '다른 환산'을 보면, 전통적인 연료는 대략 0.9Gtoe, 원자력 에너지는 0.6Gtoe, 수력과 다른 재생 에너지는 0.6Gtoe에 해당한다(자료: G8 재생에너지 특별 연구팀 보고서, 2001년 7월).

사용하는 에너지는불과 0.2toe인 데 비해 전 세계에서 최상층 10억 명(연간 1인당 소득이 미화 22,000 달러 이상)은 연간 1인당 5toe를 사용하여 최빈곤층의 거의 25배에 달한다.[3] 전 세계의 1인당 평균 에너지 소비량은 1.7toe로서 환산하면 2.2 킬로와트(kW) 정도다. 최고 소비율을 보이는 북아메리카는 1인당 평균소비 에너지가 11kW에 달한다. 세계 인구의 1/3 이상이 거의 전통적인 연료(땔감, 가축의 변, 짚단, 그 외 여러 형태의 '바이오매스 연료'들)에 의존하고 있으며 현재도 어떠한 상업적인 에너지에 접근하지 못하고 있다.

우리들이 소비하는 에너지가 어떠한 용도로 사용되었는지 살펴보는 것도 중요하다.[4] 상업적인 에너지를 대상으로(말하자면 '전통적인 에너지'는 제외하고) 전 세계 평균으로 따져보면 기초 에너지의 22%가 수송용, 41%가 산업용,

3) Report of G8 Renewable Energy Task Force(July, 2001).

4) Moomaw and Morira *et al.*, "Technological and economic potential of greenhouse gas emissions reduction," in Metz *et al.*, *Climate Change 2001: Mitigation*(Cambridge: Cambridge University Press, 2001), 3장.

34%가 건물유지용(이 중에서 주거용이 2/3, 상업용이 1/3)이며, 농업에는 3% 정도가 사용되고 있다. 전기의 형태로 사용되는 에너지의 양을 알아보는 것도 물론 중요하다. 1차 에너지의 1/3 이상이 전기 에너지로 전환되는데, 전환 시의 효율은 대략 1/3이다. 평균적으로 전기 에너지의 절반이 산업용이고 나머지 절반은 상업 및 가정용이다.

에너지에 드는 비용은 얼마일까? 전 세계를 통틀어 1인당 연간 에너지사용을 1.7toe로 보면 연간 수입의 5%에 해당된다. 수입 격차가 매우 큼에도 불구하고, 1차 에너지에 소비되는 비율은 선진국과 개발도상국이 비슷하다.

미래의 에너지 전망은 어떨까? 우리들이 계속해서 석탄, 석유, 천연가스에서 에너지를 얻는다면 얼마나 지탱할 수 있을까? 현재까지 밝혀진 가채 매장량에 대한 정보로는(그림 11.2), 2020년까지 수요를 맞출 수 있을 것이며, 실제로는 더 당겨질지도 모른다. 21세기 중반 이전에 수요가 계속 확대된다면 석유와 천연가스 생산은 증산 압력을 받을 것이다. 추가 개발에 대한 자극이 거세질 것이고 보다 많은 자원들에 대한 착취가 이뤄질 것이다. 물론 채굴의 어려움이 심해지면서 비용이 높아질 것이다. 석탄만 보더라도 현재 채탄하고 있는 탄광들은 100년이 넘어도 계속 생산해야 할 것이다.

이러한 추정은 궁극적으로 회복가능한 화석연료 매장량(recoverable fossil fuel reserves)에 대해서도 이루어졌는데, 이것은 비용은 높지만 결코 못 할 정도는 아니고 채굴에 대한 심각한 반대가 없는 매장량을 말한다. 어느 정도는 추측에 불과할지 몰라도[5] 현재 사용률로 보면 석유와 천연가스의 매장량은 100년 정도 사용가능한 양이고, 석탄의 경우는 1,000년 이상이 된다고 한다. 현재 잠재적으로 회복가능한 화석연료 매장량과 함께 그림 11.2에 포함되지 않는 자원들도 있는데, 메탄 수화물(methane hydrates)의 경우도 엄청난 양이 매장되어 있는 것으로 추정되지만 채굴이 매우 힘들다는 문제가 있다.

---

5) Moomaw and Morira *et al.*, "Technological and economic potential of greenhouse gas emissions reduction," in Metz *et al.*, *Climate Change 2001: Mitigation*(Cambridge: Cambridge University Press, 2001), 3장 참조.

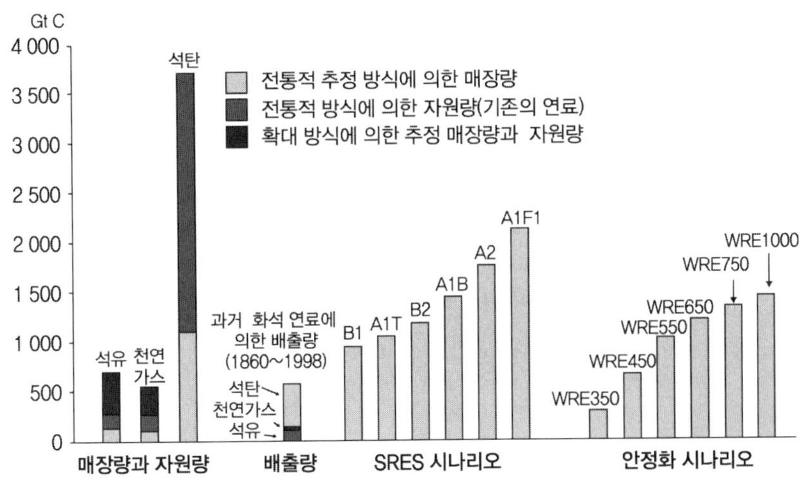

그림 11.2 석유, 천연가스, 석탄 매장량(reserves)과 자원량(resources)에서의 탄소와 과거 화석연료에서의 탄소 배출 간 비교(1860~1998년) 및 2100년까지 SRES 시나리오부터 이산화탄소 배출의 안정에 이르는 시나리오에서의 누적 탄소 배출과의 비교. 추정 및 확인 매장량에 대한 현재의 예측 자료는 왼쪽에 나와 있다. 비전통적(unconventional) 석유와 천연가스에는 타르 샌드(tar sand), 오일 셰일(oil shale), 다른 유형의 중유(heavy oil), 석탄층 메탄(coal bed methane), 심층 지구압 가스(deep gepressured gas), 지하수층 가스(gas in aquifiers) 등을 포함한다. 12,000Gtoe의 매장량으로 추정되는 가스 수화물(clathrates)은 포함되어 있지 않다. 2100년경의 SRES 시나리오에 의한 누적 배출량이 안정화(stabilization) 시나리오에서의 배출량과 같거나 적다하더라도, SRES 시나리오도 동일하게 안정화로 간다는 것을 의미하지 않음을 유의해야 한다.

원자력 발전을 위한 우라늄 매장량도 물론 이 목록에 포함되어야 할 것이다. 동일한 단위들로 환산할 때('빠른' 가속기에서 사용되는 것을 전제로 하여), 이들은 적어도 3,000Gtoe에서 최대 12,000Gtoe에 이를 것으로 추정되는데, 이것은 실제로 화석연료 매장량보다도 더 많은 양이다.

적어도 21세기까지는 총량으로 볼 때 화석연료만으로도 에너지 수요를 감당할 것으로 보인다. 특히 이용 가능성보다도 더 고려해야 할 것은 환경 문제로서 이 때문에 화석연료 사용에 제한이 가해질지도 모른다.

미래 에너지 전망

6장에서 IPCC의 지원에 의해 만들어진 SRES 시나리오는 21세기 미래의 에너지 수요(인구, 경제성장, 사회 및 정치 발전을 고려하는 다양한 가정에 근거하여)에 관한 가능성의 범위들을 상세히 추정하고, 어떻게 그 수요를 만족하며, 이에 따라 어느 정도의 이산화탄소가 배출될 것인가를 기술하였다. 6장에서는 또한 기후변화에 관련한 시나리오의 적용도 살펴보았다. 10장은 기후변화협약(Framework Convention on Climate Change, FCCC)에 의해 시행된 규범을 보여주었는데, 대기 중 이산화탄소의 농도를 안정화시켜서 계속되는 인간간섭에 의한 기후변화를 피해야한다는 데 그 목적이 있다. 또한 다양한 안정화 수준에 의한 여러 이산화탄소 배출 시나리오들이 제시되고 있고, 대기 중 이산화탄소의 농도는 450~500ppm 범위를 목표 수준으로 잡아야 한다고 주장하고 있다. 전 세계의 에너지 생산자와 소비자들은 이러한 목표 수준의 도전에 어떻게 대처해야 하는지 11장에서 강조되고 있다.

에너지 강도(energy intensity)와 탄소강도(carbon intensity)

한 국가의 에너지 효율성의 지표를 제공하는 지수는 국내총생산(GDP)에 대한 연간 에너지 소비량의 비율이며 이를 에너지 강도라고 한다. 그림 11.3은 1971~1996년까지 OECD 국가들의 GDP는 2배 정도 증가하는 반면에 에너지 소비는 GDP에 비해 50% 정도 증가하여 25% 정도의 에너지 강도의 감소 혹은 매년 1% 정도의 에너지 감소를 겪어왔음을 나타내고 있다. OECD 국가 내에서도 상당한 차이가 있다. 덴마크, 이탈리아, 일본 등은 에너지 강도가 가장 낮은 국가들이고 캐나다와 미국이 가장 높은데, 최저와 최고는 2배 이상의 차이가 있다.

11장의 본문의 맥락에서 더욱 중요한 것은 탄소강도로 이는 주어진 에너지 소비량에 대하여 얼마나 많은 탄소가 많이 배출되었는가 하는 것이다. 이는 에너지의 유형에 따라 매우 다르다. 예를 들면, 천연가스의 탄소강도는 석유보다 25%, 석탄보다는 40%가 낮다. 재생가능한 에너지의 경우는 탄소강도가 매우 낮으며 그 강도는 재생가능 자원을 구성하는 장비의 제조 시에 발생하는 것(예를 들면, 태양전지의 생산과정에서의 탄소 발생)에 달려 있다.

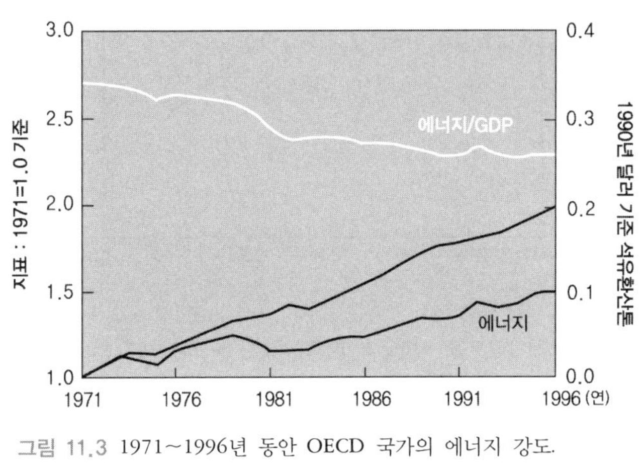

그림 11.3 1971~1996년 동안 OECD 국가의 에너지 강도.

이러한 목표를 어떻게 맞출 수 있을까를 숙고하는 기구의 하나가 세계에너지위원회(World Energy Council, WEC)로서 2020년까지 4개의 상세한 에너지 시나리오(그림 11.4)를 구축하였으며 덜 상세하지만 2100년까지 시나리오를 확대했다.[6] 시나리오 중 3개는(373~374쪽 글상자 참조)는 SRES 시나리오에 의한 범위 내에서 가정(아래 글상자 참조)하고 있다. 4번째 시나리오 C는, '친환경적'인 것으로 에너지 소비와 성장에 대한 보다 많은 환경적 압력을 행사한다는 가정을 둔다. 이들 모든 시나리오의 가정들에서 WEC 시나리오 C를 제외하

6) 출처는 *Energy for Tomorrow's World: the Realities, the Real Options and the Agenda for Achievemnet*. WEC Commission Report(New York: World Energy Council, 1993).

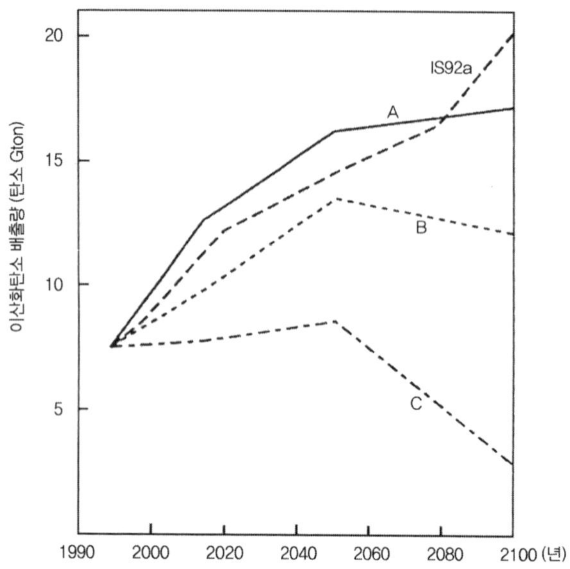

그림 11.4 화석연료 연소에 따른 21세기 동안의 이산화탄소 배출에 대한 시나리오들: WEC A, B, C(상세한 도표는 그림 11.1 및 11.2 참조). FCCC의 목표에 맞은 이산화탄소의 안정화에 이를 수 있는 것은 시나리오 C뿐이다.

면 대기 중 이산화탄소의 농도는 21세기 내내 계속 증가한다. WEC 시나리오 C는 만일 채택된다면 목표치 450~500ppm 범위에서 이산화탄소 배출의 안정화를 유지할 것이다.

2020년까지의 시나리오의 상세한 내역은 그림 11.5와 11.6에 나와 있다. 그림 11.5에서 볼 수 있는 것처럼, 미래의 에너지 수요에 대한 잠재력을 가진 것은 선진국들뿐이다. 개발도상국에서의 인구성장과 경제개발 요구에 의해 향후 수십 년 동안 그러한 의지를 보일 것으로 여겨지는 바, 에너지 소비의 증가는 피할 수 없을 것이다. 2020년까지의 모든 시나리오를 보면, 화석연료는 전체 에너지 유형에서 여전히 지배적이다(그림 11.6). 원자력 에너지의 기여는 모든 경우에서 성장할 것으로 본다. 새로운 재생가능한 에너지원도 그 역할이 증가할 것인데, C 경우는 예외적으로 적게 보고 있다.

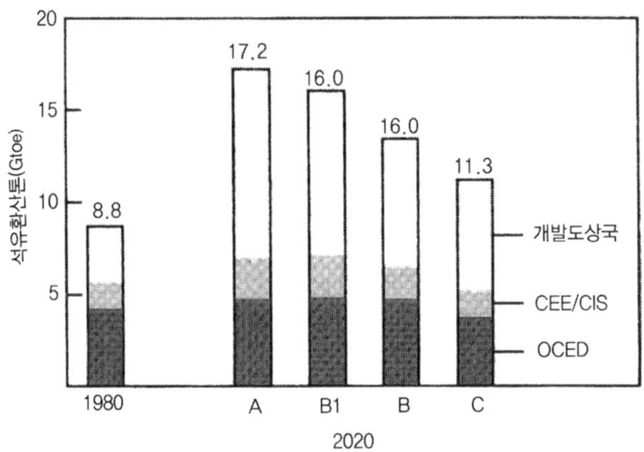

그림 11.5 WEC 시나리오에서 본 경제 그룹들 간의 1차 에너지 수요

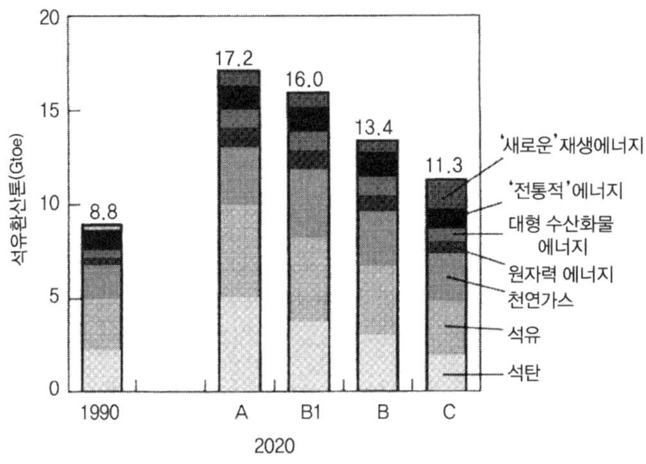

그림 11.6 WEC 시나리에서 본 1차 에너지 공급원

'친환경적'인 WEC 시나리오 C에서 2020년 에너지 수요는 1990년에 비해 약 30% 증가하고 있으나 시나리오 A에 비해서는 30% 적다. 시나리오 C는 효율성이 크게 증가할 것으로(혹은 에너지 강도에서 크게 감소할 것으로) 가정하고 있는데 이것은 에너지 수요의 감소를 가져오고 재생 에너지에 대한 WEC의 연구의 결과에 따르면[7)] 새로운 재생 에너지원('현대적인' 바이오매스, 태양 에너

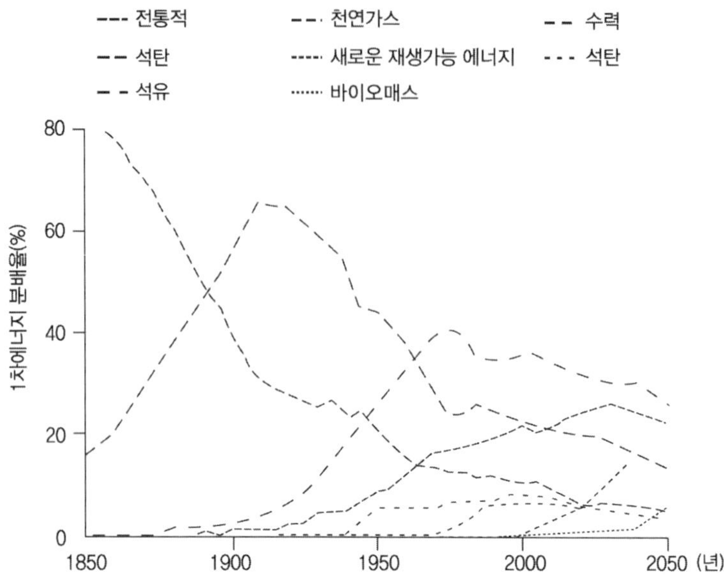

그림 11.7 2세기에 걸친 에너지 전환. '현재의 역학' 아래서 에너지 공급은 탄소 연료를 계속 줄여나가면서, 안전, 청정, 지속가능성 등에 대한 요구를 감안하여-공급원의 분산의 증대로 부터-주 에너지 전달체를 전기로 지향한다.

지, 풍력 등)에서 나오는 새로운 1차 에너지 공급에서 상당한 증가가 있을 것으로 보고 있다. 개발에 대한 적절한 지원이 있다면, 이러한 새로운 재생 에너지원으로부터의 세계 에너지 공급의 성장은 1990년도의 2%에서 2020년도에는 12%까지(매년 1.4Gtoe가 제공된다고 보면) 성장할 것으로 본다. 시나리오 C에서 2050년까지 에너지 공급의 20%는 새로운 재생 에너지에서 나올 것으로 예상되고 2100년에는 50%가 예상된다. WEC 보고서는, 친환경적 사례인 C에서 이러한 에너지원들이 대규모로 공급되기 위해서는 정부만이 제공할 수 있는 연구비 지원과 개발, 금융지원 장치 등이 필요할 것임을 지적하고 있다. 재생 에너지원은 후반부에서 더 논의가 될 것이다.

---

7) *Renewable Energy Resources: Opportunities and Constraints 1990-2020*. Report 1993(London: World Energy Council).

지난 몇 년 동안 전체 에너지, 재생 에너지, 에너지 효율성의 성장에 관한 다양한 가정하에서 많은 연구기관들이 21세기를 위한 에너지 대응 방안에 대한 시나리오들을 개발하였다.[8] 그 사례의 하나로 그림 11.7은 셸 석유회사에 의해 개발된 '현재의 역학(Dynamics as Usual)'이라는 이름의 시나리오를 보여주고 있다. 이 그림은 과거의 에너지원에서 나타났던, 그리고 미래에 일어날 대규모 에너지 전환을 보여준다.

다음 절에서는 에너지 보존과 효율이 얼마나 증가할 것인가와 새로운 재생가능 에너지원을 실질적으로 얼마나 개발할 수 있을까를 논의한다. 이것은 이산화탄소 배출의 필수적인 감소를 에너지 부문에서 이룰 수 있는 기술적인 방안을 말한다.

세계 에너지 협의회(WEC)의 시나리오

세계 에너지 협의회(World Energy Council, WEC)는 국제적인 비정부 기구로서 모든 분야의 에너지 산업과 90개국 이상의 국가들이 참여하고 있다. 협의회는 2020년까지의 기간에 대한 4개의 에너지 시나리오를 개발했는데 이 시나리오들은 전 세계를 대상으로 경제 발전, 에너지 효율성, 기술 이전, 금융지원 등을 고려한 여러 가정들을 상정하여 만들어졌다. WEC는 이러한 시나리오들은 미래의 가능성을 보여주기 위한 것이며 미래 예측을 고려한 것이 아니라는 점을 강조한다.

4가지 모두의 사례들은 물론 국가의 다양한 경제 집단에 따라서 그 정도가 다르겠지만 과거의 사용과정과 비교하여 에너지 효율성에서 상당한 개선을 이룰 수 있도록 많은 환경 및 경제적 압력이 있어야 한다는 점을 가정하고

8) A review of many of these can be found in T. Moria, J. Robinson *et al.*, "Greenhouse gas emission mitigation senarios and implication," in Metz *et al.*, *Climate Change 2001: Mitigation,* 2장.

있다. 그 중 하나로 시나리오 C는 지구온난화와의 전쟁을 치르기 위하여 온실가스 배출을 감소시키기 위한 매우 강력한 압력을 상정한다. 표 11.1은 4가지 시나리오에 들어 있는 자세한 가정들을 보여준다.

표 11.1은 '에너지 강도'를 보여주는데(368~369쪽 글상자 참조) 이것은 에너지 효율성의 척도이다. 전 세계 평균을 보면 과거 50년 동안 매년 1% 정도 감소하고 있다. 이보다 에너지 강도를 더욱 감소시키려는 요구가 모든 시나리오에 들어 있다. 친환경적인 시나리오 C의 예를 들면, 감소율은 이에 대해 매우 높은 요구를 반영하고 있다. 수정된 표준 사례 B1과 표준 사례 B의 주요한 차이를 보면 B1에서는 경제적 전환을 위해서 가정되는 에너지 강도의 감소율이 사례 B보다 더 적고 개발도상국에서는 사례 B의 단지 절반에 불과하다.

시나리오 A, B, C는 자세하진 않지만 2100년까지 확대 적용되었다(그림 11.4). 전 지구의 에너지 수요는 계속 증가할 가능성이 많지만 그때쯤 되면 모든 시나리오에서 유용한 화석연료는 훨씬 제한될 것이며 새로운 재생가능 에너지들이 전체 에너지 구성에서 높은 비중을 차지할 것이다. 표 11.2에는 2100년까지 시나리오들의 특성들을 보여주고 있으며 그림 11.6에 있는 2020년까지의 시나리오의 내용과 유사하다.

건물에서의 에너지 보존과 효율

우리들이 집에서 필요 없는 전등을 끄거나 집안 온도를 1~2℃ 정도 낮추어 조금 덜 따뜻하게 산다면, 또는 단열재를 추가한다면 실제로 에너지를 보존하거나 절약하는 것이다. 그러나 이러한 행동이 전체 에너지 차원에서 얼마나 중요할까? 에너지 이용에서 실질적으로 절약 계획을 세우는 것이 얼마나 현실적일까?

가능성을 알아보기 위하여 현재 사용되고 있는 에너지의 효율성을 살펴보

표 11.1 WEC 4가지 시나리오에서 상정한 가정들
(약어의 해설은 용어설명을 참조)

가정	사례 A (고도 성장)	B1 (수정된 표준)	B (표준)	C (친환경적)
경제성장률(년간%)	높음	보통	보통	보통
OECD	2.4	2.4	2.4	2.4
CEE/CIS	2.4	2.4	2.4	2.4
DCs	5.6	4.6	4.6	4.6
세계	3.8	3.3	3.3	3.3
에너지 강도 감소율(년간 %)	높음	보통	높음	매우 높음
OECD	-1.8	-1.9	-1.9	-2.8
CEE/CIS	-1.7	-1.2	-2.1	-2.1
DCs	-1.3	-0.8	-1.7	-2.4
세계	-1.6	-1.3	-1.9	-2.4
기술이전	높음	보통	높음	매우 높음
제도 개선(세계)	높음	보통	높음	매우 높음
가능한 전체 요구량 (Gtoe)	매우 높음 17.2	높음 16.0	보통 13.4	낮음 11.3

자료: *Energy for Tomorrow's World: the Realities, the Real Options and the Agenda for Achievemnet.* WEC Commission Report. New York: World Energy Council, p.27.

표 11.2 2100년까지의 WEC 시나리오들의 특성

	사례	A		B		C	
	1990	2050	2100	2050	2100	2050	2100
세계 에너지 요구량(Gtoe)	8.8	27	42	23	33	15	20
화석연료(1차 에너지에서의 %)	77	58	40	57	33	58	15
핵연료(1차 에너지에서의 %)	5	14	29	15	28	8	11
새로운 재생가능 에너지 (1차 에너지에서의 %)	2	15	24	14	28	20	50
화석연료에서의 연간 CO_2 배출량 (Gtoe)	6.0	14.9	16.6	12.2	11.7	7.3	2.5
화석연료에서의 연간 CO_2 배출량 (1990년 대비 변화율)		152	181	107	98	24	-59

자료: *Energy for Tomorrow's World: the Realities, the Real Options and the Agenda for Achievemnet.* WEC Commission Report. New York: World Energy Council, p.304.

자. 석탄, 석유, 천연가스, 우라늄, 수력, 풍력에서 얻는 에너지는 1차 에너지이다. 이것은 열의 형태로 직접 이용되거나 동력 장치나 전기의 형태로 전환되어 다양한 용도로 사용된다. 최종 사용을 위한 에너지 전환, 이동, 변형 과정에서 반드시 낭비되는 부분이 생긴다.

예를 들면, 특정 목적에 사용될 전기 1단위를 제공하기 위해서는 일반적으로 3단위의 1차 에너지가 요구된다. 형광등은 1차 에너지를 빛 에너지로 전환하는 데 약 3%의 효율이 있다. 불필요한 전등 사용은 1% 이상의 에너지 효율을 감소시킨다.[9] 모든 에너지에 대해 동일한 서비스를 제공하는 이상적인 기구에서 사용된 것과 실질적으로 사용된 에너지를 비교하여 평가했다.

이러한 '이상적인' 기구들의 에너지 사용을 정확하게 정의하는 것이 어려운 일이지만(열역학적 효율에 관한 토의는 아래 글상자 참조) 이와 같은 평가에 따르면 세계 최종 이용 에너지 효율은 평균적으로 대략 3% 정도이다. 이와 같은 수치는 에너지 효율의 개선에 많은 여지가 있음을, 즉 최소 3배로 올릴 수 있음을 말해준다.[10] 이 절에서는 건물에서의 에너지 절약에 대한 가능성을 살펴보고 다음 절에서는 운송과 산업 부문에서 절약 가능성을 살펴볼 것이다.[11]

쾌적한 건물 환경을 유지하기 위해서 겨울에는 난방하고 여름에는 냉방해야 한다. 미국의 경우 전체 사용 에너지의 36%가 건물에 사용되는데(사용 전기의 2/3), 난방에 20%(온수공급 포함), 냉방에는 3%가 들어간다.[12] 건물 부문의

---

9) 출처: *Energy for Tomorrow's World: the Realities, the Real Options and the Agenda for Achievemnet*. WEC Commission Report(New York: World Energy Council, 1993), p.122.

10) 출처: *Energy for Tomorrow's World: the Realities, the Real Options and the Agenda for Achievemnet*. WEC Commission Report(New York: World Energy Council, 1993), p.133.

11) Ways of achieving large reductions in all these sectors and described by E. von Weizacker, A. B. Lovins, L. H. Lovins, *Factor Four, Doubling Wealth: Halving Resource Use*(London: Earthscan, 1997).

열역학적 효율성

에너지 이용의 효율성을 고려할 때 열역학 제1법칙과 제2법칙에 의해 정의되는 효율성을 구분하는 것이 중요하다. 제1법칙은 특히 난방에 이용되는 에너지에 적용된다. 건물 난방에 사용되는 난로는 연소되는 연료 전체에서 나오는 에너지의 80% 정도만이 건물 난방에 이용되며 나머지는 배관, 굴뚝 등을 통해 달아난다. 이 80%가 제1법칙 효율성이다. 이상적인 열역학 기구는 외부 온도 0℃에서 내부 온도 20℃로 건물을 난방하는 100단위의 에너지를 전달하는데 7단위의 에너지만을 요구한다. 따라서 난방기구의 열역학 2법칙 열효율은 6% 이하이다.

열펌프(냉장고나 냉방기처럼 거꾸로 작용하는 기구)는 제2법칙을 이용해 이 펌프에 사용되는 전기 에너지보다 더 많은 에너지를 열로 전달한다.[13] 비록 전형적인 열역학 2법칙 효율성은 30%에 불과하지만 여기에 사용되는 전기를 생산하는 데 드는 1차 에너지보다는 많은 열에너지를 전달한다. 그러나 상대적으로 높은 설치비와 유지비로 열펌프는 널리 사용되지 못했다. 많이 사용되는 사례를 보면 스웨덴의 웁살라 시의 지역난방에 이용되는 것으로 하천에서 14MW의 열에너지를 추출하여 전달하는 데 4MW의 전기가 소용된다.

에너지 수요는 1970년에서 1990년까지 세계 평균으로 매년 3%씩 증가하였으며, 경제적으로 전환기를 맞이하는 국가들을 제외하더라도 지난 10년간 매년 2.5%씩 상승하였다. 이러한 경향을 바꿀 수는 없을까?

건물용 에너지 절약에서 중요한 것은 단열 개선과 전자제품의 효율성 개선이다. 영국과 미국을 포함한 많은 국가들이 스칸디나비아 국가들에 비교하여

12) 출처: *National Academy of Science, Policy Implications of Greenhouse Warming*(Washington DC: National Academy Press, 1992), 21장.

13) 열펌프와 그 적용에 보다 자세한 내용은 P. E. Smith, *Sustainability at the Cutting Edge*(London: Architectural Press, 2003), 3장 참조.

전자제품의 효율성

가정이나 상업용 건물에서 사용하는 전자제품으로부터 전기 소비를 절감할 수 있는 가능성이 크다. 모든 사람들이 효율성이 보다 높은 제품들로 교체한다면, 전기 소비를 쉽게 반으로 줄일 수 있을 것이다.

전등을 예로 들어보자. 미국에서 사용되는 모든 전기의 1/5이 전등에 직접 이용된다. 백열등을 컴팩트 형광 전구로 바꾸는 작업이 광범위하게 이루어진다면, 밝기는 그대로이면서 전기는 1/4이 절약되고 수명은 8배나 늘어난다. 소비자 입장에서도 경제적으로 대단한 효과가 있다. 예를 들면, 20W짜리 컴팩트 형광 전구(일반적인 100W 백열등과 동일)는 5파운드 이하이지만 12년 이상의 수명으로 20파운드 가치의 전기를 사용하게 되는 셈이다. 동일한 기간에 8개의 일반 전구를 사용하는 데는 4파운드가 필요하지만 100파운드 값의 전기를 사용하는 셈이다. 순절약분은 80파운드이다. 전등의 효율성을 더 높이는 것은 백색광을 내는 다이오드 발광 전등(light emittig diodes, LEDs)을 일반화하는 것이다.[14] 가장 최근에 나온 기구는 크기가 $1cm^2$ 정도이면서 전기 소비는 3W에 불과한데 60W의 백열등과 같은 밝기를 낸다.

일반 가전제품(조리기, 세탁기, 세척기, 냉장고, 냉동고, TV, 전등 등)의 일일 평균 전기 사용은 1990년 초기에 10KWh였다. 이들이 가장 효율성이 높은 제품으로 바꾼다면 전기 사용은 2/3 정도로 떨어질 것이다. 효율적인 제품을 구매하는 데 드는 추가 비용도 운용비용이 절감되면서 곧 회수된다. 이와 비슷한 계산은 다른 전자제품에서 적용된다.

여전히 상대적으로 불량한 건물 단열 표준을 사용하고 있다. 태양 에너지를 보다 많이 사용할 수 있는 건물 설계에도 도움을 준다(408쪽 글상자 참조). 비교적 적은 비용으로 전자제품의 효율성을 개선할 수 있는 가능성도 많다.

14) Smith, *Sustainability*, pp.135～137.

건물의 단열

전 세계에서 건물 난방이 필요한 추운 기후에서 살고 있는 사람들의 수는 15억 명이 넘는다. 대부분의 국가에서 단열 불량으로 인하여 난방에 필요한 에너지 보다 훨씬 더 많은 에너지가 요구된다.

표 11.3은 두 가구의 사례를 상세히 보여주고 있는데 지붕, 벽, 창문 등에서 단열이 잘되는 경우에는 난방 에너지를 거의 절반으로(5.8KW에서 2.65KW로) 쉽게 줄일 수 있다. 단열 비용은 얼마 들지 않으며 낮은 에너지 비용으로 곧 회수된다. 건물 내의 공기순환 체계가 잘 작동되면 외부 공기와의 환기횟수

표 11.3 대지면적 8m×8m 2층 단독주택 2가구(단열이 불량한 경우와 단열이 비교적 잘된 경우)의 열손실 비교(U값은 요소별 열전도를 표시하며 단위는 W/m^2/℃)

	단열 불량	단열 양호
벽면 (전체 면적 150m^2)	벽돌+빈 공간+블록: U값 0.7	벽돌+빈 공간+블록 빈 공간에 75mm 두께의 단열재: U값 0.3
지붕(면적 85m^2)	비단열재: U값 2.0	두께 150mm의 단열재 사용: U값 0.2
바닥(64m^2)	비단열재:U값 1.0	두께 50mm의 단열재 사용: U값 0.3
창문 (전체 면적 12m^2)	외층: U값 5.7	저방출 코팅을 한 복층: U값 2.0
열손실(단위 kW): 외기와의 온도차 1℃ 경우	지붕 1.7 벽 1.1 창문 0.7 바닥 0.7	지붕 0.2 벽 0.45 창문 0.2 바닥 0.2
전체 열손실(kW)	4.2	1.05
환기를 위해 추가로 드는 열(kW) (1.5/hr)	1.60	1.60
전체 난방 요구량 (kW)	5.8	2.65

를 줄일 수 있으며 전체 난방비는 더욱 줄어든다. 말하자면 단열을 더욱 잘 할수록 난방의 필요성이 상대적으로 줄어든다.

미국에서의 연구 결과는 건물에 사용되는 전기 부문에서 상당한 절약을 할 수 있음을 보여주고 있다. 절약하는 작업에 들어가는 비용은 에너지 절약 비용보다 적다. 따라서 전체로 놓고 보면 상당한 절약이 가능하다(그림 11.8). 그림 11.8에서 12가지 옵션은 모두 미국 전체의 주거용 건물에 사용되는 전체 전기의 45%를 차지하며 1990년 기준으로 1,700TWh로 미국 전체 에너지 소비의 약 10%에 해당한다. 가장 많이 절약(전체 절약분의 60%)할 수 있는 4가지 옵션은 상업용 전등, 상업용 냉방, 주거용 전자제품, 주거용 난방 부문이다. 미국의 일부 전기회사들은 새로운 단열 설치가 필요할 때는 에너지 절약 시설을 사용하도록 계약을 맺어서 회사와 소비자 모두가 상당한 이익을 보고 있다. 이와 같은 절약 방안이 다른 선진국에서도 적용되고 있다. 경제 전환기 국가나 개발도상국에서도 기존의 시설이나 장비들의 열효율이 높아진다면 상당한 정도의 절약을 할 수가 있다.

건물의 계획과 설계 시에 통합건물설계(integrated building design) 방법을 채용하면 더 많은 절약을 할 수 있다. 건물을 설계할 때 난방, 냉방, 환기 체계 등의 설계는 일반적으로 본 건물 설계와 분리되어 이루어진다. 통합건물 설계의 가치는 본 건물 설계와 에너지 소비 체계 설계(크기 조절 등)의 많은 부분 간에 시너지 효과가 나타나면서 에너지 절약 기회가 많아진다는 점이다. 저에너지 건물의 많은 사례들이 있으며 통합건물설계 방식이 채택되어 기존 방식의 설계 시보다 에너지 소비를 절반 이하로 줄이고 보다 수용이 가능하고 사용자 편의를 높일 수 있다.[15] 최근의 사례를 보면 제로 배출(화석연료) 개발

15) E. von Weizacker, A. B. Lovins, L. H. Lovins, *Factor Four, Doubling Wealth: Halving Resource Use*(London: Earthscan, 1997). pp.28~29 참조.

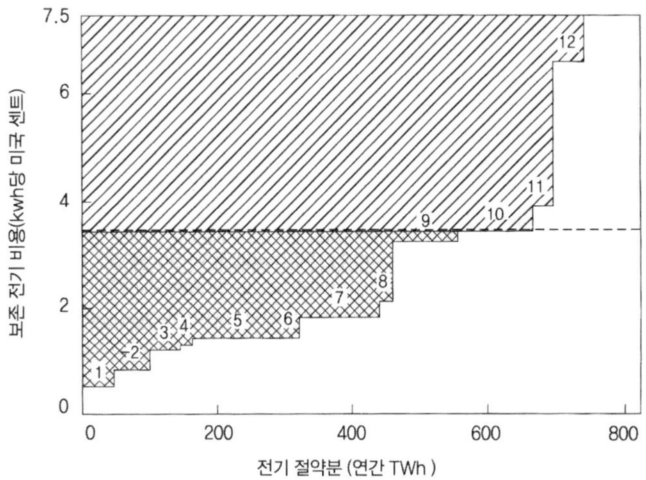

그림 11.8 건물 전기 절약을 위한 다양한 옵션의 비용(1989년도 가격). 전기 보존비용이 시설의 사용기간 동안에 절약되는 전기 비용보다 적다면 순절약이 발생한다. 옵션들은 다음과 같다. (1) 냉방 요구를 줄이는 흰색 벽면, (2) 주거용 전등, (3) 주거용 온수 공급, (4) 상업용 온수 공급, (5) 상업용 전등, (6) 상업용 조리, (7) 상업용 냉방, (8) 상업용 냉장, (9) 주거용 전자 제품, (10) 주거용 난방, (11) 상업용 및 산업용 난방, (12) 상업용 환기. 음영 부분은 모두 kWh당 7.5센트(전 부분의 평균 전기 비용)와 3.5센트(일반적인 미국 전기 생산 비용) 이하이다. 그림에서 전체 절약분은 누계로 전체 전기 사용의 45%에 해당한다.

(Zero Emission Development, ZED)을 목표로 하는 보다 적극적인 건물 디자인도 있다. 글상자는 이러한 맥락에서의 영국의 최근 발전상을 보여준다.

최근의 연구에 따르면[16] 공격적인 에너지 효율화 정책과 방안으로 선진국과 개발도상국 모두의 건물에서 배출되는 이산화탄소를 2010년까지 25% 감소시키고 2050년까지는 50%를 줄일 수 있다는 것이다. 그러나 건물 부문에서 요구되는 에너지가 현재의 비율로 꾸준히 증가한다면, 효율성의 증가에 따른

16) Moomaw and Morira *et al.*, "Technological and economic potential of greenhouse gas emissions reduction," in Metz *et al.*, *Climate Change 2001: Mitigation*(Cambridge: Cambridge University Press, 2001), 3장 표 3.5 참조.

제로 배출 개발(Zero Emission(화석연료) Development, ZED)

BedZED는 런던의 보로 오브 셔턴(Borough of Sutton)의 브라운필드 황무지에 건설된 복합형 신개발 도시마을로서 아파트, 맨션, 단독주택 등의 84세대와 함께 업무와 공동체 공간이 결합되어 있다.[17] 고효율 단열재, 바람으로 작동되는 환기장치가 되어 있으며, 광역적 열전달 벽과 바닥재의 각 단위 부분별로 이루어지는 열 회수 및 수동적인 태양열 회수 등은 에너지 수요를 감소시켜 135kW의 목재 연료의 열병합(combined heat and power, CHP) 발전소만으로도 충분히 마을의 에너지 수요를 감당한다. 109kW의 첨두 광볼타(photovoltaic) 장치는 40대의 전기 자동차, 그리고 일부 수영장과 택시, 개인 소유 장치에 동력을 공급할 수 있을 만큼 태양열 전기를 제공하고 있다. 공동체는 탄소 중립적인 생활 스타일에 대한 여유를 가지고 있다. 즉 건물과 지역 교통용의 에너지 모두는 재생가능한 에너지원에서 공급되고 있다.

배출량 감소도 대부분 수요 자체의 성장과 상쇄되어버릴 것이다. 그러나 효율성의 증가는 전등에서 LEDs 사용과 같은(글상자 전자제품에서 언급) 전망 있는 새로운 기술로 가능하다. 분명이 필요한 것은 비화석연료 에너지로 전환하는 것이며 다음 절에서 다시 살펴볼 것이다.

수송 부문에서의 에너지 절약

운송 부문은 전 세계적으로 온실가스 배출의 거의 1/4을 차지한다. 또한 배출량이 급속히 증가하고 있는 부문이기도 하다. 운송에서 도로교통이 배출의 가장 큰 비중을 차지하고 있으며 선진국에서는 거의 80%를 차지한다.

17) www.zedfactory.com/bedzed/bedzed.html

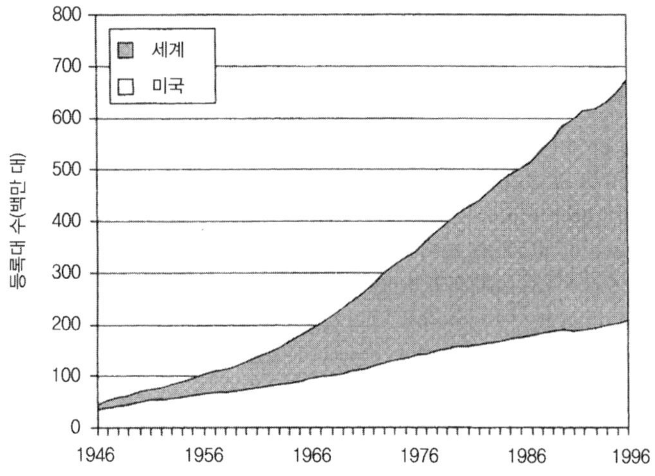

그림 11.9 세계 자동차 인구의 증가, 1946~1996년

다음으로 항공교통 부문이 13%를 차지한다. 1970년 이후, 미국의 자동차 수는 매년 2.5% 비율로 증가하였으며 미국을 제외한 세계는 그 증가율이 거의 2배인 5%에 달한다(그림 11.9). 후자의 경향성은 계속 증대될 것이다. 그것은 국가들마다 차량 소유에서 상당한 차이를 보이고 있기 때문인데, 미국은 차량당 인구 비율이 1.5명이지만 중국과 인도는 차량당 100명을 상회한다. 자동차로 인한 이득, 편리함, 자유로움, 융통성 등으로 그 이용이 계속 증가할 것이다. 부의 증가는 항공 수송의 증가를 가져온다. 수송 부문에서 이산화탄소 배출의 감소 노력은 특히 과감히 이루어져야 할 것이다.

자동차 교통에서 에너지 사용을 억제할 수 있는 3가지 유형의 행동이 있다.[18] 첫째는 연료 사용의 효율성을 높이는 일이다. 우리들은 보통 자동차가

18) Royal Commission on Environmental pollution, 18th and 20th Reports *Transport and the Environment*(London: HMSO, 1994 and 1997); Moomaw and Morira *et al.*, "Technological and economic potential of greenhouse gas emissions reduction," in Metz *et al.*, *Climate Change 2001: Mitigation*(Cambridge: Cambridge University Press, 2001), 3.4절 참조.

자동차의 이산화탄소 배출 감축 기술[19)]

최근에 이루어진 중요한 발전은 전기를 동력으로 하는 트레인과 배터리를 내연 엔진과 결합시킨 하이브리드 전기 자동차의 개발이다. 하이브리드 차량에서 얻는 열효율 향상과 이에 따른 연료의 경제성은 일반적으로 50% 정도이다. 주로 다음과 같은 이익을 얻게 된다. (1) 재생 브레이킹 이용(제너레이터로서 이용되는 모터와 배터리에 저장된 잔류 전기들로서), (2) 서행 시 혹은 교통정체 시에만 배터리와 전기 견인으로 운행, (3) 내연 엔진에서의 저효율 모드 사용의 기피, 그리고 (4) 동력 추진 장치로서 모터/배터리의 동시 사용을 통한 내연기관의 소형화. 도요타와 혼다는 상용화가 가능한 하이브리드 모델들을 도입했고 다른 자동차 회사들도 박차를 가하고 있다.

다른 중요한 효율성 개선은 보다 경량화한 재료 이용, 공기저항을 줄이는 디자인의 개선, 대형 트럭에 오랫동안 사용되어왔던 직접 분사 디젤 엔진을 소형 승용차와 소형 트럭에 이용하는 것 등이다.

작물에서 생산된 바이오 연료도 자동차 연료로 사용될 수 있으며 이로 인해 화석연료의 사용을 줄일 수 있다. 예를 들면, 에탄올은 브라질의 사탕수수와 미국의 옥수수에서 광범위하게 생산되고 있다. 바이오 디젤도 보다 널리 사용되고 있다. 그러나 이러한 연료는 강력한 보조 연료이지만 아직도 화석연료와 완전하게 경쟁할 수 있을 정도는 아니다.

다음 몇 년 동안 우리들은 재생가능한 에너지원에서 잠재적인 생산 가능성이 있는 수소 연료에 기초한 연료 전지(그림 11.15)로 움직이는 자동차를 볼 수 있게 될 것이다(421쪽 참조). 이러한 새로운 기술들은 수송 부문에서 커다란 영향력을 행사할 가능성을 지니고 있다.

1992년에 경유 1갤런으로 12,000km를 달리는 기록을 가지는 자동차와 경쟁하는 차를 기대할 수 없다. 이 거리는 수송을 위해 우리들이 얼마나 비효율적으로 에너지를 사용하는지 보여주기 위해 시도했던 여행이었다! 그러나 현재의 자동차들에 의한 평균적인 연료 소비는 기존의 기술, 즉 효율적인 엔진, 경량화한 구조, 공기저항을 줄인 디자인만으로도 절반 정도 줄일 수 있을 것으로 추정된다(앞의 글상자 참조). 두 번째 행동은 도시와 지역 개발에 있어서 교통 수요를 줄이고 개인적인 교통수단의 사용을 줄이는, 다시 말해 통근, 레저, 쇼핑 등을 대중교통 수단이나 보행, 자전거 등으로 이용하도록 설계하는 것이다. 이러한 계획은 물론 대중교통이 믿을 만하고 편리하며 비용이 적당하고 안전하다는 점을 확신시키는 것과 연계되어야 한다. 세 번째 행동은 가장 에너지 효율적인 화물 수송 형태의 이용을 극대화함으로써 에너지 효율성을 높이는 일이다. 도로나 항공 운송보다는 철도나 수운을 이용하고 불필요한 여행을 자제하는 것이다.

항공 수송은 자동차 수송보다 더 급속하게 성장하고 있다. 세계의 항공 여객운송은 탑승객-km로 측정하면 향후 10년 혹은 그 후에도 매년 5%씩 성장할 것으로 예상되며 전체 항공 운송 연료는 매년 3%씩 증가할 것이며 연료 효율성의 증가에 따라 차이가 있을 것이다.[20] 연료 효율성이 더 증가할 것으로 예상되지만 항공 운송량의 증가를 따라잡지는 못할 것이다. 항공 수송에서의 또 다른 문제는 3장(90쪽)에서 언급되었듯이 이산화탄소 배출로 지구온난화에만 기여하는 것이 아니다. 다른 종류의 배출물로 인한 고층 구름의 증가는 보다 더 큰 강도의 효과를 만들어낸다. 많은 연구들이 항공기가 기후에 미치는 영향을 분석하고 있고 그 영향을 줄이는 것이 절실히 요구되는 시점이다.

19) 보다 자세한 내용은 Moomaw and Morira *et al.*, "Technological and economic potential of greenhouse gas emissions reduction," in Metz *et al.*, *Climate Change 2001: Mitigation*, 3.4절 참조.

20) 출처: J. Penner *et al.*, *Aviation and the Global Atmosphere. A spacial report of the IPCC*(Cambridge: Cambridge University Press, 1999), 정책입안자들을 위한 요약본.

산업에서의 에너지 절약

산업에서의 에너지 효율성 향상에는 많은 기회들이 있다. 상대적으로 간단한 조절 기술의 설치로 비용에서 상당한 순절약을 위한 에너지 감소의 잠재력을 보여줄 수가 있다. 열과 동력의 동시 생산은 발전기로 하여금 그냥 버려왔던 열을 보다 효율적으로 사용하게 되었는데, 특히 대량의 열과 동력이 요구되는 많은 공장들에 적용될 수 있다. 예를 들어, 브리티시 제당(British Sugar)은 1992년에 연간 매출액 7억 파운드 중 연간 에너지 비용으로 2,100만 파운드를 지불했다. 낮은 수준의 열 회수, 동시생산 체계와 보다 나은 열과 빛의 통제를 통하여 1992년에는 설탕 1톤당 에너지 비용이 1980년에 비해 41% 절감하였다.[21] 다른 잠재적인 이산화탄소 배출의 감소는 재료의 재활용, 에너지원으로서 폐기물의 이용, 탄소 배출이 덜한 연료로의 전환 등을 통하여 이룰 수 있었다. 선진국의 많은 연구들이 제시하는 것은 30% 혹은 그 이상의 감소로 경제 전체의 관점에서의 순절약은 산업 부문에서 이루어진다는 것이다.[22]

적절한 인센티브를 주면 이산화탄소 배출의 커다란 절감이 비용상으로도 대규모 절감을 가져올 수 있는 석유화학 산업에서 실현될 수 있다. 예를 들면, 브리티시 석유회사(BP)는 메탄 유출을 제거하기 위한 기술의 운영과 적용에서 누출되는 폐기물과 누수물을 제거하기 위하여 회사 내에 탄소 배출 교환 시스템(carbon emission trading system, CETS)을 가동시켰다. 실시 첫 3년 만에 미화 6억 달러가 절약되었고 탄소 배출은 1990년 수준에서 10%가 감소했다.[23]

---

21) *Energy, Environment and Profits*(London: Energy Efficiency Office of the Department of the Environment, 1993)에서 사례 인용.

22) *National Academy of Science, Policy Implications of Greenhouse warming*(Washington DC: National Academy Press, 1992), 22장; *Energy for Tomorrow's World: the Realities, the Real Options and the Agenda for Achievement*, WEC Commission Report(New York: World Energy Council, 1993), 4장; T. Kashiwagi *et al.*, "Industry" In Watson, *Climate Change 1995*: *Impacts*, 20장; Moomaw and Morira *et al.*, in Metz, *Climate Change 2001: Mitigation*, 3장 참조.

대형 발전소나 또 다른 화석연료를 연소시키는 시설들에서도 에너지 효율을 높일 여지들이 있다. 예를 들면, 석탄을 이용한 발전소의 효율성은 20년 전의 전통적 방식을 고수했던 시기의 32%에서 오늘날 압력화하고 유체화한 바닥 연소 방식으로 전환한 후에는 42%로 향상되었다. 가스 터빈 기술도 개선되어 효율성 향상에 기여하였다. 대규모의 현대식 가스-터빈 결합 순환 발전소에서는 6%의 효율성 개선효과를 가져왔다. 이러한 개선은 환경 측면에서 매우 중요하며 중국과 인도와 같이 최근 급속하게 산업화되고 있는 국가들에게 유용하고 매력적일 것이다. 전체적인 효율성 향상에 조금 더 기여를 할 수 있는 부분은 그동안 버려졌던 발전소에서 대량으로 발생하는 낮은 수질의 열들을 포집하는 것으로 예를 들면, 열병합(combined heat and power, CHP) 발전소가 그러한 예이다. 이러한 병합발전에서는 연료를 연소하면서 나오는 에너지를 이용하면서 얻을 수 있는 효율성이 약 80% 정도에 이른다.

표 11.4는 2010년과 2020년까지 예측되는 여러 분야 혹은 산업의 온실기체 감소에 대한 기여 정도를 정리한 것이다. 표에서 보면, 전체적으로 1990년도의 분야별·산업별 배출량의 약 절반 정도를 줄인다는 것이다. 표에서 정리된 것이나 본 절에서 제시된 대부분의 제안에서 정리된 감소 방안들은 '후회 없는 정책' 제안의 범주에 들어갈 것이다. 다른 말로 하면, 온실기체를 상당히 감소시킬 뿐만이 아니라 또 다른 이유에서도 많은 기여를 한다. 즉, 효율성을 증가시키고, 비용을 절감하고, 작동 방식을 개선하여 쾌적하게 만들어준다. 그러나 기본적인 에너지는 일반적으로 저렴하여, 독려하거나 인센티브를 주지 않는다면, 많은 제안들을 적용해나가는 데 제한을 받을 수 있다. 뒤에 언급될 여러 정책 기구들이 이러한 문제들을 강조하고 있다.

23) 2003년 11월 26일 런던에서의 BP그룹 최고경영자인 Lord Browne이 기관투자자들에게 행한 연설.

표 11.4 2010년과 2020년 세계 온실기체 배출 감소의 잠재력 추정

부문		1990년의 배출 (MtCq/년)	1990~1995년간 연간 C_{eq} 성장률(%)	2010년 배출 감소 잠재력 (MtC_{eq}/년)	2020년 배출 감소 잠재력 (MtC_{eq}/년)	절감 가능한 톤당 순 직접 비용
빌딩[a]	CO_2에만	1650	1.0	700-750	1000-1100	대부분 배출 감소는 부정적인(negative) 직접 비용 감소에 도움
수송	CO_2에만	1080	2.4	100-300	300-700	대부분의 연구들은 미달러 25/tC보다 적은 순직접 비용을 나타내지만 두 연구는 순 직접 비용이 미달러 50/tC를 넘을 것으로 본다.
산업	CO_2에만	2300	0.4			순 소극적 직접 비용에서 절반 이상 감소
에너지 효율성				300-500	700-900	비용은 불확실
재료 효율성				~200	~600	
산업	CO_2 제외한 기체들	170		~100	~100	N_2O 배출 감축에 따른 비용은 미달러 0-10/tC_{eq}
농업[b]	CO_2에만	210				대부분의 감소는 미달러 0 및 100/tC_{eq} 사이의 비용. 순 소극적 직접 비용 옵션에 대해서는 제한적인 기회를 가짐
	CO_2 제외한 기체들	1250-2800	없음	150-300	350-750	
폐기물[b]	CH_4에만	240	1.0	~200	~200	순 소극적 직접 비용으로 볼 때 매립장에서의 메탄 회수에 의한 절감에서 약 75%; 미달러 20/C_{eq}의 비용에서 25%.

몬트리올 의정서에 의한 대체물 적용	CO_2를 제외한 기체들	0	없음	~100	없음	감소의 절반 정도는 연구기준의 SRES 기준치 간의 차이에서 유발. 남은 절반은 미화 200/tC_{eq} 이하의 순 직접 비용 절감.
에너지 공급과 전환[c]	CO_2에만	(1620)	1.5	50-150	350-700	한정된 순 부정적 직접 비용 옵션은 그대로 남음. 많은 옵션들은 미달러 100/tC_{eq} 이하에만 적용
전체		6900-8400[d]		1900-2600[e]	3600-5050[e]	

a 건물은 전자제품, 건물, 빌딩 뼈대 등을 포함.

b 농업의 범위는 주로 CH_4, N_2O에서의 대량의 불확실한 분량과 CO_2의 배출에서의 토양관련 배출에 의해서 주로 야기된 것임. 폐기물은 주로 매립장의 메탄이며 다른 부분은 대부분 화석연료 CO_2에 의한 것이므로 보다 상세하게 추정될 수 있었음.

c 위의 부문별 값에 포함됨. 감소분은 전기 발전 옵션만을 포함(천연가스/원자력으로의 연료 전환, CO_2의 포획과 저장(capture and storage), 발전소 효율성 개선, 그리고 재생가능 에너지)

d 전체는 6개의 기체에 대하여 모든 부문들을 포함. CO_2의 비에너지성 배출원을 제외함(시멘트 생산, 160MtC; 천연가스 배출 화염(gas flaring), 60MtC; 토지이용 변화, 600~1,400MtC), 최종 이용 부문 전체에서 연료 전환(fuel conversion)에 이용된 에너지(630MtC). 삼림의 배출과 탄소 저장(carbon sink)에 의한 완화 옵션은 포함되지 않았음에 유의해야함.

e SRES 시나리오 기준선(교토 의정서에 포함된 6개의 기체에 대한) 예측은 2010년에 11,500~14,000MtC_{eq}, 2020년의 12,000~16,000MtC_{eq}의 배출 범위를 예상. 배출 감소 예측은 SRES-B2 시나리오의 배출 기준선 경향과 가장 근접함. 감소 잠재력은 정기적인 주식의 거래총액(regular turn-over of capital stock)을 고려한 것임. 이들은 비용-효과 옵션에 제한된 것은 아니지만, 미 달러 100/tCeq 이상의 비용을 가진 옵션들은 제외(몬트리올 의정서 기체들은 예외)하거나 일반적으로 수용된 정책의 적용을 받지 않은 옵션들임.

출처: Table SPM-1, from Metz, *Climate Change 2001: Mitigation*, 3장. 추가 정보는 Moomaw and Morira *et al.*, 3장 in Metz *et al*. *Climate change 2001: Mitigation*.

이산화탄소의 포획과 저장

화석연료 에너지원으로부터 벗어나는 대안의 하나는 화석연료 연소 시에 대기로 배출되는 이산화탄소를 방지하는 것이다. 이산화탄소를 발전소에서 나오는 굴뚝 화염 기체에서 제거하거나, 혹은 화석연료 공급 원료를 기화공장에서 증기를 사용하여[24] 이산화탄소와 수소로 전환시킬 수도 있다. 이산화탄소는 상대적으로 제거하기가 쉽고 수소는 다양한 방식의 연료로 사용될 수 있다. 후자의 옵션이 다음 상황에서 보다 바람직한데 그것은 전기 발전을 위한 연료 전지에 있는 수소를 대규모로 이용하는 데 따른 기술상·원료공급상의 문제들을 극복할 수 있는 경우이다. 이것은 다음 장에서 다시 논의한다.

다양한 옵션을 통하여 최종적으로 발생하는 많은 양의 이산화탄소 제거(혹은 격리)가 가능하다. 예를 들면, 이산화탄소를 사용하고 남은 유정이나 가스정으로 혹은 심층 암염 저장소 혹은 채광하지 않는 탄광의 석탄층 내로 유입시킬 수 있다.[25] 이산화탄소를 펌핑하여 심해저로 보내자는 제안도 있지만 이러한 제안은 실질적인 시행 전에 좀 더 다각적이고도 조심스러운 연구와 평가가 요구된다. 가장 유리한 환경에서(예를 들면, 발전소가 유전이나 가스전 가까이에 있을 때와 채굴 비용이 낮을 때) 제거 비용이 비록 중요하지만 전체 에너지 비용 중에서 그리 크지 않다. 예를 들면, 탄소세가 탄소 1톤당 미화 15달러 정도인 노르웨이의 한 회사는 매년 천연가스에서 제거된 100만 톤의 이산화탄소를 펌핑하여 북해 심해저에 저장하는 것이 보다 경제적이라는 것을 인식하고 있다. 다른 환경에서는 예측 비용이 보다 커진다(아마도 최고가 에너지 비용에서 100%까지 올라갈 수도 있다). 채굴 비용은 일반적으로 저장 비용보다 크다.

이산화탄소의 포획과 저장의 기술은 이산화탄소 배출의 해로운 효과 없이 화석연료의 지속적인 이용을 가능하게 할 것이다. 지하의 이산화탄소 저장에

---

24) 탄소성 연료는 연소 시에 일산화탄소, CO를 발생시키는데 이것은 다음과 같이 수증기와 결합한다. $CO+H_2O=CO_2+H_2$

25) *Putting Carbon Back in the Ground*, IEA 온실기체 R&D 프로그램, www.ieagreen.org.uk.

대한 세계의 잠재력은 크다. 예를 들면, 이산화탄소가 북서 유럽에서만도 지질학적 저장소에 저장될 수 있다면 그 양은 탄소 200Gt 이상에 이르는 것으로 추정된다. 얼마나 저장될 것인가는 적절한 장소 선정 문제보다는 오히려 비용 문제에 달려 있다고 본다.

재생가능한 에너지

에너지 이용 관점에서 보면, 태양으로부터 지구에 전달되는 에너지의 총량은 18경(경은 조의 만 배이고, 억의 억 배) 와트(혹은 180,000 TW, TW=10^{12}W)라는 것은 흥미로운 사실이다. 이것은 세계의 평균 에너지 이용량인 13조 와트(13TW)의 만 4천 배에 해당한다. 태양으로부터 지구에 40분 동안 전달되는 에너지량은 우리들이 1년 동안 쓸 수 있는 전체 에너지량이다. 우리들이 만족스럽게 경제적으로 이용할 수 있다면 인류 사회가 생각할 수 있는 모든 에너지의 수요는 태양으로부터 얻은 재생가능 에너지만으로도 충분하다. 태양 에너지를 우리들이 이용할 수 있는 형태로 바꾸는 방법에는 여러 가지가 있고 전환에 따른 효율성을 살펴볼 필요가 있다. 예를 들어, 거울 등으로 태양 에너지를 집중시키면 대부분을 열에너지로 이용할 수가 있다. 태양 에너지의 1~2% 정도가 대기 대순환을 통하여 바람에너지로 전환되고, 이것은 바람이 많이 부는 지역에 모이기도 하지만 대략은 전체 대기 중에 분산되어 분포한다. 태양 에너지의 20%는 지구 표면에서 물을 증발시키는 데 이용된다. 궁극적으로는 강수 형태로 지표상에 떨어지고, 이것은 수력 에너지로 전환될 수 있다. 살아 있는 생명체들은 최적의 작물의 경우에 1% 정도의 효율성을 가지고 광합성을 통해 태양광선을 에너지로 전환한다. 마지막으로 광볼타(photovoltaic, PV)는 태양광을 전기 에너지로 바꾸는데 현재 연구된 최고의 성능은 20% 이상의 효율성을 보이고 있다.

1900년 무렵 상업적 전기 생산 초기에 수력은 명확한 에너지원이었고 초기

표 11.5 1990년 및 WEC 시나리오 C에서 가정한 2020년의 세계 에너지 공급에 대한 재생가능 에너지원의 기여도(단위: 석유환산 백만톤)

	1990		2020	
	Mtoe	세계에너지에서의 비율(%)	Mtoe	세계에너지에서의 비율(%)
'현대적' 바이오매스	121	1.4	561	5.0
태양	12	0.1	355	3.1
바람	1	0.0	215	1.9
지열	12	0.1	91	0.8
'소규모' 수력	18	0.2	69	0.6
조력, 파랑 및 조수력(tidal stream)	0	0.0	54	0.5
전체(신재생가능 에너지원)	164	1.8	1345	11.9
'대규모' 수력	465	5.3	661	5.8
'전통적' 바이오매스	930	10.6	1060	9.3
전체(모든 재생가능 에너지원)	1559	17.7	3066	27.0

자료: *Energy for Tomorrow's World: the Realities, the Real Options and The Agenda for Achievemnet*, WEC Commission Report(London: World Energy Council, 1993), p.94.

부터 많은 기여를 했다. 수력 체계는 현재도 전 세계 상업 에너지의 6%를 감당하고 있다. 그러나 다른 재생가능한 상업 에너지들의 이용은 현재의 기술 수준에 달려 있다. 1990년에 세계 상업에너지의 2% 정도가 대규모의 수력(수력 발전소) 외의 재생에너지에서 얻어지고 있을 뿐이다〔수력 외의 재생가능 에너지들을 신재생가능에너지(new renewable energy)라고 한다〕.[26] 이 2% 중에서(표 11.5), 3/4는 '현대적' 바이오매스('현대적'의 의미는 전통적으로 이용된 바이오매스와 구분하여 상업적인 에너지로 이용될 때를 말함)로부터 나오며 다른 0.5%는 태양, 풍력, 지열 그리고 소규모 수력으로 나누어져 있다.

다시 상업적 에너지 생산으로 돌아가면, 재생가능 에너지원의 측면에서

26) '대규모' 수력은 10MWp보다 더 큰 용량의 설비, '소규모' 수력(소수력)은 10MWp 이하의 설비에 적용한다.

WEC 시나리오 C에서 가정한 2020년의 전체 에너지 공급의 12%에 이르는 다양한 '신재생가능' 에너지원들의 기여분에 대한 WEC의 상세한 예측(표 11.5)을 분석해볼 필요가 있다. 예상되는 주요 성장은 '현대적' '바이오매스 및 태양열, 풍력 에너지원에 있다. 표 11.6은 다양한 재생가능 에너지원의 상황과 비용에 대해 상세화된 정보를 정리하고 있다.

다음에서는 성장 가능성 측면에서 주요 재생가능 에너지원들을 다시 논의한다.[27] 그들 대부분은 기계적인 방식(수력 및 풍력에 대한), 열 엔진(바이오매스 및 태양열)과 태양광에서 직접 전환(태양열 PV) 등을 이용하여 전기를 생산한다. 바이오매스의 경우 액화 및 기화 연료들로 생산될 수 있다.

수력

수력은 재생가능 에너지원에서 가장 오래된 것으로 매우 안정된 것이며 경제적으로도 다른 방식의 전기 생산과 경쟁력이 있는 것이다. 경우에 따라서는 거대한 규모를 가진다. 중국의 양쯔강에는 세계에서 가장 큰 삼협댐이 건설 중에 있으며, 완공될 경우 2만 MW 이상의 전력을 생산할 것이다. 또 다른 거대한 계획으로는 각각 만 HW 이상의 전력을 생산할 남아메리카 베네수엘라의 구리(Guri) 댐과 브라질과 파라과이 국경에 있는 이타이푸(Itaipu) 댐이 있다. 추정에 의하면[28] 현재 개발 중에 있는 수력의 3~4배에 달하는

27) 재생가능 에너지에 대한 종합적인 정보원은: G. Boyle(ed.), *Renewable Energy Power for al Sustainable Future*(Oxford: Oxford University Prss, 1996); T. B. Johansson *et al.*, *Renewable Energy*(Washington DC: Island Press, 1993); Renewable Energy Resources, *World Engergy Council Report*(London: World Energy Council, 1993); Moomaw and Morira *et al.*, "Technological and economic potential of greenhouse gas emissions reduction," in Metz *et al.*, *Climate Change 2001: Mitigation*, 3장 참조.

28) J. R. Moreira, A. D. Poole, "Hyderpower and its constraints," In T. B. Johansson *et al.*, Renewable Energy(Washington DC: Island Press, 1993), pp.73~119.

표 11.6 재생가능 에너지 기술들에 대한 현재의 상황과 미래 잠재적 비용

이 비용들은 평균적으로 kWh^{-1}당 미화 3~6센트로 공급되는 화석연료 에너지의 가격과 비교되고 있다.

에너지 기술	지난 5년간 설치 용량의 증가(년간 %)	운영 용량 (대상 연도 1998년, GW[a])	용량 비율 (%)	에너지 생산 (1998, TWh[a])	턴키방식 투자비 (미화 달러, kW^{-1})	1999년도 에너지 비용(미화 센트, kWh^{-1})	미래 잠재적 에너지 비용(미화 센트 kWh^{-1})
수력 전기							
대규모	~2	640 (e)	35-60	2510 (e)	1,000-3,500	3-8	3-8
소규모	~3	23 (e)	20-70	90 (e)	1,200-3,000	5-10	4-10
바이오매스							
발전	~3	640 (e)	25-80	160 (e)	900-3,000	5-15	4-10
열[b]	~3	>200 (th)	25-80	>700 (th)	250-750	1-5	1-5
에탄올	~3	18×10^9 litres		120(=420 PJ)		3-9	2-4
풍력 발전	~30	10 (e)	20-30	18 (e)	1,100-1,700	5-,13	3-10
태양 PV 발전	~30	500 (e)	8-20	0.5 (e)	5,000-10,000	25-125	5 or 6-25
태양열 발전	~5	400 (e)	20-35	1.0 (e)	3,000-4,000	12,18	4-10
저온 태양열	~8	18 (th)	8-20	14 (th)	500-1,700	3-20	2 or 3-10
지열 에너지							
발전	~4	8 (e)	45-90	46 (e)	800-3,000	2-10	1 or 2-8
열	~6	11(th)	20-70	40 (th)	200-2,000	0.5-5	0.5-5
해양 에너지							
조력	0	300 (e)	20-30	0.6 (e)	1,700-2,500	8-15	8-5
조수력[c]			25-35		2,000-3,000	8-15	5-7
파랑[c]			20-35		1,500-3,000	8-20	

a (e)는 전기 에너지, (th)는 열에너지를 의미

b 흐름으로 구체화되는 열(혹은 지역 난방에서의 온수의 흐름)은 보통 여러 형태의 바이오매스를 이용한 CHP에 의해 생산되는 경우가 많다.

c 계속 실험중인 상태

자료: J. Goldemberg(ed.) *World Energy Assessment: Energy and the Challange of Sustainability*, 표 4 from Overview.

새로운 수력 발전 개발의 잠재력이 있다고 한다. 미개발중인 잠재력은 구소련 지역과 여러 개발도상국들에 있다. 그러나 대규모 시설들은 중대한 사회적 영향(수몰 지역의 주민들의 이주 등), 환경 변화 영향(토지 손실, 생물종의 손실, 하류 지역에서의 토사 퇴적 등), 그리고 사업 자체에서의 토사 생산(silting up) 문제가 있는데 이것은 일이 진행되기 전에 충분히 검토해야만 한다.

그러나 수력 발전 체계가 꼭 대규모일 필요는 없다. 표 11.5는 대규모와 소규모의 수력 에너지원을 구분하고 있다. 불과 수kW의 전기를 생산하는 많은 소규모 수력 발전소는 하나의 농장 혹은 작은 마을에 전기를 공급한다. 소규모 수력의 매력은 가장 저렴한 가격으로 바로 그 지역에 전기를 공급한다는 점이다. '소수력'은 지난 10년간 많은 성장을 이뤄왔으며 1990년의 2만 MW에서 2000년도에는 4만 MW까지 성장했다.[29] 2000년도 경우에는 중국에서의 설치가 절반을 차지하였는데 중국을 제외한 다른 해당 국가들에 비해 2배나 빠른 속도로 소수력을 건설해나갔다. 세계의 많은 국가들에 작은 하천이나 개천에서 소수력을 건설할 수 있는 잠재력은 높고 개발의 가능성도 많다.

수력 시설에서 제공되는 중요한 시설 중 하나는 양수 저장(pumped storage) 시설이다. 전기 수요가 덜한 시간대를 이용하여 낮은 저수호에서 높은 곳으로 물을 양수하는 것이다. 그리고 전기 수요가 많은 시간대에 양수된 물을 이용하여 전기를 생산한다. 양수 발전의 효율은 80%에 이르며, 양수 전환의 시간도 몇 초에 불과하므로 양수 발전을 위하여 다른 시설들의 가동의 필요성을 최소한으로 줄여준다. 1990년도 전 세계에서는 7만 5천 MW의 양수발전 시설들이 가동되었으며, 그 뒤 2만 5천 MW의 시설이 건설 중에 있었다.[30]

---

29) E. Martinot *et al.*, "Renewable energy markets in developing countries," *Annual Review of Energy and the Environment*, 27, pp.309~348. '소수력(small hydro)'의 정의는 일반적으로 10MWp 용량 이하의 설비를 말한다. '소수력'으로 인용된 것이 많은데, 때에 따라 여러 가지 다른 용량으로 '대수력'과 비교된다.

30) J. R. Moreira, A. D. Poole, "Hydropower and its constraints," In T. B. Johansson *et al.*, *Renewable Energy*(Washington DC: Island Press, 1993), pp.73~119.

연료로서의 바이오매스[31)]

재생가능 에너지원으로서의 최근 중요하게 여겨지는 두 번째는 바이오매스의 이용이다. 에너지 단위로 표현되는 모든 종류의 바이오매스의 전 세계 년간 1차 생산량은 대략 4,500EJ(=107Gtoe)이다. 현재 그 중 1%는 대체로 개발도상국에서 에너지로 전환되고 있고 우리들은 이것을 '전통적인 바이오매스'로 분류해왔다. 전체의 6%는 적절한 토지의 이용가능성과 생산의 경제학을 설명하는 에너지 작물 재배를 통하여 얻을 수 있다.[32)] 이렇게 생산된 에너지는 현재 전 세계 에너지 소비의 75% 정도에 해당하여 세계 에너지 수요의 상당한 부분을 감당할 수 있을 것이다. 진정한 재생가능한 에너지원은 바이오매스가 연소될 때 배출되는 이산화탄소가 다시 탄소로 돌아갈 때를 말하는 것으로, 광합성 작용을 통해 재생된 바이오매스는 다시 성장하게 되는 상태를 말한다. 바이오매스라는 말은 모든 종류의 작물을 말할 뿐만이 아니라 가정용, 산업용 및 농업용의 마른 폐기물과 젖은 폐기물, 난방용으로 이용될 수 있는 것과 발전을 위한 모든 것을 포함한다. 일부는 액화 및 기화 연료 생산에도 사용이 가능하다. 바이오매스는 널리 분포하므로 특히 농촌 지역에 적합한 광범위한 에너지원으로서도 적합하다.

많은 개발도상국에서 많은 사람들이 현대적인 혹은 체계적으로 공급되는 에너지를 접하지 못하는 지역에 살고 있다. 이들은 조리와 난방을 위하여 주로 '전통적 바이오매스'(땔감, 가축의 배설물, 짚, 그리고 다른 형태의 바이오 연료)에 의존하고 있다. 세계 에너지의 10% 혹은 그 이상이 이러한 에너지원에서 공급되며, 세계 인구의 1/3이 여기에 의존하고 있다. 이러한 에너지들이

---

31) A. Loening, "Landfill gas and related energy sources, anaerobic digesters; biomass energy system," *Issues in Environmental Science and Technology*, No.19(London:Royal Society of Chemistry, 2003), pp.69~88 참조.

32) Moomaw and Morira *et al.*, in Metz *et al.*, *Climate Change 2001: Mitigation*, 3.8.4.3.2절 참조.

재생가능하다고 하지만, 어느 정도 효율적으로 이용하고 있는지와 효율성을 더 높일 여지는 없는지를 살펴볼 필요가 있다. 주로 여성들이 하루 중 대부분의 시간을 땔감을 얻기 위해 보내고 있으며 더욱이 집에서 멀리 떨어진 곳까지 가야 한다는 것이다.

가정에서 바이오매스의 연소는 심각한 건강 문제를 야기하며, 세계보건기구(WHO)에 따르면 특히 어린이들의 질병과 사망률에 대한 심각한 원인의 하나로 보고 있다.[33] 예를 들면, 열린 화로에서 조리가 이루어지면서 실내 오염을 야기시키며 열의 5% 정도만이 조리 그릇 내부에 도달한다. 간단한 스토브라도 도입된다면 열 효율을 20% 정도로 높일 수 있으며, 조금 더 노력한다면 50%까지도 높일 수 있다.[34] 간단한 기술을 이용한 스토브는 일부 까다로운 소비자들이 꺼려하지만 대규모로 제공하는 일은 매우 시급하다. 땔감 수요를 줄이는 또 다른 방법들은 농작물 추수 폐기물 연료나 오수에서 나오는 메탄, 혹은 또 다른 폐기물 연료 혹은 태양열 조리기구(뒤에서 다시 언급) 등을 이용한 대안을 마련하는 일이다. 기존의 '전통적 바이오매스'의 소비에서 벗어나 보다 효율성을 높이고 오염은 줄인다면 현재 초보적인 에너지원에 의존할 수밖에 없는 20억 이상의 사람들에게 지속가능한 '현대적' 에너지 서비스를 제공할 수 있는 잠재력이 크다. 특히 관심을 기울여야 할 것은 개발도상국의 농촌 지역에서 이러한 서비스를 제공하기 위한 적절한 관리 체계와 기반 조직을 만드는 일이다(다음 글상자 참조).

첫째, 폐기물의 이용을 살펴보자.[35] 현대 사회에서 만들어지는 엄청난 양의 폐기물에 대해서는 공동 인식이 있다. 영국에서는 매년 3천만 톤 이상의 고형

---

33) 출처: J. Goldemberg(ed.) *World Energy Assessment: Energy and the Challange of Sustainability*. UNDP, UN-DESA, WEC(New York); 원 출처는 Energy Agency(1999), www.undp.org/seed/eap/activities/wea.

34) J. Twidell, T. Weir, *Renewable Energy Resources*(London: Spon Press, 1986), p.291.

35) A. Loening, "Landfill gas and related energy sources, anaerobic digesters; biomass energy system," In *Issues in Environmental Science and Technology*, No.19(London: Royal Society of Chemistry, 2003), pp.69~88 참조.

폐기물들이 만들어지고 있으며 이것은 시민 1인당 0.5톤에 해당한다. 이는 선진국들의 평균적인 수치이다. 이들을 재활용하는 주요 프로그램들이 있긴 하지만 여전히 대규모가 재활용되지 못한다. 이들이 모두 발전용으로 소각된다면(현대의 기술로 거의 오염 없이 가능하다), 약 1.7GW의 전력이 생산될 수 있으며, 영국의 전력 수요의 5% 정도를 제공할 수 있는 양이다.[36] 스웨덴의 웁살라는 통합구역 난방체계를 가진 도시인데 1980년 이전에는 에너지의 90% 이상이 석유에서 제공되었다. 이에 시에서는 재생가능한 에너지로 전환하기로 결정했고 1993년까지 폐기물 소각과 바이오매스 열원에서 나온 에너지가 도시 난방에 필요한 거의 80% 에너지를 제공하고 있다.

개발도상국 농촌을 위한 바이오매스 프로젝트

개발도상국에는 대부분의 사람들이 전기나 현대적인 에너지 서비스를 거의 받지 못하는 지역들이 많다. 이들 지역에 에너지 서비스를 제공하기 위하여 지역 바이오매스 프로젝트를 만들 수 있는 잠재력은 크다. 바이오매스로 이용되는 사탕수수는 이러한 프로젝트의 시발을 좋은 사례이다. 몇몇 나라에서 이루어진 또 다른 3개의 사례들은 파일럿 프로젝트로[37] 여러 차례 반복적으로 시험되어왔다.

바이오매스 원료로서의 사탕수수

사탕수수 공장은 바이오 연료에서부터 발전용에 이르기까지 에너지원으로 충당할 수 있는 많은 종류의 부산물들을 생산한다. 사탕수수 공장은 기화에 적합한 버게스(baggase)와 바르보호(barbojo)라고 하는 두 가지 종류의 바이오 연료(그림 11.10)를 생산한다. 버게스는 사탕수수에서 설탕을 짜내고 남은 찌꺼

36) 출처: *Report of the Renewable Energy Advisory Group, Energy Paper Number 60*(London: UK Department of Trade and Industry, November, 1992).

기로 제당 중에 얻을 수 있다. 바르보호는 사탕수수 식물의 꼭지와 잎으로 이루어져 있으며, 제당이 지난 뒤에 사용할 수 있도록 저장된다. 이러한 사탕수수 연료들을 이용하면 30년 이내에 약 80여 개의 개발도상국 사탕수수 생산국들은 화석연료 에너지원과 비교하여 경쟁력 있는 가격으로 현재 전기의 2/3 정도의 에너지를 얻을 수 있을 것으로 예상된다.[38]

농촌 전력 생산 : 인도

분산화된 에너지 시스템 인도 개인 회사(Decentralized Energy Systems India Private Limited)는 마을 협동조합이 소유하고 운영하는 10kW 내외의 독립적으로 운영되는 발전소 프로젝트를 처음으로 시도하고 있다. 그 사례의 하나는 바하르 주의 바하와리에 있는 작은 협동조합으로 여기에서는 지역 회사를 위한 혹은 건기에 용수를 끌어올리기 위한 전기 에너지원으로 바이오매스 기화(biomass gasfication) 발전소가 사용되고 있다. 여기서 발생한 지역의 수익은 마을의 소규모 회사를 확장하거나 새로운 일자리를 창출하는 데 쓰인다. 이렇게 새롭게 번 돈은 보다 개선된 에너지 서비스를 위하여 사용된다. 바이오매스 연료 공급자, 전기 사용자, 발전소 운영자 간에는 '이익의 상호관계'가 발생하고 있다.

통합 바이오 가스 시스템 : 중국 윈난

지속가능한 개발을 위한 남-북 연구소(South-North Institute for Sustainable Development)는 윈난성의 바이마 설산 자연보호구(Baima Snow Mountain Nature Reserve)에 통합 바이오 가스(biogas) 시스템을 개발, 도입했다. 이 시스템은 바이오 가스 소화기(digester), 돼지우리, 화장실, 온실 등을 연결한다. 이렇게 만들어진 바이오 가스는 조리용으로 사용되며 야외 땔감을 대체하고, '온실'형 돼지우리는 돼지 사육의 효율성을 증대시키고, 화장실은 농촌 환경 위생을 개선시키고 있으며, 온실에서 재배된 채소와 과일은 지역 주민들의 수입을 올려주고 있다. 돼지우리와 화장실에서 나온 똥거름과 다른 유기질 폐기물은 하루 10kWh 정도의 유용한 에너지를 공급할 수 있는 바이오 가스 생산 원료로 사용된다. 이러한 시스템이 50개가 운영되고 있으며 지역 땔감 소비의 상당한 부분을 줄여주고 있다.

바이오매스 발전소와 코코넛 기름짜기 : 필리핀

지역 발전 회사(Community Power Corporation, CPC)는 잔류 폐기물이나 바이오매스 작물들을 이용하여 지역 수준의 코코넛 기름 생산을 가능하게 하는 모듈형 단위 바이오매스 발전소를 개발해왔다. CPC와 지역의 농업자들은 저가의 소형 코코넛 기름 공장(필리핀 코코넛 개발청과 필리핀 대학교에 의해 개발)에 전기를 공급하기 위해 코코넛 껍질 폐기물을 연료로 사용하는 모듈형 단위 바이오매스 발전소를 이용하고 있다. 16개의 이러한 공장들이 필리핀 농촌 전역에서 가동되고 있다. 더욱이 단위 발전소는 폐열을 만들게 되는데 이 열들은 기름짜기에 앞서 코코넛을 건조시키는 데 요긴하게 사용된다.

그러나 폐기물 소각 시에 발생하는 온실기체는 어떻게 할 것인가? 물론 여기서 이산화탄소가 발생하며 온실 효과에 기여할 것이다. 그러나 폐기의 대안은 매립(현재 영국의 폐기물 대부분은 이러한 방법으로 처리되고 있다)이다. 매립된 폐기물이 긴 시간에 걸쳐 썩으면서 이산화탄소와 메탄을 만들어내는데 폐기물 연소와 비슷한 양이다. 메탄의 일부는 포집되어 발전용으로 이용될 수 있다. 그러나 그 일부분만이 포집될 수 있다. 나머지는 새어나가 버린다. 메탄은 분자 단위로는 이산화탄소보다 강력한 온실기체이기 때문에 새어나간

37) 이러한 프로젝트들은 셸 재단(Shell Foundation)의 지원을 받는다. 이 재단은 제3세계에서의 지속가능한 에너지 개발을 촉진하기 위해 세워진 자선단체이다.

38) E. Mills, D. Wilson, T. Johansson(1991), In J. Jager, H. L. Ferguson(eds.), *Climate Change: Science, Impacts and Policy Proceedings of the Second World Climate Conference*(Cambridge: Cambridge University Press), pp.311~328 참조.

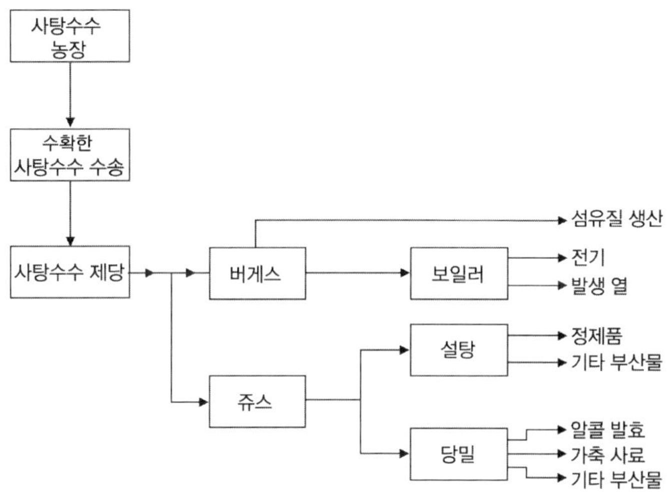

그림 11.10 사탕수수 산업의 과정

메탄은 온실효과에 상당한 기여를 한다. 자세한 계산에 따르면 모든 영국의 가정용 폐기물이 매립보다는 발전용으로 소각된다면 온실기체 배출의 연간 감소분은 이산화탄소 환산 탄소 천만 톤에 이른다.[39] 이것은 전체 영국 온실기체 배출의 5%에 해당하므로, 폐기물에 의한 전기생산은 전체적인 배출 감소에 많은 기여를 한다고 볼 수 있다.

인간 활동이나 농업 활동에 의한 또 다른 폐기물은 오수찌꺼기(sludge), 농장 폐액(slurry), 분뇨와 같은 습식 폐기물이다. 이러한 폐기물들의 산소 결핍 상태(혐기성 소화)에서의 박테리아 발효는 바이오 가스를 만들어내고, 이들은 대부분 메탄이며 에너지를 생산하는 연료로 사용될 수 있다. 이러한 에너지원을 증대시킬 여지가 있다. 농업과 산업 폐기물에 의한 발전 잠재력을 고려하면 이미 언급된 가정용 폐기물에서 발생하는 배출량의 절약은 대략 2배로 증가할 수도 있다.

39) Royal Commission on Environmental Pollution, 17th Report, *Incineration of Waste*(London: HMSO, 1993), pp.43~47 참조.

연료로서의 작물 이용으로 다시 돌아가면 잠재력은 크다. 많은 작물들이 에너지 생산을 위한 바이오매스로서 이용될 수 있다. 예를 들면, 브라질에서 1970년대 이후 대규모 사탕수수 농장에서 운송 및 발전에 주로 사용되는 연료로 이용되는 알코올을 생산해왔다. 이것은 부수적인 효과로 화석연료인 석유나 디젤보다 훨씬 오염이 적다. 사탕수수 산업은 여러 부산물들과 함께 설탕과 에너지를 동시에 생산하는 산업으로서 그 잠재력이 인정되어왔다. (글상자 참조). 스웨덴의 에너지 계획을 보면 더 이상 곡물 재배지로 사용되지 않는 농경지에서 수행되는, 목재 플랜테이션 바이오매스는 미래의 중요한 에너지원으로서 인정받고 있다.[40] 바이오매스의 가장 효율적인 이용은 첫째 이들을 바이오 가스로 전환하고 가스 터빈에서 이들을 연소하여 전기를 생산하는 것이다. 영국에서 시도한 사례 중 가장 유망한 수종은 작은 숲에서 자라는 버드나무와 포플러 나무이다.[41]

태양 에너지를 바이오매스로 바꾸는 것은 효율성이 낮기 때문에 이러한 방법을 이용해서 어느 정도의 에너지를 생산하려면 상당히 넓은 면적이 필요하다. 물론 식량 생산을 위해 요구되는 토지는 이용하지 못한다. 그러나 이러한 목적을 위한 땅은 부족하지 않다. 농업에 있어 한계에 다다른 농지라 하더라도 적절한 작물은 재배할 수 있다. 많은 개발도상국에서 바이오매스 재배는 다른 방식의 발전들보다 더 경쟁력 있는 지역 전기 생산에 적절한 연료를 제공할 수 있다.

산업화한 국가들에서 에너지를 위한 바이오매스 이용의 증가는 매우 높지만 바이오매스 에너지와 화석연료 에너지 간에 존재하는 비용 차이에 의해 제한을 받는다(표 11.6). 이 문제는 다음 장에서 다시 언급될 것이다.

---

40) DO. Hall *et al.*, "Biomass for energy: supply prospects," In Johansson, *Renewable Energy*(1993), pp.593~651.

41) 출처: *Report of the Renewable Energy Advisory Group, Energy Paper Number 60*(London: UK Department of Trade and Industry, November, 1992), p.A29.

풍력 에너지

바람으로부터 얻는 에너지는 새로운 것이 아니다. 200년 전까지만 해도 풍차는 유럽 풍경의 일반적인 모습이었다. 1800년 영국에는 1만 개 이상의 풍차가 작동하고 있었다. 과거 수년 동안 서부 유럽의 국가들(덴마크, 영국, 스페인 등)과 북아메리카 서부에서 다시 풍차의 스카이라인이 보이기 시작했다. 날씬하고 키가 크고 매끄럽게 생긴 물체들이 하늘을 배경으로 실루엣을 만들고 있다. 과거의 풍차가 보여준 전원풍의 우아함은 없지만 효율성은 훨씬 뛰어나다. 전형적인 풍력 에너지 발전기는 직경 약 50m의 2개 내지 3개의 날개를 가진 프로펠러를 가지고 있으며, 풍속 $12ms^{-1}$($43kmh^{-1}$, 27mph 혹은 보퍼트 풍력 6에 해당)에서의 전력 생산은 약 700kW 정도이다. 평균 풍속 $7.5ms^{-1}$(서부 유럽의 많은 장소에서의 전형적인 값)의 장소에서는 대략 250kW의 전력을 생산할 수 있다. 이러한 발전기들이 서로 근접하여 설치되면 많은 수의 장치들을 가진 풍력 농장을 형성한다.

전력 회사가 겪는 풍력 발전에 따른 어려움은 풍력이 간헐적이라는 점이다. 전력 생산이 전혀 없는 시간이 상당히 길 때도 있다. 전력 회사들은 간헐적 에너지원의 비율이 그리 크지 않도록 다양한 에너지원에서 전력을 저장하는 국가 전력망 속에서 이러한 문제들을 대처할 수 있다.[42] 풍력 농장에 대한 공공의 관심은 시각적 쾌적함이 방해받는다는 점이다. 이러한 문제를 해결하기 위하여 해안가보다는 해안에서 바다쪽으로 더 나간 해상의 바람이 집중되는 곳에 발전기를 설치하는 것이 훨씬 더 잘 받아들여진다.

지난 10년 동안 많은 나라들에서 풍력 발전기의 설치가 급속히 증가해왔다. 이러한 성장은 계속되었고 대부분의 성장은 전력 생산으로 이어져왔다. 이제(2002년 현재) 최대 발전용량이 30GW가 넘는 발전기가 전 세계적으로 퍼져

---

42) D. Infield, P. Rowley, "Renewable energy: technology consideration and electricity integration," *Issues in Environmental Science and Technology*, No.19(London: Royal Society of Chemisty, 2003), pp.49~68.

있다. 이러한 대규모 성장과 함께 규모의 경제성으로 전력생산 단가를 낮추게 되었고 거의 화석연료에 의한 발전과 같은 비용에 접근했다(표 11.6). 풍력에 의한 전력은 풍속의 세제곱에 비례하므로(풍속 12.5ms^{-1}은 10ms^{-1}의 두 배의 효과가 있다) 가장 바람이 강한 곳에 풍력 농장을 조성하는 것이 당연하다. 따라서 서부 유럽 중 가장 바람에 강한 지역에서 풍력 발전의 성장이 가장 빠르다. 예를 들면, 덴마크는 전력 생산의 20%가 풍력에 의한 것으로 해안에서 떨어진 바다에 발전기 건설이 증가하고 있다.[43] 결국 풍력 발전의 비율이 40~50%까지 올라갈 것으로 예상된다. 영국도 이와 비슷한 풍력 에너지원이 추정되고 있고 현재 급속한 풍력 발전의 성장을 보여주고 있는데 역시 바다에 발전기 건설이 증가하고 있는 실정이다.[44] 개발도상국도 풍력 발전 건설이 증가 추세에 있다. 인도는 2030년경에는 풍력에서 10GW의 전력(현재 수요의 약 1/4)을 생산할 수 있을 것으로 추정한다.[45] 이러한 성장과 더불어 풍력에 의한 세계 에너지 충당은 표 11.5의 추정치에 의한 것보다 더 많은 기여를 할 것으로 보인다.

전기 생산에 적합한 풍력 에너지가 고립된 위치에 있는 경우는 송전비가 너무 높아서 건설이 곤란할 수 있다. 바람의 간헐성 때문에 전기의 저장이나 발전 지원(back-up) 장치가 있어야 한다. 페어 섬(Fair Isle)에서의 발전기 건설(글상자 참조)은 효율적이고도 다양한 기능의 장치에 대한 좋은 사례이다. 소규모 풍력 터빈은 고립된 입지에서의 배터리 충전을 위한 이상적인 방안이 되고 있다. 예를 들면, 몽골 유목민들은 약 10만 개 정도의 풍력 터빈을 사용하고 있다. 풍력 에너지는 양수 장치에도 이상적인 역할을 한다. 이러한 목적으로 전 세계에 걸쳐 약 100만 개의 소형 풍력 터빈이 이용되고 있다.[46]

---

43) 출처: Danish Wind Energy Association, www.windpower.org.

44) www.cabinet-officie-gov.uk/innovation/2002/report/index.htm.

45) M. Lal, "Measure for reducing climate relevant gas emissions in India," Paper presented at an Indo-German Seminar IIT, Dehli, 29~31 October, 1996.

46) E. Martinot *et al*., "Renewable energy markets in developing countries," *Annual*

좀 더 장기적으로 보면 풍력 발전은 직접적인 전기선의 연결이 힘든 오지에 유용할 것으로 보인다. 이 경우는 효과적인 에너지 저장 장치(예를 들면, 수소를 사용하는 경우)의 개발이 요구된다.

페어 섬의 풍력

풍력 발전이 매우 효과적인 위치의 좋은 사례는[47] 페어 섬으로 스코틀랜드의 북쪽에서 멀리 떨어진 북해에 있는 섬이다. 최근까지 인구 70명의 주민들은 난방과 자동차 연료로는 석탄과 석유를 이용했고 발전용으로 디젤유를 이용했다. 평균 풍속 $8ms^{-1}$($29kmh^{-1}$ 혹은 18mph)을 넘는 지속적인 강풍을 이용한 풍력 발전을 위해 1982년 50kW 용량의 풍력 발전기가 설치되었고 생산된 전기는 다양한 목적으로 사용된다. 전등과 전기 기구 사용의 비용이 비교적 낮아졌고 적절한 난방과 온수 공급도 낮은 비용으로(바람이 허용하는 한) 가능해졌다. 평균 풍속이 넘는 훨씬 센 바람이 부는 날도 자주 있어 난방장치가 있는 온실과 소규모 수영장에 더 많은 열을 공급할 수 있다. 신속한 전환장치를 가진 전기 통제 장치도 원활하게 공급할 수 있는 용량을 보장해주고 있다. 전기 자동차도 풍력에서 충전을 받는데 풍력 에너지의 사용 범위 확대의 사례를 보여준다.

풍력 발전기의 장치에 따라 현재 섬의 전기 수요의 90% 이상이 충당되고 있으며 전기 소비량은 4배 가까이 증가했고 평균 전기 단가는 $13pkWh^{-1}$에서 $4pkWh^{-1}$로 떨어졌다. 두 번째 풍력 터빈은 증가하는 수요에 맞추고 풍력 포획을 개선하기 위한 것으로 100kW 용량으로 1996년에서 1997년에 걸쳐 설치되었다.

Review of Energy and the Environment, 27, pp.309~348.

47) Twidell and Weir, *Renewable Energy Resources*, p.252.

태양 에너지

태양 에너지 사용의 가장 단순한 방법은 에너지를 열로 바꾸는 것이다. 태양열을 직사로 받는 검은 표면은 1㎡당 약 1kW의 에너지를 흡수할 수 있다. 태양 입사가 많은 나라들에서 태양 에너지는 가정용 온수 공급에는 매우 효과적이고 가격도 싸다. 이러한 장치가 많이 설치된 국가는 오스트레일리아, 이스라엘, 일본, 미국의 남부 지역(글상자 참조) 등이다. 열대 국가에서 태양열 조리 스토브는 나무나 다른 전통적인 연료를 사용하는 스토브에 대한 효과적인 대체 기구이다. 태양으로부터의 열에너지는 건물〔자연형 태양열 디자인(passive solar design)으로 불린다〕에도 겨울철의 건물 난방과 보다 편안하고 쾌적한 실내 환경을 조성하기 위해서 효과적으로 사용될 수 있다(글상자 참조).

태양열은 발전에 필요한 증기 생산에도 사용될 수 있다. 많은 양의 증기를 생산하기 위해서는 태양 에너지를 거울을 사용하여 집중시켜야 한다. 단위 집열판(arrayment)은 거울과 같은 길이의 단열 장치가 된 흑색 흡수 튜브로 향하는 태양에 초점을 맞추고 있는, 동서 방향으로 배열된 광선 통과형의 거울을 사용한다. 이러한 장치들은 특히 미국에서 많이 건설되었는데 태양열 장치가 상업 전력으로 350MW 이상을 공급한다. 그러나 이들 장치의 높은 설치비 때문에 합리적인 시설비 회수기간을 가정하여 그 비용을 전기 값으로 전환할 때 회수기간이 끝나는 시점까지는 기존의 에너지보다 3배의 비용 부담이 있다. 통합 순환 작동 방식에 의해 태양열과 화석연료를 결합한 발전소들이 비용을 낮출 수 있을 것으로 보고 최근 개발 중이다.[48)]

태양광은 광볼타(photovoltaic, PV) 태양열 전지(solar cell)에 의해 직접 전기로 전환될 수 있다. 우주선에 달린 태양열 판은 거의 50년 전 우주선 연구의 초기 시절부터 우주선에서 사용되는 전기 에너지를 공급해왔다. 이제 태양열

48) H. Ishitami *et al.*, "Energy supply mitigation option," In Watson, *Climate Change 1995: Impacts*(1996), 9장 참조.

태양열 난방

태양열 난방기의 가장 중요한 장치(그림 11.11)는 물이 흐르는 튜브 장치로 이것은 바닥이 단열이 된 검은 판에 깔려 있으며, 태양에 면한 쪽은 유리판으로 덮혀 있다. 물론 온수 저장 탱크도 달려 있다. 보다 효율적인(조금 비싸지만) 디자인은 검은 튜브를 진공으로 감싸는 것으로 보다 완벽한 단열을 한다. 전 세계에 걸쳐 태양열 온수 시스템을 이용하는 가구수[49]는 1천만이 넘고 있다.

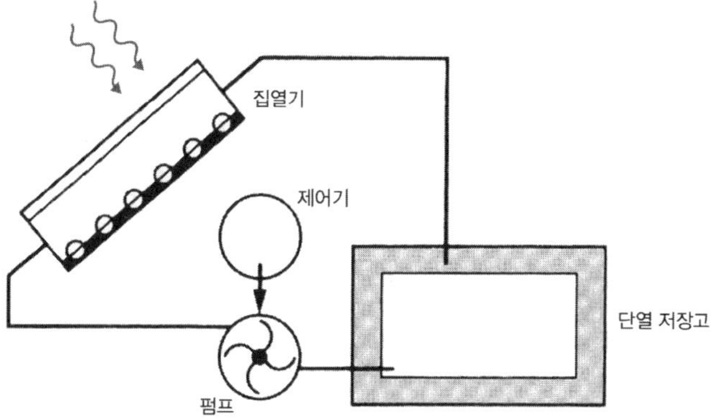

그림 11.11 태양열 난방기 디자인: 순환 펌프를 통하여 저장 탱크로 연결되는 태양열 집열기. 대안으로서, 저장 장치가 집열기 위에 있다면, 온수는 중력 흐름으로 모아질 수 있다.

은 다양한 방식으로 일상생활에 사용되고 있다. 예를 들면, 소형 계산기나 시계의 동력원으로 이용된다. 태양 에너지가 전기 에너지로 전환되는 효율은 현재 10~20% 정도에 도달하고 있다. 따라서 태양을 정면으로 바라보는 1평방미터 면적의 전지판은 100~200W의 전력을 공급할 수 있다. 장치형 광볼타

49) E. Martinot *et al.*, "Renewable energy markets in developing countries," *Annual Review of Energy and the Environment*, 27, pp.309~348.

건물 설계에 활용되는 태양 에너지

모든 건물들은 창문을 통하여 계획에 없던 태양 에너지의 혜택을 입고 있으며 보다 적은 범위에서 벽면과 지붕이 태양열로 덥혀지면서 또 혜택을 얻는다. 이것을 '자연형 태양열 수집(passive solar gain)'이라고 부른다. 영국의 전형적인 주택에서는 연간 가정 난방 면적의 15% 정도는 이러한 소극적 태양열로 이루어진다.

이러한 자연형 태양열 디자인만으로도 비교적 쉽게 싼 비용으로 난방 필요량의 30% 정도까지 비율을 높일 수 있다. 동시에 편안함과 쾌적함도 더 높일 수가 있다. 이러한 디자인의 주요 관점은 가능하다면 주요 생활 공간을 남향으로 하고 창문을 크게 내며, 상대적으로는 복도와 계단, 벽장, 창고 등을 북쪽에 위치시키고 창문의 크기를 줄여서 온도가 조금 낮게 유지되더라도 북쪽의 냉기에 대한 완충대로 이용하는 것이다. 온실도 배치하여 겨울철 태양열을 전략적으로 가둘 수도 있을 것이다.

건물의 벽면은 특히 소극적 태양열 집열기로서 작동시키는데 이것은 '태양열 벽(solar wall)'으로 알려져 있다(그림 11.12).[50] 이러한 건축은 태양열이 단열층을 통과한 후 무거운 건물 벽면의 블록이 가열되면서 열을 간직하게 하고, 이 열이 천천히 전도되어 건물 내부로 유입되게 하는 것이다. 단열층은 태양열이 자연스럽게 유입되도록 허용하지만, 복사열로 나가는 것은 막아준다. 단열판 전면에 수축이 가능한 반사형 블라인드를 설치하면 건물의 난방에 태양열의 도움이 필요없는 야간이나 더운 여름철에 유리할 것이다.

스코틀랜드 남서부의 도시 글래스고에 있는 스트래스클리드 대학교에 있는 376명의 학생들이 거주하는 기숙사 남향에 이러한 '태양열 벽'으로 건축되었다. 글래스고의 비교적 쾌적치 못한 겨울철 기후 조건 아래서도(1월달의 평균 일조 시간은 하루 1시간 남짓하다) 건물의 벽면 가열을 통한 난방의 순효과는 상당한 편이다.

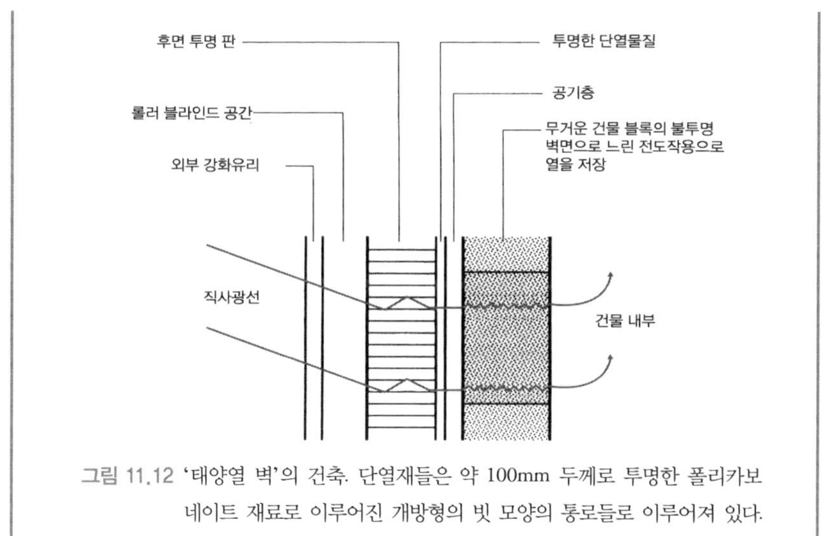

그림 11.12 '태양열 벽'의 건축. 단열재들은 약 100mm 두께로 투명한 폴리카보네이트 재료로 이루어진 개방형의 빗 모양의 통로들로 이루어져 있다.

모듈을 비용면에서 효과적으로 이용하는 방법은 고정되지 않는 배열판 형식보다는 제조된 물품이나 설치된 건축물 표면에 붙이는 것이다. 빠르게 성장하는 건물통합형 광볼타(building-integrated-PV, BIPV) 부문을 보면, 외관형(facade) PV는 전통적인 장치형(cladding)을 대체하고 있으며, 비용을 줄이고 있다. 도시에서 지붕에 장치되면 도시민들에게 재생가능한 에너지를 계속 공급할 수 있다. 이 방면에서는 일본이 가장 적극적인데, 2000년에 지붕 설치 광볼타 전지의 용량은 320MW에 이르렀다. 일본 다음으로 미국과 독일이 활발한데 이들 국가는 대형 지붕형 장치 프로그램으로 승부를 걸고 있다. 미국은 2010년까지 약 100만개를 설치하고, 독일은 10만 개를 설치할 계획으로 있다. 태양열 전지의 가격은 과거 20년동안 엄청나게 싸졌다(글상자 참조). 따라서 광범위하게 활용되고 있으며 대규모 전력 생산에도 활용되고 있다.

소형 PV 장치는 농촌지역, 특히 개발도상국에서 지역 단위의 전기 공급에

50) J. Twidell, C. Johnstone, "Glasgow gains from Strathclyde's solar residences," Sun at Work in Europe, 7, No.4(December, 1992), pp.15～17.

광볼타 태양 전지

실리콘 광볼타(PV) 태양열 전지는 p-n 접속체(junction)를 만들기 위해 적절한 불순물이 첨가된 실리콘 박판으로 이루어져 있다. 가장 효율적인 전지는 크리스털 실리콘을 기본 물질로 이용하는 복잡한 구조물이다. 태양 에너지를 전기 에너지로 전환되는 효율은 15~20% 정도이다. 실험용 전지는 20%를 넘는다.[51] 단일 크리스털 실리콘은 대량생산용으로는 무정형 실리콘(전환 효율이 약 10% 정도) 보다 불편하다. 얇은 필름에 연속적인 과정으로 저장될 수 있는 무정형 실리콘[52]은 유사한 광볼타적인 특성을 가진 다른 합금들(카드뮴 텔루라이드, 구리 인디움 셀레나이드 등)도 이러한 방식으로 저장이 가능하며, 무정형 실리콘 보다 효율성이 높기 때문에 얇은 필름 시장에서 경쟁력이 더 높다.[53] 그러나 태양열 PV 장치의 절반 이상이 설치비이기 때문에 보다 작은 크기인 단일 크리스털 실리콘의 높은 효율성은 여전히 중요한 요인으로 작용한다.

만일 PV 태양열 전기가 에너지 공급에 중요하게 기여한다면 비용은 매우 중요한 문제로 대두된다. 비용은 급격히 떨어질 것이다. 보다 효율적이고 대규모 생산이 가능하다면 다른 에너지원과 충분히 경쟁할 수 있는 수준으로 태양열 전기 비용이 낮아질 것이다. 2020년의 예상은 PV를 이용한 전기 생산비는 그림 11.13과 같이 낮아질 것으로 보고 있다.

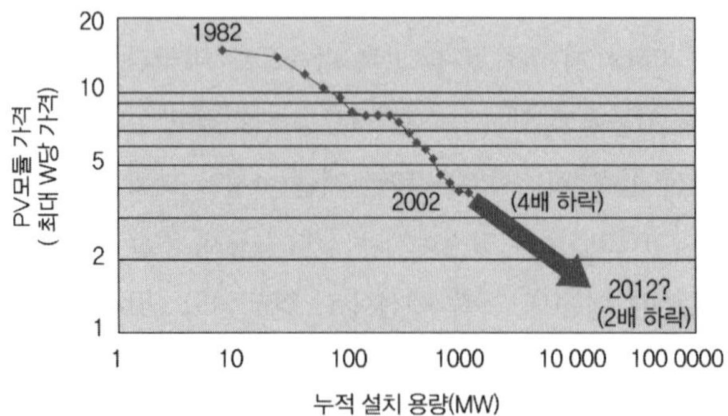

그림 11.13 지난 20년 동안이 PV 모듈의 가격 하락과 2012까지의 가격하락 예상 폭. 20년 동안의 가격하락은 설치용량의 배증에 기인한다는 점에 유의할 필요가 있다.

적합하다. 전 세계 인구의 1/3이 중앙 전력원에 의한 전기를 이용하지 못하고 있다. 이들에게 우선적으로 필요한 것은 태양열을 이용한 소규모 발전 장치를 전등, 라디오나 TV, 냉장고(예를 들면, 보건진료소에서 백신 저장용으로) 및 양수기에 활용하는 것이다. 이러한 목적에 이용되는 소형 PV 장치는 다른 종류의 발전 수단들과(예를 들면, 디젤 엔진) 비교할 때 충분한 경쟁력을 가진다. 2000년까지 거의 20년 넘게 110만의 '태양열 주택 시스템(Solar Home System)'과 '태양열 전등'이 아시아, 아프리카, 남아메리카 국가들에 설치되었다.[54] 태양열 주택 시스템(SHS)은 태양열 배열판(solar array)으로부터 대략 15~75W의 전력을 제공받는데(그림 11.14), 비용은 미화 200~1200 달러의 범위이다. 소형 '태양열 전등'(대략 10~20W)은 조명만 제공한다. 공공 건물에서는 좀 더 큰 장치가 필요하다. 많은 소형 병원들은 1~2kW 정도의 소형 전력의 혜택을 얻을 수 있다. 예를 들면, 1995년도에 스리랑카의 작은 병원 70군데는 호주 정부의 도움으로 1.3kW짜리 태양열 배열판을 통해 전기를 생산하고 2200암페어시(時)의 배터리에 저장하여 조명, 백신 냉장고, 압력소독기, 온수 펌프(태양열 시스템을 통하여 생산된 온수용), 라디오 이용을 위한 전력을 공급받았다. 현재 2만 개 이상의 양수기가 태양열 PV에 의해 전력을 공급받고 있으며 수천 개의 마을이 태양열 PV로 가동되는 정수 및 양수기를 통해 식수를 얻는다. 태양열 시스템의 성장과 발전의 잠재력은 매우 크다. 태양열 PV, 풍력, 바이오매스 및 디젤의 결합으로 동력을 얻는 미니 전기 그리드가 중국과 인도의 오지에서 이용되기 시작하고 있다.[55]

51) H. Kelly, "Introduction to photovoltaic technology," In T. B. Johansson *et al.*, *Renewable Energy*(Washinton DC: Island Press, 1993), pp.297~336.

52) D. E. Carlson, S. Wagner, "Amorphous silicon photovoltaic systems," In Johansson, *Renewable Energy*(1993), pp.403~436.

53) K. Zweibel, A. M. Barnett, "Polycrystalline thin-film photovoltaics," In Johansson, *Renewable Energy*(1993), pp.473~482.

54) E. Martinot *et al.*, "Renewable energy markets in developing countries," *Annul Review of Energy and the Environment*, 27, pp.309~348.

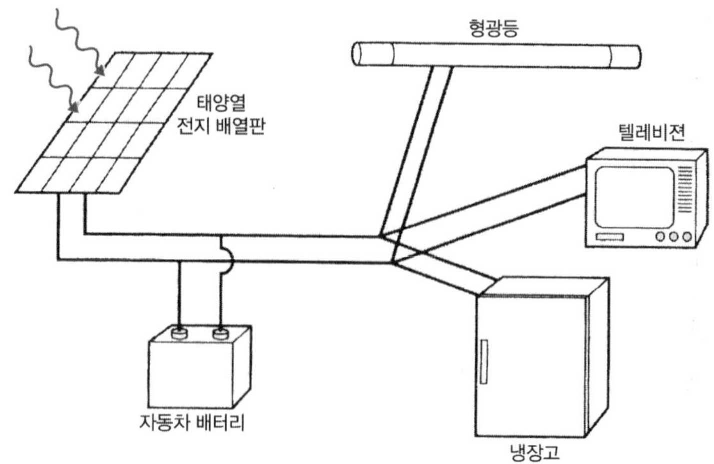

그림 11.14 아프리카, 아시아, 남아메리카의 국가에서 현재 판매되고 있는 미화 수백 달러에 불과한 단순한 '태양열 주택 시스템'. 36개의 태양 전지로 이루어진 태양열 배열판은 60cm× 60cm의 집열 면적을 가지며 최대 전력 40W이다. 이 전력은 9W짜리 형광등에 전력을 공급하는 자동차 배터리와 3시간 동안 라디오를 듣고, 1시간의 TV를 시청할 수 있는 용량이다. 이러한 장비를 제한적으로 사용하거나 좀 더 큰 배열판을 이용한다면 작은 냉장고가 추가로 이용될 수 있다.

전 세계에 설치된 PV의 용량은 1998년 최대 전력 500MW에서 2002년 1500MW로 성장했으며 매년 30%씩 성장해왔다. 이러한 추세로 계속된다면 전 세계 에너지 공급에서 PV 태양열 전기가 기여하는 정도는 WEC 시나리오 C에 의하면 2020년에는 적어도 150GW[56]에 이를 전망이다(표 11.5). 단기간에서 보면 지역에서의 설치 증가가 가장 많은 비중을 차지할 것이다. 후에 비용 감축이 이루어진다면(그림 11.13), 대규모 전력 생산으로까지 발전할 가능성도 있다. 어쩌면 이 장치의 단순함, 편리함, 깨끗함 때문에 태양열 PV에 의한 전력 공급은 세계 에너지원에서 최고는 아닐지라도 가장 큰 비중을 차지하는 것 중 하나가 될 수도 있다.

---

55) 이러한 시스템과 재정 지원 및 시장성 등의 가능성에 대한 보다 많은 정보는 앞의 Martinot의 풍부한 문헌들에서 얻을 수 있다.

56) 이 시나리오는 2020년 전체 태양열 에너지 1/3이 PV 전기의 형태가 될 것을 가정한다.

다른 재생가능한 에너지들

지금까지 규모면에서 성장 잠재력이 있고 세계 에너지 수요에 많은 기여를 할 수 있는 재생에너지들을 다루었다. 다음에는 세계 에너지 생산에 기여할 수 있고 특정 지역에서는 매우 중요한 지하 깊은 곳에서 발생하는 지열 에너지와 해양에서의 조력, 조류, 파랑 에너지 등을 살펴보기로 한다.

지각의 깊은 곳에서 나오는 지열 에너지는 화산 폭발과 그보다 덜하지만 간헐천과 온천 등으로 스스로 존재를 나타낸다. 입지가 좋은 지열 에너지는 난방 혹은 전력 생산에 직접 이용될 수 있다. 아이슬란드와 같이 특정 지역에서는 매우 중요하지만 그 외 지역에서 전체 에너지 생산에 대한 기여는 매우 적다(약 0.3%). 이러한 기여율은 수십년 내로 1% 정도 증가될 수 있다(표 11.5).

많은 에너지들이 근본적으로 해양의 활동에도 존재한다. 그러나 이 에너지를 채취하기란 쉬운 일이 아니다. 조력 에너지가 유일하게 해양에서 상업적인 에너지 생산에 크게 기여하고 있다. 최대의 조력 에너지 생산 장치가 있는 곳은 프랑스의 라랑스(LA Rance) 하구를 가로 막은 하구언이다. 조수로서 하구언을 통과하는 흐름의 힘은 직접 터빈을 돌리면서 최대 용량 240MW에 이르는 전력을 생산한다. 전 세계의 몇몇 하구에서 조력 발전의 가능성이 연구되어왔다. 영국의 세번 하구(Severn Estuary)는 세계 최대 조차지역 중 한 곳으로 전력 생산가능 용량은 최고 전력 8,000MW이며 전체 영국 전력 수요의 6%에 해당하는 양이다. 최대 규모에서 발생하는 전기의 장기적 비용은 경쟁력이 있으나 높은 설비 비용과 이와 연관된 상당한 환경변화가 최대의 난관이다. 보다 최근의 제안은 하구를 직접 이용하기보다는 대규모 조차가 있는 지역의 해안에서 해양으로 나간 천해지대에 '조차 석호(tidal lagoon)'의 건설에 기초한 것이다.[57] 석호 벽(lagoon wall)에 있는 터빈은 조류가 석호를 들어오고 나갈 때마다 전기를 생산함으로써 하구에 건설된 조력 발전 하구언의 환경 및 경제

57) www.tidalelectric.com 참조.

적 문제의 상당 부분을 해결할 수 있다.

해류〔current: 조류(tidal stream) 포함〕 에너지는 대기 중의 풍력 에너지가 이용되는 것처럼 여러 가지 방법으로 채취될 수 있다. 해수의 속도는 바람의 속도보다 늦지만 밀도는 해수가 크므로 보다 높은 에너지 밀도를 가져서 풍력보다는 직경이 작은 터빈을 이용할 수 있다. 해양 파랑에 들어 있는 에너지를 전기 에너지로 전환하기 위한 많은 유용한 장치들이 고안되어왔다.[58] 브리튼 섬 근해는 모든 종류의 조력과 파랑 에너지를 채취할 가장 좋은 조건들을 가지고 있다. 험한 해양 환경 때문에 에너지 채취의 초기에는 많은 비용이 들어갔지만 에너지원의 잠재력도 매우 크다. 당장 요구되는 것은 필요한 연구와 개발이다.

재생가능한 에너지 개발의 지원과 예산

이산화탄소에 대한 특정 안정화 시나리오(예를 들면, WEC 시나리오 C, 표 11.5 참조)를 맞추기 위해 요구되는 규모의 재생가능한 에너지는 다른 에너지원과 가격 경쟁력이 있는 경우에만 현실화될 것이다. 표 11.6은 재생가능한 주요 에너지원의 현재와 미래에 있어서의 상황과 비용에 대해 정리한 것이다. 상황에 따라서 재생가능한 에너지원은 이미 가격 경쟁력을 확보하고 있는데 전기 혹은 다른 연료들의 수송비가 상당히 높을 경우 지역의 재생가능 에너지원이 경쟁력을 가진다. 이러한 예들은(스코틀랜드의 페어 섬의 사례, 앞의 글상자 참조) 이미 언급되었다. 그러나 표 11.6에서 나타나듯이 석유와 천연가스와 같은 화석연료 에너지원과 직접 경쟁하는 경우 현재의 많은 재생가능 에너지 모두 최소한의 경쟁력만을 가지고 있는 실정이다. 머지 않아 쉽게 채굴이

58) G. Boyle(ed.), *Renewable Energy Power for a Sustainable Future*(Oxford: Oxford University Prss, 1996) 참조.

가능한 석유와 천연가스 매장량은 고갈될 것이고 따라서 이들 연료들은 보다 비싸질 것이며 재생가능한 에너지원들은 보다 경쟁력이 높아질 것이다.[59] 이러한 상황도 몇십 년은 갈 것이며 채굴 가능한 화석연료 매장량의 추정치는 항상 낮아지는 경향을 보이기 때문에, 21세기 후반이 되면 석유와 천연가스 에너지원은 상당한 제한이 있을 것이다. 이러한 상황이 도달하기 전에 재생가능한 에너지들이 화석연료를 점차적으로 대체할 수 있도록 적절한 금융상의 인센티브를 도입하여 이러한 변화에 대응해야 할 것이다.

9장에서 보았듯이 이러한 인센티브의 기초는 이산화탄소 배출에 따른 환경비용은 배출비율에 따라서 오염자가 부담하는 원칙을 지키는 것이다. 이러한 원칙을 지킬 수 있는 주요 방안은 3가지가 있다. 첫째, 정부가 직접 재생가능에너지 개발에 대한 예산 지원을 하는 것이다. 둘째, 탄소세를 부과하는 것이다. 예를 들면, 과세나 부담금 징수를 통해 탄소 톤당 미화 50~100달러의 추가 비용(9장 말미에 환경 비용을 언급한 그림 참조)이 이산화탄소 배출과 연관되어 있음을 상정하면, kWh당 0.5~2.5센트가 화석연료원에 의한 전기값에 추가될 것이며(표 11.6), 이것은 여러 재생가능한 에너지들의 경쟁력을 높여줄 것이다.[60] 눈여겨볼 것은 여러 나라들에서 현재 에너지에 대한 상당한 보조금 지원이 이루어지고 있는데 전 세계에 걸쳐 평균치를 보면 탄소 톤당 미화 40달러에 상당하는 금액이다.[61] 화석연료에서 발생하는 에너지로부터의 보조금이 사라진다면 인센티브 지원이 시작될 것이다.

화석연료 에너지에 대해 환경 비용을 도입하는 제3의 방법은 이산화탄소 배출에서 교역성 배출권(tradable permit)을 이용하는 것이다. 이것은 현재 교토

---

59) D. Schimel *et al.*, "Stabilisation of atmospheric greenhouse gases: physical, biological and socio-ecomonic implications," *IPCC Technical Paper 3*(Geneva: IPCC, 1997).

60) D. Elliott, "Sustainable energy: choices, problems and opportunities," *Issues in Environmental Science and Technology*, No.19(London: Royal Society of Chemistry, 2003), pp.19~47 참조.

61) B. S. Fisher *et al.*, "An economic assessment of policy instruments for combating climate change," In J. Bruce, Hoesung Lee, E. Haites(eds.), *Climate change 1995: Economic and Social Dimensions of Climate Change*(Cambridge University Press, 1996), 11장 참조.

의정서의 준수를 위한 합의사항으로 도입 중에 있다(10장 337쪽). 이 제도는 한 국가나 지역이 배출하는 이산화탄소의 총량을 통제하는데, 산업체에서는 배출 총량 내에서 배출 허용량을 늘리기 위해서는 배출권을 사들여야 한다.

이러한 금전상의 방법들은 전기 분야에 적용하기가 상대적으로 용이하다. 그러나 전기는 세계의 1차 에너지 사용의 1/3에 불과하다. 현재 난방, 산업, 수송에 이용되는 고체성, 액체성, 기체성 연료들에도 도입될 필요가 있다. 이미 언급한 것처럼 현재 바이오매스에서 나오는 에탄올과 같은 액체성 연료는 석유에서 나오는 연료에 비해 두 배나 비싸다. 생물공학 기술이 급속히 발전하고 있으므로 바이오매스 연료를 만드는 과정이 보다 효율적으로 될 것이라는 기대가 있지만,[62] 적절한 재정상의 인센티브의 적용이 없다면 바이오매스에서 만들어진 연료들이 기존의 연료를 상당한 비율로 대체할 것이라는 전망은 단기간 내에는 어려워 보인다.

재생가능 에너지원이 수요를 급속히, 충분히 감당하는 것이 대세가 된다면 인센티브가 시급하게 요구되는 중요한 요소는 연구·개발(R&D) 분야로서 특히 후자가 더 시급하다. 현재 정부의 R&D는 전 세계 평균 매년 미화 100억 달러 혹은 매년 1조 달러 규모의 에너지 산업에 투자되는 비용(GWP의 3%)의 1% 정도이다. 평균적으로 보면 선진국에서는 1980년까지도 감소되어왔다. 국가에 따라서는 낙폭이 더 크다. 특히 영국에서는 정부 지원의 에너지 연구개발비가 1980년 중반에 비해 1998년에는 10% 정도 떨어졌는데 GDP 비율로 보더라도 투자비율은 미국의 1/5, 일본의 1/17에 불과하다.[63] 관심을 가져야 할 것은, 놀랍게도 이러한 연구개발비의 축소가 새로운 재생에너지원의 필요가 과거보다 훨씬 커지는 상황에서 일어나고 있는 점이다. 에너지 연구개발은 전체 에너지 투자비의 1%를 상회하는 수준까지 올려야 한다. 그리하여 현실성

62) Johansson, *Renewable Energy*, p.38; H. Ishitani *et al.*, "Energy supply mitigation options," In Watson, *Climate Change 1995: Impact*(1996), 19장 참조.

63) *Energy the Changing Climate*, 22nd Report of the UK Royal Commission on Environmental Pollution(London: UK Stationery Office, 2000), p.81.

있는 재생가능 에너지 기술 수준으로 빨리 도달하도록 해야 할 것이다.

재생가능 에너지원의 가치와 잠재력에 대한 보다 적절한 평가와 재생에너지 기술에 대한 연구개발의 증가와 같은 청신호는 이들 에너지원에 대한 투자의 증대를 가져올 것이다. 이미 언급했듯이 이산화탄소 안정화 시나리오(특히 WEC 시나리오 C)에 의해 설정된 2020년의 목표치에 도달하기 위해서는 풍력과 태양열 에너지가 매년 30% 혹은 그 이상의 성장이 이루어져야 한다. 바이오매스 에너지원의 성장 증가도 물론 필요하다. 이것은 에너지 산업에서의 자본투자 증가와 비율이 높아져야 하는 부분은 새로운 에너지원을 찾아내는 데 배정되어야 할 것이다. 다음의 글상자는 우리들이 우리의 에너지를 생산해내는 방법이 현실적으로 가능하도록 하는 이러한 혁명적인 변화를 위해 적용될 필요가 있는 여러 정책 수단들을 보여준다.

정책 수단들

온실기체 배출의 감축을 통하여 기후변화의 영향에 대처하는 데 요구되는 다양한 에너지 부문의 활동은 산업체와 협력하여 정부가 주도하는 주요 정책 수단들을 요구하고 있다. 이들 다양한 정책 수단들은 다음과 같다.[64]

- 적절한 제도와 구조적 체계의 정착
- 에너지 가격 전략(탄소세 혹은 에너지세 부과 및 에너지 보조금의 감소)
- 온실기체 배출을 증가시킬 경향이 있는 에너지 분야 외의 보조금(즉, 농업과 수송 부문)의 감소 혹은 폐지
- 교역성 배출권(tradable emissions permit)[65]

---

64) Watson, *Climate Change 1995: Impact*(1996), 4.4절 정책입안자들을 위한 정리에 기초함.

65) F. Mullins, "Emissions trading schemes: are they a licence to pollute?" *Issues in*

- 산업체의 자발적인 프로그램과 협약 합의
- 에너지 수요 측면에서의 시설 관리 프로그램
- 최소 에너지 효율 기준(예를 들면, 전자 제품과 연료 경제성)을 포함한 정규 프로그램
- 유용한 신기술 개발을 위한 연구개발 독려
- 발전된 기술의 개발과 적용을 독려하는 시장유인과 홍보 프로그램
- 시장 형성 동안에 재생가능한 에너지 인센티브 제도
- 소비자를 위한 가속감가상각(accelerated depreciation) 혹은 비용 절감에 대한 대비와 같은 인센티브 제도
- 바람직인 행동 변화를 지향하는 소비자들을 위한 정보 제공
- 교육과 훈련 프로그램
- 개발도상에 대한 기술 이전
- 개발도상국의 능력 배양 대비
- 다른 경제적·환경적 목표도 지지하는 옵션들

영국 석유(BP) 그룹의 최고 경영자인 존 브라운 경(Lord John Browne)은 최근의 연설에서 장기간에 걸쳐 실행할 수 있는 계획의 중요성을 강조했다. 에너지 분야에서의 변화에 대처해야 하는 데 요구되는 대규모 투자를 설명하면서 다음과 같이 말하고 있다.[66]

이와 같이 시작의 발걸음을 디뎠다면 투자비와 이윤 회수 간의 시간적 간격을 뛰어넘는 장기적인 접근의 진실한 가치를 알리는 것이 중요하다. 정치적인 결단

Environmental Science and Technology, No.19(London:Royal Society of Chemistry, 2003), pp.89~103 참조.

66) BP그룹 최고경영자인 Lord Browne이 2003년 11월 26일 런던에서의 기관투자자그룹에서 행한 연설에서 발췌.

은 처음에는 매우 단기적인 과정에서 이루어지는 경우가 많은데, 장기적으로 고려해야 할 필요가 있는 행동들이 가져올 혜택을 알리는 데 주력해야 할 것이다 …… 사업가의 역할은 가능성을 현실로 바꾸는 것이다. 그리고 이것은 목표가 매우 뚜렷한 연구를 수행하고 다양한 가능성을 가지고 실험을 하므로 매우 실용적임을 의미한다. 에너지 사업은'이제 전 지구적이라는 사실의 장점은 다국적 기업들이 세계에 대한 지식에 접근함과 동시에 이것을 즉시 그들의 사업 활동에 매우 빨리 적용할 수 있다는 점이다.

원자력 에너지

앞에서 거의 언급이 안 된 에너지원이 원자력 에너지이다. 이 에너지는 엄격하게 말하면 재생가능한 에너지는 아니다. 그러나 지속가능한 개발의 입장에서 보면 상당히 매력적인 에너지이다. 온실기체를 배출하지 않으며(적은 양의 배출은 원자력 발전소 건설에 들어간 자재들을 이용하는 과정에서 발생) 발전에 들어가는 방사능 물질 에너지의 양은 가용한 전체 양에 비하면 매우 적기 때문이다. 국가 전력망이나 대도시권을 위한 대규모 가동에 효율성이 있으며 지역적인 공급을 위한 소규모 가동은 곤란하다. 원자력 발전 설치의 장점은 기술이 정착되었다는 점이다. 이들은 바로 건설될 수 있고 따라서 바로 이산화탄소 배출의 감소에 기여할 수 있다. 화석연료와 비교할 때 원자력 에너지의 비용은 자주 논란의 대상이 된다. 정확하게 다른 부분과의 관계에서 살펴보면 이 논란은 원자력 발전소 건설의 선행투자비와 운영비(방사능 폐기물의 처리 비용을 포함하여)와 예상되는 혜택에 관한 것이다. 이러한 비용은 전체에서 매우 중요한 비중을 차지한다. 최근의 예측을 보면 원자력 발전의 전기 비용은 이산화탄소의 포획과 격리에 따른 추가 비용[67]을 계산할 때 천연가스 발전의

67) www.cabinet-office.gov.uk/innovation/2002/energy/report/index.htm.

비용과 비슷하다.

원자력 에너지의 지속적인 중요성은 WEC의 시나리오에서도 인정된다. 이들 시나리오은 모두 21세기의 원자력 에너지 성장을 가정한다. 성장의 정도는 원자력 산업이 발전소 가동의 안전성에 대해 일반 대중들의 인식을 얼마나 만족시킬 수 있는가에 달려 있다. 특히 새로운 설치에 따른 사고 위험성은 간과될 수도 있다. 방사능 폐기물이 안전하게 처리될 것인가, 위험스러운 핵물질들의 분포가 효과적으로 통제될 것인가, 불순한 세력들이 장악할 가능성에 대해 어떻게 대비할 것인가 등의 문제들이다.

엄청난 잠재력을 가진 또 다른 원자력 에너지원은 핵분열(fission)보다 핵융합(fusion)에서 얻을 수 있다(글상자 '핵융합에 의한 동력'을 참조).

장기적인 관점에서의 기술

본 장에서는 대체로 미래 수십 년 동안에 유용하고도 증명이 된 기술을 얻을 수 있을 것인가에 초점을 맞추어왔다. 물론 보다 먼 미래에 대해서도 예측해보고 어떠한 새로운 기술들이 21세기에 나올 것인가에 대해서도 살펴보고 있다. 이렇게 함으로써 우리들은 실제로 닥쳐올 상황에 대해 보다 정확한 밑그림을 그릴 수 있을 것이다. 1900년에 2000년에 가면 어느 정도의 기술 변화가 일어날 것인가를 예측하는 질문을 받는 상황에서 그 동안에 이룩한 것들이 얼마나 많은가를 상상해보라! 기술은 어느 순간에서는 도저히 생각할 수 없었던 가능성으로 우리들을 놀라게 만들어줄 것이다. 그렇다고 우리들이 미래를 예측하는 일을 주저할 필요는 없다!

지속가능한 에너지 미래의 중심 요소는 높은 효율로 수소와 산소를 직접 전기로 전환하는 연료 전지(fuel cell, 글상자 참조)라는 점에는 일반적으로 동의한다. 연료 전지에서 물로부터 수소와 산소를 생산하는 전기분해(electrolytic) 과정은 역전된다. 수소와 산소의 재결합에서 방출되는 에너지가 전기 에너지

연료 전지 기술

연료 전지는 열을 만들기 위한 초기 연소 없이 바로 연료의 화학적 에너지를 전기로 바꾼다. 두개의 전극(그림 11.15)이 전자가 아닌 이온을 전달하는 전해질로 분해되어 있다. 연료 전지는 100%의 이론적인 효율성을 가지고 연료 전지는 40~80% 범위의 효율성으로 만들어져왔다.

연료 전지용 수소는 다양한 에너지원으로 공급되는데, 석탄이나 다른 바이오매스도 가능하며(각주 24 참조), 천연가스[68]는 물론, 풍력이나 광볼타(PV) 전지(410쪽 글상자 참조)와 같은 재생 가능 에너지원으로 만든 전기를 이용하여 물을 가수분해해서도 공급된다.

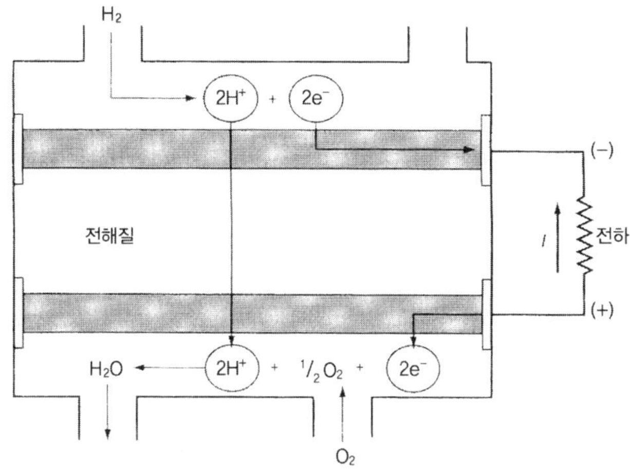

그림 11.15 수소-산소 연료전지의 구조도. 수소가 다공성 음극(porous anode)으로 공급되면, 여기서 수소는 수소 이온(H^+)과 전자로 분해된다. H^+이온은 전해질(전형적으로 산성)을 통해 양극으로 이동하게 되며, 여기서 전자(외부 전기 회로를 통해 공급된) 및 산소와 결합하여 물을 만든다.

68) 천연가스(메탄 CH_4)와 수증기가 반응한다. 반응식은 $2H_2O+CH_4=CO_2+4H_2$.

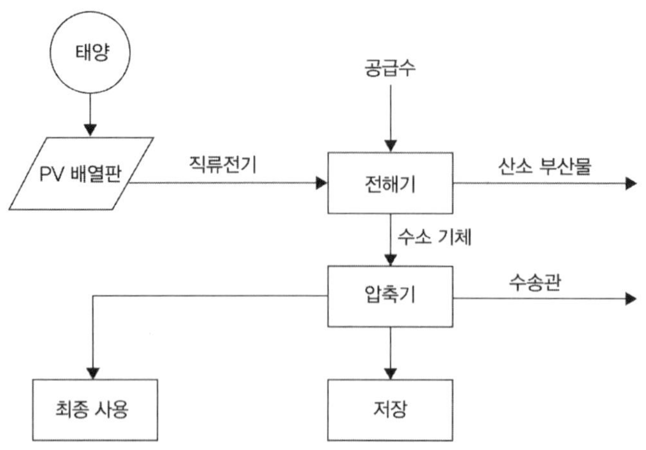

그림 11.16 태양열 PV의 수소 전해 시스템

로 바뀐다. 연료 전지는 50~80% 정도의 고도의 효율성을 가지며 전혀 오염이 발생하지 않는다. 오로지 물이 만들어질 뿐이다. 고효율의 소규모 발전도 전망이 밝다. 수송 분야에서도 다양한 크기로 여러 분야에 이용될 수 있고 가정용, 상업용, 혹은 다양한 산업용을 위한 지역 단위 발전에도 유용할 것이다. 최근 연료 전지에 대한 많은 연구개발이 이루어져왔으며 미래의 중요한 기술로서의 잠재력은 확고하다. 앞으로 십년 내로 광범위하게 사용될 것이라는 점에는 거의 의심의 여지가 없다.

연료 전지를 위한 수소는 재생가능한 에너지원에서 광범위하게 얻을 수 있다. 여러 관점에서 볼 때 이들 중에서 가장 매력적인 것은, 태양광에 의한 광볼타(PV) 전지로부터 얻은 전기를 이용하여 물을 가수분해(hydrolysis)하여 수소를 얻는 것이다(그림 11.16). 이는 매우 효율적인 과정이다. 전기 에너지의 90% 이상을 수소로 저장할 수 있다. 전 세계에 걸쳐 충분한 태양빛을 받는 곳이 많고 당장 유용한 다른 에너지원이 충분치 못한 곳들도 많다. 이것은 매우 깨끗하고 오염을 유발하지 않는 기술이며 대량 생산에도 쉽게 적용할 수 있다. 계속해서 기술발전이 이루어져왔고 생산 규모도 계속 증가해온 덕분에 PV 전기의 가격은 급격히 떨어져 왔다(그림 11.13).

핵융합 동력

초고온 상태에서 수소 핵[혹은 수소동위원소, 중수소(deutrium) 혹은 3중수소(tritium)의 하나]이 융합되면 헬륨을 만들면서 많은 에너지를 방출한다. 이것은 태양열을 유지시키는 에너지원이기도 하다. 이것을 지구상에서 만들기 위해서는 중수소와 3중수소가 이용된다. 1kg에서 하루에 1GW가 만들어질 수 있다. 원료 물질 공급은 무한대이며 오염 발생도 거의 없다. 이러한 반응을 얻기 위해서는 1억℃의 온도가 요구된다. 반응 용기의 벽면으로부터 플라스마를 분리하기 위하여 토카막(Tokamak)으로 불리는 '자기병(magnetic bottle)' 속에서 강한 자기장에 의해 고정되어야 한다. 앞으로의 과제는 효과적인 고정 장치와 튼튼한 용기를 제작하는 것이다.

융합 동력[69]은 지구상에서는 16MW 수준까지 만들어졌다. 핵융합 노력은 상업적인 활용 목적으로 한 500MW 용량의 ITER로 불리는 새로운 발전소 규모의 장치를 만들기 위해 여러 나라들에 의한 컨소시엄 형태로 자신감을 얻어가고 있다. 이것이 성공한다면 30년 이내에 첫 상업 발전소가 가동될 것으로 예상된다.

수소는 또다른 이유로도 중요하다. 수소는 에너지 저장을 위한 매개 수단을 제공하며 수송관이나 벌크 운반을 통해서 쉽게 전달될 수 있다. 극복해야 할 주요 문제는 수소를 저장하기 위한 보다 효율적이고 소형화하는 방안을 찾는 것이다. 현재의 기술(1차적으로는 고압의 실린더 상태로)은 벌크상으로 특히 운반차량용에는 무겁다. 현재 많은 다른 가능성들을 찾고 있다.

태양열-수소 에너지의 경제성을 위해 필요한 기술의 대부분은 현재 유용한 상태이다. 다만 여기에 공급되는 에너지의 비용이 화석연료를 이용하는 경우

69) G. McCraken, P. Stott, *Fusion, the Energy of the Universe*(New York: Elservier/Academic Press, 2004).

영국의 에너지 정책

지난 수년 동안 영국에서는 에너지 정책에 관한 3가지 중요한 보고서가 발간되었다. 첫째는 2000년 왕립환경오염대책위원회(RCEP, Royal Commission on Environmental pollution)[71]에 의해 발간된 『변화하는 기후에서의 에너지(Energy on a Changing Climate)』이다. 이 위원회는 정부에 대한 자문을 위한 전문가 모임이다. 이 기구는 온실기체 배출을 감소시키려는 미래의 국제적 행동을 위해 가장 근간이 되는 '축소와 수렴(contraction and convergence)'의 개념(그림 10.3)을 지지하면서 2050년경에는 영국의 온실기체 배출을 60% 감축하는 목표를 달성할 수 있을 것으로 내다보았다. 이에 기초한 영국의 의무량은 국제 배출권과 결합되어야 한다. 이러한 목표에 달성하기 위해서는 에너지 효율을 높이고(특히 건물에서), 재생가능 에너지원의 이용을 높이도록 하는, 예를 들면, 연구개발비를 크게 상향 조정하는 등 보다 효과적인 수단들이 강구되어야 한다.

둘째 보고서는 영국 내각청(UK Cabinet Office)[72]의 정책 및 혁신단(Policy and Innovation Unit)에 의해 발간된 『에너지 리뷰(Energy Review)』이다. 이 보고서는 『우리들의 에너지 미래: 낮은 탄소 경제의 창출을 위해(Our Energy Future: Creating a Low Carbon Economy)』라는 제목의 에너지 백서로 알려진 2003년 영국 정부에서 발간된 에너지 정책 성명서[73](여기서는 세번째 보고서)에 들어가는 대한 중요한 내용들을 제공했다. 백서는 영국의 전략이 2050년까지 탄소 배출을 60% 줄이려는, RCEP에 의해 설정된 목표에 대한 요구를 수용하고 있다. 이 전략의 핵심은 당장 적용되어야 하는 것으로 에너지 효율 향상을 위한 적극적인 활동을 촉진(가정 부문에서 2010년까지 20% 향상시키고 2020년까지는 다시 20%를 향상시킨다는 목표)하고 재생가능 에너지원의 역할을 확대(2020년까지 재생가능 에너지원에서 발전된 전기를 20% 이상 높인다는 목표)하는 것이다. 이에 더하여 원자력 발전과 깨끗한 석탄(탄소 격리를 통한)에 대한 새로운 투자 옵션이 열리고 계속되어야 할 필요가 있다.

리뷰에 따르면 RCEP 목표를 실현하기 위한 영국경제의 부담에 대한 예측이 나왔는데 비용 부담은 그리 크지 않다. 이 부담은 50년 이상의 기간 동안 6개월 정도 영국 경제성장률을 목표한 수준에서 낮추는 정도로 표현된다.

이러한 보고서들이 제시하는 미래의 그림은 2020년에 가서야 큰 변화가 일어난다는 것이다. 이러한 변화는 보다 많은 지역의 에너지 공급(주로 재생가능 에너지원에 의한), 하이브리드 엔진이나 연료 전지에 의하여 움직이는 자동차의 이용이 확대되고 석탄, 석유, 천연가스보다는 수소에 기초한 에너지 기반 시설의 개발을 시작으로 이동해간다는 것이다.

에 비해 몇 배가 되는 것이 문제이다.[70] 보다 기술이 발전하고 대량생산이 이루어진다면 가격 문제는 틀림없이 해결될 것이다. 급속한 발전을 이룰 것으로 인식되는 주요 이유는 환경적인 관점에서 매력적이라는 것인데 태양열-수소 경제는 현재 대부분의 에너지 분석에서 예측되는 것보다 더 빠르게 극복될 것이다.

아이슬란드는 수소 경제 개발의 최전선에 있는 나라로 2030~2040년경에는 화석연료로부터 독립하기를 열망하고 있다. 이미 전기의 대부분은 수력이나 지열 에너지에서 생산된다. 아이슬란드의 최초 수소 연료 발전소가 2003년 3월 가동을 시작했고 연료 전지로 움직이는 버스들이 발전소의 첫 고객이다.

마지막으로 장기적인 관점에서 볼 때 태양에서 동력을 얻는 핵융합 에너지의 가능성이다(글상자 참조). 핵융합이 이용된다면 실질적으로 무한대의 에너지 공급원이 생기는 셈이다. 이러한 활동 프로그램에서의 다음 단계의 결과는 엄청난 관심 속에서 주시될 것이다.

---

70) 이러한 기술에 대한 자세한 정보는 Ogden and Nitsh, 'Solar Hydrogen' in Johansson *et al*.(eds.), *Renewable Energy*(Washington DC: Island Press, 1993), pp.925~1009.

71) www.rcep.org.uk.

72) www.cabinet-office.gov.uk/innovation/2002/energy/report/index.htm.

73) www.dti.gov.uk/energy/whitepaper/index.shtml.

요약

본 장은 인간활동과 산업을 위한 현재의 에너지 제공 방식을 살펴보았다. 세계의 미래 에너지 수요에 맞출 수 있는 비율로 전통적인 에너지원이 계속 성장한다면 받아들이기 힘든 기후변화를 유도하는 온실기체 배출의 증가를 가져올 것이다. 이러한 상황은 1992년 6월 리우데자네이루에서 열린 유엔환경개발회의에서 도달한 협정과도 맞지 않는다. 리우회의는 에너지와 개발 문제를 해결하기 위해 관련 국가들에게 필요한 행동을 논의했던 것이다. 21세기의 이산화탄소 배출은 기후협약의 목표(the Objective of the Climate Convention)에 의해 요구되는 대로 크게 감소되어야 한다(특히 WEC 시나리오 C). 그리하여 이산화탄소의 대기 농도가 금세기 말에는 안정되도록 해야 한다. 이렇게 요구되는 커다란 변화를 달성하기 위하여 4가지 행동 영역이 핵심이다.

- 많은 연구들의 결과를 보면 대부분의 선진국에서는 순비용 투입이 거의 없이 오히려 전체적인 절약을 이루면서 에너지의 효율성을 30% 혹은 그 이상 올릴 수가 있다. 그러나 산업과 개인은 즉각 호응하지 않을 것이며 따라서 절약을 이룩하기 위해서는 적절한 인센티브가 필요하다.
- 필요한 기술들의 많은 부분은 재생가능한 에너지원(특히 '현대적' 바이오매스, 풍력, 태양열 에너지)에 투입되고 있다. 이러한 에너지들이 장기적으로 화석연료를 대체할 수 있도록 기술이 발전되고 보완되어야 한다. 적절한 규모로 이러한 목표를 달성하기 위해서는 적절한 인센티브를 가진 경제체제가 확립되어야 할 것이다. 유용한 정책 옵션으로 보조금의 폐지, 탄소 혹은 에너지세 신설(이것은 화석연료 사용에 따른 환경 비용을 인정하는 것), 배출량을 상쇄하는 배출권 제도 등이다.
- 모든 국가들이(기술 이전을 하면 개발도상국까지 포함) 고효율성의 에너지 계획을 수립하고 가능하면 재생에너지(지역 태양열 에너지 혹은 풍력 발전 등)를 많이 이용하기 위한 유용한 기술이 실현되도록 하는 조정이 필요하다.

• 매년 미화 1조 달러에 달하는 세계 에너지 산업에 대한 투자에 있어서 장기적으로 환경적인 요구를 모두 충족하는 에너지 투자(적절한 수준의 연구개발비를 포함)가 될 수 있도록 국가와 산업계 모두가 책임을 져야 한다.

이러한 행동들은 투명한 정책과 함께 정부, 기업, 소비자 등 각 부문에서의 대응과 해결을 요구한다. 대규모 에너지 기반시설의 구축(특히 발전소 건설)은 장기적인 시간이 요구되고, 요구되는 변화들이 현실화되는 데도 많은 시간이 소요되므로 현재 당장 해야 할 행동이 따로 마련되어야 한다. 세계에너지위원회가 지적한 대로, "실질적인 도전은 수십 년이 걸릴 공급 형태의 대체와 연계한 현실성과 의사소통을 하는 것이며, 이러한 요구가 현실화될 수 있도록 적절한 행동이 당장(now) 시작되어야 한다."[74]

74) *Energy for Tomorrow's World: the Realities, the Real Options and the Agenda for Achievement*, WEC Commission Report(New York: World Energy Council, 1993), p.88.

■ ■ ■ 과제

1. 본인의 가정이나 아파트에서 매년 얼마나 많은 에너지를 사용하는지 계산해보자. 여기서 얼마나 많은 에너지들이 화석연료에서 나왔는가? 이는 이산화탄소 배출에 얼마나 기여하는가?

2. 매년 자신의 자동차에서 얼마나 많은 에너지를 사용하는지를 추정해보다. 이것이 이산화탄소 배출에 얼마나 기여하는가?

3. 석탄, 석유, 천연가스의 세계 매장량에 대해 지난 30년 동안 시대마다 추정치가 어떻게 달라졌는지를 살펴보자. 이러한 추정치의 경향에서 무엇을 추론할 수 있을까?

4. 다음의 결과로 당신의 국가가 매년 어느 정도의 에너지를 절약할 수 있을까? (1) 모든 가정에서 불필요한 전등을 끈다. (2) 모든 가정에서 백열등을 에너지 절약형으로 바꾼다. (3) 모든 가정에서 겨울동안에 실내 온도를 1℃ 낮춘다.

5. 당신의 국가가 전기 공급에 기여하는 모든 연료원을 조사해보자. 겨울에 보통 전기로 난방하는 가정에서 천연가스 난방으로 바꾸면, 매년 이산화탄소 배출에 어떠한 변화가 있을까?

6. 열 펌프와 건물 단열의 비용을 알아보자. 일반 건물에서 열 펌프를 설치하거나 단열제를 추가하여 난방 에너지를 75% 절약하는 경우(설치 비용과 운영 비용)와 비교해보자.

7. 대형 전기용품점을 방문하여 가전제품들의 소비 에너지와 성능에 관한 정보를 수집한다. 냉장고, 조리기, 전자 오븐, 식기 세척기 등. 어떤 제품이 가장 에너지 효율이 높은가? 혹은 가장 낮은가? 또한 에너지 소비와 효율성에서 볼 때 어떻게 등급을 나눌 수 있을까?

8. 온난하고 햇볕이 잘 드는 지역에서의 일반적인 규모의 평면 지붕의 집에 50mm 두께의 단열제를 설치했다고(표 11.3 참조) 가정하자. 지붕이 흰색 대신 검은 색으로 칠해졌을 때 에어컨 가동시에 추가되는 비용은 얼마일까? 단열제를 150mm 두께로 강화했을 때 이 비용은 얼마나 줄어들까?

9. 표 11.3의 건물에서 벽내공간과 지붕에 250mm 단열제(덴마크 기준)를 설치할 경우 드는 난방비를 재계산해보자.

10. 대형 댐의 환경 및 사회적 영향에 대한 논문들을 살펴보자. 수력 발전에 의한 혜택이 환경적 및 사회적 손실보다 더 크다고 생각하는가?

11. 바이오매스를 기르고 PV 태양전지를 장치하고 혹은 풍력 발전기를 장치하는 등 재생에너지원을 이용하는 10km^2의 면적을 가정해보자. 가장 효율적인 이용에 대한 기준은 무엇인가? 국가별로 지역 특성에 맞는, 효율성 있는 재생가능한 에너지들을 비교해보자.

12. 원자력 에너지의 사용 확대를 가로막는 가장 중요한 요인은 무엇이라고 생각하는가? 원자력 에너지 생산에 따른 심각성이 다른 형태의 에너지 생산에서 야기되는 비용 혹은 피해와 비교할 때 어느 정도인가?

13. IPCC 1995년 보고서 19장에서, LESS 시나리오에 대한 정보를 얻을 수 있다. 특히 여러 가지 대안들에 대한 예측치들이 제공되고 있는데, 바이오매스 에너지 생산을 위한 각국의 사정에 따른 필요한 면적 등이 그러하다. 국가나 지역에 따라, 시간규모에 따라, 어느 정도의 면적이 필요한지를 어렵지 않게 찾을 수 있을 것이다. 다른 용도보다 바이오매스 생산을 위한 면적으로 이용할 때 어떠한 결과가 나올까?

14. 탄소세에 대한 논의에서 이를 지구온난화(9장)에 의한 손실 비용에 과연 연관시킬 수 있는가? 혹은 적절한 수준에서 경쟁 상대에 있는 다른 재생가능 에너지 요구와 관련된 연관성을 어떻게 설명할 수 있을까?

15. 표 11.6 및 접근 가능한 더 많은 자료의 정보로부터 여러 가지 재생가능 에너지를 보다 더 많이 채택할 수 있도록 하기 위해 어느 정도의 탄소세의 수준이 요구되는가?

16. 본 장의 말미의 정책 옵션 목록에서 당신의 국가에 가장 효율적인 것은 무엇이라고 생각하는가?

17. 바이오매스 에너지, 풍력, 태양열 PV 등 여러 가지 재생가능 에너지원의 여러 환경적 영향들을 나열해보자. 이러한 재생 가능 에너지 사용에 따른 온실기체 배출의 감소로 인한 환경적 기여와 비교할 때, 이에 따른 영향의 심각성을 어떻게 평가할 수 있을까?

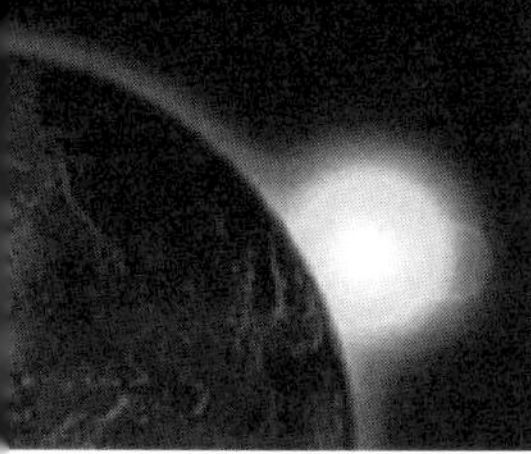

지구촌 시대 12

앞 장에서 지구온난화에 대한 다양한 내용과 그에 따라 취해야 할 행동을 살펴보았다. 마지막 장에서는 먼저 지구온난화의 도전의 면모를, 특히 지구 고유의 특성 때문에 일어나는 도전들을 살펴본다. 다음으로 인류가 직면하고 있는 다른 주요한 문제들의 관점에서 지구온난화를 짚어본다.

지구온난화의 도전

지구온난화가 유일한 환경 문제는 아니라는 점을 이미 언급하였다. 예를 들면, 해안지역은 다른 이유로도 침강하고 있다. 여러 지역에서 수자원의 공급은 이미 함양되는 것보다 더 빨리 고갈되고 있고 농지는 토양 침식으로 감소되고 있다. 국지적이거나 지역적으로 환경 악화의 발생에 대한 많은 이유들이 거론되었다. 그러나 지구온난화의 중요성은 다른 환경 문제들의 존재로 인해 감소되지 않는다. 사실 환경 문제는 지구온난화의 영향을 강화시킬 수 있다. 예를 들면, 209쪽의 방글라데시에서 일어나는 해수면 상승의 효과가 그것이다. 일반적으로 모든 환경 문제들을 동시에 처리하는 것이 유익하다.

국지적인 환경의 악화는 보통 국지적으로 일어나는 특정 행위의 결과이다. 예를 들면, 지하수의 과도한 양수 때문에 침강이 일어난다. 이러한 경우를 보면 잘못된 행위를 행한 공동체는 이로 인해 일어난 피해로 고통당하게 되는데 오염을 발생시킨 사람들이 비용을 해결해야 한다는 원칙이 비교적 쉽게 적용될 수 있다.

대부분의 환경 문제와 비교할 때 지구온난화의 특징은 그것이 지구적(global)이라는 것이다. 모든 사람들이 크든 작든 지구온난화에 영향을 미치지만 부정적인 영향의 정도는 결코 동일하지 않다. 개발도상국에서 많은 사람들이 심각한 피해를 보고 있다. 선진국의 일부 사람들은 실제로 이득을 얻기도 한다.

이러한 영향의 불균등성은 물론 국지적인 오염에도 적용된다. 그러나 국지적인 오염에서 보면 그 부정적인 영향을 지구온난화의 경우보다 분명하고 즉각적이다. 지구 기후에 미치는 화석연료 연소의 영향에 대한 정보는 보다 광범위하게 존재하기 때문에 어디에서건 개별적인 화석연료의 연소는 지구적 온난화에 영향을 미친다는 인식이 필요한 현실이다.

그리고 지구적 문제에는 지구적인 해결책이 요구된다. 환경오염이 국지적이기 보다는 지구적인 문제가 될 때 '오염자가 부담해야만 한다'는 것은 1992년 6월 리우선언에서 강조된 원칙(원칙 16)의 하나이다. 9장과 10장은 지구적 규모에서 이러한 원칙을 적용하기 위하여 고안되어왔던 몇몇 메커니즘을 보여주고 있다.

지구적 규모의 환경 문제를 다루어본 몇 가지 경험들을 살펴보자. 대기 중으로 인간들이 염화불화탄소(CFCs)를 방출시키면서 나타난 성층권 오존의 파괴는 지구온난화와 유사한 전 지구적 특성을 가지고 있다. 오존층 파괴에 대응하는 효과적인 메커니즘은 몬트리올 의정서를 통해서 확립되었다. 이러한 피해에 기여한 모든 국가들은 유해한 물질들의 배출을 중단하기로 동의했다. 여기에 참여한 보다 부유한 국가들은 개발도상국도 이에 동의할 수 있도록 자금과 기술을 제공하는 데 합의했다. 그리하여 지구 환경 문제들을 알리기 위한 하나의 방안이 제정되었던 것이다.

지구온난화 경우에 이러한 방향으로 나아가는 것은 쉽지 않을 것이다. 이 문제가 훨씬 더 크고 우리들의 생활의 질을 담보하는 에너지와 교통과 같은 인류의 자원과 활동의 핵심에 보다 근접해 있기 때문이다. 그러나 화석연료의 사용 감소가 우리들의 생활의 질을 파괴한다거나 떨어뜨리지는 않을 것이다. 오히려 실질적으로는 질을 높일 것이다! 지구온난화 문제와 씨름하면서 일반적으로 국경을 초월하는 많은 전문가 집단들의 의무감과 도전정신들이 특히 돋보이고 있다.

- 세계의 과학자들(scientists)의 신념은 분명하다. 예측의 불확실성에 대한 적절한 설명과 함께 국지적 지역 수준에서 예상되는 기후변화에 대한 보다 나은 정보를 제공하는 것이다. 모든 국가들과 모든 사회 조직에서 정치가들과 정책입안자들은 물론 일반인들도 가능한 한 가장 분명한 형태로 정보를 제공받고 싶어 한다. 극단의 기상과 기후의 변화에 대한 정보가 특히 많이 요구된다. 과학자들도 물론 기술개발의 버팀목으로 연구에서 중요한 역할을 할 것이다. 에너지, 수송, 삼림, 농업 분야에서 이전에 언급하였던 적응과 완화 전략에 요구되는 연구들을 수행할 것이다.

- 정치(politics)권에서 보면 크리스핀 티켈 경(Sir Crispin Tikell)이 기후변화에 대응하는 국제적 행동의 필요성을 역설한 지도 20년이 넘었다.[1] 그 이래로 1992년 리우에서 열린 유엔기후변화협약(Framework Convention on Climate Change)의 서명과 지속가능한 개발 위원회(Sustainable Development Commission)의 설립과 같은 많은 진전이 있었다. 협약에 의해서 정치가와 정책입안자들에게 맡겨진 도전들은 첫째로 지속가능한 발전을 성취하기 위해서 환경 문제에 대한 개발의 균형을 잡는 것이고, 둘째는 기후변화에

1) C. Tickell, *Climatic Change and World Affair*, second edition(Boston: Harvard University Press, 1986).

관한 적절하고도 진실한 행동(적응과 완화 활동 모두에 대해)으로 리우회의에서 결의된 내용을 적용하는 것이다.

- 지구온난화로 인해 발생할 수 있는 영향과 이를 완화할 수 있는 방안에 관하여 필자는 기술(technology)의 역할을 강조해왔다. 적절한 투자로 지원되는 기술 개발에 대한 도전으로 이루어진 새로운 기술들을 세계의 산업계가 적극적이고 혁신적으로 도입해야 할 것이다. 환경에 대한 지나친 관심과 환경보전을 위한 규제는 기업에게 위협으로 간주되지만 사실은 이때가 기업에게 기회가 될 수도 있다. 11장에서 보았듯이, 모든 측면에서의 에너지 효율성, 재생에너지 생산 그리고 자원의 효율적인 사용과 재활용 등과 연관된 기술의 출현은 이들 고도의 기술과 숙련된 기능을 가진 인력들의 고용 증대를 가져올 것이다. 환경에 대한 공공의 인식과 환경보전을 위한 요구의 증대로 인해 21세기에는 강력한 환경 경영을 채택하는 기업들만이 성장하고 번성할 것이다.

- 기업의 의무는 세계적인 맥락에서 다루어져야 한다. 최선을 다해 문제를 해결하기 위해서는 기업의 상상력, 혁신, 도전, 활동이 요구된다. 지구적 관점에서 정부와 적절한 협조를 하면서 결국 기업들은 기술, 재정, 정책 전략에 관한 개발이 필요하다. 전략에서 중요한 요소는 특히 에너지 부문에서 국가 간의 적절한 기술 이전이다. 이것은 기후협약의 5절 4조에 강조되어 있다. "선진국 측에서는 …… 다른 측, 특히 개발도상국 측에 대해 환경적으로 안전한 기술과 노하우를 이전하거나 혹은 접근하도록 하기 위해서, 그리하여 이들 국가들이 협의 조항들을 지킬 수 있도록 하기 위해, 이러한 이전을 촉진하고 도와주고 지원하는 실질적인 모든 노력을 해야 한다."

- 경제학자들에게도 새로운 과제가 있다. 환경 비용(특히 금액으로 가치를

매길 수 없는 '비용'을 포함)과 9장에서 언급된 '자연' 자본, 특히 지구적 유형의 자본을 적절히 산정해야 한다. 여기에는 모든 국가들을 공정하게 대해야 한다는 또 다른 문제점이 있다. 어떠한 국가도 다른 나라에 비해 지구온난화에 더 많이 기여하고 책임이 더 많다고 해서 경제적인 불이익을 감수하길 원하지 않는다. 경제적인 다른 방안들(예를 들면, 세금, 보조금, 배출권 상환과 거래협정, 규제 혹은 기타 방안들)은 정부나 개인에 의한 지구온난화에 대한 적절한 행동을 위한 인센티브로 고안된 것이므로 모든 국가들에게 공정하면서도 효과적이어야만 한다. 정치가와 의사결정자들과 함께 일하는 경제학자들은 환경적 관점뿐만이 아니라 정치적인 현실도 인정하는 상상력 있는 해결책을 찾을 필요가 있다.

- 언론과 교육도 중요한 역할을 한다. 세계의 모든 사람들이 기후변화에 연관되어 있으므로 당연히 모두에게 적절한 정보가 제공되어야 할 것이다. 이들은 기후변화의 증거, 원인, 영향의 분포와 이를 완화하기 위한 행동 등을 이해하길 원한다. 기후변화는 복잡한 주제이다. 교육과 언론의 도전은 이해할 수 있고 종합적이고 정직하며 균형 있는 방법으로 정보를 제공하는 것이다.

- 모든 국가들은 그들 지역에서 적용되는 기후변화에 적응해야 할 것이다. 증가하는 홍수와 한발 혹은 상당한 해수면의 상승 때문에 많은 개발도상국에서 적응은 쉽지 않을 것이다. 자연재해로 인한 위험의 감소는 가장 중요한 적응 전략에 속한다. 따라서 구호기관의 도전은 취약한 국가에서 보다 빈번하고 강해진 재해에 대비하는 것이다. 국제적십자사는 이미 이 분야에서 선도적인 역할을 하고 있다.[2)]

2) 국제 적십자사/적신월사(International Red Cross/Red Crescent)는 기후변화와 재해 예방 간의 교량으로서 네덜란드에 기후 센터를 설립했다. 센터의 활동은 인식(Awareness: 정보와 교육), 행동(Action: 재해 예방 프로그램에 관한 기후 적응 방안의 개발), 그리고

마지막으로, 문제는 지구적일 뿐만이 아니라 장기적이라는 점을 인식하는 일이 중요하다. 즉, 에너지 생산과 수송을 위한 주요 기반시설의 구축, 주요 임업 프로그램의 변경 등은 수십 년의 시간이 소요되는 것이다. 따라서 행동 프로그램은 지속적인 과학, 기술 및 경제적 평가에 기초하여 긴급한 것과 장기간에 걸쳐 연속적으로 할 것으로 구분되어야 할 것이다. IPCC 1995년 보고서는 '도전은 다음 100년을 위해 오늘 해야 할 가장 좋은 정책이 아니라, 새로운 정보의 관점에서 신중하게 전략을 선택하고 시간의 흐름에 따른 변화에 적응하여 조정하는 것이다'라고 기술했다.[3]

지구온난화가 유일한 지구 문제는 아니다

지구온난화가 유일한 지구 문제는 아니다. 지구 문제로는 다른 이슈들도 많으며, 이러한 맥락에서 온난화 문제를 살펴볼 필요가 있다. 이 중에서 지구온난화 이슈에 특히 영향을 미칠 수 있는 문제는 다음 4가지이다.

첫째는 인구성장이다. 필자가 태어날 때만 해도 세계 인구는 20억 정도였다. 21세기 초입에 세계 인구는 이미 60억이 넘었다. 필자의 손자들이 세상을 살아가는 동안에는 80억에 이를 것이다. 인구성장의 대부분은 개발도상국에서 일어날 것이다. 2020년에는 이들 국가들의 인구가 세계인구의 80%를 차지할 것이다. 이들 증가한 인구들은 식량, 에너지, 생계를 위한 일자리를 요구할 것이고 이 모든 것들은 지구온난화와 연관되어 있다.

두 번째 이슈는 빈곤 문제와 선진국과 개발도상국 간의 부의 불균등이 점차 심화되고 있다는 점이다. 부유한 국가와 빈곤한 국가 간의 격차는 보다

홍보(Advocacy: 기후변화의 영향에 대한 관심을 고조시키는 정책을 개발하고, 기후적응과 재해 대비에 대한 기존의 경험을 이용할 있도록 확신시킴) 등이다.

3) *Synthesis of Scientific-Technical Information Relevant to Interpreting Article 2 of the UN* Framework Convention on Climate Change(Geneva: IPCC, 1995), p.17.

커지고 있다. 세계의 부의 흐름은 가난한 나라에서 부유한 나라로 움직인다. 세계의 여러 공동체내에서 정의와 평등이 실현되어야 한다는 요구가 점차 거세지고 있다. 웨일즈 공은 인구성장, 빈곤과 환경 악화 간에 존재하는 강한 연계성에 대한 관심을 촉구했다(글상자 참조).

제3의 지구적 이슈는 자원의 소비 문제로서 대부분의 경우 지구온난화에 기여하고 있다. 현재 사용되고 있는 많은 자원들이 대체될 수 없음에도 지속가능하지 못한 비율로 자원들이 사용되고 있다. 즉, 우리들이 자원을 고갈시키는 비율은 미래 세대들의 사용에 심각한 영향을 미치게 된다. 더욱이 자원의 80% 이상을 세계인구의 20%가 소비하고 있으며 개발도상국으로 이러한 소비패턴을 보급하는 것은 현실적이지 않다. 따라서 지속가능한 개발의 가장 중요한 요소는 모든 자원의 '지속가능한 소비'[4]인 것이다.

네 번째 문제는 지구 안보이다. 안보에 대한 전통적인 이해는 외부 세계에 대하여 국경을 수호하는 통치 국가의 개념에 기초하고 있다. 그러나 통신, 산업, 비지니스 등은 점차 국가 간의 경계를 무시하고 있으며 지구온난화와 이미 언급한 다른 지구적 문제들은 국가 간의 경계를 넘어선다. 따라서 안보는 지구적 차원에서 파악할 필요가 있다.

기후변화의 영향은 안보에 큰 위협이 되고 있다. 가장 최근에 발생한 전쟁 중의 하나는 석유 확보를 위한 것이었다. 미래의 전쟁은 물을 위한 것이라는 주장도 나오고 있다.[5] 한 국가가 기후변화의 결과로 물 공급을 상실하거나 생계수단을 잃어버리면 갈등의 위협은 더 커지기 마련이다. 환경 난민의 수가 늘어나면 위험한 수준으로 긴장이 고조되기 쉽다. 영국의 방위 정책에 깊은 관심을 가져온 쥴리언 오스왈드(Sir Julian Oswald) 제독[6]에 의해서 지적된 것처

---

4) 런던의 왕립협회가 주도한 세계의 국가들의 과학 한림원들이 모여서 이 점을 지적하는 보고서를 작성하였다. *Towards Sustainable Consumption: a European Perspective*(London: Royal Society, 2000), 부록 B 참조.

5) 전임 유엔 사무총장인 브트로스 브투로스-갈리는 '중동에서의 다음 전쟁은 정치가 아니라 물을 얻기 위한 것'이라고 말했다.

■ 빈곤과 인구성장

웨일즈 공은 1992년 3월 22일에 열린 세계환경개발위원회 연설에서 다음과 같이 주장하였다.[7)]

"본인은 제3세계 문제에 대하여 그 원인과 결과에 대한 논쟁에 더 보태고자 하지 않는다. 말하자면, 모든 논리를 다 동원하여 보아도 인구성장이 경제성장을 초과하고 있을 때 어떤 사회가 어떻게 그 문제를 해결할 수 있을까 우려되는 바이다. 인구성장을 감소시키는 요소들은 지금 당장이라도 쉽게 파악할 수 있다. 가족계획을 활성화할 수 있는 보건 기준은 여성 문맹률 감소, 유아사망률 감소와 깨끗한 물 공급의 증가 등이 있다. 물론 이들을 다 갖추는 것은 쉬운 일이 아니지만 아마도 환경에 대하여 모든 국제적인 협력의 구심점에 대하여 두 가지 진실이 강조되어야 한다. 우리들이 빈곤을 인식하기 전에는 출생률을 낮출 수 없을 것이다. 그리고 빈곤과 인구성장 문제를 동일한 무게로 보기전에는 환경을 보호할 수 없을 것이다."

럼 안보에 관한 보다 폭넓은 전략은 갈등 가능한 원천들, 그 중에서도 특히 환경적 위협을 고려하여 개발할 필요가 있다. 이와 같은 위협에 대응하는 적절한 행동의 측면에서 안보 문제 자체에 대하여, 군사적인 혹은 다른 수단을 직접적으로 동원하는 것보다는 환경적 위협을 제거하거나 완화하기 위하여 자원들을 적절히 재배치하는 것이 안보 측면에서 보다 통합적이고 비용 면에서도 효과적인 전략이 될 것이다.

---

6) J. Oswald, "Defence and environmental security," in G. Prins(ed.), *Threats Without Enemies*(London: Earthscan, 1993).

7) HRH the Prince of Wales, in the First Brundtland Speech, 22 April 1992, published in Prins, *Threats Without Enemies*, pp.3~14.

환경연구의 개념과 진행

마지막 장 집필을 마무리하는 동안 영국의 이스트 앵글리아 대학에 있는 환경연계 연구를 위한 주커만 센터의 개소식에 참가하였다. 이 센터는 환경에 관한 학제 연구에 기여할 목적으로 설립되었다. 개소 축하 연설은 하버드 대학의 국제 과학·공공정책·인간개발 교수인 윌리엄 클라크가 맡았다.[8] 만약 과학(자연 과학 및 사회 과학)과 기술이 환경 지속가능성에 보다 적절한 지원을 제공하고자 한다면 관련 연구는 어떠한 개념을 가지고 어떻게 진행되어야 하는가에 대한 방안에 변화가 있어야 한다는 그의 연설 내용은 강한 인상을 주었다. 그는 연구의 개념과 진행 모두에서 나타나는 문제의 모든 측면들에 관심을 가져야 한다고 지적했다. 특히 다음의 4가지 요구조건을 강조했다.

- 통합적이고, 전체적인 접근은 복합적인 강조점, 그리고 다양하고 가능한 해결책 간의 통합을 의미한다. 이러한 접근은 자연과학 및 사회과학 모두로부터 관점의 통합책을 찾고자 한다. 이는 환경이 사회의 형성에 영향을 미치고 또한 사회가 환경에 영향을 미치는 동적인 상호작용에 대한 보다 나은 이해를 가능하게 할 것이다. 그리고 이러한 다양한 통합은 반드시 지구적 맥락에서 이루어져야 할 것이다.

- 문제의 특성만을 파악하는 것이 아니라 해결책을 찾는 것이 목표이다. 해결책은 다른 사람들에게 미루면서 문제에 대한 논의만을 하려는 과학자들이 있다. 해결책을 찾은 응용 연구는, 문제를 파악하고 기술하는 소위 기초 연구와 같은 정도의 도전과 가치를 가져야 한다.

8) W. C. Clark, "Sustainability Science: Challenges for the New Millennium", An address at the official opening of the Zuckerman Institute for Connective Environmental Research, University of East Anglia, Norwich, UK 4 September 2003, http://sustainabilityscience.org/ists/docs/clark_zicer_opening030904.pdf.

• 과학자들과 지원자(투자자) 모두가 주인의식을 가져야 한다.[9] 사람들은 연구행위와 구체적 결과물 구현을 위해 과학자와 지원자가 협력해야 한다는 사실에 입각한 행동과 신념의 변화를 위한 보다 많은 준비를 해야 한다.

• 과학자들은 스스로를 보다 나은 사회학습의 촉진자로서, 그리고 보다 덜 선도적인 사회 안내자로 인식하도록 노력해야 한다. 환경연구가 직면한 문제들은 과학자들은 물론 많은 사회 부문들이 반드시 포함된 장기적이고 반복적인 학습과정을 거친 후에야 해결책이 나올 것이기 때문이다.

본서에서 자주 강조해왔던 것으로 연구에 대해 가져야 할 태도에 대한 두 가지 질적인 요소는 정직성(honesty, 특히 결과 발표에 있어서 정확성과 균형성)과 겸손함(humility, 바로 앞의 4번째 주장과 8장 290쪽에서의 토마스 헉슬리 인용문을 참조)이다. 앞에서 언급된 전체주의(holism) 주제와 함께, 마음에 새기고 지켜야할 태도로서의 3H를 이룬다.

환경 청지기의 목표

서구 사회에는 많은 물질적인 목표들이 있다. 경제 성장, 사회 복지, 보다 나은 이동 수단, 보다 많은 여가 등이 그러하다. 그러나 인간으로서 만족스러운 생활을 위해서는 이러한 물질적인 도전뿐만이 아니라 도덕적·정신적 목표도 절대적으로 요구된다. 8장에서 언급했듯이, 종교적 신념을 포함하여 환경적 관심과 우리들의 기본적인 태도들 간에는 강한 연계성이 있다. 필자는 인류를 지구의 정원사 또는 청지기라고 하고 싶다. 세계의 많은 사람들은 이미 환경적

9) 이것은 300쪽에서 기술된 것처럼, IPCC의 경험에 의해 만들어진 것이다.

관점에서 주인의식을 가져야 하는 시점에 와 있다. 그러나 이러한 관점으로 우리 모두가 혜택을 입을 수 있도록 하기 위해서는 보다 높은 공공적 그리고 정치적 수준이 요구된다. 유엔은 기회가 있을 때마다 행동의 방향을 제시해오고 있다. 2002년 8월 요하네스버그에서 개최된 지속가능한 발전 정상 모임 때의 ≪타임 매거진(Time Magazine)≫ 기고문에서 당시 유엔 사무총장인 코피 아난은 다음과 같이 '경쟁하는 미래'에 대하여 언급하였다.[10)]

사정없는 폭풍과 홍수의 미래를 상상해봅시다. 점차 높아지는 해수면으로 침수되는 섬들과 많은 사람들이 거주하는 해안, 가뭄과 사막의 확대로 황폐해지는 비옥한 토양들, 환경 난민들의 대량 이동, 물과 유용한 자연 자원을 둘러싼 군사충돌을 상상해봅시다.

그리고 다시 생각해봅시다. 간단하지만 상상 가능한, 보다 희망적인 모습을 기원해봅시다. 녹색 기술, 살만한 도시, 에너지 효율적인 가정, 교통과 산업, 그리고 부유한 소수가 아닌 모든 이들을 위한 삶의 기준의 향상 등에 대해 생각해봅시다. 이러한 경쟁적인 전망 중 선택은 바로 우리들의 몫입니다.

괄목할 만한 발전은 지구온난화에 의한 문제를 해결하는 데 많은 세계적인 대기업들의 관심이 증가하고 있다는 점이다. 많은 기업들이 기업활동과정에서 이산화탄소의 감소를 적극적으로 추구(자체적인 배출권 협정을 통하여)하고 있다. 물론 많은〔특히 세계 최대 석유회사인 셸(Shell)과 영국석유회사(BP)〕 회사들이 재생가능한 에너지들에 대해 집중적으로 투자하고 있다. BP의 CEO인 존 브라운은 다음과 같이 말하고 있다.[11)]

"한 기업이나 국가가 기후변화 문제를 해결할 수는 없습니다. 그렇지 않은

10) Kofi Annan, *Time Magazine*(26 August 2002).

11) 1997년 9월 30일 베를린에서 존 브라운 경이 행한 연설에서.

개인을 무엇을 할 수 있는가

지금까지 과학자, 경제학자, 엔지니어, 정치가, 기업인, 언론인, 교육자 등 모든 종류의 전문가들의 책무를 언급하였다. 물론 보통사람들도 지구온난화 문제를 완화시키는 데 중요한 기여를 할 수 있다.[12)]

- 가정에서 에너지 효율을 최대한 높인다. 추운 겨울과 더운 여름철에 대비하여 보다 좋은 단열재를 사용하고 지나친 냉난방을 피하고 전등 낭비도 줄인다.
- 소비자로서 에너지 사용을 따져본다. 예를 들면, 좀 더 오래 사용할 수 있는 물건, 지역의 자원으로 만들어진 물건들, 그리고 에너지 효율이 높은 물건들을 구매한다.
- 가능하다면 비화석연료 에너지를 사용한다. 예를 들어, 선택권이 있다면 '녹색' 전기(재생가능한 자원에서 생산된)를 구매한다.[13)]
- 에너지 고효율의 자동차를 운전하고 전체적인 에너지 이용을 최소화하는 교통수단을 선택한다. 가능한 한 걸어다니거나 자전거를 탄다.
- 목제품을 구입할 때는 재생가능한 자원에서 나온 것인지를 점검한다.
- 이산화탄소의 배출 감소 계획에 기여한다. 이것은 항공여행 등 일상에서 우리들이 이산화탄소 배출에 기여하는 부분을 상쇄하는 방법이 될 수 있다.[14)]
- 민주적인 과정을 통하여 지방 및 중앙정부들이 환경을 적절히 고려하는 정치를 이행하도록 감시한다.

척하는 것은 어리석고 오만한 일입니다. 그러나 나는 우리가 건설적인 행동을 통해 가능한 것을 보여줌으로써 효과를 얻을 수 있기를 희망합니다."

실제로 모든 사람들을 위한 도전은 개인, 공동체, 기업, 정부로부터 국가연합, 특히 상대적으로 풍요한 서방 세계들의 연합에 이르기까지, 우리 지구에 대한 환경 청지기 역할을 즉각적으로 시행하는 것이다. 그 누구도 우리들이 해야 할 유익한 일은 없다고 주장할 수 없을 것이다. 200년 전 영국의 국회의원인 에드먼드 버크는 다음과 같이 말했다.

> "아무것도 할 수 없었기 때문에 아예 손을 놓은 사람보다 더 큰 실수를 범한 사람은 없다."

---

12) 유용한 웹주소들: Sierra Club USA, www.sierraclub.org;sustainable.consumption/; Union of Cencerned Scientists, www.ucsusa.org; Energy Saving Trust; www.est.org.uk; Ecocongregation, www.encams.org; Christian Ecology Link, www.christian-ecology. org.uk; John Ray Initiative, www.jri.org.uk.

13) 일부 국가들의 전기공급 회사의 조직 변화와 함께 특정한 발전 장치로부터 국가전력망이 전기를 구매하고 송전할 수 있는 체계가 가능해지고 있다. 영국의 경우는 다음 사례를 참고 바람. www.greenelecltricity.org 혹은 www.good-energy.co.uk.

14) 예를 들어, Climate Care 관련 웹주소를 참조: www.climatecare.org.uk.

■ ■ ■ 과제

1. 자신의 국가에서 가장 중요한 환경 문제들을 나열하고 기술해보자. 각 문제들이 지구온난화와 관련된 기후변화의 유형하에서 어느 정도 강화될 것인지를 평가해보자.

2. 일반적으로 본인이 원인이 된 오염이나 우리 국가가 저지른 오염은 전체와 비교하여 매우 작기 때문에 이러한 문제 해결에 내가 혹은 우리 국가가 해야 할 일은 거의 없다고 주장하기도 한다. 이러한 태도가 왜 잘못인지를 어떻게 반박하겠는가?

3. 당신이 알고 있는 기업에서 종사하는 사람들과의 대화를 통하여 그 기업의 국지적·지구적 환경 문제에 대한 태도를 파악하도록 하자. 기업이 환경 문제를 중시하도록 설득하는 데는 어떠한 점이 중요할까?

4. 미국의 부통령을 지낸 앨 고어는 세계의 환경을 구하기 위한 제안을 내놓았다.[15] 그는 2차대전 이후 서부 유럽을 회복하고 재건하기 위한 미국 정책인 마셜 플랜에서 이름을 따서 이것을 '지구 마셜 플랜'이라고 명명했다. 이 계획을 위한 자원들은 세계 주요 부유국들에서 나올 수밖에 없다. 그는 이 계획을 위한 5가지 전략적 목표를 제시했다. (1) 세계 인구의 안정화, (2) 환경적으로 적절한 기술들의 빠른 발명과 개발, (3) 환경에 대한 우리들의 결정이 미치는 영향을 측정할 수 있는 경제적 '도로 규칙'에서의 종합적이고도 지역보편적인(ubiquitous) 변화, (4) 새로운 세대의 국제 협정을 위한 협상, 즉 선진국과 개발도상국 간의 능력과 필요성에 있어서 엄청난 편차를 중시하는 협상, (5) 우리들의 지구 환경에 대한 세계 시민들을 교육시키는 협력 계획의 수립. 이들 5가지 목표들을 검토해보자. 이들은 충분히 종합적인가? 그가 빠뜨린 중요한 목표는 없는가?

---

15) A. Gore, *Earth in the Balance*(New York: Hougton Miffin Company, 1992) 마지막 장에 상세히 설명되어 있음.

5. 환경을 위한 전략적인 목표를 향하여 각 정부들이 해야 할 최선의 행동 방향에 대한 견해는 무엇인가? 만약 이러한 행동이 보다 많은 세금 등 시민들의 희생을 강요하게 된다면 정부의 행동에 대해 시민들이 따를 수 있도록 어떻게 설득할 것인가?

6. 본 장의 마지막에 있는 글상자에서 개인이 할 수 있는 기여 부분의 목록에 더 첨가할 것은 없을까?

7. 제3세계 부채의 종식을 위해 일해왔던 쥬빌리 2000(Jubilee 2000) 캠페인이 다시 적절한 환경 운동에도 가능하다고 본다. 이것은 좋은 아이디어인가를 논의하고 그렇다면 성공을 위한 보다 나은 방안은 무엇인가?

8. 세계의 많은 가난한 국가들에서 수백만 명의 사람들이(특히 어린이들) 깨끗한 물의 부족으로 사망하고 있다. 이산화탄소 배출 감소에 이용되고 있는 자원들을 모든 사람들이 깨끗한 물을 접할 수 있도록 하는 데 사용하는 것이 더 유용하다고 주장되기도 한다. 당신은 이러한 관점에 동의하는가? 그렇게 한다면 그 결과는 실제로 어떻게 나타날까?

9. 인간간섭에 의한 기후변화는 대량 살상 무기와 같이 취급되어야 한다는 견해가 있어왔다. 이러한 비교의 타당성을 논의해보자.

10. 439~440쪽에 걸친 연구의 개념과 진행을 위한 요구 조건들을 살펴보자. 이러한 요구 조건들이 연구 계획서들의 타당성을 판정할 수 있는 기준의 요소들이 될 수 있는지 살펴보자. 당신이 관계하고 있는 연구는 요구조건과 어느 정도의 거리에 있는가? 당신이 연관된 연구 프로그램들은 이러한 요구조건들을 어느 정도 만족시키고 있는가?

용어 설명

가이아 이론 Gaia Hypothesis 제임스 러브록(James Lovelock)에 의해서 개발된 이론으로 생물권은 물리화학적 환경을 조절하여 행성의 건강을 지킬 수 있는 존재라는 주장

건조지역 Drylands 강수량이 적은 지역을 말하는 것으로 강수가 발생하더라도 그 양이 매우 적고, 지속시간이 짧으며 갑작스러움.

고기후학 Paleoclimatology 빙하코어 분석과 같은 방법을 이용하여 과거의 기후를 복원. 다양한 샘플이 가지고 있는 동위원소 비율을 이용하여 대기의 온도를 결정. 눈이 내린 당시의 대기 상태를 빙하코어를 가지고 추정하며 깊은 곳에서 추출한 것은 더 오래전의 눈이 빙하가 된 것임(나중에 내린 눈의 무게로 압축).

광볼타 PV 태양복사를 전기로 전환하는 실리콘으로 만들어진 태양셀

광합성 Photosynthesis 태양 에너지, 이산화탄소, 수증기가 관련된 일련의 화학반응으로 성장을 위한 영양분을 제공하고 산소를 방출. 무산소 광합성은 산소 없이 일어남.

기압 Atmospheric pressure 행성의 지표에 작용하는 대기의 압력으로 고기압은 안정된 기상 상태를 유지하지만 저기압은 싸이클론과 같은 스톰을 발생시킴.

기준시나리오 Business-as-usual 현재 에너지 사용에 대한 커다란 태도나 우선권에 변화가 없는 상황을 가정했을 때 미래세계의 에너지 소비와 온실기체 배출량 패턴 예측 시나리오

기후 Climate 특정 지역의 평균기상

기후민감도 Climate Sensitivity 대기 중 이산화탄소 농도가 배증되었을 때 나타나는 전지구 평균기온 상승의 정도

녹색혁명 Green Revolution 1960년대 식량 생산량의 혁신적 증가를 가져왔던 다양한 곡물의 새로운 품종개발

대기 Atmosphere 지구나 행성을 둘러싸고 있는 기체의 막

대류 Convection 기온 차에 의해서 발생하는 유체 내의 열 이동

대류권 Troposphere 지표에서 약 10km 고도까지의 하층 대기로 고도에 따라 기온이 상승하고 대류현상에 의하여 수직적 열 교환이 일어남.

데이지월드 Daisyworld 제임스 러브록에 의해서 개발된 생물적 되먹임 메커니즘 모델(가이아 가설 참조)

동물성 플랑크톤 Zooplankton 해양에 서식하는 미소한 동물

되먹임 Feedbacks 과정의 속도가 증가(양의 되먹임)하거나 감소(음의 되먹임)하게 하는 요인으로 과정이 계속되는데 그 자체가 영향을 미침. 양의 되먹임의 대표적인 예는 지표면에 쌓이는 눈으로 눈이 쌓이면 알베도가 높아짐. 흡수되는 태양복사량보다 반사되는 양이 많아지면 지표면은 온도가 낮아지게 되고 이로 인해서 더 많은 눈이 오는 과정이 계속됨.

매개변수화 Parameterisation 기후모델에서 알고리즘(단계별 계산)과 적절한 수치(매개변수)를 이용하여 과정을 표현하는 기법을 말함.

몬순 Monsoon 아열대에서 발생하는 탁월한 계절풍으로 우기와 관련이 있음.

몰분율(또는 혼합비) Mole Fraction 단위 부피 당 모든 구성 물질의 총 분자수에 대한 특정 물질의 분자수의 비율로 비이상기체에 대한 보정 때문에 부피혼합비(ppmv)와는 다름. 온실기체의 측정정확성과 관련이 있음.

밀란코비치 강제력 Milankovitch forcing 태양복사량의 규칙적 변화에 의해서 유도되는 기후변화의 규칙성

밀란코비치 이론 Milankovitch theory 과거의 주요 빙하기는 태양에 대한 지구의 공전궤도가 규칙적으로 변동하면서 입사하는 태양복사량이 달라지는 것과 관련된다는 이론

밀리바 Millibar: mb 헥토파스칼과 동일한 대기압의 단위로 지표의 전형적인 기압은 1,000mb

발산 Trnspiration 식물에서 대기로 수분의 이동

방사성 동위원소 Isotopes 다른 원자량을 가지고 있는 여러 형태의 원소. 원소는 핵이 포함하고 있는 양성자에 의해서 정의되지만 중성자의 수는 변할 수 있고 이로 인해 다른 형태의 동위원소를 형성. 예를 들어, 탄소 원자의 핵은 6개의 양성자를 가지고 있음. 가장 일반적인 탄소의 동위원소는 ^{12}C로 원자량 12를 가지고 6개의 중성자로 구성되고, ^{14}C는 원자량이 14이고 8개의 중성자를 가지고 있음. 이산화탄소와 같은 탄소화합물은 ^{12}C와 ^{14}C 동위원소의 혼합체를 포함. 중수소와 삼중수소를 참조

벌채 Deforestation 삼림 제거. 목재를 태우거나 부식될 때 많은 이산화탄소가 방출되고 광합성은 대기의 이산화탄소를 제거하기 때문에 벌채는 온실효과 강화의 주요 원인

복사강제력 Radiative forcing 대류권 상한(하층대기)에서의 평균 순복사의 변화로 온실기체의 농도 변화와 전체 기후시스템의 변화로 발생. 구름 복사 강제력은 구름 때문에 대류권 상한에서 발생하는 순복사의 변화를 의미

복사수지 Radiation budget 지구의 대기로 들어오고 나가는 복사의 균형. 천공에서 대기로 입사하는 태양복사량은 지구의 지표면과 대기에서 방출되는 열복사량이 균형을 이룸.

분자 Molecule 화학적으로 일정한 비율을 가지고 한 개 이상의 원소를 가진 원자를 두

개 이상을 가지고 결합하여 형성. 탄소원자(C)와 산소원자(O)는 화학적으로 결합하여 이산화탄소(CO_2) 분자를 형성하고 단일 원소를 가지고도 분자는 형성되는데 오존(O_3)이 대표적임.

빙설권 Cryosphere 기후시스템의 구성요소로 육지와 해양 표면 위나 아래의 눈, 빙하, 영구동토대

사전예방원칙 Precautionary Principle 잠재적인 환경악화에 적용되며 사후 처리보다는 사전 예방이 낫다는 원칙

생물군계 Biome 식생의 특징에 의해서 결정되는 특정한 생태계

생물권 Biosphere 유기체가 서식하는 육지, 대기, 해양 영역

생물다양성 Biodiversity 특정 지역에서 발견되는 생물종의 다양성 척도

생물량 Biomass 특정 지역에 존재하는 유기물의 총량

생물펌프 Biological pump 대기 중의 이산화탄소가 바닷물에 용해되면 용해된 이산화탄소는 식물성 플랑크톤의 광합성에 이용되고 식물성 플랑크톤은 동물성 플랑크톤의 먹이가 되는 과정. 이러한 미생물의 잔해는 해저로 가라앉아서 수백, 수천 또는 수백만 년간 탄소순환에서 이산화탄소를 제거함.

생태계 Ecosystem 자연 환경과 함께 식물과 동물이 서로 의존하는 독특한 시스템

섭씨 Celsius 기온의 단위로 물의 끓는점을 100℃로, 어는 점을 0℃로 고정

성층권 Stratosphere 고도 10~50km 위치하는 대기로 고도가 상승함에 따라 기온이 상승하고 오존층이 위치하는 곳

수력 Hydro-power 전기를 생산하기 위해 물의 힘을 이용

수문(물)순환 Hydrological (water) cycle 대기, 육지, 해양 간의 물 교환

식물성 플랑크톤 Phytoplankton 해양에 서식하는 미소한 식물

알베도 Albedo 백분율로 표시하며 지표에 의해 반사되는 복사량. 눈으로 덮인 표면은 알베도가 높지만 식생으로 덮인 표면은 광합성을 위하여 태양광선을 흡수하기 때문에 알베도가 낮음.

양성자 Proton 원자의 구성 요소로 양의 전하를 가짐.

엘니뇨 El Niño 남미 해안 근처 태평양의 해수온도 패턴으로 세계 기후에 커다란 영향을 미침.

열대성저기압 Tropical cyclone 열대에서 발생하여 저기압의 중심 주변을 회전하는 스톰이나 바람으로 강해지면 태풍과 허리케인으로 발달. 토네이도는 유사한 강도를 가지나 규모가 훨씬 작은 스톰

열복사 Thermal radiation 모든 물체가 방출하는 복사로 그 양이 물체의 온도에 의해서 결정. 온도가 높은 물체는 온도가 낮은 물체보다 복사량이 많음.

열역학 Thermodynamics 열역학 제 1 법칙은 물리 또는 화학 반응이 일어날 때 에너지는 보전된다는 것을 말함(에너지는 파괴되거나 생성되지 않음). 열역학 제 2법칙은 어떤 저장소의 열을 취해서 다른 형태의 에너지로 완전하게 전환할 수 있는 기관은 만들 수 없음을 말함. 열역학 제 2법칙을 이용하여 온도가 낮은 물체에서 열을 취해서 온도가 높은 물체로 열을 전달하는 열기관이 최대 효율성을 낼 수 있는 공식을 제시함.

열염분 순환 Thermalhaline Circulation, THC 온도와 염도 차이에 의해서 발생하는 해양의 대규모 밀도 유도 순환

열용량 Heat capacity 특정 물질의 온도를 1℃ 변화시키는 데 필요한 열의 양. 물은 열용량이 크기 때문에 온도를 상승시키는데 많은 열이 필요함.

영거 드리아스 현상 Younger Dryas event 1,500년 전에 발생한 한랭기후 현상으로 마지막 빙하기 후에 지구의 온난화를 방해했었음. 북극에서 자라는 꽃인 담자리 꽃나무(*Dryas octopetala*)를 따라 명명. 고기후자료의 연구를 통해서 발견.

오존홀 Ozone hole 남반구의 봄철에 남극의 대기에 존재하는 오존의 양이 반으로 줄어서 형성됨.

온실기체 배출 Greenhouse gas emission 대기로의 온실기체 배출로 지구온난화의 원인이 됨.

온실기체 Greenhouse gases 이산화탄소(CO_2), 메탄(CH_4), 프레온(CFCs)과 같이 지구 대기에 존재하는 분자로 지표면이 방출하는 열복사를 흡수하기 때문에 대기의 온도를 높임(온실효과 참조).

온실효과 Greenhouse effect 지구온난화의 원인. 입사하는 태양복사는 대기를 통과하여 지구표면을 가열함. 가열된 에너지는 열복사의 형태로 재복사되는데 일부가 온실기체 분자에 흡수되어 천공으로 돌아가지 못함. 온실효과라는 명칭은 온실의 유리가 입사하는 태양복사는 통과시키고 방출하는 열복사는 차단하기 때문에 내부 온도를 높여서 유래되었음. '자연적' 온실효과는 자연적 원인에 의해서 존재하는 온실기체의 영향이고 태양계의 다른 행성에서도 존재함. '강화'된 온실효과는 화석연료의 연소나 벌채와 같은 인위적 요인으로 대기에 배출된 온실기체에 의해서 추가된 효과를 일컬음.

와트 WATT 전력의 단위

왜림작업 Coppicing 나무가 재성장할 수 있도록 나무의 밑동을 완전히 자르지 않고 가지치기를 행하는 목재 수확방법

원소 Element 화학적 방법에 의해서 두 개 이상의 단순물질로 분리될 수 없는 물질

원자 Atom 화학반응이 일어날 수 있는 가장 작은 단위의 원소. 양성자와 중성자로 이뤄진 핵과 핵을 둘러싸고 있는 전자로 구성

원자량 Atomic mass 원자의 핵에 존재하는 양성자와 중성자 수의 합

응결 Condensation 기체에서 액체로 상이 변하는 과정

의제 21 agenda 21 21세기에 일어날 수 있는 다양한 환경과 개발문제에 관련하여 UNCED 참가국들이 채택한 문서.

이산화탄소 시비 효과 Carbon dixide fertilisation effect 대기의 이산화탄소 농도가 증가하면 식물이 더 빠르게 성장하는 과정. C4 식물군이 C3 식물군보다 크게 영향을 받음.

이산화탄소 Carbon dioxide 가장 중요한 온실기체로 인위적으로 방출되는 이산화탄소는 화석연료의 사용이나 벌채 등 인위적 요인에 의해 발생함.

인본원리 Anthropic principle 우주 존재를 관찰하는 인간의 존재와 관련시키는 원리

인위적 영향 Anthropogenic effects 화석연료의 연소나 벌채와 같이 인간 활동에 의해서 발생하는 영향

자연형 태양열 설계 Passive solar design 태양복사의 이용을 극대화하기 위한 건물의 설계방법으로 자연형 태양 에너지 집열기를 가지고 있는 벽을 태양열 벽이라고 함.

잠열 Latent heat 액체가 기체로 물질의 상이 바뀔 때 흡수되는 열(증발)로 물은 태양 에너지를 이용하여 해수면으로부터 증발하는 것이 예. 물질이 기체에서 액체로 상이 바뀔 때는 열을 방출(응결)하는데 대기 중에 형성되는 구름이 좋은 예

재생가능에너지 Renewable energy 사용하여도 고갈되지 않은 에너지원으로 수력, 광볼타 태양셀, 풍력, 왜림작업을 포함.

재조림 Reforestation 예전에는 삼림이었던 토지를 다른 용도로 사용하다가 다시 토지에 식목하는 것.

저장소 Sink 대기에서 온실기체, 에어러솔을 제거하는 과정, 활동 또는 메커니즘

전자 Electron 원자의 구성 요소로 음전하를 가짐.

조림 Afforestation 과거에 삼림이 아니었던 지역에 나무를 새로이 심는 것.

존데 Sonde 기온이나 기압과 같은 정보를 수집하기 위해서 대형풍선을 이용하여 대기로 보내지는 기구. 정보를 신호전파로 지상으로 보냄.

중성자 Neutron 전하가 없는 원자핵의 구성요소로 양성자와 질량이 거의 같음.

중수소 Deuterium 수소의 동위원소 중에 하나

증발 Evaporation 액체에서 기체로 상이 변하는 과정

지구온난화 Global warming 온실기체의 증가가 지구의 온도를 상승시킨다는 개념(온실효과 참고)

지속가능한 발전 Sustainable development 미래 세대의 요구를 충족시키는데 그들의 능력을 위태롭게 하지 않으면서 현재의 요구를 충족하는 발전

지열에너지 Geothermal energy 지각의 깊은 층에서 지표면으로의 열전달을 통해서 얻어진 열

지오엔지니어링 Geoengineering 지구온난화에 대응하기 위해서 환경을 인위적으로 조절하는 것.

청지기 정신 Stewardship 지구를 인류가 약탈해야 할 대상이 아니고 돌봐야할 대상으로 보는 자세

카오스 Chaos 매우 민감하게 반응하는 시스템을 서술하는 수학이론. 초기 조건의 작은 불일치가 시스템이 진행되면서 결과는 완전히 달라질 수 있음. 매달려 있는 진자를 일정 높이까지 들어 올렸다 놓으면 일정한 패턴을 가지고 진동하게 됨. 그러나 시작점을 달리하면 진동 패턴은 완전히 달라지면서 이전에 했던 결과를 가지고 예측하는 것이 불가능해짐. 예를 들어, 날씨는 부분적으로 카오스시스템이고 이는 정확한 예보기술을 이용하여도 예보가 만들어질 수 있는 시간의 길이에는 늘 한계가 있다는 것을 의미함.

탄소순환 Carbon cycle 대기, 육지, 해양 사이에서 일어나는 다양한 화합물 형태에서의 탄소교환

태양복사 Solar radiation 태양에서 오는 에너지

풍력발전기지 Wind farm 전력을 생산하는 풍력 터빈 군

프레온 CFCs 염화불화탄소로 냉장고나 스프레이에 널리 사용되는 인공화합물. 대기 중에 방출되었을 때 오존을 파괴(또한 강력한 온실기체로 작용)하고 장기간의 대기 체류기간을 가짐. 1987년에 발효된 몬트리올 의정서에 따라 선진국에서는 생산량과 사용량이 감소

피피비 ppb 십억분의 일로 혼합비(몰비율 참고)나 농도를 측정하는 단위

피피엠 ppm 백만분의 일로 혼합비(몰비율 참고)나 농도를 측정하는 단위

헥토파스칼 Hectopascal: hPa 밀리바(mb)와 동등한 기압의 단위로 지표에서의 기압은 1,000 hPa

호흡 Respiration 동물과 식물이 산소를 이용하여 저장된 영양분을 분해하여 이산화탄소, 수증기를 생산하는 화학반응

화석연료 Fossil fuels 석탄, 석유, 천연가스와 같이 오래된 식물과 동물의 잔해물이 분해되어 만들어지는 연료로 연소될 때 이산화탄소를 방출

화합물 Compound 화학적으로 2~3개의 원소가 일정 비율로 혼합하여 만들어진 물질

환경 난민 Environment refugees 가뭄, 홍수, 해수면 상승과 같은 환경 문제 때문에 강제로 거주지를 떠나야 하는 사람

흡수 Sequestration 식물이 광합성을 통하여 대기의 이산화탄소를 사용, 저장하는 것이나 유전의 이산화탄소 저장

1차 에너지 Primary energy 화석연료, 원자력, 풍력과 같은 에너지원으로 에너지 생산을 위해서 직접 사용하지는 않지만 빛, 열, 동력 등으로 변환되어짐. 예를 들어, 석탄을

사용하는 화력발전소는 전기를 생산하기 위해서 석탄을 1차에너지로 사용

3중 수소 Tritium 수소의 방사성 동위원소로 원자폭탄 폭발 시험 후에 방사성 물질의 확산을 추적하고 해류의 이동을 지도화하는 데 사용

AOGCM 대기-해양 결합 기후모델(Atomosphere-Ocean General Circulation Model)

C3, C4 식물 C3, C4 plants 광합성을 할 때 이산화탄소를 흡수하는 방법이 다른 식물군으로 대기 중 이산화탄소의 증가로 인한 영향도 달라짐. 밀, 쌀, 콩은 C3 식물이고 옥수수, 사탕수수, 기장은 C4 식물에 속함.

CIS 독립국가연합(Commonwealth of Independent States)으로 구소련

DC 개발도상국(Developing country)-제3세계국가를 참조

EU 유럽연합

FAO 유엔식량농업기구(United Nations Food and Agriculture Organization)

FSU 구소련 국가

Gtc 탄소기가톤(gigatonnes of carbon)으로 1기가톤은 10^9톤임. 1 탄소기가톤=3.7 이산화탄소기가톤

GWP 온난화 지수(Global Warming Potential)로 이산화탄소의 강화된 온실효과에 대한 다른 기체의 효과 비율로 산출

IPCC 기후변화에 대한 정부간 협의체(Intergovernmental Panel on Climate Change)로 지구온난화를 평가하는 세계적인 과학자 모임

MINK 미국의 미주리, 아이오와, 네브래스카, 캔자스를 포함하는 지역으로 미국 에너지부에 의해 상세한 기후 연구가 수행되었음.

OECD 경제개발협력기구(Organization for Economic Cooperation and Development)로 민주정부와 시장경제를 충실히 추구하는 30개국(유럽연합, 오스트레일리아, 캐나다, 일본, 미국을 포함)의 컨소시엄

UNCED 유엔환경개발회의(United Nations Conference on Environment and Development)로 유엔기후변화협약에 160개 참가국이 서명한 이후인 1992년 6월 리오데자네이루에서 개최

UNEP 유엔환경계획(United Nations Environmental Program)으로 IPCC를 구성하는 기구 중 하나

UV 자외선(Ultra violet radiation)

WEC 세계에너지위원회(World Energy Council)를 의미하며 에너지 사용자와 에너지 기업으로 구성되어 있는 세계기구

WMO 세계기상기구(World Meteorological Organization)로 IPCC가 속해 있음.

찾아보기

[ㄴ]

[ㄷ]

[ㄹ]

[ㅁ]

[ㅂ]

[ㅇ]

[ㅊ]

[ㅋ]

[ㅌ]

[ㅍ]

[ㅎ]

[기타]

지은이

존 T. 휴턴 경

기후변화에 대한 정부간 협의체(IPCC)의 학술평가실무단의 전임 의장이었으며, 영국 왕립 환경오염대책위원회 의장, 왕립기상학회 회장, 세계기상기구 부회장, 옥스퍼드 대학교 대기물리학 교수, 1983년부터 1991년까지 영국 기상청 청장을 역임하였다. 본서의 초판, 재판과 함께 『대기물리학』의 저자이며 그 외 많은 학술 논문을 썼고, 많은 권위 있는 연구 보고서들을 출간하였다.

옮긴이

이민부

1954년 생. 서울대학교 지리교육과 학사 및 환경대학원 석사, 미국 유타 대학교(University of Utah) 지리학과에서 박사학위를 받음.
한국교원대학교 지리교육과 교수. 지형학 및 환경지리학 전공.
한국지형학회 편집위원장, 한국지역지리학회 부회장, 사단법인 대한지리학회장(2007~2008)을 역임하였다. 주요 연구는 추가령구조곡 지형에 대한 논문 15편, 북한의 환경변화의 자연재해에 관한 논문 15편 등 논문 60여 편이 있다.
주요 저역서로는 『지형분석』(공저), 『환경교육론』(공저), 『자연환경과 인간』(공저), 『백두대간의 자연과 문화』(공저), 『현대기후학』(공역), 『세계화 시대의 세계지리』(공저), 『북한의 환경변화와 자연재해』(공저) 등이 있다. 환경부 자연환경 조사, 북한의 환경변화 연구, 추가령 지형 연구 등의 연구프로젝트의 책임을 맡아왔다.

최영은

1965년 생. 건국대학교 지리학과 학사 및 석사. 미국 루이지애나 대학교(Louisiana State University) 지리학과에서 박사학위를 받음.
건국대학교 지리학과 부교수. 기후학 전공.
기후 완화에 대한 다수의 연구를 수행하여 여러 국제 저명 학술지에 발표하였다.

한울아카데미 981

지구온난화

지은이 | 존 휴턴
옮긴이 | 이민부·최영은
펴낸이 | 김종수
펴낸곳 | 도서출판 한울

초판 1쇄 인쇄 | 2007년 12월 15일
초판 2쇄 발행 | 2009년 9월 30일

주소 | 413-832 파주시 교하읍 문발리 507-2(본사)
121-801 서울시 마포구 공덕동 105-90 서울빌딩 3층(서울 사무소)
전화 | 영업 02-326-0095, 편집 02-336-6183
팩스 | 02-333-7543
홈페이지 | www.hanulbooks.co.kr
등록 | 1980년 3월 13일, 제406-2003-051호

Printed in Korea.
ISBN 978-89-460-3824-0 93450(양장)
ISBN 978-89-460-4164-6 93450(학생판)

* 책값은 겉표지에 있습니다.
* 이 책은 강의를 위한 학생판 교재를 따로 준비했습니다.
강의 교재로 사용하실 때에는 본사로 연락해 주십시오.